T0255466

Algebra

Daniel Plaumann

Algebra

Gruppen – Ringe – Körper – Zahlen

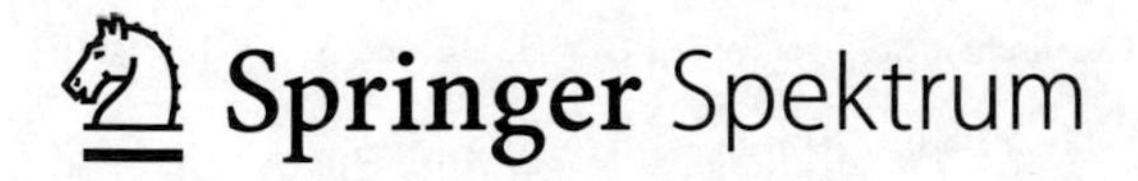

Daniel Plaumann
Fakultät für Mathematik
Technische Universität Dortmund
Dortmund, Deutschland

ISBN 978-3-662-67242-6 ISBN 978-3-662-67243-3 (eBook)
https://doi.org/10.1007/978-3-662-67243-3

Die Deutsche Nationalbibliothek verzeichnet diese Publikation in der Deutschen Nationalbibliografie; detaillierte bibliografische Daten sind im Internet über http://dnb.d-nb.de abrufbar.

Planung/Lektorat: Andreas Rüdinger
Springer Spektrum ist ein Imprint der eingetragenen Gesellschaft Springer-Verlag GmbH, DE und ist ein Teil von Springer Nature.
Die Anschrift der Gesellschaft ist: Heidelberger Platz 3, 14197 Berlin, Germany

Vorwort

Trotz einer Fülle an guten Lehrbüchern über Algebra stellt sich für eine Vorlesung oder das Selbststudium die Frage nach der Auswahl, Präsentation und Reihenfolge des Materials immer wieder neu. Dieses Buch basiert auf meiner Vorlesung »Algebra 1 / Algebra und Zahlentheorie«, die ich an der TU Dortmund wiederholt gehalten habe. Diese Vorlesung richtet sich an zwei verschiedene Studiengänge und soll in einem Semester außer der Algebra auch Elemente der Zahlentheorie vermitteln. Bei einem Buch kann man sich als Autor mehr Zeit lassen und mehr ins Detail gehen. Ich habe aber versucht, den knappen Stil der Vorlesungen weitgehend beizubehalten.

Gleichzeitig möchte ich deutlich machen, dass die Algebra nicht nur aus Strukturmathematik und Beweistechniken besteht. Deshalb enthält das Buch viele Ergänzungen und Verweise auf weiterführende Themen, außerdem Bemerkungen zur Geschichte. Damit klar bleibt, welche Inhalte die wichtigsten sind, habe ich viele Bemerkungen in den Seitenrand ausgelagert. In jedem Kapitel gibt es *Exkurse*, mit optionalen Themen, Verweisen und zum Teil unbewiesenen Aussagen. Die meisten Exkurse kann man nebenbei als Ergänzung lesen, ohne unbedingt alles im Detail nachzuvollziehen.

Trotz allem enthält das Buch mehr Material als vernünftigerweise in einen einsemestrigen Kurs passt. In der Einleitung findet sich ein Leitfaden (§0.3), der die Abhängigkeiten der Kapitel und damit mögliche Kurse auch für das Selbststudium zeigt.

In den Text sind viele *Miniaufgaben* integriert. Ich stelle mir vor, dass man einen Teil dieser Aufgaben zwischendurch lösen kann, um neben dem Lesen aktiv zu arbeiten und um das eigene Verständnis zu überprüfen, oder dass sie auch für die Diskussion in der Vorlesung oder in Präsenzübungen verwendet werden können. Diese Aufgaben variieren im Schwierigkeitsgrad. Sie sollen aber vor allem als Anregung dienen, sich aktiv mit dem Stoff zu beschäftigen. Am Ende jedes Kapitels gibt es außerdem eine längere Liste von Übungsaufgaben.

Die Darstellung der Inhalte habe ich weitgehend selbst entwickelt, dabei aber natürlich nichts Neues erfunden und mich an vielen Quellen orientiert – neben Lehrbüchern auch an unpublizierten Vorlesungsskripten von Wolf Barth (Erlangen), Wulf-Dieter Geyer (Erlangen), Tim Netzer (Innsbruck) und Claus Scheiderer (Konstanz).

Danksagung

Für zahlreiche Hinweise zu Unklarheiten und Fehlern aller Art danke ich den Hörerinnen und Hörern meiner Vorlesungen an der TU Dortmund sowie meiner Arbeitsgruppe, ganz besonders Dimitri Manevich. Für viele Anregungen und Korrekturen danke ich außerdem Rainer Sinn (Leipzig).

Dortmund, 17. April 2023

Vorkenntnisse

Die Algebra baut auf der Linearen Algebra auf und setzt sie inhaltlich voraus. Im Vergleich zur Linearen Algebra stehen weniger die Rechentechniken, sondern viel stärker die Sätze und Beweise und die abstrakten Konzepte im Vordergrund. Während die Grundbegriffe Gruppe, Ring und Körper hier erneut eingeführt werden, wird die Theorie der (abstrakten) Vektorräume vorausgesetzt, vor allem in der Körpertheorie.

Notation

- In den natürlichen Zahlen $\mathbb{N} = \{1, 2, 3, \dots\}$ ist die 0 nicht enthalten. Wenn die Null dabei sein soll, schreiben wir $\mathbb{N}_0 = \mathbb{N} \cup \{0\}$.
- Wir schreiben $A \subset B$ um auszudrücken, dass jedes Element der Menge A ein Element der Menge B ist. Dabei ist auch die Gleichheit $A = B$ möglich. Wenn die Gleichheit ausgeschlossen sein soll, schreiben wir $A \subsetneq B$. Die Notation $A \subseteq B$ wird nicht verwendet.
- Wir schreiben $|X|$ für die Mächtigkeit einer Menge X.
- Abbildungen zwischen zwei Mengen A und B schreiben wir mit einem Pfeil $A \to B$, während die Abbildungsvorschrift für einzelne Elemente mit dem Pfeil $a \mapsto b$ beschrieben wird.
- Mit id_X bezeichnen wir die identische Abbildung (Identität) $\mathrm{id}_X\colon X \to X$, $a \mapsto a$ auf einer Menge X.
- Hin und wieder verwenden wir die logischen Formelzeichen:

$$\forall \text{ für alle}, \quad \exists \text{ es gibt}, \quad \Rightarrow \text{ impliziert}, \quad \wedge \text{ und}, \quad \vee \text{ oder}.$$

Inhalt

Einführung

0.1 *Was ist Algebra?*

URSPRÜNGLICH versteht man unter *Algebra* die Lehre vom Umformen und Lösen von Gleichungen, und allgemeiner den symbolischen Kalkül mit Buchstaben und Unbekannten, der heute in der ganzen Mathematik selbstverständlich ist. Im Unterschied zur Analysis wird auf Grenzwertbildung verzichtet – Lösungen sollen in endlich vielen Rechenschritten exakt bestimmt werden. Anschließend an die lineare Algebra stellen sich dabei die folgenden Fragen:

- Wie kann man lineare Gleichungssysteme über den ganzen Zahlen, allgemeiner über Ringen statt über Körpern, lösen?
- Was kann man über die Lösungen von algebraischen Gleichungen und Gleichungssystemen von höherem Grad sagen?

Lineare und quadratische Gleichungen in einer Variablen wurden schon im Altertum (zuerst von den Babyloniern) untersucht und sind heute Schulstoff. Allgemeine Lösungsformeln für Gleichungen dritten und vierten Grades waren bis ins Mittelalter nicht bekannt und wurden schließlich im 16. Jahrhundert in Italien entwickelt. Die Suche nach Lösungsformeln für Gleichungen vom Grad 5 blieb lange erfolglos. Im Jahr 1824 bewies schließlich Abel, aufbauend auf Arbeiten von Lagrange und Ruffini, dass solche Formeln nicht existieren. Der Beweis dieser erstaunlichen Aussage, die man erst einmal präzise formulieren muss, ist ein Meilenstein in der Geschichte der Mathematik und auch eines der Ziele in diesem Buch.

In den darauffolgenden Jahrzehnten wurde die Theorie erheblich weiter entwickelt und es entstand nach und nach, unter dem Einfluss von Galois, später Cayley und vielen anderen, die Theorie der Gruppen und damit in der zweiten Hälfte des neunzehnten Jahrhunderts die abstrakte Algebra als Strukturtheorie.

DIE SYSTEMATISCHE UNTERSUCHUNG VON STRUKTUREN ist ein Merkmal der modernen Mathematik. Die abstrakte Algebra ist im zwanzigsten Jahrhundert zu einer riesigen Theorie angewachsen. Heute lernt man einiges über diese allgemeine Vorgehensweise schon im ersten Studienjahr. Den Umgang mit algebraischen Strukturen weiter zu trainieren, ist auch ein wichtiges Ziel jeder einführenden Vorlesung über Algebra. Andererseits erscheint die reine Strukturtheorie leicht trocken und unmotiviert, wenn sie nicht zusammen mit einem Teil der konkreten Fragen studiert wird, aus denen sie entstanden ist. Neben den erwähnten Lösungsformeln für algebraische Gleichungen hatten auch die Geometrie und die Zahlentheorie einen großen Einfluss auf die Entwicklung der Algebra. So weit möglich soll in diesem Buch deshalb auch auf diese Ursprünge und besonders auf die Bezüge zur Zahlentheorie eingegangen werden.

Der Name *Algebra* ist aus dem Wort *al-ǧabr* im Titel des Buchs »al-Kitāb al-muḫtaṣar fī ḥisāb al-ǧabr wa-'l-muqābala« (»Kurzgefasstes Buch über die Rechenverfahren durch Ergänzen und Ausgleichen«) abgeleitet, das vom persischen (bzw. choresmischen) Mathematiker ABŪ ǦAʿFAR MUḤAMMAD BIN MŪSĀ AL-ḪWĀRIZMĪ verfasst wurde, der im 9. Jahrhundert in Bagdhad wirkte. In der Einleitung heißt es, er wolle ein Buch schreiben *»für das, was die Leute fortwährend brauchen bei ihren Erbschaften und ihren Vermächtnissen und bei ihren Teilungen und ihren Prozeßbescheiden und ihren Handelsgeschäften und bei allem, womit sie sich befassen bei der Ausmessung der Ländereien und der Herstellung der Kanäle und der Geometrie und anderen dergleichen nach seinen Gesichtspunkten und Arten.«* Al-Ḫwārizmīs Buch schöpft aus griechischen, vor allem aber aus indischen Quellen. Es wurde im 12. Jahrhundert ins Lateinische übersetzt und hatte in der Folge auch auf die europäische Mathematik großen Einfluss. (Zitiert nach Gericke: *Mathematik in Antike und Orient.* Springer-Verlag Berlin, 1984)

ABŪ ǦAʿFAR MUḤAMMAD BIN MŪSĀ AL-ḪWĀRIZMĪ (ca. 780–850)
Darstellung auf einer sowjetischen Briefmarke

Der Name al-Ḫwārizmī wurde latinisiert zu *Algorismi* und ist dadurch der Ursprung des Worts *Algorithmus.*

D. Plaumann, *Algebra*, https://doi.org/10.1007/978-3-662-67243-3_1

0.2 *Gruppen, Ringe, Körper*

Drei algebraische Strukturen sind grundlegend für die moderne Algebra: **Gruppen**, **Ringe** und **Körper**. Zumindest die Gruppen und Körper kommen schon in der linearen Algebra vor. Bevor wir die Begriffe wiederholen, führen wir zur Vereinheitlichung noch eine allgemeinere Struktur ein.

Es sei M eine nichtleere Menge. Eine (zweistellige) **Verknüpfung** auf M ist eine Abbildung $\varphi\colon M \times M \to M$, die also jedem geordneten Paar (a, b) von Elementen aus M ein Element $\varphi(a, b)$ in M zuordnet. In der Regel schreibt man eine Verknüpfung wie eine Rechenoperation, etwa $a * b$ statt $\varphi(a, b)$, wobei $*$ ein Plus- oder Malzeichen oder sonstiges Symbol ist.

Wir schreiben die Verknüpfung multiplikativ und lassen dann wie üblich das Malzeichen wieder weg. Zur Verdeutlichung verwendet man bei Monoiden und Gruppen auch gern ein neutrales Symbol wie $*$ für die Verknüpfung.

Definition Ein **Monoid** ist ein Paar bestehend aus einer Menge M und einer Verknüpfung $M \times M \to M$, $(a, b) \mapsto a \cdot b$, die die folgenden Eigenschaften besitzt:
- ◇ Für alle $a, b, c \in M$ gilt $(ab)c = a(bc)$. *(Assoziativität)*
- ◇ Es gibt ein $e \in M$ mit $ea = ae = a$ für alle $a \in M$. *(Neutrales Element)*

Ein Monoid M heißt **kommutativ**, wenn es zusätzlich folgende Eigenschaft besitzt:
- ◇ Für alle $a, b \in M$ gilt $ab = ba$. *(Kommutativität)*

Die natürlichen Zahlen $\mathbb{N}_0$ mit der Addition oder Multiplikation bilden ein kommutatives Monoid. Natürlich wird die Addition mit einem + geschrieben und das neutrale Element ist die 0, auch wenn wir in der Definition die multiplikative Schreibweise benutzt haben. Die Monoide haben für die Algebra kaum eigenständige Bedeutung.

Der Begriff »Gruppe« kommt schon bei Galois vor, aber die Definition einer abstrakten Gruppe steht zuerst bei Cayley: »On the theory of groups, as depending on the symbolic equation $\Theta^n = 1$«. In: *The London, Edinburgh, and Dublin Philosophical Magazine and Journal of Science* 7.42 (1854).

ARTHUR CAYLEY (1821–1895)
Porträtfotographie 1883 von Barraud & Jerrard

Definition Eine **Gruppe** ist ein Monoid G mit neutralem Element e und folgender Eigenschaft:

- ◇ Zu jedem $g \in G$ gibt es $g^{-1} \in G$ mit $gg^{-1} = g^{-1}g = e$. *(Inverse)*

Aus der linearen Algebra bekannt sind zum Beispiel:
- ◇ *Lineare Gruppen.* Ist V ein Vektorraum über einem Körper K, so ist $\mathrm{GL}(V)$ die Gruppe der invertierbaren linearen Abbildungen $V \to V$; passend dazu hat man die Gruppen $\mathrm{GL}_n(K)$, $\mathrm{SL}_n(K)$ usw. von invertierbaren Matrizen.
- ◇ *Symmetrische Gruppen.* Die Gruppe S_n aller Permutationen der Menge $\{1, \ldots, n\}$ ist das wichtigste Beispiel für eine endliche Gruppe und wird meistens zusammen mit dem Determinantenkalkül eingeführt (siehe §3.2).

Kommutative Gruppen heißen **abelsche Gruppen**. Die genannten linearen und symmetrischen Gruppen sind aber nicht abelsch (für $n \geqslant 2$ bzw. $n \geqslant 3$).

Die Elemente von Gruppen sind häufig Abbildungen mit der Komposition als Verknüpfung, wie in den beiden obigen Beispielen. Gruppen kommen immer dann vor, wenn es um die **Symmetrien** anderer mathematischer Objekte geht. Sie spielen auch eine wichtige Rolle bei der Lösbarkeit von algebraischen Gleichungen in der **Galoistheorie**, die die Symmetrien der Lösungen solcher Gleichungen untersucht.

Die Gruppen waren die erste algebraische Struktur, die rein axiomatisch studiert wurde, bereits in der zweiten Hälfte des neunzehnten Jahrhunderts. Das liegt vermutlich daran, dass Gruppen schon früh in verschiedenen Zusammenhängen, in der Galoistheorie, der Zahlentheorie und der Geometrie, auftraten, so dass es natürlich erschien, sie losgelöst vom Kontext zu untersuchen.

Definition Ein **Ring** ist eine Menge R mit zwei Verknüpfungen

$$+: R \times R \to R \text{ (Addition)} \quad \text{und} \quad \cdot : R \times R \to R \text{ (Multiplikation)}$$

welche die folgenden Bedingungen erfüllen:

- Unter der Addition ist R eine abelsche Gruppe.
- Unter der Multiplikation ist R ein Monoid.
- Addition und Multiplikation sind *distributiv*: Für alle $a, b, c \in R$ gelten

$$a(b + c) = ab + ac \quad \text{und} \quad (a + b)c = ac + bc.$$

Die heute üblichen Ringaxiome finden sich zuerst bei Emmy Noether 1921, auch wenn sie in anderer Form bereits zuvor in Gebrauch waren, insbesondere in der Zahlentheorie (Dedekind, Hilbert, Fraenkel). Ihre Arbeit »Idealtheorie in Ringbereichen«. In: *Math. Ann.* 83 (1921) ist bereits völlig modern im Stil. Emmy Noether hat in den darauffolgenden Jahren die ganze Entwicklung der Algebra im 20. Jahrhundert entscheidend geprägt. Zu ihren eigentlichen Beiträgen, insbesondere zur Theorie der noetherschen Ringe, kommen wir hier aber nur in Ansätzen.

Amalie Emmy Noether (1882–1935)

Ein Ring heißt **kommutativ**, wenn seine Multiplikation kommutativ ist. Der Ring $\mathbb{Z}$ der ganzen Zahlen und der Ring $K[x]$ der Polynome über einem Körper K sind kommutative Ringe. Während die Verknüpfung in einer Gruppe alles Mögliche sein kann, bleiben Ringe meistens näher an den vertrauten Rechenoperationen.

Da es in Ringen keine multiplikativen Inversen geben muss, kommt alles auf die **Teilbarkeit** an. In einem kommutativen Ring R teilt ein Element b ein Element a, wenn es ein c mit $a = bc$ gibt. Jede ganze Zahl ist in eindeutiger Weise ein Produkt von Primzahlen, die sich nicht weiter teilen lassen. Vieles in der Ringtheorie ist aus dem Versuch entstanden, die Teilbarkeit in allgemeineren Zahlbereichen zu verstehen, in denen die eindeutige Zerlegbarkeit in Primzahlen nicht mehr gegeben ist. Eine große Rolle spielen außerdem Polynomringe in einer oder mehreren Variablen. Auf der kommutativen Ringtheorie bauen deshalb zwei große moderne Forschungsgebiete auf, die *algebraische Zahlentheorie* und die *algebraische Geometrie.*

Das wichtigste Beispiel für einen nicht-kommutativen Ring ist der Ring der quadratischen Matrizen mit Einträgen in einem Körper (oder in einem Ring). Die kommutative und die nicht-kommutative Ringtheorie haben aber außer den Grundlagen keine großen Überschneidungen. Die nicht-kommutativen Ringe werden in diesem Buch auch kaum vorkommen.

Viele Aussagen, die heute zur Ringtheorie zählen, sind deutlich über hundert Jahre alt, vor allem aus der Zahlentheorie des neunzehnten Jahrhunderts. Eine axiomatische Theorie wurde daraus aber erst nach 1920. In den darauffolgenden etwa dreißig Jahren entstanden die modernen Grundlagen der Algebra, zunächst vor allem unter dem Einfluss von Emmy Noether und Emil Artin. Später spielte das französische Autorenkollektiv Bourbaki eine führende Rolle, das in seinen *Elementen* auch einige heute allgemein gebräuchliche mathematische Notationen zuerst verwendete.

In den dreißiger Jahren begann eine Gruppe junger französischer Mathematiker mit der Arbeit an den *Éléments de mathématique*, einem mehrbändigen Werk über die Grundlagen der Mathematik in Anlehnung an die *Elemente* des Euklid, und veröffentlichte sie unter dem Pseudonym Nicolas Bourbaki. Bis heute existiert die *Association des Collaborateurs de Nicolas Bourbaki*, die regelmäßig Seminare veranstaltet und auch die Arbeit an den *Éléments* weiterführt.

Definition Ein kommutativer Ring K heißt ein **Körper**, wenn $K \setminus \{0\}$ bezüglich der Multiplikation eine Gruppe bildet, wenn es also multiplikative Inverse gibt.

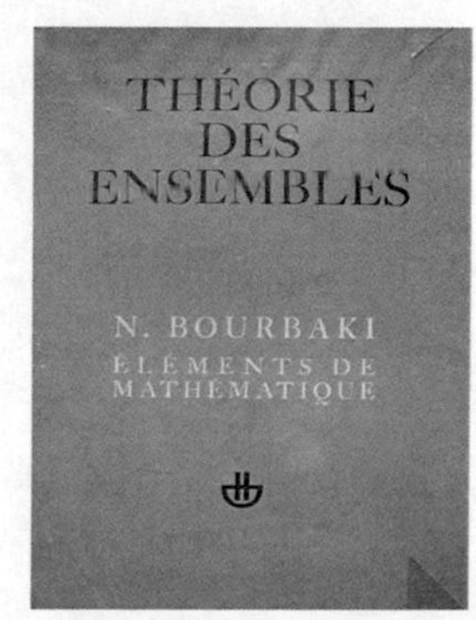

Erster Band der *Éléments de mathématique*, über Mengenlehre

Bekannt aus der linearen Algebra sind die Körper $\mathbb{Q}$, $\mathbb{R}$ und $\mathbb{C}$, außerdem wahrscheinlich die endlichen Körper $\mathbb{F}_p$. Zusätzlich werden wir alle endlichen Körper konstruieren, die es gibt, sowie viele Teilkörper von $\mathbb{C}$.

In der Körpertheorie geht es meistens in der einen oder anderen Form um die Frage, welche Gleichungen in welchem Körper lösbar sind. Zum Beispiel hat die algebraische Gleichung

$$x^4 - 4x^3 + 5x^2 - 2x - 2 = 0$$

die vier Lösungen

$$1 + \sqrt{2}, \quad 1 - \sqrt{2}, \quad 1 + \sqrt{-1}, \quad 1 - \sqrt{-1}.$$

Wie die Ringtheorie entstand auch die Theorie der Körper im frühen 20. Jahrhundert, auch wenn ihre Anfänge viel weiter zurückliegen. Im 19. Jahrhundert wurden Teilkörper der komplexen Zahlen, Funktionenkörper und am Rande auch endliche Körper untersucht, aber ohne axiomatische Körpertheorie. Der Begriff wurde von Dedekind geprägt. Als Ausgangspunkt der modernen Körpertheorie wird häufig eine einflussreiche Arbeit von ERNST STEINITZ (1871–1928) genannt: »Algebraische Theorie der Körper«. In: *J. Reine Angew. Math.* 137 (1910)

RICHARD DEDEKIND (1831–1916)

Ihre Lösbarkeit hängt also davon ab, über welchem Körper man sie betrachtet: Über $\mathbb{Q}$ ist sie unlösbar, über $\mathbb{R}$ hat sie zwei Lösungen und über $\mathbb{C}$ schließlich vier. Es hat sich dabei gezeigt, dass die Konstruktion und die Eigenschaften von Körpern, die ganz bestimmte Gleichungen lösen, auch für das Verständnis der Gleichungen selbst entscheidend ist.

Wir haben gesehen, dass die Grundbegriffe Gruppe, Ring und Körper zwar logisch aufeinander aufbauen, aber jeweils die abstrakte Sprache für die Untersuchung unterschiedlicher Phänomene darstellen. Diese Phänomene sind zusammengefasst:

Gruppen	:	Symmetrie
Ringe	:	Teilbarkeit
Körper	:	Lösungen algebraischer Gleichungen

Da wir zusammen mit den abstrakten Strukturen auch diese Phänomene möglichst gründlich verstehen wollen, werden wir Gruppen, Ringe und Körper die meiste Zeit getrennt behandeln. Wir beginnen mit den Ringen.

0.3 *Leitfaden*

Das folgende Diagramm zeigt die Abhängigkeiten zwischen den Kapiteln. Eine gestrichelte Linie bedeutet, dass man das betreffende Kapitel nicht unbedingt vorher lesen, aber vielleicht einzelne Dinge nachschlagen muss.

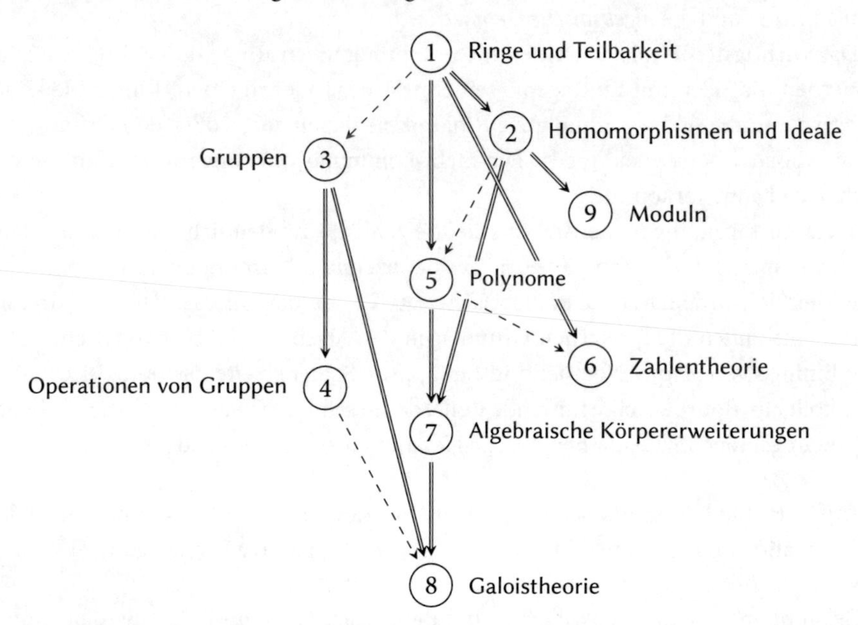

Ein einsemestriger Kurs über 15 Wochen, so wie ich ihn selbst halte, wäre einfach 1→2→3→4→5→(6)→7→8, unter Auslassen der meisten Exkurse. Viele Bücher und Kurse fangen mit den Gruppen an, nicht mit den Ringen. Das ist mit diesem Buch auch möglich, wenn man die Kongruenzrechnung aus §1.2 voraussetzt oder an geeigneter Stelle nachholt, sowie eventuell die ganzzahligen linearen Gleichungssysteme aus §1.8. Die Reihenfolge wäre dann also 3→4→1→2→5→(6)→7→8. Ein kürzerer Kurs über Zahlen und Ringe wäre etwa 1→2→5→6→9.

1 Ringe und Teilbarkeit

Dieses Kapitel gibt eine Einführung in die Ringtheorie. Wir konzentrieren uns zunächst auf Fragen der Teilbarkeit, die Eigenschaften von ganzen Zahlen und Polynomen und ihre Einordnung in die Ringtheorie. Dabei greifen wir auch einige Aspekte der elementaren Zahlentheorie auf, wie den euklidischen Algorithmus und die Eigenschaften der Eulerschen φ-Funktion, außerdem lineare Gleichungssysteme. Als Exkurs untersuchen wir die RSA-Verschlüsselung, eine Anwendung in der Kryptographie.

1.1 Einführung

Als Erstes wiederholen wir die Definition eines Rings aus der Einführung (§0.2).

Definition Ein **Ring** ist eine Menge R mit zwei Verknüpfungen

$$+ : R \times R \to R \ \text{(Addition)} \quad \text{und} \quad \cdot : R \times R \to R \ \text{(Multiplikation)}$$

welche die folgenden Bedingungen erfüllen:

- Unter der Addition ist R eine abelsche Gruppe.
- Unter der Multiplikation ist R ein Monoid.
- Addition und Multiplikation sind *distributiv*: Für alle $a, b, c \in R$ gelten

$$a(b+c) = ab + ac \quad \text{und} \quad (a+b)c = ac + bc.$$

Wir schreiben immer 0_R oder einfach 0 für das neutrale Element der Addition und 1_R oder 1 für das neutrale Element der Multiplikation. Das additive Inverse von $a \in R$ wird $-a$ geschrieben und $a - b$ ist Kurzschreibweise für $a + (-b)$, die *Subtraktion*. Wie üblich gilt »Punkt vor Strich«, das heißt $ab + c$ steht für $(ab) + c$, etc.

Manchmal wird auf die Forderung verzichtet, dass ein Ring ein neutrales Element für die Multiplikation besitzen muss. Wenn das doch der Fall ist, heißt der Ring dann ein »Ring mit Eins«. In diesem Buch ist jeder Ring ein Ring mit Eins.

Der Ring R heißt **kommutativ**, wenn die Multiplikation kommutativ ist, wenn also

$$ab = ba \quad \text{für alle } a, b \in R$$

gilt. Die Addition ist immer kommutativ.

1.1 Beispiele (1) Das erste Beispiel ist der kommutative Ring $\mathbb{Z}$ und zeigt auch gleich, was Ringe von Körpern unterscheidet: Multiplikative Inverse braucht es nicht zu geben. In $\mathbb{Z}$ haben nur 1 und -1 ein solches Inverses.

(2) Der Ring $K[x]$ der Polynome mit Koeffizienten in einem Körper K ist das zweite fundamentale Beispiel (§1.4). In der Sprache der Ringtheorie kann man viele Aussagen treffen, die für ganze Zahlen und Polynome gleichermaßen gelten.

(3) In den ganzen Zahlen kann man auch *modulo n* rechnen, für jede natürliche (oder ganze) Zahl n. Der Ring $\mathbb{Z}/n$ besteht aus den n Elementen

$$\mathbb{Z}/n = \{\overline{0}, \overline{1}, \overline{2}, \ldots, \overline{n-1}\}$$

D. Plaumann, *Algebra*, https://doi.org/10.1007/978-3-662-67243-3_2

die den Resten bei der Division durch n entsprechen. Dabei steht über den Resten ein Querstrich, weil es die *Restklassen modulo n* (oder *Kongruenzklassen*) sind. Mit der Kongruenzrechnung befassen wir uns im nächsten Abschnitt.

(4) Der **Nullring** $\{0\}$ besteht nur aus der Null und ist der einzige Ring, in dem $1 = 0$ gilt. Er ist natürlich denkbar langweilig, aber es gibt gute Gründe, ihn nicht per Definition auszuschließen.

(5) Ist R ein Ring, dann ist die Menge $\mathrm{Mat}_n(R)$ der $n \times n$-Matrizen mit Einträgen in R ein Ring unter der üblichen Addition und Multiplikation von Matrizen. Für $n \geqslant 2$ und $R \neq \{0\}$ ist der Matrizenring nicht kommutativ.

(6) Sind R und S zwei Ringe, dann ist auch das kartesische Produkt $R \times S$ ein Ring mit den komponentenweisen Verknüpfungen

$$(a,b) + (a',b') = (a+a', b+b') \quad \text{und} \quad (a,b)(a',b') = (aa', bb'),$$

das **direkte Produkt** von R und S. Die Null ist $(0_R, 0_S)$ und die Eins ist $(1_R, 1_S)$. Das direkte Produkt von mehr als zwei Ringen wird entsprechend gebildet. ◇

Es sei R ein Ring. Für $a \in R$ und $n \in \mathbb{N}_0$ schreiben wir

$$na = \underbrace{a + a + \cdots + a}_{n \text{ Summanden}} \qquad \text{und} \qquad a^n = \underbrace{a \cdots a}_{n \text{ Faktoren}},$$

wobei $0a = 0_R$ und $a^0 = 1_R$ gelten. Für $n \in \mathbb{Z}$ mit $n < 0$ definieren wir $na = (-n) \cdot (-a)$, so dass na für jedes $n \in \mathbb{Z}$ und jedes $a \in R$ definiert ist. Außerdem schreiben wir kurz n für $n \cdot 1_R$ in R. Wir können also in jedem Ring mit natürlichen Zahlen rechnen, wobei zwei verschiedene natürliche Zahlen allerdings demselben Ringelement entsprechen können, wie das Beispiel $R = \mathbb{Z}/n$ (oder sogar $R = \{0\}$) zeigt.

1.2 Lemma *In jedem Ring R sind die neutralen Elemente Null und Eins eindeutig bestimmt. Außerdem gelten folgende Rechenregeln für alle $a, b \in R$.*

(1) $0_R \cdot a = a \cdot 0_R = 0_R$ für alle $a \in R$.

(2) $(-1_R) \cdot (-1_R) = 1_R$.

(3) Falls $ab = ba$, dann gilt $(a+b)^n = \sum_{k=0}^{n} \binom{n}{k} a^k b^{n-k}$ für alle $n \in \mathbb{N}$.

Beweis. Die Eins ist eindeutig, denn sind e und e' zwei Elemente von R, die $ae = ea = a$ und $ae' = e'a = a$ für alle $a \in R$ erfüllen, dann gelten diese Gleichheiten auch für $a = e'$ und $a = e$ und es folgt $e = ee' = e'$. Genauso zeigt man die Eindeutigkeit der Null. Zu den Rechenregeln:

(1) Es gilt $a0_R = a(0_R + 0_R) = a0_R + a0_R$, also folgt $a0_R = 0$ durch Subtraktion von $a0_R$ auf beiden Seiten. Analog folgt $0_R a = 0_R$.

(2) Es gilt $0 = (1_R - 1_R)^2 = 1_R - 2 \cdot 1_R + (-1_R)^2$, woraus $(-1_R)^2 = 1$ folgt.

(3) Das ist der binomische Lehrsatz, den man genauso wie für reelle Zahlen durch Induktion nach n beweisen kann. ■

Miniaufgaben

1.1 Sei R ein Ring mit $1 = 0$. Zeige, dass R der Nullring ist.

1.2 Es sei R ein Ring und $X \neq \varnothing$ eine Menge. Definiere eine 'punktweise' Ringstruktur auf der Menge $\mathrm{Abb}(X, R)$ aller Funktionen $X \to R$.

Definition Eine Teilmenge S eines Rings R heißt ein **Teilring** (oder *Unterring*), wenn sie mit der Addition und Multiplikation aus R wieder einen Ring bildet. Explizit:
(1) Für alle $a, b \in S$ sind auch $a + b$ und $a - b$ wieder in S;
(2) für alle $a, b \in S$ gilt auch $ab \in S$;
(3) es gilt $1_R \in S$.
Ein Teilring enthält immer die 0, denn er enthält 1 und damit auch $0 = 1 - 1$. Obwohl der Nullring auch ein Ring ist, ist $S = \{0\}$ kein Teilring von R, da er die 1 nicht enthält, es sei denn, R ist selbst der Nullring.

1.3 Beispiele (1) Die ganzen Zahlen sind ein Teilring der rationalen Zahlen, diese ein Teilring der reellen Zahlen, welche ein Teilring der komplexen Zahlen sind.

(2) Es sei $d \in \mathbb{Z}$ eine ganze Zahl und $\sqrt{d} \in \mathbb{C}$ eine komplexe Quadratwurzel von d (reell, falls $d \geqslant 0$, sonst imaginär). Dann ist die Menge aller ganzzahligen Linearkombinationen

$$\mathbb{Z}[\sqrt{d}] = \{a + b\sqrt{d} \mid a, b \in \mathbb{Z}\}$$

von $\sqrt{d}$ und 1 ein Teilring von $\mathbb{C}$ (gelesen: 'ℤ adjungiert Wurzel d'). Dass $\mathbb{Z}[\sqrt{d}]$ die 1 enthält, ist klar, und für alle $a, b, a', b' \in \mathbb{Z}$ gelten

$$(a + b\sqrt{d}) \pm (a' + b'\sqrt{d}) = (a \pm a') + (b \pm b')\sqrt{d} \in \mathbb{Z}[\sqrt{d}] \text{ und}$$
$$(a + b\sqrt{d})(a' + b'\sqrt{d}) = aa' + bb'd + (ab' + a'b)\sqrt{d} \in \mathbb{Z}[\sqrt{d}].$$

Besonders wichtig ist der Fall $d = -1$. Die Elemente von $\mathbb{Z}[\sqrt{-1}] = \mathbb{Z}[i]$ werden auch **Gaußsche ganze Zahlen** genannt.
Wenn d ein Quadrat in $\mathbb{Z}$ ist, dann ist $\sqrt{d}$ eine ganze Zahl und es gilt einfach $\mathbb{Z}[\sqrt{d}] = \mathbb{Z}$. Andernfalls ist $\sqrt{d}$ auch keine rationale Zahl[1]. Daraus folgt dann, dass zwei Zahlen $a + b\sqrt{d}$ und $a' + b'\sqrt{d}$ in $\mathbb{Z}[\sqrt{d}]$ nur für $a = a'$ und $b = b'$ gleich sind. ◇

Ringe wie $\mathbb{Z}[\sqrt{d}]$ spielen eine wichtige Rolle in der algebraischen Zahlentheorie. Eine Frage ist, wie sie sich strukturell von den ganzen Zahlen unterscheiden, beispielsweise im Hinblick auf eindeutige Faktorisierbarkeit (siehe §1.3). Die Untersuchung dieser Frage begann bereits mit Gauß, ist aber besonders mit dem Namen Dedekind verbunden.

Ein Element u in einem Ring R heißt **invertierbar** oder eine **Einheit** in R, wenn es ein Element $u^{-1} \in R$ gibt mit $uu^{-1} = u^{-1}u = 1$. Wir schreiben

$$R^* = \{u \in R \mid u \text{ ist eine Einheit}\}.$$

Wegen $1 \in R$ gilt immer $R^* \neq \varnothing$. Das multiplikative Inverse einer Einheit ist wieder eine Einheit und das Produkt zweier Einheiten ebenso. Deshalb ist die Menge R^* unter der Multiplikation eine Gruppe, genannt die **Einheitengruppe** von R. Die Einheitengruppe von $\mathbb{Z}$ besteht zum Beispiel nur aus 1 und −1. Ein kommutativer Ring K mit $K^* = K \smallsetminus \{0\}$ ist ein **Körper**.

Carl Friedrich Gauss (1777–1855)
Lithographie von S. D. Bendixen (1828)

1.4 Beispiel Wir bestimmen die Einheiten in den Gaußschen ganzen Zahlen: Sei $x = a + bi \in \mathbb{Z}[i]$, $i = \sqrt{-1}$, und angenommen es gibt $x^{-1} = c + di \in \mathbb{Z}[i]$ mit $xx^{-1} = 1$. Dann folgt auch $\overline{xx^{-1}} = 1$, wobei $\overline{x} = a - bi$ die komplexe Konjugation ist. Also gilt

$$1 = xx^{-1}\overline{xx^{-1}} = x\overline{x}x^{-1}\overline{x^{-1}} = (a^2 + b^2)(c^2 + d^2).$$

Bei der zweiten Gleichheit haben wir die Multiplikativität der komplexen Konjugation benutzt (siehe auch Beispiel 2.1). Da a, b, c, d ganze Zahlen sind, folgt daraus nun $a^2 + b^2 = 1$. Das hat nur die Lösungen $a = \pm 1$, $b = 0$ oder $a = 0$, $b = \pm 1$. Die Einheiten in $\mathbb{Z}[i]$ sind deshalb gerade

$$1, -1, i, -i$$

mit Inversen $1, -1, -i, i$. Die Gruppe $\mathbb{Z}[i]^*$ hat also vier Elemente. ◇

Die Einheitengruppe von $\mathbb{Z}[\sqrt{d}]$ für andere Werte von d als −1 lässt sich in den meisten Fällen nicht so einfach wie hier bestimmen; siehe auch Aufgabe 1.10

[1] Die Irrationalität von $\sqrt{d}$, falls d kein Quadrat in $\mathbb{Z}$ ist, kann man direkt wie für $\sqrt{2}$ beweisen (siehe auch Aufgabe 1.12). Wir zeigen das später auch als Spezialfall einer allgemeineren Aussage (Kor. 5.11).

Definition Ein Element a in einem Ring R heißt ein **Nullteiler**, wenn es ein $b \in R$ gibt mit $b \neq 0$ und

$$ab = 0 \quad \text{oder} \quad ba = 0.$$

In kommutativen Ringen sind $ab = 0$ und $ba = 0$ natürlich äquivalent. In jedem Ring ist 0 ein Nullteiler, außer im Nullring. Ein Ring, der außer 0 keine Nullteiler besitzt und nicht der Nullring ist, heißt **nullteilerfrei**. Ein kommutativer, nullteilerfreier Ring wird **Integritätsring** genannt (in der Literatur oft *Integritätsbereich*, englisch *domain*). Der Nullring ist per Definition kein Integritätsring.

Eine quadratische Matrix $A \in \mathrm{Mat}_n(K)$ mit Einträgen in einem Körper K ist genau dann ein Nullteiler, wenn ihr Rang kleiner als n ist (Aufgabe 1.5). In allgemeinen nicht-kommutativen Ringen muss man sogar noch zwischen *Links*nullteilern und *Rechts*nullteilern unterscheiden.

1.5 Beispiele (1) Die ganzen Zahlen sind ein Integritätsring.

(2) Eine Einheit kann nie ein Nullteiler sein. Denn aus $ub = 0$ mit $u \in R^*$ folgt $b = u^{-1}ub = 0$. Insbesondere ist jeder Körper ein Integritätsring.

(3) Jeder Teilring eines Integritätsrings ist wieder einer. Zum Beispiel sind die Ringe $\mathbb{Z}[\sqrt{d}] \subset \mathbb{C}$ für $d \in \mathbb{Z}$ Integritätsringe.

(4) Der Ring $\mathbb{Z}/n$ ist kein Integritätsring, wenn n keine Primzahl ist (§1.2). ◇

Ringelemente, die keine Nullteiler sind, darf man **kürzen**. Ist R ein kommutativer Ring und $a \in R$ kein Nullteiler, dann gilt

$$\forall x, y \in R \left(ax = ay \Rightarrow x = y \right).$$

Denn $ax = ay$ ist äquivalent zu $a(x - y) = 0$ und damit zu $x - y = 0$. Entsprechend folgt aus $xa = ya$ genauso $x = y$, wenn a kein Nullteiler ist.

Miniaufgaben

1.3 Zeige: Ist R ein Ring und sind $u, v, w \in R$ mit $vu = uw = 1$, so gilt $v = w(= u^{-1})$. Inverse sind also immer automatisch beidseitig.

1.4 Seien R und S Integritätsringe. Ist dann auch $R \times S$ ein Integritätsring?

Es sei R ein kommutativer Ring. Sind $a, b \in R$, dann sagen wir b **teilt** a oder b **ist ein Teiler von** a und schreiben $b|a$, wenn es $c \in R$ mit

$$a = bc$$

gibt. Dabei heißt b ein **echter Teiler** von a, wenn b und c keine Einheiten in R sind. Entsprechend schreiben wir $b \nmid a$, wenn b kein Teiler von a ist.

1.6 Proposition *Es sei R ein kommutativer Ring. Die Teilbarkeit ist eine Relation auf der Menge R, welche die folgenden Eigenschaften besitzt.*

(1) Für alle $a \in R$ gilt $a|a$.

(2) Jedes Element teilt 0, aber 0 teilt kein Element ungleich 0.

(3) Die Teiler von 1 sind die Einheiten in R. Jede Einheit teilt jedes andere Element.

(4) Aus $a|b$ und $b|c$ folgt $a|c$. Die Teilbarkeit ist also transitiv.

(5) Aus $a|b$ und $c|d$ folgt $ac|bd$.

(6) Aus $a|b$ und $a|c$ folgt $a|(b + c)$.

(7) Ist c kein Nullteiler und gilt $ac|bc$, so folgt $a|b$.

Jedes Element »teilt Null«, denn es gilt immer $a0 = 0$. Der Begriff »Nullteiler« ist aber beschränkt auf den Fall, dass $ab = 0$ gilt, obwohl b ungleich 0 ist.

Beweis. (1)–(6): Übung. (7) Wegen $ac|bc$ gibt es $d \in R$ mit $bc = acd$. Daraus folgt $c(b - ad) = 0$. Da c kein Nullteiler ist, folgt $b = ad$ und damit $a|b$. ■

Miniaufgabe

1.5 Beweise Prop. 1.6(1)–(6).

Viele Eigenschaften der Teilbarkeit sind vom Umgang mit ganzen Zahlen vertraut, aber es wird eine Weile dauern, die Unterschiede herauszuarbeiten, die zwischen der Teilbarkeit in $\mathbb{Z}$ und allgemeinen kommutativen Ringen bestehen.

Definition Sind a und b zwei Elemente in einem kommutativen Ring R, die sich gegenseitig teilen, also

$$a|b \qquad \text{und} \qquad b|a,$$

dann heißen a und b **assoziiert** (in R) und wir schreiben $a \sim b$.

1.7 Proposition *Es sei R ein Integritätsring. Genau dann sind a und b in R assoziiert, wenn es eine Einheit $u \in R^*$ mit $a = bu$ gibt. Die Assoziiertheit ist eine Äquivalenzrelation auf R und mit der Teilbarkeit verträglich, das heißt, ist $a \sim b$ und $a' \sim b'$, dann gilt $a|a' \Leftrightarrow b|b'$.*

Mit anderen Worten, a und b sind genau dann assoziiert, wenn b ein Teiler von a ist, jedoch kein echter Teiler (und umgekehrt).

Beweis. Seien a und b assoziiert. Dann gibt es also $u, v \in R$ mit $a = bu$ und $b = av$, und es folgt $a = auv$. Ist $a = 0$, dann auch $b = 0$ und die Behauptung ist klar. Andernfalls folgt durch Kürzen $uv = 1$, also sind u und v Einheiten. Ist umgekehrt u eine Einheit mit $a = bu$, dann gilt $b = au^{-1}$. Also sind a und b assoziiert.

Als Nächstes überprüfen wir die Eigenschaften einer Äquivalenzrelation. Die Assoziiertheit ist

- ◇ *reflexiv*, d.h. es gilt $a \sim a$ für alle a; denn es gilt $a = a \cdot 1$.
- ◇ *symmetrisch*, d.h. aus $a \sim b$ folgt $b \sim a$; denn aus $a = bu$ mit $u \in R^*$ folgt $b = au^{-1}$.
- ◇ *transitiv*, d.h. aus $a \sim b$ und $b \sim c$ folgt $a \sim c$; denn ist $a = bu$ und $b = cv$ mit $u, v \in R^*$, so folgt $a = cuv$.

Für die letzte Behauptung gelte $b = au$ und $b' = a'u'$ mit $u, u' \in R^*$. Falls $a|a'$, dann gibt es also $c \in R$ mit $a' = ac$. Daraus folgt $b' = a'u' = acu' = bu^{-1}cu'$ und damit $b|b'$. Die Umkehrung folgt genauso. ■

1.8 Beispiele (1) In $\mathbb{Z}$ sind a und b genau dann assoziiert, wenn $a = \pm b$ gilt.

(2) Für ein Element u in einem Integritätsring gilt $u \sim 1$ genau dann, wenn u eine Einheit ist. Insbesondere sind alle Einheiten assoziiert. In einem Körper sind alle Elemente ungleich 0 assoziiert, während 0 mit keinem anderen Element assoziiert ist.

(3) In $\mathbb{Z}[i]$ sind zwei Zahlen genau dann assoziiert, wenn sie sich um eine der Einheiten $1, -1, i, -i$ unterscheiden, zum Beispiel $1 + i \sim i(1 + i) = -1 + i$. ◇

Definition Es sei R ein kommutativer Ring, und seien $a, b \in R$. Ein **größter gemeinsamer Teiler** von a und b ist ein Element $d \in R$, das a und b teilt und von jedem gemeinsamen Teiler von a und b geteilt wird:

(1) $d|a$ und $d|b$;

(2) $\forall d'\big((d'|a \wedge d'|b) \Rightarrow d'|d\big)$.

Mit anderen Worten: In der Menge M aller gemeinsamen Teiler von a und b ist ein größter gemeinsamer Teiler durch alle anderen Elemente von M teilbar.

In den ganzen Zahlen ist der größte gemeinsame Teiler einfach die größte Zahl in der Menge M der gemeinsamen Teiler. In einem allgemeinen Ring ergäbe dies als Definition allerdings keinen Sinn.

Ein Element $e \in R$ heißt ein **kleinstes gemeinsames Vielfaches** von a und b, wenn es von a und b geteilt wird und jedes Element mit dieser Eigenschaft teilt:

(1) $a|e$ und $b|e$;

(2) $\forall e'\big((a|e' \wedge b|e') \Rightarrow e|e'\big)$.

Die Definition ist immer sinnvoll, aber die Existenz eines größten gemeinsamen Teilers folgt nicht aus den Ringaxiomen allein. Wir werden später Beispiele für Integritätsringe sehen, in denen größte gemeinsame Teiler nicht immer existieren.

Obwohl beide Begriffe ähnlich sind und einander in bestimmter Weise entsprechen, werden wir fast nur über den größten gemeinsamen Teiler reden und das kleinste gemeinsame Vielfache kaum benutzen.

Wenn ein größter gemeinsamer Teiler von a und b existiert, dann ist er eindeutig bis auf Assoziiertheit. Denn sind d_1 und d_2 beides größte gemeinsame Teiler von a und b, dann folgt aus der Definition $d_1|d_2$ und $d_2|d_1$, also $d_1 \sim d_2$. Entsprechendes gilt für das kleinste gemeinsame Vielfache. Deshalb schreibt man

$$\mathrm{ggT}(a,b) \qquad \text{und} \qquad \mathrm{kgV}(a,b)$$

für *den* größten gemeinsamen Teiler und *das* kleinste gemeinsame Vielfache, obwohl beide eben nur bis auf Assoziiertheit bestimmt sind.

Definition Zwei Elemente a, b in einem Integritätsring R heißen **teilerfremd** (oder auch *coprim*), wenn $\mathrm{ggT}(a,b) = 1$ gilt.

Für teilerfremde Elemente ist jeder gemeinsame Teiler von a und b eine Einheit in R (assoziiert mit 1). Mit anderen Worten, es gibt keine echten gemeinsamen Teiler.

Miniaufgaben

1.6 Wahr oder falsch? Ein Integritätsring ist genau dann ein Körper, wenn je zwei Elemente ungleich 0 assoziiert sind.

1.7 Zeige, dass $|\mathrm{ggT}(a,b)|$ für $a, b \in \mathbb{Z}$ die größte Zahl unter allen gemeinsamen Teilern ist.

1.2 *Ganze Zahlen und Kongruenzen*

Bevor wir mit der allgemeinen Ringtheorie weiter machen, entwickeln wir einige Aussagen über ganze Zahlen, und zwar gerade solche, die sie von anderen Ringen unterscheiden. Mit unseren bisherigen Begriffen können wir nur Folgendes sagen: Der Ring $\mathbb{Z}$ ist ein Integritätsring mit Einheitengruppe $\mathbb{Z}^* = \{1, -1\}$.

Die ganzen Zahlen entstehen aus den natürlichen, indem man die Null und zu jeder Zahl ihr Negatives hinzunimmt. Daraus ergibt sich die Betragsfunktion

$$|\cdot|\colon \mathbb{Z} \to \mathbb{N}_0, \ a \mapsto |a|.$$

Wir beschreiben hier nur Eigenschaften, geben aber keine Definition einer ganzen Zahl. Die natürlichen Zahlen werden üblicherweise durch die *Peano-Axiome* charakterisiert (und dann ihre Existenz etwa aus der Mengenlehre heraus bewiesen). Zur Konstruktion der ganzen Zahlen aus den natürlichen siehe auch Bemerkung 2.37.

Für jede ganze Zahl $a \in \mathbb{Z}$ ist $|a|$ die eindeutige mit a assoziierte natürliche Zahl. Außer den Rechengesetzen erbt $\mathbb{Z}$ auch die Anordnung von $\mathbb{N}$. Die natürlichen Zahlen sind *wohlgeordnet*, das heißt, jede nichtleere Menge natürlicher Zahlen besitzt ein kleinstes Element. Diese Eigenschaft begründet das Induktionsprinzip. Das gilt in $\mathbb{Z}$ natürlich nicht – es gibt keine kleinste ganze Zahl. Es folgt aber eine andere wichtige Eigenschaft der ganzen Zahlen daraus, die **Division mit Rest**.

1.9 Proposition *Gegeben zwei ganze Zahlen $a, b \in \mathbb{Z}$ mit $b \neq 0$, dann gibt es $q, r \in \mathbb{Z}$ mit*

$$a = bq + r \quad \textit{und} \quad 0 \leqslant r < |b|.$$

Dabei sind q und r durch a und b eindeutig festgelegt. Insbesondere gilt $r = 0$ genau dann, wenn b ein Teiler von a ist.

Beweis. Existenz: Wir können $b > 0$ annehmen, indem wir ggf. q durch $-q$ ersetzen. Die Menge $\{a - bq \mid q \in \mathbb{Z}\} \cap \mathbb{N}_0$ ist nicht leer (wegen $b \neq 0$) und enthält deshalb ein kleinstes Element $r = a - bq_0 \geqslant 0$. Es muss $r < b$ gelten, denn andernfalls wäre $a - b(q_0 + 1) = a - bq_0 - b = r - b \geqslant 0$, im Widerspruch zur Minimalität von r. ∎

Miniaufgaben

1.8 Beweise die Eindeutigkeit in Prop. 1.9.

1.9 Was genau hat die Tatsache, dass jede nichtleere Menge natürlicher Zahlen ein kleinstes Element besitzt, mit Induktionsbeweisen zu tun?

Aus der Division mit Rest folgt die Existenz des größten gemeinsamen Teilers. Es gilt das folgende wichtige Lemma.

1.10 Lemma (Bézout) *Für alle $a, b \in \mathbb{Z}$, nicht beide Null, gibt es $u, v \in \mathbb{Z}$ mit*

$$\operatorname{ggT}(a,b) = ua + vb.$$

Insbesondere besitzen je zwei ganze Zahlen einen größten gemeinsamen Teiler.

Beweis. Wir betrachten die Menge $M = \{ma + nb \mid m, n \in \mathbb{Z}\}$. Da a und b nicht beide Null sind, enthält M eine natürliche Zahl (zum Beispiel $a^2 + b^2$). Es sei d die kleinste natürliche Zahl in M, etwa $d = ua + vb$. Wir teilen a mit Rest durch d und bekommen $a = qd + r$, $0 \leqslant r < d$. Dann folgt $r = a - dq = a - (ua + vb)q = (1 - uq)a + (-vq)b \in M$. Wegen $0 \leqslant r < d$ folgt daraus $r = 0$ aufgrund der Minimalität von d. Es gilt also $d|a$ und, mit dem gleichen Argument, auch $d|b$. Also ist d ein gemeinsamer Teiler von a und b. Aus der Darstellung $d = ua + vb$ folgt andererseits unmittelbar, dass jeder gemeinsame Teiler von a und b auch ein Teiler von d ist. ■

Étienne Bézout (1730–1783)

Bézout bewies das nach ihm benannte Lemma nicht nur für ganze Zahlen, sondern auch für Polynome; siehe §1.6. Für ganze Zahlen findet sich ein Beweis bereits bei Claude-Gaspard Bachet de Méziriac in einem Buch aus dem Jahr 1624 mit dem schönen Titel »Problèmes plaisans et délectables qui se font par les nombres«.

1.11 Korollar *Genau dann sind $a, b \in \mathbb{Z} \setminus \{0\}$ teilerfremd, wenn es $u, v \in \mathbb{Z}$ gibt mit*

$$ua + vb = 1.$$ ■

1.12 Beispiel Zwei benachbarte natürliche Zahlen n und $n+1$ sind immer teilerfremd, denn es gilt $1 = 1 \cdot (n+1) + (-1) \cdot n$. ◇

Miniaufgaben

1.10 Bestimme eine Bézout-Identität für 5 und 7 sowie für 12 und 33.

1.11 Sind die Zahlen u und v im Lemma von Bézout durch a und b eindeutig bestimmt?

1.12 Zeige: Sind $a_1, \ldots, a_k \in \mathbb{Z}$ teilerfremd, dann gibt es $u_1, \ldots, u_k \in \mathbb{Z}$ mit $u_1 a_1 + \cdots + u_k a_k = 1$.

Eine **Primzahl** ist eine natürliche Zahl $p > 1$, die keine echten Teiler besitzt. Jede natürliche Zahl n ist ein Produkt

$$n = p_1^{r_1} \cdot \ldots \cdot p_k^{r_k}$$

von Potenzen verschiedener Primzahlen (mit positiven Exponenten $r_1, \ldots, r_k$). Die Existenz einer solchen Darstellung ist klar, denn man kann einfach so lange teilen, bis alle Faktoren prim sind. Die Eindeutigkeit zeigen wir gleich. Dass es unendlich viele Primzahlen gibt, steht schon in den *Elementen* des Euklid.

1.13 Satz (Euklid) *Es gibt unendlich viele Primzahlen.*

Beweis. Es seien $p_1, \ldots, p_k$ endlich viele Primzahlen und sei $n = p_1 \cdots p_k$. Die Zahlen n und $n+1$ sind teilerfremd (siehe Beispiel 1.12). Also ist $n+1$ durch keine der Primzahlen $p_1, \ldots, p_k$ teilbar. Da aber auch $n+1$ ein Produkt von Primzahlen ist, muss es

Primzahlen üben seit jeher eine große Faszination aus. Ihre Verteilung innerhalb der natürlichen Zahlen ist der Hauptgegenstand der *analytischen Zahlentheorie*. Einige Beispiele: ◇ Die Anzahl der Primzahlen im Intervall $[1, N]$ für $N \in \mathbb{N}$ ist asymptotisch gegeben durch $\frac{N}{\log(N)}$ (*Primzahlsatz*). Die berühmte *Riemannsche Vermutung* ist äquivalent zu einer präzisen Fehlerabschätzung für den Primzahlsatz. ◇ Es ist nicht bekannt, ob jede gerade Zahl größer als 2 als Summe zweier Primzahlen darstellbar ist (*Goldbachsche Vermutung*). ◇ Es ist nicht bekannt, ob es unendlich viele Primzahlzwillinge gibt, also Paare von Primzahlen mit Abstand 2, zum Beispiel $(3,5)$, $(5,7)$, $(17,19)$, $(641,643)$. ◇ Die Primzahlen enthalten beliebig lange *arithmetische Progressionen*, also endliche Zahlenfolgen mit konstantem Abstand (*Satz von Green-Tao*, 2004). ◇ Die größte derzeit bekannte Primzahl ist $2^{82\,589\,933} - 1$ (eine *Mersenne-Zahl*), deren Dezimaldarstellung über 24 Millionen Stellen hat (*GIMPS-Projekt* 2018).

außer $p_1, \ldots, p_k$ noch weitere Primzahlen geben. Da das für jede endliche Menge von Primzahlen gilt, kann die Menge aller Primzahlen nicht endlich sein. ■

1.14 Proposition *Es seien $a_1, \ldots, a_k, n \in \mathbb{Z}$. Sind a_i und n für jedes $i = 1, \ldots, k$ teilerfremd, dann auch das Produkt $a_1 \cdots a_k$ und n.*

Beweis. Nach dem Lemma von Bézout gibt es $u_1, \ldots, u_k, v_1, \ldots, v_k \in \mathbb{Z}$ mit $1 = u_i a_i + v_i n$ für $i = 1, \ldots, k$. Es folgt

$$u_1 \cdots u_k a_1 \cdots a_k = (1 - v_1 n) \cdot \ldots \cdot (1 - v_k n).$$

Die rechte Seite hat nach Ausmultiplizieren die Form $1 - vn$ für ein $v \in \mathbb{Z}$ und es folgt $1 = u_1 \cdots u_k a_1 \cdots a_k + vn$, was zeigt, dass $a_1 \cdots a_k$ und n teilerfremd sind. ■

1.15 Korollar *Es sei $p \in \mathbb{N}$ eine Primzahl und seien $a_1, \ldots, a_k \in \mathbb{Z}$. Ist das Produkt $a_1 \cdot \ldots \cdot a_k$ durch p teilbar, dann ist mindestens ein Faktor a_i durch p teilbar.*

Beweis. Ist a_i nicht durch p teilbar, dann sind a_i und p teilerfremd, da p eine Primzahl ist. Gilt dies für alle i, dann sind nach Prop. 1.14 auch p und $a_1 \cdot \ldots \cdot a_k$ teilerfremd. ■

1.16 Proposition *Sind zwei Produkte*

$$p_1 \cdot \ldots \cdot p_k = q_1 \cdot \ldots \cdot q_l$$

von Primzahlen gleich, dann gilt $k = l$, und nach geeignetem Vertauschen der Reihenfolge gilt $p_i = q_i$ für alle $i = 1, \ldots, k$.

Beweis. Das beweisen wir durch Induktion nach k. Für $k = 0$ ist die Aussage richtig: Denn ein Produkt aus null Faktoren ist die 1, und $1 = q_1 \cdots q_l$ ist nur für $l = 0$ möglich. Sei nun $k \geqslant 1$. Da p_1 prim und $p_1 | (q_1 \cdots q_l)$ gilt, folgt $p_1 | q_i$ für ein i (Kor. 1.15). Durch Umnummerieren können wir $p_1 | q_1$ erreichen. Da auch q_1 prim ist, impliziert das $p_1 = q_1$. Also können wir p_1 kürzen und bekommen $p_2 \cdots p_k = q_2 \cdots q_l$. Nach Induktionsvoraussetzung folgt $k - 1 = l - 1$ und $p_i = q_i$ für $i \geqslant 2$ nach Umnummerieren. Da dies auch für $i = 1$ gilt, ist die Behauptung bewiesen. ■

1.17 Korollar *Es seien m und n teilerfremde ganze Zahlen. Ist $a \in \mathbb{Z}$ durch m und n teilbar, dann auch durch mn.*

Beweis. Denn in der eindeutigen Primfaktorzerlegung von $|a|$ müssen alle Primteiler von $|m|$ und $|n|$ vorkommen. Da m und n teilerfremd sind, kommt keiner dieser Primteiler in beiden vor, und die Behauptung folgt. ■

Das erste Beispiel für Kongruenzrechnen ist immer das Rechnen mit Uhrzeiten: Bei den Stunden wird modulo 12 oder 24 gerechnet, bei den Minuten und Sekunden modulo 60.

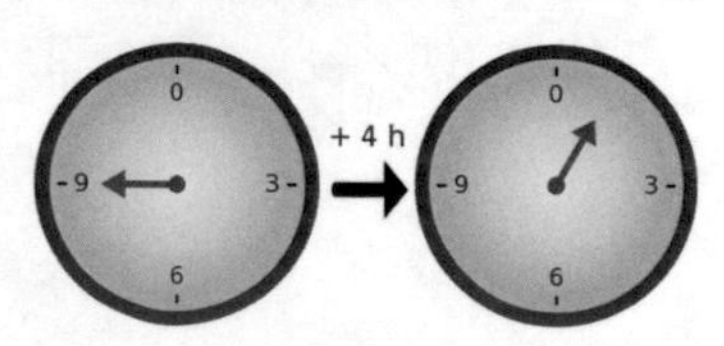

ALS KONGRUENZRECHNUNG oder modulare Arithmetik bezeichnet man das Rechnen mit Resten bei der Division ganzer Zahlen. In der linearen Algebra kommt das meistens, mehr oder weniger ausführlich, im Zusammenhang mit den endlichen Körpern vor. Wir fixieren eine Zahl $n \in \mathbb{N}$, den *Modulus*. Zwei ganze Zahlen $a, b \in \mathbb{Z}$ heißen **kongruent modulo** n, wenn sie bei Division durch n denselben Rest ergeben. Wir schreiben in diesem Fall

$$a \equiv b \pmod{n}.$$

1.18 Beispiel Es gelten zum Beispiel

$$5 \equiv 9 \pmod{4}, \quad 14 \equiv 0 \pmod{7}, \quad 271 \equiv 135 \pmod{17}. \quad \diamond$$

Es gilt $a \equiv b \pmod{n}$ genau dann, wenn die Differenz $a - b$ durch n teilbar ist und insbesondere $a \equiv 0 \pmod{n}$ genau dann, wenn n ein Teiler von a ist. Die Lösbarkeit einer linearen Kongruenzgleichung ergibt sich direkt aus dem Lemma von Bézout:

Rechenprobleme in Kongruenzen sind beinahe so alt wie die Mathematik selbst. In ihrer heutigen Form wurde die Kongruenzrechnung aber erst von Gauß in seinen berühmten *Disquisitiones Arithmeticae* (1801) erstmals systematisch entwickelt.

Gauss, C. F. *Disquisitiones Arithmeticae – Untersuchungen über höhere Arithmetik. Deutsch von H. Maser.* Berlin. Julius Springer. VIII u. 695 S. (1889), 1801

1.19 Proposition *Es seien $a, n \in \mathbb{Z}$.*

(1) *Genau dann hat die Kongruenz $ax \equiv 1 \pmod{n}$ eine Lösung $x \in \mathbb{Z}$, wenn a und n teilerfremd sind.*
(2) *Sind a und n teilerfremd, dann hat die Kongruenz $ax \equiv b \pmod{n}$ für jedes $b \in \mathbb{Z}$ eine Lösung.*

Beweis. (1) Denn $au \equiv 1 \pmod{n}$ bedeutet genau, dass es $v \in \mathbb{Z}$ gibt mit $1 - au = vn$, also folgt die Behauptung aus dem Lemma von Bézout. (2) folgt aus (1), denn wir können die Kongruenz $ax \equiv 1 \pmod{n}$ lösen und mit b multiplizieren (siehe Prop. 1.20(5)). ■

Miniaufgabe

1.13 Bestimme alle Lösungen der Kongruenzgleichung $12x \equiv 1 \pmod{7}$.

Die Kongruenz modulo n ist eine Relation auf der Menge $\mathbb{Z}$ und besitzt die folgenden Eigenschaften.

1.20 Proposition *Es seien $k, n \in \mathbb{N}$ und $a, a', b, b', c \in \mathbb{Z}$.*

(1) *Es gilt $a \equiv a \pmod{n}$.* *(Reflexivität)*
(2) *Es gilt $a \equiv b \pmod{n}$ genau dann, wenn $b \equiv a \pmod{n}$ gilt.* *(Symmetrie)*
(3) *Aus $a \equiv b \pmod{n}$ und $b \equiv c \pmod{n}$ folgt $a \equiv c \pmod{n}$.* *(Transitivität)*
(4) *Falls $a \equiv a'$ und $b \equiv b' \pmod{n}$, so $a + b \equiv a' + b' \pmod{n}$.*
(5) *Falls $a \equiv a'$ und $b \equiv b' \pmod{n}$, so $ab \equiv a'b' \pmod{n}$.*
(6) *Sind c und n teilerfremd und gilt $ca \equiv cb \pmod{n}$, so folgt $a \equiv b \pmod{n}$.*
(7) *Falls $a \equiv b \pmod{kn}$, dann auch $a \equiv b \pmod{n}$.*

Die ersten drei Eigenschaften besagen, dass die Kongruenz modulo n eine Äquivalenzrelation ist.

Beweis. (1) und (2) sind offensichtlich. (3) Aus $n|(a-b)$ und $n|(b-c)$, etwa $a-b = qn$ und $b-c = q'n$, folgt $a-c = (a-b)+(b-c) = (q+q')n$. (4) und (5) Aus $a-a' = qn$ und $b-b' = q'n$ folgt $(a+b)-(a'+b') = (q+q')n$, also $a+b \equiv a'+b' \pmod{n}$. Entsprechend folgt $ab - a'b' = a(q'n + b') - (a - qn)b' = (aq' + b'q)n$, also $ab \equiv a'b' \pmod{n}$. (6) Aus $ca - cb = qn$ folgt $n|c(a-b)$. Da n und c teilerfremd sind, folgt daraus $n|(a-b)$, also $a \equiv b \pmod{n}$. (7) Aus $kn|(a-b)$ folgt insbesondere $n|(a-b)$. ■

Die Äquivalenzklasse einer Zahl $a \in \mathbb{Z}$ unter der Kongruenzrelation modulo n ist die Menge aller Zahlen, die bei Division durch n den gleichen Rest wie a liefern und wird auch **Kongruenzklasse** genannt, geschrieben $[a]_n$. Per Definition gilt dann also

$$[a]_n = \{b \in \mathbb{Z} \mid a \equiv b \pmod{n}\}.$$

Zwei Zahlen sind kongruent, wenn ihre Kongruenzklassen *gleich* sind:

$$a \equiv b \pmod{n} \iff [a]_n = [b]_n.$$

Da die Kongruenz modulo n eine Äquivalenzrelation ist, ist $\mathbb{Z}$ die disjunkte Vereinigung der n verschiedenen Kongruenzklassen $[0]_n, \dots, [n-1]_n$. Mit anderen Worten, jede ganze Zahl liegt in genau einer dieser Kongruenzklassen. Wir schreiben

$$\mathbb{Z}/n = \{[a]_n \mid a = 0, \dots, n-1\}$$

für die Menge aller Kongruenzklassen modulo n.

1.21 Satz *Die Menge $\mathbb{Z}/n$ wird mit der Addition bzw. Multiplikation*

$$[a]_n + [b]_n = [a+b]_n \quad \text{bzw.} \quad [a]_n \cdot [b]_n = [a \cdot b]_n$$

zu einem kommutativen Ring. Die Null ist $[0]_n$ und die Eins ist $[1]_n$.

Es sei $n = 2$. Der Ring $\mathbb{Z}/2$ besteht aus den beiden Elementen $[0]_2$ und $[1]_2$, also nur aus seiner Null und seiner Eins, wobei wir die Klammern $[x]_n$ der Übersichtlichkeit halber weglassen.

+	0	1
0	0	1
1	1	0

·	0	1
0	0	0
1	0	1

Für $n = 4$ sehen die Additions- und Multiplikationstabellen so aus:

+	0	1	2	3
0	0	1	2	3
1	1	2	3	0
2	2	3	0	1
3	3	0	1	2

·	0	1	2	3
0	0	0	0	0
1	0	1	2	3
2	0	2	0	2
3	0	3	2	1

In $\mathbb{Z}/4$ gilt $2 \neq 0$ aber $2 \cdot 2 = 0$, so dass dieser Ring kein Integritätsring ist.

Das liegt daran, dass die Kongruenzrelation nach Prop. 1.20 mit Addition und Multiplikation verträglich ist. Wir beweisen später eine allgemeinere Version dieser Aussage (Prop. 2.18) und halten uns hier nicht mit dem Beweis auf.

1.22 Beispiel Eine häufige Anwendung der Kongruenzrechnung besteht darin, die Unlösbarkeit bestimmter Gleichungen in ganzen Zahlen zu beweisen. Beispielsweise hat die Gleichung

$$x^2 + y^2 = 3z^2$$

keine Lösung in $\mathbb{Z}$ außer $x = y = z = 0$. Angenommen, es gäbe doch solche x, y, z, nicht alle 0. Ist m ein gemeinsamer Teiler, dann ist auch $(x/m, y/m, z/m)$ eine Lösung. Wir können also annehmen, dass x, y, z teilerfremd sind. Dann betrachten wir die Gleichung modulo 3 und bekommen $[x]_3^2 + [y]_3^2 = [0]_3$. In $\mathbb{Z}/3$ sind $[0]_3$ und $[1]_3$ die einzigen Quadrate, wegen $[2]_3^2 = [1]_3$. Es gibt also nur die Möglichkeit $[x]_3 = [y]_3 = 0$. Das bedeutet, dass x und y durch 3 teilbar sind. Dann ist $x^2 + y^2 = 3z^2$ durch 9 teilbar, also muss auch z durch 3 teilbar sein, ein Widerspruch. ◇

Für jede natürliche Zahl n haben wir damit einen endlichen Ring $\mathbb{Z}/n$ mit n Elementen konstruiert. Ein Element seiner Einheitengruppe $(\mathbb{Z}/n)^*$ bezeichnen wir als **primen Rest modulo n.**

1.23 Proposition *Für $a \in \mathbb{Z}$ ist $[a]_n$ genau dann ein primer Rest modulo n, wenn a und n teilerfremd sind.*

Beweis. Das ist nur eine Umformulierung von Prop. 1.19(1), denn $[a]_n \in (\mathbb{Z}/n)^*$ ist äquivalent zur Lösbarkeit der Kongruenzgleichung $ax \equiv 1 \pmod{n}$. ■

1.24 Korollar *Für jede Primzahl p ist $\mathbb{Z}/p$ ein Körper.*

Beweis. Da p eine Primzahl ist, ist jede Zahl $a \in \{1, \ldots, p-1\}$ teilerfremd zu p. Also ist jedes Element $[a]_p$ außer $[0]_p$ eine Einheit in $\mathbb{Z}/p$. ■

Wie üblich schreibt man statt $\mathbb{Z}/p$ auch $\mathbb{F}_p$ für den Körper mit p Elementen. Als Folgerung beweisen wir den folgenden berühmten Satz.

PIERRE DE FERMAT (1607–1665), französischer Mathematiker und Jurist, war einer der einflussreichsten Zahlentheoretiker seiner Zeit. Wie es der Name suggeriert, gibt es neben dem »kleinen« auch einen »großen« Satz von Fermat (siehe dazu §6.2).

1.25 Satz (Kleiner Satz von Fermat) *Es sei p eine Primzahl und $a \in \mathbb{Z}$ mit $p \nmid a$. Dann gilt*

$$a^{p-1} \equiv 1 \pmod{p}.$$

Beweis. Da a nicht durch p teilbar ist, ist $[a]_p \neq [0]_p$ in $\mathbb{Z}/p$ und damit eine Einheit. Deshalb ist die Abbildung

$$\lambda_a\colon (\mathbb{Z}/p)^* \to (\mathbb{Z}/p)^*, [x]_p \mapsto [a \cdot x]_p$$

bijektiv, denn λ_b mit $[b]_p = [a]_p^{-1}$ ist ihre Umkehrabbildung. Wenn wir λ_a auf $(\mathbb{Z}/p)^* = \{[1]_p, \ldots, [p-1]_p\}$ anwenden, dann ist also $\{[a]_p, [2a]_p, \ldots, [(p-1)a]_p\} = (\mathbb{Z}/p)^*$. Die Produkte über all diese Elemente sind deshalb gleich, das heißt, es gilt

$$\prod_{k=1}^{p-1} [k]_p = \prod_{k=1}^{p-1} [a \cdot k]_p = [a]_p^{p-1} \prod_{k=1}^{p-1} [k]_p.$$

Kürzen auf beiden Seiten ergibt $[a]_p^{p-1} = [1]_p$ und damit die Behauptung. ■

Miniaufgaben

1.14 Zeige, dass $\mathbb{Z}/n$ genau dann ein Integritätsring ist, wenn n eine Primzahl ist.

1.15 Zeige: Ist p eine Primzahl und a beliebig, dann gilt $a^p \equiv a \pmod{p}$.

ALS NÄCHSTES BETRACHTEN WIR SYSTEME aus mehreren linearen Kongruenzgleichungen. Dafür gilt der folgende klassische Satz.

1.26 Satz (Chinesischer Restsatz) *Sind $m_1, \dots, m_k \in \mathbb{Z}$ paarweise teilerfremde Zahlen und $a_1, \dots, a_k \in \mathbb{Z}$ beliebig, dann hat das System von Kongruenzen*

$$x \equiv a_i \pmod{m_i} \quad (i = 1, \dots, k)$$

eine Lösung $x \in \mathbb{Z}$, die modulo $m = m_1 \cdots m_k$ eindeutig bestimmt ist.

Ist $M_i = m/m_i$ für $i = 1, \dots, k$ und sind $x_1, \dots, x_k$ Lösungen der Gleichungen $M_i x_i \equiv a_i \pmod{m_i}$, dann ist $x = \sum_{i=1}^k M_i x_i$ eine solche Lösung.

Ein Spezialfall des chinesischen Restsatzes taucht schon in den Schriften des chinesischen Mathematikers SUN ZI (vermutlich im 3. Jahrhundert) auf.

Beweis. Nach Prop. 1.14 sind M_i und m_i teilerfremd. Deshalb haben die einzelnen Kongruenzen $M_i x_i \equiv a_i \pmod{m_i}$ Lösungen in x_i nach Prop. 1.19. Setze $x = \sum_{i=1}^k M_i x_i$. Da m_1 für alle $i \geqslant 2$ ein Teiler von M_i ist, gilt dann $x = M_1 x_1 + \sum_{i=2}^k M_i x_i \equiv M_1 x_1 \equiv a_1 \pmod{m_1}$ und entsprechend $x \equiv a_i \pmod{m_i}$ für alle $i = 2, \dots, k$.

Für die Eindeutigkeit seien x, x' zwei Lösungen, dann gilt $m_i | (x - x')$ für alle i. Da die m_i teilerfremd sind, folgt $m | (x - x')$ (Kor. 1.17) und damit $x \equiv x' \pmod{m}$. ■

Praktisch kann man die Kongruenzen $M_i x_i \equiv a_i \pmod{m_i}$ durch Division mit Rest lösen. Der chinesische Restsatz beinhaltet also einen Algorithmus.

1.27 Beispiel Betrachte das System

$$x \equiv 2 \pmod 5, \quad x \equiv 1 \pmod 6, \quad x \equiv 3 \pmod 7.$$

Die Voraussetzung ist erfüllt, denn 5, 6, 7 haben paarweise keine gemeinsamen Teiler. Wir erhalten $m = 5 \cdot 6 \cdot 7 = 210$, $M_1 = 42$, $M_2 = 35$, $M_3 = 30$ und lösen die einzelnen Kongruenzen

$$\begin{array}{llll} & 42x_1 \equiv 2 \pmod 5 & 35x_2 \equiv 1 \pmod 6 & 30x_3 \equiv 3 \pmod 7, \\ \text{etwa} & x_1 = 1 & x_2 = -1 & x_3 = -2. \end{array}$$

Nach dem chinesischen Restsatz ist also $42 - 35 - 2 \cdot 30 = -53$ eine Lösung. Eine positive Lösung ist damit $-53 + 210 = 157$. ◇

Ein einfacher Ansatz im *parallelen Rechnen* beruht auf dem chinesischen Restsatz: Wenn ein Prozessor beispielsweise eine Arithmetik für ganze Zahlen bis 2^{64} (in der Größenordnung 10^{19}) vorsieht und man möchte effizient mit Zahlen bis 10^{200} rechnen, dann kann man folgendermaßen vorgehen: Für jede Primzahl $p < 2^{32} = 4.294.967.296$ liegt p^2 noch im Rechenbereich des Prozessors, so dass man in $\mathbb{Z}/p$ auch multiplizieren kann. Man wählt k verschiedene solche Primzahlen $p_1, \dots, p_k$, deren Produkt größer als 10^{200} ist. Nun führt man alle Additionen und Multiplikationen modulo jedem p_i aus, und zwar auf k Prozessoren parallel. Das Ergebnis bekommt man dann im direkten Produkt $\prod_{i=1}^k \mathbb{Z}/p_i$. Mit dem Algorithmus aus dem chinesischen Restsatz erhält man dann ein Ergebnis in $\mathbb{Z}$, das modulo $\prod_{i=1}^k p_i > 10^{200}$ eindeutig ist.

Miniaufgabe

1.16 Finde ein Vielfaches von 7, das bei Division durch 2, 3, 4 die Reste 1, 2, 3 lässt.

IN DER SPRACHE DER RINGTHEORIE können wir den chinesischen Restsatz so verstehen: Sind m und n natürliche Zahlen, dann ist

$$\alpha: \mathbb{Z}/mn \to \mathbb{Z}/m \times \mathbb{Z}/n, \; [x]_{mn} \mapsto ([x]_m, [x]_n)$$

eine wohldefinierte Abbildung[2]. Der chinesische Restsatz 1.26 sagt gerade, dass diese Abbildung für teilerfremde Zahlen m und n bijektiv ist, nämlich surjektiv nach der

[2] Die Wohldefiniertheit bedeutet hier: Sind $x, y \in \mathbb{Z}$ mit $[x]_{mn} = [y]_{mn}$, dann auch $[x]_m = [y]_m$ und $[x]_n = [y]_n$.

Existenzaussage und injektiv nach der Eindeutigkeitsaussage. Es ist außerdem leicht zu überprüfen, dass α mit der Addition und Multiplikation verträglich ist, das heißt, es gilt $\alpha([x]_{mn} \dotplus [y]_{mn}) = \alpha([x]_{mn}) \dotplus \alpha([y]_{mn})$ für alle x, y. Die Abbildung α ist damit ein Beispiel für einen Isomorphismus von Ringen (siehe Kap. 2). Wir haben also einen Isomorphismus

$$\mathbb{Z}/mn \cong \mathbb{Z}/m \times \mathbb{Z}/n \qquad (\text{falls } \mathrm{ggT}(m,n) = 1).$$

Als Anwendung dieser Überlegung untersuchen wir die **eulersche Phi-Funktion**

LEONHARD EULER (1707–1783)
Fotographische Reproduktion eines Ölgemädes von Jakob E. Handmann (1756)

Die eulersche Phi-Funktion hat viele faszinierende zahlentheoretische, kombinatorische und analytische Eigenschaften. Im Englischen hat sie den griffigen Namen *totient function*, der auf J. .J. Sylvester zurückgeht.

$$\varphi\colon \begin{cases} \mathbb{N} & \to & \mathbb{N} \\ n & \mapsto & |(\mathbb{Z}/n)^*|. \end{cases}$$

Der Wert $\varphi(n)$ ist die Anzahl der primen Reste modulo n, also gerade die Anzahl der mit n teilerfremden Zahlen in der Menge $\{1, 2, \ldots, n\}$. Für kleine Werte von n kann man $\varphi(n)$ leicht per Hand ausrechnen:

n	1	2	3	4	5	6	7	8	…
$\varphi(n)$	1	1	2	2	4	2	6	4	…

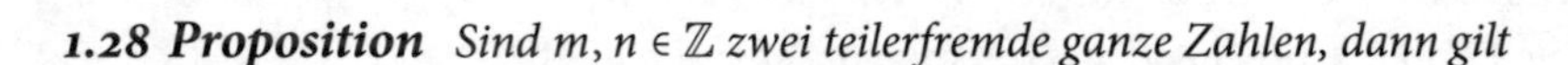

1.28 Proposition *Sind $m, n \in \mathbb{Z}$ zwei teilerfremde ganze Zahlen, dann gilt*

$$\varphi(m \cdot n) = \varphi(m) \cdot \varphi(n).$$

Beweis. Der Isomorphismus $\mathbb{Z}/mn \to \mathbb{Z}/m \times \mathbb{Z}/n$ und seine Umkehrabbildung bilden Einheiten auf Einheiten ab, denn für x, y gilt $[x \cdot y]_{mn} = [1]_{mn}$ genau dann, wenn $[x \cdot y]_m = [1]_m$ und $[x \cdot y]_n = [1]_n$. Es folgt $|(\mathbb{Z}/mn)^*| = |(\mathbb{Z}/m)^*| \cdot |(\mathbb{Z}/n)^*|$ und damit die Behauptung. ■

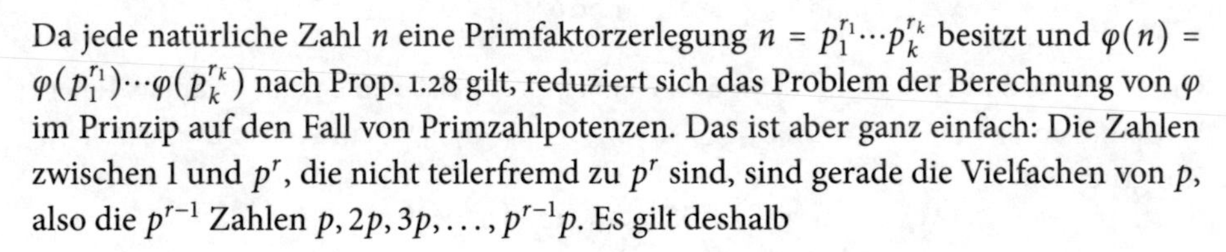

Da jede natürliche Zahl n eine Primfaktorzerlegung $n = p_1^{r_1} \cdots p_k^{r_k}$ besitzt und $\varphi(n) = \varphi(p_1^{r_1}) \cdots \varphi(p_k^{r_k})$ nach Prop. 1.28 gilt, reduziert sich das Problem der Berechnung von φ im Prinzip auf den Fall von Primzahlpotenzen. Das ist aber ganz einfach: Die Zahlen zwischen 1 und p^r, die nicht teilerfremd zu p^r sind, sind gerade die Vielfachen von p, also die p^{r-1} Zahlen $p, 2p, 3p, \ldots, p^{r-1}p$. Es gilt deshalb

$$\varphi(p^r) = p^r - p^{r-1} = p^r\left(1 - \frac{1}{p}\right).$$

Damit erhalten wir insgesamt die folgende Formel zur Berechnung von φ.

1.29 Satz (Eulersche Produktformel) *Für $n = p_1^{r_1} \cdots p_k^{r_k}$ gilt*

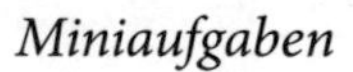

$$\varphi(n) = n \cdot \prod_{i=1}^{k}\left(1 - \frac{1}{p_i}\right).$$ ■

Miniaufgaben

1.17 Zeige für die Einheitengruppen von Ringen R und S die Gleichheit $(R \times S)^* = R^* \times S^*$.
1.18 Begründe, dass $\varphi(n)$ für $n > 2$ immer eine gerade Zahl ist.

1.3 *Irreduzible und prime Elemente*

Im vorigen Abschnitt haben wir die Bedeutung von Primzahlen für die Struktur des Rings $\mathbb{Z}$ gesehen. Wir führen nun die entsprechenden Begriffe für allgemeine Integritätsringe (nullteilerfreie kommutative Ringe) ein.

Definition Sei R ein Integritätsring. Ein Element c heißt **irreduzibel**, wenn es nicht Null ist, keine Einheit ist und keine echten Teiler besitzt. Mit anderen Worten, $c \in R$ ist genau dann irreduzibel, wenn Folgendes gilt:

$$c \notin R^* \wedge c \neq 0 \wedge \forall a, b \in R\colon \big(c = ab \;\Rightarrow\; (a \in R^* \vee b \in R^*)\big).$$

1.30 Beispiele In $\mathbb{Z}$ sind die irreduziblen Elemente die Primzahlen, bis auf Vorzeichen. In Körpern gibt es, per Definition, überhaupt keine irreduziblen Elemente. ◇

Jede ganze Zahl ist ein Produkt von Primzahlen, und die Darstellung ist eindeutig bis auf die Reihenfolge. Unser Ziel ist es zu verstehen, auf welche Ringe sich diese Aussage übertragen lässt. Dazu brauchen wir einiges an Vorbereitung. Verwirrenderweise ist der Begriff *prim* in allgemeinen Ringen anders definiert:

Definition Ein Element p in einem Integritätsring R heißt **prim** oder **Primelement**, wenn p nicht Null und keine Einheit ist und Folgendes gilt: Für alle $a, b \in R$ ist p nur dann ein Teiler des Produkts ab, wenn p ein Teiler von a oder ein Teiler von b ist. Ein Element $p \in R$ ist also prim, wenn gilt:

$$p \notin R^* \wedge p \neq 0 \wedge \forall a, b \in R\colon \big(p|ab \;\Rightarrow\; (p|a \vee p|b)\big).$$

1.31 Proposition *Jedes Primelement in einem Integritätsring ist auch irreduzibel.*

Beweis. Es sei $p \in R$ prim und es gelte $p = ab$. Da p sich selbst und damit ab teilt, ist p ein Teiler von a oder von b. Es gelte etwa $p|a$, also $a = cp$ mit $c \in R$. Daraus folgt $p = ab = cpb$ und damit $cb = 1$. Also ist b eine Einheit. Entsprechend folgt $a \in R^*$ falls $p|b$. Also ist p irreduzibel. ■

In den ganzen Zahlen gilt auch die Umkehrung (Kor. 1.15), weshalb die beiden Begriffe dort nicht unterschieden werden. In allgemeinen Ringen ist die Sache komplizierter. Das folgende Beispiel ist typisch für das Problem.

1.32 Beispiel Betrachte den Teilring der komplexen Zahlen

$$R = \mathbb{Z}[\sqrt{-5}] = \{a + b\sqrt{-5} \mid a, b \in \mathbb{Z}\} \subset \mathbb{C}$$

(siehe Beispiel 1.3). Wir zeigen, dass es in R irreduzible Elemente gibt, die nicht prim sind, nämlich zum Beispiel die Zahl 2.

Betrachte dazu die Wirkung der komplexen Konjugation auf R: Für $x = a + b\sqrt{-5}$ gilt $\overline{x} = \overline{a + b\sqrt{5}i} = a - b\sqrt{5}i = a - b\sqrt{-5}$ und damit

$$x\overline{x} = (a + b\sqrt{-5})(a - b\sqrt{-5}) = a^2 + 5b^2.$$

Die Zahl 2 ist irreduzibel in R. Denn sind $x = a + b\sqrt{-5}$ und $y = c + d\sqrt{-5}$ mit

$$2 = xy = (a + b\sqrt{-5})(c + d\sqrt{-5}),$$

dann folgt

$$4 = 2 \cdot 2 = 2 \cdot \overline{2} = xy\overline{xy} = x\overline{x}y\overline{y} = (a^2 + 5b^2)(c^2 + 5d^2).$$

Rechts stehen zwei positive ganze Zahlen. Da gibt es nicht viele Möglichkeiten, wie das Produkt 4 ergeben kann:

(1) Entweder $a^2 + 5b^2 = 1$, dann folgt $b = 0$ und $a = \pm 1$. Also ist $x = \pm 1$.
(2) oder $a^2 + 5b^2 = 2$, das geht überhaupt nicht;
(3) oder $a^2 + 5b^2 = 4$, dann $b = 0$ und $a = \pm 2$. Dann ist $c^2 + 5d^2 = \pm 1$, also $y = \pm 1$.

Wegen $\pm 1 \in R^*$ ist 2 also irreduzibel. Allerdings ist 2 nicht prim, denn es gilt

$$2 \cdot 3 = 6 = (1 + \sqrt{-5})(1 - \sqrt{-5}).$$

Wäre 2 prim, dann müsste 2 ein Teiler von $1 + \sqrt{-5}$ oder von $1 - \sqrt{5}$ sein. Beides ist nicht der Fall, denn $2(a + b\sqrt{-5}) = 2a + 2b\sqrt{-5} \neq 1 \pm \sqrt{-5}$. ◇

Es lohnt sich, dieses Beispiel im Kopf zu behalten: Die Zahl 2 ist irreduzibel aber nicht prim in $\mathbb{Z}[\sqrt{-5}]$. Das hängt damit zusammen, dass die Zahl 6 zwei verschiedene Darstellungen $6 = 2 \cdot 3 = (1+\sqrt{-5})(1-\sqrt{-5})$ als Produkt von irreduziblen Elementen[3] hat. Die eindeutige Faktorisierbarkeit aus $\mathbb{Z}$ geht in $\mathbb{Z}[\sqrt{-5}]$ verloren.

[3] Dass 3 und $1 \pm \sqrt{-5}$ auch irreduzibel sind, kann man analog zeigen.

Definition Es sei R ein Integritätsring. Ein Element $a \in R$, $a \neq 0$, heißt **zerlegbar in Primfaktoren**, wenn es eine Darstellung der Form

$$a = up_1 \cdots p_k$$

mit $u \in R^*$ und $p_1, \ldots, p_k \in R$ prim besitzt. Erlaubt ist auch $k = 0$, wenn a selbst eine Einheit ist.[4] Ist jedes Element ungleich 0 zerlegbar in Primfaktoren, dann heißt R ein **faktorieller Ring**. Solche Zerlegungen in Primfaktoren sind immer eindeutig:

[4] Ist p_i prim, so auch up_i. Wir könnten die Einheit u in dieser Definition deshalb auch weglassen und einem der Faktoren zuschlagen, außer eben im Fall $k = 0$.

1.33 Proposition *Sind in einem Integritätsring R zwei Produkte*

$$p_1 \cdot \ldots \cdot p_k = q_1 \cdot \ldots \cdot q_l$$

von Primelementen gleich, dann gilt $k = l$, und nach geeignetem Vertauschen der Reihenfolge gilt $p_i \sim q_i$ für alle $i = 1, \ldots, k$.

Beweis. Der Beweis geht genauso wie für Primzahlen (Prop. 1.16), durch Induktion nach k. Sei $k = 0$: Ein Produkt aus null Faktoren ist die 1, wir haben also $1 = q_1 \cdots q_l$. Da Primelemente keine Einheiten sein dürfen, folgt daraus $l = 0$. Sei nun $k \geqslant 1$. Nach Voraussetzung ist p_1 prim. Aus $p_1 | (q_1 \cdots q_l)$ folgt deshalb $p_1 | q_i$ für ein i. Durch Umnummerieren können wir $p_1 | q_1$ erreichen. Da q_1 prim und damit irreduzibel ist, impliziert das $p_1 \sim q_1$, etwa $q_1 = up_1$ mit $u \in R^*$. Einsetzen und Teilen durch p_1 ergibt $p_2 \cdots p_k = (uq_2) \cdots q_l$. Dabei ist uq_2 wieder prim und assoziiert zu q_2. Nach Induktionsvoraussetzung folgt $l - 1 = k - 1$ und $p_i \sim q_i$ für $i \geqslant 2$ nach Umnummerieren. Da dies auch für $i = 1$ gilt, ist die Behauptung bewiesen. ■

Wir wollen nun untersuchen, wann eine Zerlegung in Primfaktoren möglich ist. Eine **unendliche Teilerkette** in einem kommutativen Ring R ist eine Folge $(a_i)_{i \in \mathbb{N}}$, in der a_{i+1} für jedes $i \in \mathbb{N}$ ein echter Teiler von a_i ist, also eine unendliche Folge

Ein Beispiel für einen Ring, in dem eine solche unendliche Teilerkette existiert, findet sich in Aufgabe 1.27.

$$a_1 \mid a_2 \mid a_3 \mid \cdots$$

von echten Teilbarkeiten. Die Existenz einer solchen Kette ist ein Hindernis für die Faktorialität, denn wenn man immer weiter teilen kann, dann lässt sich nicht jedes Element überhaupt in irreduzible Faktoren zerlegen, unabhängig von der Frage nach der Eindeutigkeit einer Zerlegung. Wir beweisen die folgende Charakterisierung.

***1.34* Satz** *Für einen Integritätsring R sind folgende Aussagen äquivalent:*
(i) Jedes Element ungleich 0 ist zerlegbar in Primfaktoren, das heißt, R ist faktoriell.
(ii) Es gibt keine unendlichen Teilerketten in R, und je zwei Elemente ungleich 0 besitzen einen größten gemeinsamen Teiler.
(iii) Es gibt keine unendlichen Teilerketten in R, und jedes irreduzible Element ist prim.

Beweis. (i)⇒(ii): Wir zeigen zuerst die Existenz von größten gemeinsamen Teilern: Es seien $a, b \in R \setminus \{0\}$ und sei $c \in R$ ein Teiler von a und b, etwa $a = a'c$, $b = b'c$. Wir schreiben die Elemente a, b, a', b', c alle als Produkte von Primelementen. Nach Prop. 1.33 müssen dann auf beiden Seiten der Gleichheiten $a = a'c$ und $b = b'c$ dieselben Primfaktoren stehen (bis auf Assoziiertheit). Sind also

$$a = p_1 \cdot \ldots \cdot p_k, \qquad b = q_1 \cdot \ldots \cdot q_l, \qquad c = r_1 \cdot \ldots \cdot r_m$$

Darstellungen als Produkte von Primelementen, dann müssen $r_1, \ldots, r_m$ auch unter den Primelementen $p_1, \ldots, p_k$ und $q_1, \ldots, q_l$ auftreten. Genauer gilt $m \leqslant k, l$ und wir können so umnummerieren, dass $r_i \sim p_i \sim q_i$ für alle $i = 1, \ldots, m$ gilt. Daraus folgt, dass a und b einen größten gemeinsamen Teiler besitzen, nämlich das Produkt aller Primelemente p_i, die zu jeweils einem der Primelemente q_j assoziiert sind (wobei Vielfachheiten zu berücksichtigen sind; explizit gilt $\mathrm{ggT}(a, b) = p_{i_1} \cdots p_{i_s}$ wobei $\{i_1, \ldots, i_s\} = \{i \in \{1, \ldots, k\} \mid \exists j \in \{1, \ldots, l\} : p_i \sim q_j \text{ und } p_t \nsim q_j \text{ für alle } t < i\}$).

Dieselbe Überlegung zeigt, dass das Element a bis auf Assoziiertheit nur endlich viele verschiedene echte Teiler besitzt, nämlich Teilprodukte von $p_1 \cdots p_k$. Deshalb kann es in R keine unendlichen Teilerketten geben.

(ii)⇒(iii): Wir müssen zeigen, dass alle irreduziblen Elemente prim sind. Sei $p \in R$ irreduzibel und seien $a, b \in R \setminus \{0\}$ mit $p|ab$. Nach Voraussetzung existiert

$$d = \mathrm{ggT}(pa, ab).$$

Da p und a sowohl pa als auch ab teilen, folgt $p|d$ und $a|d$. Es gibt also $c \in R$ mit $d = ca$. Es folgt $ca|pa$, nach Kürzen also $c|p$. Da p irreduzibel ist, muss $c \sim 1$ oder $c \sim p$ gelten. Falls $c \sim 1$, so folgt $d \sim a$ und wegen $p|d$ also $p|a$. Falls $c \sim p$, so folgt $d \sim pa$ und $d|ab$ impliziert nach Kürzen $p|b$. Damit ist gezeigt, dass p prim ist.

(iii)⇒(i): Es genügt zu zeigen, dass jedes Element $a \in R$, das ungleich 0 und keine Einheit ist, als Produkt von irreduziblen Elementen geschrieben werden kann. Ist a selbst irreduzibel, dann ist nichts zu zeigen. Andernfalls ist $a = bc$ für zwei echte Teiler von a. Sind b und c irreduzibel, sind wir wieder fertig, sonst teilen wir weiter. Da es nach Voraussetzung keine unendlichen Teilerketten in R gibt, kommen wir dabei irgendwann zu einem Ende und haben a in irreduzible Faktoren zerlegt. Da diese nach Voraussetzung alle prim sind, ist R faktoriell. ■

***1.35* Beispiel** Der Ring $\mathbb{Z}[\sqrt{-5}]$ aus Beispiel 1.32 enthält irreduzible Elemente, die nicht prim sind. Nach Satz 1.34(3) folgt daraus, dass er nicht faktoriell ist. ◇

Miniaufgaben

1.19 Zeige, dass die Elemente 3 und $1 \pm \sqrt{-5}$ in $\mathbb{Z}[\sqrt{-5}]$ irreduzibel sind.
1.20 Begründe, dass jeder Körper auch ein faktorieller Ring ist.

1.4 Polynome

Ein Polynom mit Koeffizienten in einem Ring R ist ein Ausdruck der Form

$$a_n x^n + a_{n-1} x^{n-1} + \cdots + a_1 x + a_0$$

mit $a_0, \ldots, a_n \in R$, wobei x eine Variable ist.

Was allerdings ist überhaupt eine Variable? In der linearen Algebra gewöhnt man sich schnell daran, die Koeffizienten von linearen Gleichungssystemen hübsch ordentlich in Matrizen zu organisieren, woraufhin die Variablen von der Bildfläche verschwinden. Bei Polynomen ist das ähnlich: Ein Polynom ist gegeben durch die Folge seiner Koeffizienten, die Variable ist nur ein »Platzhalter«.[5] Die Folge der Koeffizienten ist formal immer unendlich, aber nur endlich viele der Koeffizienten sind ungleich 0. Polynome kann man wie gewohnt addieren

[5] Eine präzisere Konstruktion des Polynomrings ist in Exkurs 1.5 beschrieben.

$$\left(\sum_{k=0}^{m} a_k x^k\right) + \left(\sum_{k=0}^{n} b_k x^k\right) = \sum_{k=0}^{\max(m,n)} (a_k + b_k) x^k$$

und multiplizieren

$$\left(\sum_{k=0}^{m} a_k x^k\right) \cdot \left(\sum_{l=0}^{n} b_l x^l\right) = \sum_{k=0}^{m} \sum_{l=0}^{n} a_k b_l x^{k+l} = \sum_{j=0}^{m+n} \sum_{k+l=j} a_k b_l x^j.$$

Wir schreiben $R[x]$ für die Menge der Polynome mit diesen beiden Verknüpfungen, den **Polynomring in einer Variablen x mit Koeffizienten in R**. Wir fassen den Koeffizientenring R als Teilring $R \subset R[x]$ auf, indem wir $a \in R$ mit dem Polynom $a \cdot x^0$ identifizieren. Die Null und die Eins in $R[x]$ sind die konstanten Polynome 0 (das *Nullpolynom*) und 1. Es ist einfach (aber langwierig) nachzuprüfen, dass alle Ringaxiome erfüllt sind. Der Ring $R[x]$ ist genau dann kommutativ, wenn R kommutativ ist.

In einem Polynom sind nur endlich viele Koeffizienten ungleich 0. Wenn man auf diese Forderung verzichtet, erhält man den Ring $R[[x]]$ der *formalen Potenzreihen*, der aus allen Ausdrücken

$$\sum_{k=0}^{\infty} a_k x^k$$

besteht. Genau wie die Polynome sind das einfach Folgen von Ringelementen. An der Addition und Multiplikation ändert sich nichts. Konvergenzfragen bleiben außen vor, da dies in einem allgemeinen Ring keinen Sinn ergibt. In der Regel bestimmt eine formale Potenzreihe also gar keine Funktion. Trotzdem sind formale Potenzreihen für bestimmte Fragen sehr nützlich.

Aus einem Polynom $f = a_n x^n + \cdots + a_1 x + a_0 \in R[x]$ wird eine **Polynomfunktion**, indem man die Variable x durch Elemente aus R ersetzt:

$$f : \begin{cases} R & \to & R \\ b & \mapsto & f(b) = \sum_{i=0}^{n} a_i b^i \end{cases}.$$

Im Allgemeinen muss man aber zwischen dem Polynom und der Polynomfunktion unterscheiden. Betrachten wir dazu die beiden Polynome

$$f = x + 1 \qquad \text{und} \qquad g = x^3 + x^2 + x + 1$$

über dem Körper $\mathbb{F}_2$ mit zwei Elementen. Es gelten $f(0) = g(0) = 1$ und $f(1) = g(1) = 0$ über $\mathbb{F}_2$. Die beiden Polynomfunktionen $f: \mathbb{F}_2 \to \mathbb{F}_2$ und $g: \mathbb{F}_2 \to \mathbb{F}_2$ sind also gleich. Trotzdem sind f und g per Definition verschiedene Polynome, da sich ihre Koeffizienten unterscheiden.

Wie üblich heißen Polynome vom Grad 1 *linear*, vom Grad 2 *quadratisch* und vom Grad 3 *kubisch*.

Definition Der **Grad** $\deg(f)$ eines Polynoms $f = a_n x^n + \cdots + a_1 x + a_0$ ist der größte Index j mit $a_j \neq 0$. Der Grad des Nullpolynoms ist $\deg(0) = -\infty$. Der Koeffizient $a_{\deg(f)}$ heißt der **Leitkoeffizient** von f und das Produkt $a_{\deg(f)} x^{\deg(f)}$ der **Leitterm**. Ein Polynom heißt **normiert**, wenn sein Leitkoeffizient 1 ist.

1.36 *Proposition* *Ist R nullteilerfrei, dann ist auch $R[x]$ nullteilerfrei, und es gelten*

$$\deg(fg) = \deg(f) + \deg(g) \quad \textit{und} \quad \deg(f+g) \leqslant \max\{\deg(f), \deg(g)\}$$

für alle $f, g \in R[x]$. Falls $\deg(f) \neq \deg(g)$, so gilt rechts Gleichheit.

Beweis. Sei $m = \deg(f)$ und $n = \deg(g)$, etwa $f = \sum_{i=0}^m a_i x^i$ und $g = \sum_{i=0}^n b_i x^i$. Per Definition kommt in $f + g$ kein Exponent größer als $\max\{m, n\}$ vor und in fg kein Exponent größer als $m + n$. Also gilt $\deg(f + g) \leqslant \max\{m, n\}$ und $\deg(fg) \leqslant m + n$. Wegen $a_m, b_n \neq 0$ ist auch $a_m b_n \neq 0$, da R nullteilerfrei ist. Also gilt $\deg(fg) = m+n$. Ist außerdem etwa $m > n$, so gilt $a_m + b_m = a_m \neq 0$, also $\deg(f+g) = m$. Es folgt auch, dass $R[x]$ nullteilerfrei ist, denn sind $f, g \in R[x]$ mit $f, g \neq 0$, dann ist $\deg(f), \deg(g) \geqslant 0$ und damit $\deg(fg) = \deg(f) + \deg(g) \geqslant 0$, also ist $fg \neq 0$. ■

1.37 Korollar *Für jeden nullteilerfreien Ring R gilt* $R[x]^* = R^*$.

Beweis. Jede Einheit in R ist auch eine Einheit in $R[x]$. Sind umgekehrt $fg \in R[x]$ mit $fg = 1$, dann folgt $\deg(f) + \deg(g) = 0$, also $\deg(f) = \deg(g) = 0$ und $f, g \in R^*$. ■

1.38 Beispiel Zwei Polynome $f, g \in R[x]$ mit Koeffizienten in einem Integritätsring R sind assoziiert, wenn es eine Einheit $u \in R^*$ gibt mit $f = ug$ (denn die Einheiten in R sind auch die einzigen Einheiten in $R[x]$, wie wir gerade gesehen haben). Beispielsweise sind die Polynome $x^2 + 3x + 2$ und $5x^2 + 15x + 10$ demnach in $\mathbb{Q}[x]$ assoziiert, aber nicht in $\mathbb{Z}[x]$, da 5 keine Einheit in $\mathbb{Z}$ ist. ◇

Miniaufgaben

1.21 Zeige: Ist K ein Körper, dann sind alle Polynome vom Grad 1 in $K[x]$ irreduzibel.
1.22 Zeige: Ist R ein Integritätsring, dann ist $x \in R[x]$ irreduzibel.
1.23 Welche Polynome vom Grad 1 in $\mathbb{Z}[x]$ sind irreduzibel?

WIE FÜR GANZE ZAHLEN gibt es für Polynome eine Division mit Rest. Das funktioniert über jedem Ring, sofern der Leitkoeffizient eine Einheit ist.

1.39 Satz (Polynomdivision) *Es sei R ein Ring und seien* $f, g \in R[x]$, $g \neq 0$. *Angenommen, der Leitkoeffizient von g ist eine Einheit in R. Dann gibt es eindeutige Polynome* $q, r \in R[x]$ *mit*

$$f = gq + r \quad \textit{und} \quad \deg(r) < \deg(g).$$

Aus dem Beweis ergibt sich ein Algorithmus für die Polynomdivision, die man als schriftliches Rechenverfahren ganz ähnlich wie die Division natürlicher Zahlen durchführen kann. Es ist instruktiv, ein paar Beispiele per Hand zu rechnen (siehe Miniaufgaben).

Beweis. Sei $a \in R^*$ der Leitkoeffizient von g. Für die Existenz wähle $q \in R[x]$ derart, dass $r = f - gq$ den kleinsten möglichen Grad hat. Sei m dieser Grad. Wir behaupten, dass $m < \deg(g)$ gilt. Denn andernfalls sei bx^m der Leitterm von r, dann haben r und $g \cdot a^{-1}bx^{m-\deg(g)}$ denselben Leitterm. Also folgt $\deg(f - g(q + a^{-1}bx^{m-\deg(g)})) < m$, ein Widerspruch zur Minimalität von $\deg(r)$.

Für die Eindeutigkeit sei $f = gq + r = gq' + r'$ mit $\deg(r), \deg(r') < \deg(g)$. Dann folgt $g(q-q') = r' - r$. Falls $q - q' \neq 0$, sei cx^k der Leitterm von $q - q'$ und sei $n = \deg(g)$. Dann hat $g(q - q')$ den Leitterm acx^{k+n}, und es folgt

$$\deg(r - r') < \deg(g) = n \leqslant k + n = \deg(g(q - q')),$$

ein Widerspruch. Also muss $q = q'$ und damit auch $r = r'$ gelten. ■

Eine Anwendung der Polynomdivision, die oft schon im Schulunterricht vorkommt, ist das Abspalten eines Linearfaktors, wenn man eine Nullstelle eines Polynoms gefunden hat. Systematisch untersuchen wir das später in §5.1.

Natürlich gibt es auch Polynome in mehreren Variablen. Dazu definieren wir

$$R[x, y] = R[x][y].$$

Ein Polynom in x, y ist also ein Polynom in y mit Koeffizienten in $R[x]$ und hat damit die Form

$$f = \textstyle\sum_{i=0}^m f_i y^i, \quad \text{mit } f_i \in R[x].$$

Wegen der Ringgesetze kann man alles ausmultiplizieren und jedes solche Polynom in der Form

$$f = \sum a_{ij} x^i y^j$$

schreiben. Da man beliebig umsortieren kann, sind die Ringe $R[x][y]$ und $R[y][x]$ isomorph und man unterscheidet nicht zwischen $R[x, y]$ und $R[y, x]$. Allgemeiner ist der Polynomring in n Variablen $x_1, \ldots, x_n$ induktiv definiert durch $R[x_1, \ldots, x_n] = R[x_1, \ldots, x_{n-1}][x_n]$.

Miniaufgaben

1.24 Teile das Polynom $x^5 + 7x^4 - 3x^2 + 2x + 1 \in \mathbb{Q}[x]$ mit Rest durch das Polynom $x^2 - x + 1$.
1.25 Finde zwei quadratische Polynome mit Koeffizienten in $\mathbb{Z}/4$, deren Produkt 1 ergibt.

1.5 *Exkurs: Monoid-Algebren*

Im vorangehenden Abschnitt haben wir den Polynomring nur beschrieben, aber nicht explizit definiert. In diesem Exkurs geht es um eine allgemeinere Konstruktion, die den Polynomring als Spezialfall enthält.

Es sei M ein Monoid (multiplikativ geschrieben mit neutralem Element e), und sei R ein Ring. Wir schreiben $R[M]$ für die Menge aller Abbildungen $f\colon M \to R$ mit endlichem Träger, das heißt mit der Eigenschaft, dass $f(m) \neq 0$ für höchstens endlich viele $m \in M$ gilt. Wir versehen die Menge $R[M]$ mit einer Ringstruktur wie folgt: Mit der punktweisen Addition $(f + g)(m) = f(m) + g(m)$ $(m \in M)$ ist $R[M]$ eine abelsche Gruppe. Ihre Null ist die Nullfunktion mit $f(m) = 0$ für alle $m \in M$. Außerdem definieren wir eine Multiplikation, aber nicht punktweise, sondern durch

$$(fg)(m) = \sum_{k,l \in M,\ kl = m} f(k)g(l).$$

Die Summe läuft also über alle Paare $k, l \in M$, deren Produkt kl in M das Element m ist. Sie ist endlich, da f und g endlichen Träger haben. Man muss nun überprüfen, dass die Ringaxiome alle erfüllt sind, was allerdings nicht sehr spannend ist.

Der Begriff R-*Algebra* bezieht sich hier darauf, dass R als Teilring in $R[M]$ enthalten ist. Ist K ein Körper, dann ist eine solche K-Algebra immer auch gleichzeitig ein K-Vektorraum.

Definition Der Ring $R[M]$ heißt die **Monoid-Algebra** über dem Monoid M mit Koeffizienten im Ring R.

Wir führen die folgende vereinfachende Notation ein: Für $m \in M$ schreiben wir einfach m für die Funktion

$$m\colon M \to R,\ m \mapsto 1,\ k \mapsto 0 \text{ für alle } k \neq m.$$

Für $a \in R$ schreiben wir außerdem a für die Funktion

$$a\colon M \to R,\ e \mapsto a,\ k \mapsto 0 \text{ für alle } k \neq e.$$

Das neutrale Element $e \in M$ und die Eins $1 \in R$ stehen dann also für dieselbe Funktion $M \to R$. Nach Definition der Multiplikation in $R[M]$ ist nun $a \cdot m$ die Funktion

$$a \cdot m\colon M \to R,\ m \mapsto a,\ k \mapsto 0 \text{ für alle } k \neq m.$$

Damit gilt nun für jedes $f \in R[M]$ die Gleichheit $f = \sum_{m \in M} f(m) \cdot m$. Mit anderen

Worten, jedes Element von $R[M]$ besitzt eine eindeutige Darstellung

$$\sum\nolimits_{m\in M} a_m \cdot m$$

mit $a_m \in R$ und $a_m \neq 0$ für höchstens endliche viele $m \in M$. Die Elemente von $R[M]$ sind also »formale endliche Summen« über die Elemente von M mit Koeffizienten aus R. Addition und Multiplikation in $R[M]$ werden zu

$$\sum_{m\in M} a_m \cdot m + \sum_{m\in M} b_m \cdot m = \sum_{m\in M} (a_m + b_m) \cdot m$$

und

$$\sum_{m\in M} a_m \cdot m \cdot \sum_{m\in M} b_m \cdot m = \sum_{m\in M}\Bigg(\sum_{k,l\in M,\ kl=m} a_k b_l\Bigg) \cdot m.$$

Ist nun M ein kommutatives Monoid, dann schreibt man die Verknüpfung in M in der Regel additiv mit neutralem Element 0. Damit das zu der obigen Notation passt, überführt man M anschließend in ein multiplikatives Monoid, dessen Elemente in der Form x^m mit der Verknüpfung

$$x^m \cdot x^n = x^{m+n} \qquad \text{für } m, n \in M$$

geschrieben werden. Dabei ist »x« nur ein Symbol für die Exponenten-Schreibweise, die aus der Addition eine Multiplikation macht, und ohne eigenständige Bedeutung. Die Elemente von $R[M]$ sind in dieser Notation endliche Summen der Form

$$\sum\nolimits_{m\in M} a_m x^m$$

mit Addition und Multiplikation

$$\sum_{m\in M} a_m x^m + \sum_{m\in M} b_m x^m = \sum_{m\in M} (a_m + b_m) x^m$$

und

$$\sum_{m\in M} a_m x^m \cdot \sum_{m\in M} b_m x^m = \sum_{m\in M}\Bigg(\sum_{k,l\in M,\ k+l=m} a_k b_l\Bigg) x^m.$$

Das sieht doch sehr vertraut aus.

Definition Der **Polynomring in einer Variablen** über R ist die Monoid-Algebra von $(\mathbb{N}_0, +)$ mit Koeffizienten in R.

1.40 Beispiele (1) Nimmt man statt $(\mathbb{N}_0, +)$ die additive Gruppe $(\mathbb{Z}, +)$, dann bekommt man Polynome mit positiven und negativen Exponenten. Die Monoid-Algebra $R[\mathbb{Z}]$ heißt der Ring der **Laurent-Polynome** mit Koeffizienten in R. Ein Laurent-Polynom $f \in R[\mathbb{Z}]$ hat die Form

$$f = \sum_{i=-m}^{n} a_i x^i$$

mit $a_i \in R$. Die Variable x hat also das multiplikative Inverse x^{-1}, weshalb man auch $R[x^{\pm 1}]$ für $R[\mathbb{Z}]$ schreibt. Aber auch wenn R ein Körper ist, ist $R[x^{\pm 1}]$ keiner, denn zum Beispiel besitzt das Laurent-Polynom $1 + x$ kein multiplikatives Inverses.

(2) Anstatt den Polynomring in n Variablen für $n > 1$ induktiv zu definieren, kann man ihn auch als die Monoid-Algebra des Monoids $(\mathbb{N}_0^n, +)$ definieren.

(3) Polynome mit beliebigen reellen Exponenten, also Elemente von $R[\mathbb{R}]$, heißen im Englischen manchmal »Signomials«.

Sei $(G, \cdot)$ eine Gruppe mit neutralem Element e und sei $g \in G$ ein Element der Ordnung $m > 1$, d.h. mit $g^m = e$ und $g^{m-1} \neq e$. In $R[G]$ gilt dann $(1-g)(\sum_{i=0}^{m-1} g^i) = 0$, aber beide Faktoren sind ungleich 0. Eine offene Vermutung von IRVING KAPLANSKY aus den 1940er Jahren sagt umgekehrt: Wenn eine Gruppe G keine Elemente endlicher Ordnung außer dem neutralen Element besitzt und K ein Körper ist, dann ist die Gruppenalgebra $K[G]$ nullteilerfrei.

(4) Für eine Gruppe G heißt $R[G]$ die **Gruppenalgebra** (oder *Gruppenring*) mit Koeffizienten in R. Elemente von $R[G]$ sind (bei multiplikativ geschriebener Gruppe G) also endliche Summen der Form

$$\sum_{g \in G} a_g g$$

mit $a_g \in R$. Gruppenalgebren sind zum Beispiel wichtig für die Darstellungstheorie von Gruppen. ◇

1.6 *Der euklidische Algorithmus*

Mit der Polynomdivision lassen sich viele Aussagen über die Teilbarkeit ganzer Zahlen auf den Polynomring übertragen. Bevor wir das tun, führen wir einen formalisierten Begriff von »Division mit Rest« ein, der auch noch auf weitere Ringe passt.

EUKLID VON ALEXANDRIA ist der Autor der *Elemente*, einem Werk in 13 Bänden, das über 2000 Jahre einen enormen Einfluss als Lehrbuch der Mathematik ausübte. Das gilt ganz besonders für die Geometrie, die zum Teil noch bis ins frühe 20. Jahrhundert danach unterrichtet wurde. Über Euklid selbst ist nur sehr wenig bekannt. Es gilt als gesichert, dass er im 4. Jh. v. Chr. geboren wurde und den Großteil seines Lebens in Alexandria verbrachte.

Definition Es sei R ein Integritätsring. Eine **euklidische Bewertungsfunktion** auf R ist eine Abbildung $\delta\colon R \setminus \{0\} \to \mathbb{N}_0$ mit den folgenden Eigenschaften:

(E1) Für alle $a, b \in R \setminus \{0\}$ gilt $\delta(ab) \geqslant \delta(a)$.

(E2) Für alle $a, b \in R$, $b \neq 0$, gibt es $q, r \in R$ mit

$$a = bq + r \qquad \text{und} \qquad \delta(r) < \delta(b) \text{ oder } r = 0.$$

Ein **euklidischer Ring** ist ein Integritätsring, für den eine euklidische Bewertungsfunktion existiert.

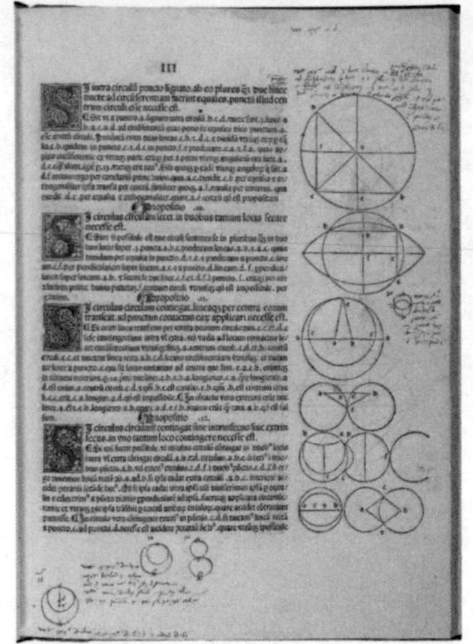

Eine Seite aus den Elementen des Euklid in lateinischer Übersetzung aus der ersten gedruckten Ausgabe von ERHARD RATDOLT (1482)

1.41 *Proposition* *Der Ring $\mathbb{Z}$ der ganzen Zahlen und der Polynomring $K[x]$ über einem Körper K sind euklidische Ringe.*

Beweis. Für $R = \mathbb{Z}$ ist der Absolutbetrag $\delta(a) = |a|$ eine euklidische Bewertungsfunktion. (E1) ist klar und (E2) ist die Division mit Rest (Prop. 1.9). Für $K[x]$ ist die Gradabbildung $\deg\colon K[x] \setminus \{0\} \to \mathbb{N}_0$, $f \mapsto \deg(f)$ eine euklidische Bewertungsfunktion. (E1) ist wieder klar und (E2) ist die Polynomdivision (Satz 1.39). ■

Miniaufgabe

1.26 Warum ist es in Prop. 1.41 wichtig, dass wir den Polynomring über einem Körper betrachten und nicht über einem beliebigen Ring?

1.27 Gibt es auf $\mathbb{Z}$ noch andere euklidische Bewertungsfunktionen als den Absolutbetrag?

1.42 *Beispiel* Auf dem Ring $\mathbb{Z}[i]$ der gaußschen ganzen Zahlen ist die komplexe Norm $\delta(a + bi) = |a + bi|^2 = a^2 + b^2$ eine euklidische Bewertungsfunktion (was nicht offensichtlich ist; Aufgabe 1.30), und $\mathbb{Z}[i]$ ist damit euklidisch. Das verallgemeinert sich aber nicht auf alle Ringe $\mathbb{Z}[\sqrt{d}]$ mit $d < 0$ (*Stichwort:* normeuklidische Ringe). ◇

Wenn man in einem euklidischen Ring zu zwei Elementen a und b die Darstellung in (E2) produziert, dann sagt man, dass a **mit Rest** r **durch** b geteilt wurde und schreibt auch kurz $a : b = q$ Rest r. Wie man solche Divisionen konkret durchführt, hängt vom Ring ab. Darauf beruht der **euklidische Algorithmus** zur Berechnung von größten gemeinsamen Teilern, der von der folgenden Beobachtung ausgeht.

1.43 Lemma *Es sei R ein Integritätsring und seien $a, b, q, r \in R$ mit $a = bq + r$. Wenn b und r einen größten gemeinsamen Teiler besitzen, dann auch a und b und beide stimmen überein, das heißt, es gilt $\mathrm{ggT}(a, b) = \mathrm{ggT}(b, r)$.*

Beweis. Aus $a = bq + r$ folgt sofort, dass jeder gemeinsame Teiler von b und r auch ein Teiler von a ist. Umgekehrt ist wegen $r = a - bq$ auch jeder gemeinsame Teiler von a und b ein Teiler von r. Beide Paare von Elementen haben also dieselben gemeinsamen Teiler und damit auch denselben ggT, sofern er existiert. ■

Besonders einfach ist der Fall $r = 0$ in Lemma 1.43: Jedes Element teilt 0, deshalb gilt $\mathrm{ggT}(a, 0) = a$ für jedes $a \neq 0$. In einem euklidischen Ring kann man sich das nun zu Nutze machen, indem man so lange teilt, bis der Rest 0 bleibt.

1.44 Satz (Euklidischer Algorithmus) *Es sei R ein euklidischer Ring mit Bewertungsfunktion δ. Der größte gemeinsame Teiler zweier Elemente $a, b \in R \setminus \{0\}$ existiert und kann wie folgt bestimmt werden: Setze $r_0 = a$ und $r_1 = b$ und definiere für $k \geqslant 1$ das Element r_{k+1} als Rest der Division von r_{k-1} durch r_k, also durch die Gleichung*

$$r_{k-1} = r_k q_k + r_{k+1}, \qquad \delta(r_{k+1}) < \delta(r_k) \text{ oder } r_{k+1} = 0,\ q_k \in R$$

so lange, bis $r_{k+1} = 0$ gilt. Dann gilt $r_k = \mathrm{ggT}(a, b)$. Der größte gemeinsame Teiler ist also der letzte von 0 verschiedene Rest in dieser Folge von Divisionen.

Beispiel: Wir bestimmen den größten gemeinsamen Teiler von 228 und 87.

228 : 87	= 2	Rest 54
87 : 54	= 1	Rest 33
54 : 33	= 1	Rest 21
33 : 21	= 1	Rest 12
21 : 12	= 1	Rest 9
12 : 9	= 1	Rest 3
9 : 3	= 3	Rest 0

Dabei ist 3 der letzte von 0 verschiedene Rest. Also gilt $\mathrm{ggT}(228, 87) = 3$.

Beweis. Wir bemerken als Erstes, dass die Abbruchbedingung $r_{k+1} = 0$ immer eintritt, denn es gilt $\delta(b) > \delta(r_2) > \delta(r_3) > \cdots \geqslant 0$ usw. Da dies eine Folge natürlicher Zahlen ist, kann sie nicht unendlich lang sein. Nach endlich vielen Schritten muss also in der Division mit Rest der Fall $r_{k+1} = 0$ eintreten. Nach Lemma 1.43 gilt nun

$$\mathrm{ggT}(a, b) = \mathrm{ggT}(r_0, r_1) = \mathrm{ggT}(r_1, r_2) = \cdots = \mathrm{ggT}(r_k, r_{k+1}) = \mathrm{ggT}(r_k, 0) = r_k. \quad ■$$

Die rechnerische Effizienz des euklidischen Algorithmus ist ausgiebig untersucht worden, schon lange vor der Computer-Ära. Da die Bewertungsfunktion in jedem Schritt fällt, sind offenbar nie mehr als $\delta(b) + 1$ Schritte nötig, um $\mathrm{ggT}(a, b)$ zu berechnen.

Für ganze Zahlen kann man aber viel mehr sagen: Wenn der euklidische Algorithmus für ein Paar (a, b) ganzer Zahlen mit $|a| \geqslant |b|$ mindestens N Schritte benötigt, dann gilt $|a| \geqslant F_{N+2}$ und $|b| \geqslant F_{N+1}$, wobei F_n die n-te *Fibonacci-Zahl* bezeichnet (siehe Aufgabe 1.31). Daraus kann man folgern, dass der Algorithmus niemals mehr als $5 \log_{10}(|b|)$ Schritte benötigt (Lamé 1844). Es gibt auch Aussagen über die *durchschnittliche* Anzahl von Rechenschritten, was allerdings komplizierter ist.

Der euklidische Algorithmus kann auch für relativ große Zahlen im Computer schnell ausgeführt werden, obwohl mit der Größe der Zahlen natürlich nicht nur die Zahl der Divisionen zunimmt, sondern auch der Rechenaufwand für eine einzelne Division.

Für eine ausführliche Analyse des euklidischen Algorithmus siehe Knuth: *The art of computer programming*. Addison-Wesley, 1968–2015, Band 2, §4.5.3.

1.45 Korollar (Lemma von Bézout für euklidische Ringe) *Es sei R ein euklidischer Ring. Für $a, b \in R$, nicht beide Null, existieren $u, v \in R$ mit*

$$\mathrm{ggT}(a, b) = ua + vb.$$

Eine solche Darstellung von $\mathrm{ggT}(a, b)$ heißt eine *Bézout-Identität*.

Beweis. Es sei δ eine euklidische Bewertungsfunktion auf R. Man kann analog zum Beweis für $\mathbb{Z}$ (Lemma 1.10) vorgehen, oder den euklidischen Algorithmus benutzen: Der produziert eine Folge von Divisionen mit Rest wie in Satz 1.44. Dann ist $r_1 = b = 0 \cdot a + 1 \cdot b$ und $r_2 = a - q_1 b$. Wir fahren induktiv fort: Haben wir Bézout-Identitäten $r_i = u_i a + v_i b$ und $r_{i+1} = u_{i+1} a + v_{i+1} b$ für ein i mit $1 \leqslant i \leqslant k - 2$ gefunden, dann bekommen wir daraus eine Bézout-Identität

$$r_{i+2} = r_i - r_{i+1} q_{i+1} = (u_i - u_{i+1} q_{i+1}) a + (v_i - v_{i+1} q_{i+2}) b$$

für r_{i+2}, für $i + 2 = k$ also am Ende eine Bézout-Identität von $r_k = \mathrm{ggT}(a, b)$. ■

1.46 Beispiel Man kann eine Bézout-Identität mit Hilfe des euklidischen Algorithmus berechnen, so wie gerade im Beweis. Zum Beispiel bekommt man für $a = 1309$ und $b = 102$ die Folge von Divisionen

$$\begin{array}{rlrl} 1309 : 102 &= 12 & \text{Rest } 85, & 85 = 1309 - 12 \cdot 102 \\ 102 : 85 &= 1 & \text{Rest } 17, & 17 = 102 - 85 = 102 - (1309 - 12 \cdot 102) = -1309 + 13 \cdot 102 \\ 85 : 17 &= 5 & \text{Rest } 0, & \end{array}$$

Der ggT ist also 17 und eine Bézout-Identität ist $17 = (-1) \cdot 1309 + 13 \cdot 102$. Wie im Beweis haben wir hier die Bézout-Identität in jedem Schritt mit berechnet. Diese Methode wird als *erweiterter euklidischer Algorithmus* bezeichnet. ◇

1.47 Beispiel Rechnen wir noch ein Beispiel mit Polynomen und bestimmen den größten gemeinsamen Teiler der Polynome

$$f = x^5 + 2x^3 + x^2 + x + 1 \quad \text{und} \quad g = x^4 - 1$$

in $\mathbb{Q}[x]$. Der euklidische Algorithmus gibt die Folge von Divisionen

$$\begin{array}{rrrr} x^5 + 2x^3 + x^2 + x + 1 : & x^4 - 1 = & x & \text{Rest } 2x^3 + x^2 + 2x + 1 \\ & x^4 - 1 : 2x^3 + x^2 + 2x + 1 = & \frac{1}{2}x - \frac{1}{4} & \text{Rest} \quad -\frac{3}{4}x^2 - \frac{3}{4} \\ 2x^3 + x^2 + 2x + 1 : & -\frac{3}{4}x^2 - \frac{3}{4} = & -\frac{8}{3}x - \frac{4}{3} & \text{Rest} \quad 0. \end{array}$$

Der ggT ist also (bis auf Skalierung) der letzte von 0 verschiedene Rest, also

$$\operatorname{ggT}(f, g) = x^2 + 1.$$

Wie im Beweis von Kor. 1.45 bekommen wir auch eine Bézout-Identität, nämlich

$$x^2 + 1 = \left(\frac{2}{3}x - \frac{1}{3}\right)f + \left(-\frac{2}{3}x^2 + \frac{1}{3}x - \frac{4}{3}\right)g.$$

◇

Zusammen mit den Ergebnissen aus dem vorigen Abschnitt beweisen wir nun, dass alle euklidischen Ringe faktoriell sind.

1.48 Lemma *Es sei R ein euklidischer Ring mit Bewertungsfunktion δ. Ist ein Element $b \in R$ ungleich 0 und keine Einheit, dann gilt $\delta(a) < \delta(ab)$ für alle $a \in R \setminus \{0\}$.*

Beweis. Angenommen es gilt $\delta(ab) = \delta(a)$ für ein $a \neq 0$. Wir teilen a mit Rest durch ab, dann gibt es also $q, r \in R$ mit $a = qab + r$ und $\delta(r) < \delta(ab)$ oder $r = 0$. Daraus folgt $r = a(1 - qb)$. Wäre $r \neq 0$, dann würde $\delta(a(1 - qb)) = \delta(r) < \delta(ab) = \delta(a)$ folgen, ein Widerspruch, da links ein Vielfaches von a steht. Es ist also $r = 0$ und damit $a(1 - qb) = 0$. Wegen $a \neq 0$ folgt daraus $qb = 1$, so dass b eine Einheit ist. ■

1.49 Satz *Jeder euklidische Ring ist faktoriell.*

Beweis. Es sei R ein euklidischer Ring mit Bewertungsfunktion δ. Nach Satz 1.44 besitzen je zwei Elemente in $R \setminus \{0\}$ einen größten gemeinsamen Teiler. Nach Satz 1.34 müssen wir nur noch zeigen, dass es in R keine unendlichen Teilerketten gibt. Das folgt aus Lemma 1.48, denn ist a_2 ein echter Teiler von a_1, dann gilt $0 \leqslant \delta(a_2) < \delta(a_1)$. In einer unendlichen Teilerkette müsste der Wert von δ also unendlich oft fallen, was nicht möglich ist. ■

1.50 Korollar *Für jeden Körper K ist der Polynomring $K[x]$ faktoriell.* ■

1.51 Beispiel Auch der Ring $\mathbb{Z}[i]$ ist faktoriell, denn er ist euklidisch (Beispiel 1.42 und Aufgabe 1.30). Jede gaußsche ganze Zahl kann also in Primelemente in diesem Ring zerlegt werden, wobei diese nur eindeutig bis auf die Einheiten $1, -1, i, -i$ sind. Dagegen ist der Ring $\mathbb{Z}[\sqrt{-5}]$ nicht faktoriell, wie wir gesehen haben. Er kann also erst recht nicht euklidisch sein, egal mit welcher Bewertungsfunktion. ◇

Miniaufgaben

1.28 Bestimme mit dem euklidischen Algorithmus $\mathrm{ggT}(1911, 3575)$ und eine Bézout-Identität.

1.29 Was passiert im euklidischen Algorithmus, wenn man die Startelemente a und b vertauscht, also $r_0 = b$ und $r_1 = a$ setzt?

1.30 Beweise das Lemma von Bézout (Kor. 1.45) analog zu Lemma 1.10 anstatt mit dem euklidischen Algorithmus.

1.7 *Exkurs: Das RSA-Kryptosystem*

Wir beschreiben in diesem Abschnitt eine Anwendung der Kongruenzrechnung in der Kryptographie, also in der Verschlüsselung von Nachrichten und Daten.

Kryptographie gab es schon im Altertum. Die einfachste Methode zur Verschlüsselung eines Texts besteht darin, jeden Buchstaben nach einer geheimen Tabelle durch einen anderen Buchstaben zu ersetzen (manchmal als Caesar-Verschlüsselung bezeichnet). Diese Verschlüsselung ist in der Regel leicht durch Häufigkeitsanalyse zu knacken und schon lange sind viele bessere Methoden bekannt. Es galt aber immer als ausgemacht, dass der Code selbst unbedingt geheim gehalten werden muss. Das änderte sich erst vor gut vierzig Jahren mit der Entwicklung der Public-Key-Kryptographie. Sie ist heute für die sichere Kommunikation im Internet unentbehrlich und wird ständig weiterentwickelt. Es gibt verschiedene Verfahren, aber das bekannteste ist das RSA-Verfahren, das im Jahr 1977 von R. Rivest, A. Shamir und L. Adleman erstmals veröffentlicht wurde[6] und das wir jetzt beschreiben.

[6] Im Jahr 1997 wurde bekannt, dass der britische Mathematiker Clifford Cocks einen äquivalenten Algorithmus bereits 1973 für die britische GCHQ entwickelte, der aber aus Gründen der Geheimhaltung nicht publiziert wurde.

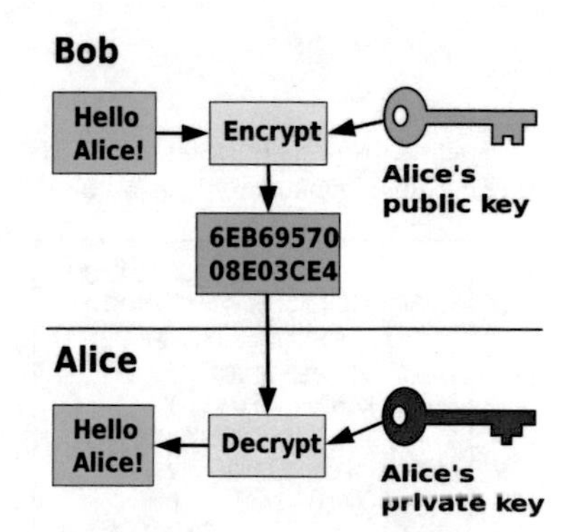

Schematische Darstellung eines asymmetrischen Kryptosystems

In der Kryptographie-Literatur heißen Absender und Empfänger immer Alice und Bob. Bob möchte also seine Nachricht an Alice mit dem RSA-Verfahren verschlüsseln. Als Erstes sucht sich Alice zwei sehr große Primzahlen $p \neq q$ aus, etwa in der Größenordnung 10^{200} – wie sie die findet, ist uns im Moment egal. Sie bildet das Produkt $N = pq$ und berechnet (mit Satz 1.29) die Eulersche Phi-Funktion zu

$$\varphi(N) = (p-1)(q-1).$$

Außerdem wählt Alice eine natürliche Zahl $e > 1$, die teilerfremd zu $\varphi(N)$ ist. Das Zahlenpaar

$$(N, e)$$

ist Alices **öffentlicher Schlüssel**, den jeder erfahren darf. Außerdem bestimmt Alice eine Zahl d, welche die Kongruenz

$$de \equiv 1 \pmod{\varphi(N)}$$

löst. Dazu muss sie nur eine Bézout-Identität bestimmen, was mit dem erweiterten euklidischen Algorithmus problemlos geht. Diese Zahl teilt sie niemandem mit, sie ist ihr **privater Schlüssel**.

Bob erhält von Alice ihren öffentlichen Schlüssel (N, e) und verwandelt seine Nachricht[7] in eine natürliche Zahl m im Intervall $\{0, 1, \ldots, N-1\}$. Bob will m also an Alice schicken. Dazu berechnet er die Potenz m^e modulo N, das heißt, er findet $x \in \{0, 1, \ldots, N-1\}$ mit

$$x \equiv m^e \pmod N.$$

[7] Wenn man zum Beispiel von einem Alphabet aus 128 Zeichen ausgeht (ASCII), dann kann man durch eine Zahl in diesem Intervall also bis zu $\lfloor N/128 \rfloor$ Zeichen kodieren.

Das Potenzieren modulo N kann selbst für riesige Zahlen im Computer sehr schnell durchgeführt werden[8]. Die Zahl x übermittelt Bob nun an Alice, ohne besondere Vorkehrungen.

[8] Um etwa $x^k \pmod N$ zu berechnen, ist es nicht nötig (ggf. auch nicht möglich), die Potenz x^k in $\mathbb{Z}$ auszurechnen. Stattdessen kann man die Zahlen durch **sukzessives Quadrieren und Reduzieren** immer kleiner als N^2 halten. Ist zum Beispiel $k = 1000$, dann schreibt man als Erstes $1000 = 2^9+2^8+2^7+2^6+2^5+2^3$ (die 2-adische Darstellung, die im Computer ohnehin schon vorliegt), rechnet dann die Potenzen x^{2^m} aus, indem man m-mal quadriert und dazwischen jedes Mal modulo N reduziert, und nimmt am Ende das Produkt dieser Potenzen. Für den praktischen Einsatz lässt sich dies noch weiter optimieren.

Jetzt muss Alice die Nachricht entschlüsseln. Das geht mit Hilfe der folgenden Aussage, die eine Verallgemeinerung des kleinen Satzes von Fermat darstellt.

1.52 Proposition *Es sei N eine quadratfreie natürliche Zahl, also ein Produkt verschiedener Primzahlen. Ist $r \in \mathbb{N}$ mit $r \equiv 1 \pmod{\varphi(N)}$, dann gilt*

$$a^r \equiv a \pmod N$$

für alle $a \in \mathbb{Z}$.

Beweis. Es sei $N = p_1 \cdots p_k$ für verschiedene Primzahlen $p_1, \ldots, p_k$. Es genügt, $a^r \equiv a \pmod{p_i}$ für jedes p_i zu zeigen (vgl. Kor. 1.17). Nach Voraussetzung gilt $r - 1 = s \cdot \varphi(N)$ für ein $s \in \mathbb{N}_0$. Nach der Eulerschen Produktformel für $\varphi(N)$ (Satz 1.29) ist $r-1$ durch $p_i - 1$ teilbar. Ist a nicht durch p_i teilbar, dann gilt nach dem kleinen Satz von Fermat (1.25) die Kongruenz $a^{p_i - 1} \equiv 1 \pmod{p_i}$ und damit auch $a^{r-1} \equiv 1 \pmod{p_i}$. Multiplikation mit a zeigt $a^r \equiv a \pmod{p_i}$, wie gewünscht. Falls a andererseits durch p_i teilbar ist, dann ist $a \equiv 0 \pmod{p_i}$ und damit ebenfalls $a^r \equiv a \pmod{p_i}$. ■

Damit kann Alice die Nachricht von Bob leicht entschlüsseln, also m aus $x = m^e$ rekonstruieren. Denn ihr privater Schlüssel d hat die Eigenschaft $de \equiv 1 \pmod{\varphi(N)}$. Es gilt also

$$x^d \equiv m^{de} \equiv m \pmod N.$$

Alice kann die Nachricht durch Potenzieren entschlüsseln.

WAS KÖNNEN WIR NUN ÜBER DIE SICHERHEIT dieses Verfahrens sagen? Angenommen, Eve[9] liest mit und versucht, den Code zu knacken. Als Erstes verschafft sie sich Alices öffentlichen Schlüssel (N, e). Zur Entschlüsselung braucht sie die Zahl d mit $de \equiv 1 \pmod{\varphi(N)}$. Würde sie $\varphi(N)$ kennen, dann wäre das kein Problem: Sie könnte genauso rechnen wie Alice. Allerdings kennt Eve $\varphi(N)$ ja gerade nicht. Angenommen, Eve hätte irgendeine schlaue Methode, die Zahl $\varphi(N)$ zu finden. Dann kann sie tatsächlich auch die Primfaktorzerlegung $N = pq$ rekonstruieren, denn es gilt $\varphi(N) = (p-1)(q-1) = N - (p+q) + 1$, also

[9] Auch der Name *Eve* ist fest etabliert. (*Eve* is *eavesdropping* on Alice and Bob.)

I'VE DISCOVERED A WAY TO GET COMPUTER SCIENTISTS TO LISTEN TO ANY BORING STORY.
https://xkcd.com/1323

$$p + q = N - \varphi(N) + 1 \text{ und}$$
$$(p-q)^2 = (p+q)^2 - 4pq = (p+q)^2 - 4N = (N - \varphi(N) + 1)^2 - 4N.$$

Eve kann also aus $\varphi(N)$ sofort $p+q$ und $p-q$ und damit auch p und q berechnen. Das Problem, $\varphi(N)$ zu bestimmen, ist also *genauso schwierig*, wie das Problem, die Primfaktorzerlegung $N = pq$ von N zu finden. Es gilt aber derzeit als unmöglich, diese Primfaktorzerlegung in akzeptabler Zeit zu finden, wenn p und q groß genug sind. Zwar werden Computer immer schneller, aber das ist nur eine Frage davon, ob p und q groß genug gewählt sind.

Die Sicherheit des Verfahrens beruht also darauf, dass die bijektive Abbildung

$$\mathbb{Z}/N \to \mathbb{Z}/N,\ \overline{x} \mapsto \overline{x}^e$$

zwar im Computer leicht zu berechnen ist, ihre Umkehrfunktion aber praktisch nur mit Kenntnis der Primfaktorzerlegung von N.

Die Sicherheit des RSA-Verfahrens hängt damit theoretisch vor allem an der Frage, ob es einen »schnellen« Algorithmus zur Berechnung einer Primfaktorzerlegung auf einer Turingmaschine (einem herkömmlichen Computer) gibt. Ein solcher Algorithmus ist nicht bekannt und in der Mathematik und der theoretischen Informatik ist die Ansicht verbreitet (aber keineswegs unumstritten), dass kein solcher Algorithmus existiert.[10] Für Quantencomputer ist tatsächlich ein essentiell schnellerer Algorithmus bekannt (der *Shor-Algorithmus*), was derzeit aber noch ohne praktische Relevanz ist. Es ist andererseits auch nicht bewiesen, dass die Invertierung des RSA-Verfahrens wirklich die Berechnung der Zahl d im privaten Schlüssel erfordert und genauso schwierig ist wie das Zerlegen der Zahl N in Primfaktoren, so dass hier weitere theoretische Unsicherheiten verbleiben.

Die schnellsten bekannten Algorithmen zur Faktorisierung großer Zahlen beruhen auf dem *Zahlkörpersieb*. Damit werden immer wieder Rekorde gebrochen. Zuletzt wurde im Februar 2020 eine Zahl mit 250 Dezimalstellen in zwei Primfaktoren zerlegt (829-bit, im RSA-Verfahren gebräuchlich sind derzeit Schlüssel mit mindestens 1024 bit). Dazu wurde das Äquivalent von 2700 Jahren Rechenzeit auf einem Intel Xeon Gold 6130 Prozessor aufgewendet.
https://caramba.loria.fr/dlp240-rsa240.txt

[10] Manche glauben, dass solche Algorithmen längst bekannt sind, aber geheimgehalten und von Verbrechern oder Geheimdiensten genutzt werden. Das ist aber aus mehreren Gründen unwahrscheinlich, unabhängig davon, ob eine schnelle Zerlegung in Primfaktoren prinzipiell möglich ist oder nicht.

Für die Praxis spielt, neben vielen Fragen der Implementierung und zahllosen Verfeinerungen, auch noch eine weitere mathematische Tatsache eine Rolle. Es ist zwar sehr schwierig, Zahlen mit großen Primfaktoren zu zerlegen, aber deutlich leichter zu testen, ob eine gegebene Zahl prim ist. Das ist wichtig, weil man zur Erzeugung der Schlüssel große Primzahlen benötigt und viele Schlüssel zufällig erzeugen möchte. Besonders schnell sind *probabilistische Primzahltests*. Die einfachste Version (*Fermat-Test*) geht so: Gegeben eine Zahl n, deren Primalität getestet werden soll. Dann wählt man eine natürliche Zahl $a < n$ und testet, ob a und n teilerfremd sind und $a^{n-1} \equiv 1 \pmod n$ gilt. Ist das nicht der Fall, dann kann n nicht prim sein, nach dem kleinen Satz von Fermat. Man weiß dann also sicher, dass n nicht prim ist, ohne eine Faktorisierung zu kennen. Indem man verschiedene Werte von a testet, kann man große Zahlen finden, die mit *hoher Wahrscheinlichkeit* prim sind[11]. Eine deutliche Verbesserung dieser Methode ist der häufig verwendete *Miller-Rabin-Test*.

[11] Eine einzelne Zahl ist natürlich entweder prim oder eben nicht. Gemeint ist das als Aussage über die Häufigkeit von Zahlen, die den Test bestehen, aber trotzdem nicht prim sind (*Pseudoprimzahlen*), und damit über die Wahrscheinlichkeit, bei zufälliger Suche auf eine solche ungeeignete Zahl zu treffen.

1.8 Lineare Gleichungssysteme

Lineare Gleichungssysteme über Körpern stehen im Mittelpunkt der linearen Algebra und werden mit dem Eliminationsverfahren (Gauß-Algorithmus) gelöst. Ein solches System aus m Gleichungen in n Unbekannten hat die Form

$$Ax = b$$

wobei A eine $m \times n$-Matrix ist, x der Vektor der n Unbekannten und b ein Vektor der Länge m. Sind die Einträge von A und b ganze Zahlen und auch Lösungen in ganzen Zahlen gesucht, kommt man mit der linearen Algebra allein nicht weiter. Zwar kann die Koeffizientenmatrix A mit dem Eliminationsverfahren über $\mathbb{Q}$ in Zeilenstufenform gebracht und so alle rationalen Lösungen bestimmt werden, aber es wird in der Regel nicht klar, welche Lösungen ganzzahlig sind, falls die Lösung nicht eindeutig ist.

Lineare Gleichungssysteme über Körpern sind eng verbunden mit der Theorie der Vektorräume. Genauso entspricht die lineare Algebra über Ringen der Theorie der Moduln (Kapitel 9).

Miniaufgabe

1.31 Bestimme alle ganzzahligen Lösungen der linearen Gleichung $7x_1 + 3x_2 = 5$.

Es gibt eine Erweiterung des Eliminationsverfahrens, die für ganze Zahlen und allgemeiner über euklidischen Ringen funktioniert und die wir jetzt beschreiben. Es sei im Folgenden immer R ein euklidischer Ring mit Wertefunktion δ.

nach dem irisch-englischen Mathematiker HENRY JOHN STEPHEN SMITH (1826–1883)

Definition Eine $m \times n$-Matrix A mit Einträgen in R habe **Smithsche Normalform**, wenn $a_{ij} = 0$ für alle $i \neq j$ gilt und die Diagonaleinträge $a_i = a_{ii}$ für $i = 1, \ldots, k = \min(m, n)$ aufsteigend

$$a_1 | a_2 | \cdots | a_k$$

nach Teilbarkeit geordnet sind:

$$\begin{pmatrix} a_1 & 0 & \cdots & 0 & 0 & \cdots & 0 \\ 0 & \ddots & \ddots & \vdots & \vdots & \ddots & \vdots \\ \vdots & \ddots & \ddots & 0 & \vdots & \ddots & \vdots \\ 0 & \cdots & 0 & a_m & 0 & \cdots & 0 \end{pmatrix} \quad \text{oder} \quad \begin{pmatrix} a_1 & 0 & \cdots & 0 \\ 0 & \ddots & \ddots & \vdots \\ \vdots & \ddots & \ddots & 0 \\ 0 & \cdots & 0 & a_n \\ 0 & \cdots & \cdots & 0 \\ \vdots & \ddots & \ddots & \vdots \\ 0 & \cdots & \cdots & 0 \end{pmatrix}$$

1.53 *Satz* *Sei A eine $m \times n$-Matrix mit Einträgen im euklidischen Ring R. Dann gibt es invertierbare Matrizen $S \in \mathrm{GL}_m(R)$ und $T \in \mathrm{GL}_n(R)$ derart, dass SAT eine Matrix in Smithscher Normalform ist.*

Dabei steht $\mathrm{GL}_n(R)$ wie üblich für die Gruppe der invertierbaren[12] $n \times n$-Matrizen mit Einträgen im Ring R.

[12] Entsprechend der Aussage über Körpern kann man beweisen, dass eine quadratische Matrix genau dann invertierbar ist, wenn ihre Determinante invertierbar, also eine Einheit in R ist (siehe §9.4). Für eine Matrix mit ganzzahligen Einträgen aus $\mathbb{Z}$ muss die Determinante also 1 oder −1 sein. Für eine Matrix mit Einträgen im Polynomring $K[x]$ über einem Körper K muss die Determinante eine Konstante ungleich 0 sein, usw. Diese Charakterisierung werden wir aber nicht benötigen.

1.54 *Beispiel* Gegeben sei ein lineares Gleichungssystem in der Form

$$Ax = b$$

wie oben für eine $m \times n$-Matrix A, einen Vektor $b \in R^m$ und einen unbekannten Vektor $x \in R^n$. Sind S und T wie in Satz 1.53, dann ist das System äquivalent zu

$$SATy = c, \quad y = T^{-1}x, \ c = Sb.$$

Sind $a_1, \ldots, a_k$ die Diagonaleinträge von SAT (mit $k = \max(m, n)$), dann steht auf der linken Seite ein System in Diagonalgestalt

$$a_1 y_1 = c_1, \ldots, a_k y_k = c_k.$$

Dieses System ist genau dann lösbar, wenn $a_i | c_i$ für $i = 1, \ldots, k$ gilt. Anschließend können wir die Lösungen $x = Ty$ des ursprünglichen Systems ausrechnen. ◇

Die aufsteigende Teilbarkeit der Diagonaleinträge in der Smithschen Normalform ist für das Lösen von linearen Gleichungssystemen nicht wichtig. Wir werden Satz 1.53 aber später noch in der Gruppen- und Modultheorie verwenden, und dann wird die Bedeutung dieser Bedingung klarer werden. Wir werden außerdem sehen, dass die Zahlen $a_1, \ldots, a_k$ bis auf ihr Vorzeichen eindeutig bestimmt sind (Satz 9.36).

Der Beweis von Satz 1.53 besteht aus einem Algorithmus, der wie das Eliminationsverfahren über Körpern die Smithsche Normalform explizit durch elementare Zeilen- und Spaltenumformungen berechnet. Wie über Körpern gibt es drei Typen solcher Umformungen:

(I) Vertauschen von zwei Zeilen oder Spalten;

(II) Addition des c-fachen einer Zeile oder Spalte zu einer anderen (für $c \in R$);

(III) Multiplikation einer Zeile oder Spalte mit einer Einheit $u \in R^*$.

Dabei entspricht jede Zeilen- bzw. Spaltenumformung der Multiplikation mit einer invertierbaren **Elementarmatrix** von links bzw. von rechts.

1.55 *Algorithmus* (Smithsche Normalform)
Input: Eine $m \times n$-Matrix A mit Einträgen aus R.
Output: Produkte von Elementarmatrizen S bzw. T vom Format $m \times m$ bzw. $n \times n$ derart, dass SAT eine Matrix in Smithscher Normalform ist.
Rechenschritte:

(1) Ist A die Nullmatrix, dann tue nichts. Sonst vertausche Zeilen und Spalten so, dass $a_{11} \neq 0$ und $\delta(a_{11}) \leqslant \delta(a_{ij})$ für alle i, j gilt und unterscheide zwei Fälle:
  (a) Es gibt ein Element a_{i1} der ersten Spalte, das nicht durch a_{11} teilbar ist.
  - ◇ Teile a_{i1} durch a_{11}, also $a_{i1} = qa_{11} + r$ mit $\delta(r) < \delta(a_{11})$ oder $r = 0$.
  - ◇ Subtrahiere die erste Zeile multipliziert mit q von der i-ten Zeile.
  - ◇ Vertausche die erste und die i-Zeile.

  Erhalte so eine neue Matrix B mit $\delta(b_{11}) = \delta(r) < \delta(a_{11})$ oder $b_{11} = 0$. Ersetze A durch B und wiederhole diese Schritte, bis Fall (b) eintritt.
  (b) Alle Einträge der ersten Spalte sind durch a_{11} teilbar.
  - ◇ Ziehe die erste Zeile multipliziert mit $\frac{a_{i1}}{a_{11}}$ von der i-ten ab, für $i = 2, \ldots, m$.

  Erhalte eine neue Matrix in der Form

$$A = \begin{pmatrix} a_{11} & a_{12} & \cdots & a_{1n} \\ 0 & a_{22} & \cdots & a_{2n} \\ \vdots & \vdots & \ddots & \vdots \\ 0 & a_{m2} & \cdots & a_{mn} \end{pmatrix}.$$

(2) Führe dieselben Schritte wie in (1) mit Spalten statt mit Zeilen aus. Ist am Ende in der ersten Spalte ein Eintrag a_{i1} mit $i > 1$ ungleich 0, dann gehe zu (1) zurück. Erhalte schließlich eine neue Matrix in der Form

$$A = \begin{pmatrix} a_{11} & 0 & \cdots & 0 \\ 0 & a_{22} & \cdots & a_{2n} \\ \vdots & \vdots & \ddots & \vdots \\ 0 & a_{m2} & \cdots & a_{mn} \end{pmatrix}.$$

(3) Unterscheide für eine Matrix in dieser Gestalt wieder zwei Fälle:
  (a) Das Element a_{11} teilt alle Einträge a_{ij} mit $i, j \geqslant 2$.
  - ◇ Ersetze A durch die Teilmatrix, in der die erste Zeile und Spalte gestrichen sind und beginne den Algorithmus bei (1).

  (b) Es gibt ein Element a_{ij} mit $i, j \geqslant 2$, das nicht durch a_{11} teilbar ist.
  - ◇ Addiere die j-te Spalte zur ersten und kehre zu (1) zurück.

Ist A an irgendeiner Stelle in Smithscher Normalform, dann beende die Rechnung und bilde S als Produkt der Elementarmatrizen, die zu den ausgeführten Zeilenumformungen gehören und T entsprechend aus den Spaltenumformungen.

Dieser Algorithmus terminiert, das heißt, er erreicht immer eine Matrix A in der alle Einträge a_{ij} mit $i \neq j$ gleich 0 sind. Es genügt dafür zu bemerken, dass immer nach endlich vielen Schritten der euklidische Wert des Eintrags a_{11} echt kleiner wird. Die Teilbarkeitsbedingung für die Diagonaleinträge wird durch die Fallunterscheidung in Schritt (3) sichergestellt, so dass am Ende die Smithsche Normalform erreicht ist. ◇

Die drei Typen von Elementarmatrizen:

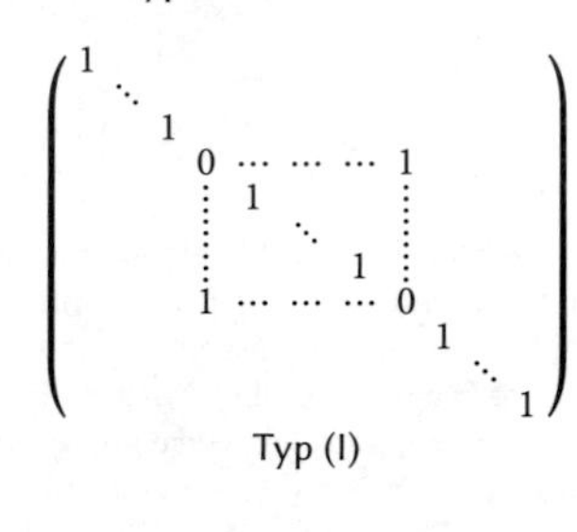
Typ (I)

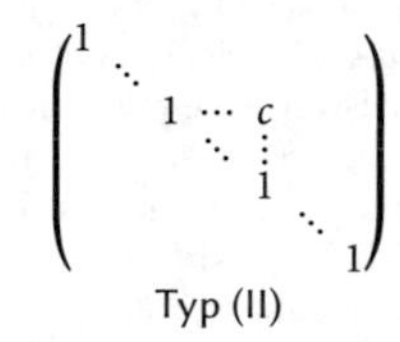
Typ (II)

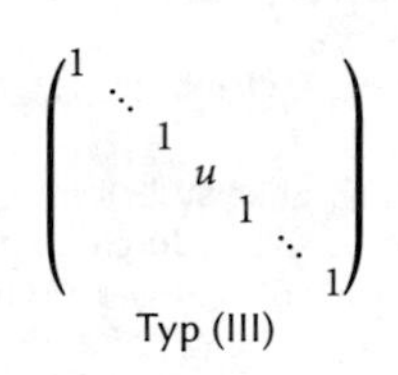
Typ (III)

1.56 *Beispiel* Die Matrix $A = \left(\begin{smallmatrix} 2 & 0 \\ 0 & 3 \end{smallmatrix}\right)$ ist bereits diagonal, aber noch nicht in Smithscher Normalform. Der Algorithmus nimmt die Umformungen

$$\begin{pmatrix} 2 & 0 \\ 0 & 3 \end{pmatrix} \overset{S1+S2}{\rightsquigarrow} \begin{pmatrix} 2 & 0 \\ 3 & 3 \end{pmatrix} \overset{Z2-Z1}{\rightsquigarrow} \begin{pmatrix} 2 & 0 \\ 1 & 3 \end{pmatrix} \overset{Z1 \leftrightarrow Z2}{\rightsquigarrow} \begin{pmatrix} 1 & 3 \\ 2 & 0 \end{pmatrix} \overset{Z2-2 \cdot Z1}{\rightsquigarrow} \begin{pmatrix} 1 & 3 \\ 0 & -6 \end{pmatrix} \overset{S2-3 \cdot S1}{\rightsquigarrow} \begin{pmatrix} 1 & 0 \\ 0 & -6 \end{pmatrix}$$

vor. Wir können noch die zweite Zeile mit −1 multiplizieren und finden

$$\begin{pmatrix}-1 & 1\\ -3 & 2\end{pmatrix}\begin{pmatrix}2 & 0\\ 0 & 3\end{pmatrix}\begin{pmatrix}1 & -3\\ 1 & -2\end{pmatrix}=\begin{pmatrix}1 & 0\\ 0 & 6\end{pmatrix}.$$

◇

Obwohl sich lineare Gleichungssysteme über euklidischen Ringen mit diesem Verfahren lösen lassen, stellen sich weitere Fragen, die über Körpern keine Rolle spielen, beispielsweise nach minimalen Lösungen (bezüglich der euklidischen Bewertung). Das ist im Allgemeinen ein schwieriges Problem. Über $\mathbb{Z}$ gilt beispielsweise die folgende Aussage: **Lemma von Siegel.** Ist A eine $m \times n$-Matrix mit Einträgen in $\mathbb{Z}$ und $n > m$, dann hat das homogene lineare Gleichungssystem $Ax = 0$ eine ganzzahlige Lösung $x_1, \ldots, x_n$ mit

$$\max_{1\leqslant i\leqslant n}|x_i| \leqslant \left(n \max_{i,j}|a_{ij}|\right)^{\frac{m}{n-m}}.$$

Die Schranke im Lemma von Siegel wurde später durch Bombieri und Vaaler noch verbessert: »On Siegel's lemma«. In: *Invent. Math.* 73 (1983).

1.57 *Beispiel* Wir betrachten das ganzzahlige lineare Gleichungssystem

$$\begin{aligned}4x_1 + 3x_2 + 5x_3 &= b_1\\ -2x_1 - 3x_2 - 4x_3 &= b_2\\ 2x_1 + 3x_2 + 7x_3 &= b_3\end{aligned}$$

und wollen wissen, für welche Vektoren $b = (b_1, b_2, b_3)^T \in \mathbb{Z}^3$ es lösbar ist. Dazu bringen wir die Koeffizientenmatrix in Smithsche Normalform:

$$A=\begin{pmatrix}4&3&5\\-2&-3&-4\\2&3&7\end{pmatrix}\overset{Z1\leftrightarrow Z2}{\rightsquigarrow}\begin{pmatrix}-2&-3&-4\\4&-3&5\\2&3&7\end{pmatrix}\overset{Z2+2\cdot Z1}{\rightsquigarrow}\begin{pmatrix}-2&-3&-4\\0&-3&-3\\2&3&7\end{pmatrix}\overset{Z3+Z1}{\rightsquigarrow}\begin{pmatrix}-2&-3&-4\\0&-3&-3\\0&0&3\end{pmatrix}$$

$$\overset{S2-S1}{\rightsquigarrow}\begin{pmatrix}-2&-1&-4\\0&-3&-3\\0&0&3\end{pmatrix}\overset{S1\leftrightarrow S2}{\rightsquigarrow}\begin{pmatrix}-1&-2&-4\\-3&0&-3\\0&0&3\end{pmatrix}\overset{Z2-3\cdot Z1}{\rightsquigarrow}\begin{pmatrix}-1&-2&-4\\0&6&9\\0&0&3\end{pmatrix}\overset{S2-2\cdot S1}{\rightsquigarrow}\begin{pmatrix}-1&0&-4\\0&6&9\\0&0&3\end{pmatrix}$$

$$\overset{S3-4\cdot S1}{\rightsquigarrow}\begin{pmatrix}-1&0&0\\0&6&9\\0&0&3\end{pmatrix}\overset{Z2\leftrightarrow Z3}{\rightsquigarrow}\begin{pmatrix}-1&0&0\\0&0&3\\0&6&9\end{pmatrix}\overset{S2\leftrightarrow S3}{\rightsquigarrow}\begin{pmatrix}-1&0&0\\0&3&0\\0&9&6\end{pmatrix}\overset{Z3-3\cdot Z2}{\rightsquigarrow}\begin{pmatrix}-1&0&0\\0&3&0\\0&0&6\end{pmatrix}$$

Die über den Pfeilen angegebenen Operationen übersetzen wir in Elementarmatrizen und finden ihre Produkte

$$S=\begin{pmatrix}0&1&0\\0&1&1\\1&-4&3\end{pmatrix} \quad \text{und} \quad T=\begin{pmatrix}-1&4&3\\1&-4&-2\\0&1&0\end{pmatrix},$$

so dass SAT die Diagonalmatrix mit den Einträgen $-1, 3, 6$ ist. Wie beschrieben lösen wir nun das Gleichungssystem

$$SATy = Sb = \begin{pmatrix}b_2\\ b_2+b_3\\ b_1-4b_2-3b_3\end{pmatrix}$$

in den Unbekannten $y = T^{-1}x = (2x_1 + 3x_2 + 4x_3, x_3, x_1 + x_2)^T$. Dieses System ist genau dann lösbar, wenn $b_2 + b_3$ durch 3 und $b_1 - 4b_2 - 3b_3$ durch 6 teilbar sind. Wenn diese Bedingungen erfüllt sind und wir die Lösung in y bestimmt haben, bekommen wir durch $x = Ty$ die Lösung des ursprünglichen Systems. ◇

Algorithmus 1.55 hat nur Zeilen- und Spaltenumformungen vom Typ (I) und (II) verwendet. Zusammen mit Typ (III) bekommt man die folgende Aussage:

1.58 *Korollar* *Über einem euklidischen Ring ist jede invertierbare Matrix ein Produkt von Elementarmatrizen.*

Beweis. Es sei A eine invertierbare $n \times n$-Matrix und sei $SAT = D$ die Smithsche Normalform von A. Dann ist auch die Diagonalmatrix D invertierbar und damit ein Produkt von Elementarmatrizen vom Typ (III). Da außerdem die Inverse einer Elementarmatrix wieder eine ist, sind auch S^{-1} und T^{-1} Produkte von Elementarmatrizen, und damit auch $A = S^{-1}DT^{-1}$. ∎

1.9 *Übungsaufgaben zu Kapitel 1*

Ringe und Teilringe

1.1 In einem Ring R gelte $(a+b)^2 = a^2 + b^2$ für alle $a, b \in R$. Zeige die folgenden Aussagen:

(a) Es gilt $2a = 0$ für alle $a \in R$.

(b) R ist kommutativ. (*Hinweis:* Es gilt $1 = -1$ in R.)

1.2 Es sei X eine nichtleere Menge und sei R die Potenzmenge, also die Menge aller Teilmengen, von X. Für $A, B \in X$ definiere

$$A + B = (A \cup B) \setminus (A \cap B) \quad \text{und} \quad A \cdot B = A \cap B.$$

(Die Menge $A + B$ heißt die *symmetrische Differenz* von A und B.)

(a) Zeige, dass R mit diesen Verknüpfungen einen kommutativen Ring bildet. (Der Beweis für die Assoziativität der Addition ist etwas langwierig und kann auch ausgelassen werden.)

(b) Es sei $X = \{a, b, c\}$ eine Menge mit drei Elementen. Stelle die Additions- und die Multiplikationstabelle von R auf.

1.3 Es sei R ein kommutativer Ring.

(a) Es sei $a \in R$ mit $a^n = 0$ für ein $n \in \mathbb{N}$. Zeige, dass $1+a$ eine Einheit in R ist. (*Hinweis:* Geometrische Summenformel)

(b) Es sei R endlich (als Menge) und sei $a \in R$ mit $ax \neq 0$ für alle $x \in R \setminus \{0\}$. Zeige, dass a eine Einheit in R ist.

1.4 Es sei $R = \left\{\frac{m}{2^a 3^b} : m \in \mathbb{Z}, a, b \in \mathbb{N}\right\}$. (a) Zeige, dass R ein Teilring von $\mathbb{Q}$ ist. (b) Liegt die Zahl $\frac{1}{5}$ in R? (c) Liegt jede ganze Zahl in R?

1.5 Es sei K ein Körper und $R = \mathrm{Mat}_{n \times n}(K)$ der Ring der $n \times n$-Matrizen über K.

(a) Zeige, dass eine Matrix $A \in R$ genau dann ein Nullteiler in R ist, wenn $\mathrm{Rang}(A) < n$ gilt. Genauer existieren dann $B, C \in R$ mit $AB = CA = 0$.

(b) Zeige durch ein Beispiel, dass zu $A \in R$ mit $\mathrm{Rang}(A) < n$ nicht immer eine Matrix $B \in R$ existiert, die $AB = 0$ und $BA = 0$ gleichzeitig erfüllt.

1.6 Zeige, dass jeder endliche Integritätsring ein Körper ist. (*Hinweis:* Betrachte die Multiplikation mit einem festen Element.)
Bemerkung: Deutlich schwieriger zu beweisen ist ein Satz von WEDDERBURN, demzufolge jeder endliche nullteilerfreie Ring kommutativ (und damit ein Körper) ist.

1.7 Welche der folgenden Teilmengen sind Teilringe des jeweils gegebenen Rings?

(a) $R_1 = \{x \in \mathbb{Q} \mid \text{es gibt } n \in \mathbb{N} \text{ mit } 3^n x \in \mathbb{Z}\}$;

(b) $R_2 = \left\{\left(\begin{smallmatrix} a & b \\ b & c \end{smallmatrix}\right) \in \mathrm{Mat}_2(\mathbb{Q})\right\}$;

(c) $R_3 = \left\{\left(\begin{smallmatrix} a & b \\ 0 & c \end{smallmatrix}\right) \in \mathrm{Mat}_2(\mathbb{Z}) \mid b \text{ ist gerade}\right\}$;

(d) $R_4 = \{c \in \mathbb{C} \mid c = a + bi \text{ mit } a \in \mathbb{Q}, b \in \mathbb{Z}\}$;

1.8 Zeige, dass es keinen Ring mit genau fünf Einheiten gibt.

1.9 Es sei R ein kommutativer Ring. Die Teilbarkeit in R ist reflexiv und transitiv. Zu einer partiellen Ordnungsrelation fehlt ihr nur die Antisymmetrie, da verschiedene Elemente sich gegenseitig teilen können. Zeige, dass die Teilbarkeitsrelation eine wohldefinierte partielle Ordnung auf der Menge aller Äquivalenzklassen von R bezüglich Assoziiertheit (Prop. 1.7) bestimmt.

1.10 In dieser Aufgabe bestimmen wir die Einheiten im Ring $R = \mathbb{Z}[\sqrt{2}]$.

(a) Zeige, dass $1 + \sqrt{2}$ eine Einheit in $\mathbb{Z}[\sqrt{2}]$ ist.

(b) Wir definieren die Funktion $N : \mathbb{Z}[\sqrt{2}] \to \mathbb{Z}, N(a + b\sqrt{2}) = (a + b\sqrt{2})(a - b\sqrt{2}) = a^2 - 2b^2$. Zeige, dass $N(xy) = N(x)N(y)$ für alle $x, y \in \mathbb{Z}[\sqrt{2}]$ gilt.

(c) Zeige, dass $a + b\sqrt{2}$ genau dann eine Einheit in R ist, wenn $a^2 - 2b^2 = \pm 1$ gilt.

(d) Folgere daraus: Falls $a + b\sqrt{2}$ eine Einheit ist mit $a \geqslant 0$ und $b > 0$, dann gilt $b \leq a < 2b$.

(e) Zeige durch Induktion nach b, dass jede Einheit $u = a + b\sqrt{2}$ von $\mathbb{Z}[\sqrt{2}]$ mit $a, b \geqslant 0$ die Form $u = (1 + \sqrt{2})^n$ für ein $n \in \mathbb{Z}$ hat. (*Hinweis*: Verwende, dass auch $u \cdot (-1 + \sqrt{2})$ eine Einheit ist.)

(f) Folgere daraus

$$\mathbb{Z}[\sqrt{2}]^* = \{\pm(1 + \sqrt{2})^n \mid n \in \mathbb{Z}\}.$$

Insbesondere gibt es in $\mathbb{Z}[\sqrt{2}]$ im Gegensatz zu $\mathbb{Z}$ und $\mathbb{Z}[i]$ unendlich viele Einheiten.

Ganze Zahlen und Kongruenzen

1.11 Zeige, dass jede natürliche Zahl n entweder prim ist oder einen Primteiler $\leqslant \sqrt{n}$ besitzt.

1.12 Zeige, dass die Gleichung $x^n = c$ für $n \geqslant 2$ und $c \in \mathbb{Z}$ keine rationale Lösung in x besitzt, die nicht ganzzahlig ist. (*Vorschlag:* Untersuche Primteiler von c.)

1.13 Es sei $p_1 \leqslant p_2 \leqslant p_3, \ldots$ die Folge aller Primzahlen. Zeige, dass $p_n \leqslant 2^{2^n}$ für alle n gilt.

1.14 Der **Dirichletsche Primzahlsatz** besagt, dass jede arithmetische Progression unendlich viele Primzahlen enthält, das bedeutet: Sind $a, m \in \mathbb{N}$ teilerfremde natürliche Zahlen, dann gibt es unendlich viele Primzahlen p mit $p \equiv a \pmod{m}$. Beweise den Spezialfall $a = 1$, $m = 4$. (*Hinweis:* Verwende, dass das Produkt zweier Zahlen der Form $4k + 1$ wieder von dieser Form ist.)

1.15 Gib einen alternativen Beweis des chinesischen Restsatzes 1.26 durch Induktion nach der Anzahl k der Gleichungen.

1.16 Aus einem Korb werden Eier entnommen. Werden immer 2 Eier auf einmal genommen, dann bleibt am Schluss 1 Ei übrig. Werden immer 3 entnommen, bleiben 2, bei 4 bleiben 3, bei 5 bleiben 4, bei 6 bleiben 5, und bei 7 wird der Korb leer. Wie viele Eier müssen mindestens im Korb gewesen sein?

1.17 Wie viele Lösungen besitzt die Gleichung $x^2 = \overline{9}$ im Ring $\mathbb{Z}/1386$?

1.18 Es sei p eine Primzahl.

(a) Zeige, dass die Binomialkoeffizienten $\binom{p}{k}$ für k mit $1 \leqslant k \leqslant p - 1$ durch p teilbar sind.

(b) Folgere die Kongruenz $(a + b)^p \equiv a^p + b^p \pmod{p}$ für alle $a, b \in \mathbb{Z}$.

(c) Verallgemeinere diese Aussage auf eine beliebige Anzahl von Summanden und gib damit einen alternativen Beweis für den kleinen Fermat (Satz 1.25).

1.19 Welchen Wochentag haben wir in 3^{31} Tagen? Finde die Antwort, ohne 3^{31} auszurechnen. (Die Frage nach dem Fortbestehen des Universums über diesen Zeitraum soll hier keine Rolle spielen.)

1.20 Gegeben seien natürliche Zahlen q, m, n mit $q > 1$. Beweise die folgenden Aussagen:

(a) $q - 1$ ist ein Teiler von $q^n - 1$.

(b) Genau dann ist $q^m - 1$ ein Teiler von $q^n - 1$, wenn m ein Teiler von n ist.

(c) Ist $n > 1$ und $q^n - 1$ eine Primzahl, dann ist n eine Primzahl und $q = 2$.

Bemerkung. Die Zahlen $M_n = 2^n - 1$ heißen *Mersenne-Zahlen.* Für viele kleine Primzahlen n ist M_n eine Primzahl, zum Beispiel für $n = 2, 3, 5, 7, 13, 17, 19$. Die größte derzeit bekannte Primzahl ist eine Mersenne-Zahl, nämlich M_n mit $n = 82\,589\,933$ (GIMPS Projekt 2018). Es wird vermutet, dass unendlich viele Mersenne-Zahlen prim sind, aber dies ist unbewiesen.

1.21 (a) Für eine Zahl $n \in \mathbb{N}$ gelte $(n-1)! \equiv -1 \pmod{n}$. Zeige, dass n eine Primzahl ist.

(b) Es sei p eine Primzahl. Beweise im Polynomring $\mathbb{F}_p[x]$ die Gleichheit

$$x^p - x = x(x-1)(x-2)\cdots(x-(p-1)).$$

Folgere, dass $(p-1)! \equiv -1 \pmod{p}$ gilt (*Satz von Wilson*).

(c) Erörtere den Nutzen der Kongruenz $(n-1)! \equiv -1 \pmod{n}$ als Primzahltest.

Polynome

1.22 Es sei R ein kommutativer Ring. Ist R nullteilerfrei, dann gilt $R[x]^* = R^*$ (Kor. 1.37). Im Allgemeinen ist das nicht so. Zeige: Für $a, b \in R$ ist das Polynom $ax + b$ genau dann eine Einheit in $R[x]$, wenn b eine Einheit in R ist und es $n \in \mathbb{N}$ gibt mit $a^n = 0$.

1.23 Teile $f = x^4 + 4x^2 + x + 1$ mit Rest durch $g = 2x^2 + 1$ in den Polynomringen $\mathbb{Q}[x]$ und $\mathbb{F}_5[x]$.

1.24 Im Polynomring $R[x_1, \ldots, x_n]$ in n Variablen mit Koeffizienten in einem Ring R definieren wir den Grad eines Monoms $x_1^{\alpha_1} \cdots x_n^{\alpha_n}$ durch $\sum_{i=1}^n \alpha_i$. Für $f \in R[x_1, \ldots, x_n]$ mit $f \neq 0$ definieren wir den *Grad* (oder *Totalgrad*) von f als den höchsten Grad eines Monoms, das in f mit einem Koeffizienten ungleich 0 vorkommt, geschrieben $\deg(f)$. Wir setzen außerdem $\deg(0) = -\infty$. Zeige:

(a) Der Grad hat dieselben Eigenschaften wie für $n = 1$: $\deg(f + g) \leqslant \max\{\deg(f), \deg(g)\}$ und falls R nullteilerfrei ist, dann $\deg(fg) = \deg(f) + \deg(g)$.

(b) Es gibt $\binom{n+k-1}{n-1}$ verschiedene Monome vom Grad k in $x_1, \ldots, x_n$.

Teilbarkeit

1.25 Es sei R ein Integritätsring. Zeige die folgenden Aussagen über den größten gemeinsamen Teiler für $a, b, c \in R$, jeweils vorausgesetzt, dass ein solcher existiert.

(a) $\mathrm{ggT}(a, b) = a$ genau dann, wenn $a | b$.

(b) $\mathrm{ggT}(ac, bc) = c \cdot \mathrm{ggT}(a, b)$

(c) $\mathrm{ggT}(\mathrm{ggT}(a, b), c) = \mathrm{ggT}(a, \mathrm{ggT}(b, c))$;

(d) Für $a_1, \ldots, a_k \in R$ mit $k \geqslant 3$ definiere rekursiv $\mathrm{ggT}(a_1, \ldots, a_k) = \mathrm{ggT}(\mathrm{ggT}(a_1, \ldots, a_{k-1}), a_k)$. Zeige, dass $d = \mathrm{ggT}(a_1, \ldots, a_k)$ ein größter gemeinsamer Teiler ist: d teilt $a_1, \ldots, a_k$ und ist teilbar durch jeden anderen gemeinsamen Teiler.

1.26 Es sei R ein faktorieller Ring und seien $a, b \in R \setminus \{0\}$.

(a) Zeige, dass es endlich viele paarweise nicht-assoziierte Primelemente $p_1, \ldots, p_k \in R$, Einheiten $u, v \in R^*$ und Exponenten $r_1, \ldots, r_k, s_1, \ldots, s_k \in \mathbb{N}_0$ gibt mit

$$a = u p_1^{r_1} \cdots p_k^{r_k} \quad \text{und} \quad b = v p_1^{s_1} \cdots p_k^{s_k}.$$

(b) Zeige, dass $b | a$ genau dann gilt, wenn $s_i \leqslant r_i$ für alle $i = 1, \ldots, k$ in (a) gilt.

(c) Gib ausgehend von Darstellungen von a, b wie in (a) eine solche für $\mathrm{ggT}(a, b)$ und $\mathrm{kgV}(a, b)$ an. (Begründe dabei auch die Existenz des kleinsten gemeinsamen Vielfachen.)

(d) Zeige, dass $\mathrm{ggT}(a, b) = 1$ zu $\mathrm{kgV}(a, b) = ab$ äquivalent ist.

1.27 Betrachte die Menge $R = \{f(x) \in \mathbb{Q}[x] \mid f(0) \in \mathbb{Z}\}$ aller Polynome mit rationalen Koeffizienten und ganzzahligem konstanten Term. (a) Zeige, dass R ein Teilring von $\mathbb{Q}[x]$ ist. (b) Zeige, dass es in R unendliche Teilerketten gibt.

1.28 Zeige, dass die Elemente $2 + 2\sqrt{-5}$ und 6 im Ring $\mathbb{Z}[\sqrt{-5}]$ keinen größten gemeinsamen Teiler besitzen. (*Hinweis:* Verwende die Faktorisierung $6 = 2 \cdot 3 = (1 + 1\sqrt{-5})(1 - 1\sqrt{-5})$.)

Euklidischer Algorithmus

1.29 Gegeben seien die Polynome $f = 4x^4 + 2x^3 + 6x^2 + 4x + 5$ und $g = 3x^3 + 5x^2 + 6x$ in $\mathbb{F}_7[x]$. Finde den größten gemeinsamen Teiler h von f und g und eine Bézout-Identität $h = uf + vg$ mit $u, v \in \mathbb{F}_7[x]$.

1.30 Zeige, dass die gaußschen ganzen Zahlen $\mathbb{Z}[i]$ mit der Bewertungsfunktion $\delta(a + bi) = |a + bi|^2 = a^2 + b^2$ einen euklidischen Ring bilden.

1.31 Es seien $a \geqslant b$ natürliche Zahlen und sei N die Zahl der Divisionsschritte, nach denen der euklidische Algorithmus den größten gemeinsamen Teiler von a und b erreicht. Zeige durch Induktion nach N, dass $a \geqslant F_{N+2}$ und $b \geqslant F_{N+1}$ gilt. Dabei ist F_n die n-te Fibonacci-Zahl, welche durch die Rekursion $F_1 = 1$, $F_2 = 1$, $F_{n+2} = F_{n+1} + F_n$ für $n \geqslant 1$ definiert ist.
Aufeinanderfolgende Fibonacci-Zahlen führen im euklidischen Algorithmus also zu den relativ längsten Laufzeiten. Diese Beobachtung geht wohl bereits auf THOMAS FANTET DE LAGNY (1733) zurück.

1.32 (a) Als RSA-verschlüsselte Nachricht wird Dir die Zahl

$$28\,914\,218\,692$$

übermittelt. Dein öffentlicher Schlüssel besteht aus dem Produkt N der beiden Primzahlen 165 079 und 287 117, sowie der Zahl $e = 341\,932\,121$. Dein privater Schlüssel ist $\varphi(N)$. Entschlüssele die Nachricht.
In der entschlüsselten Zahl stehen je zwei Ziffern für einen Buchstaben mit der Korrespondenz $A \mapsto 01, B \mapsto 02, \ldots Z \mapsto 26$. Wie lautet das gesuchte Wort?

(b) Verschlüssele in dieser Weise mit demselben privaten Schlüssel das Wort

TRUHE.

Lineare Gleichungssysteme

1.33 Es sei R ein Ring. Zeige, dass jede unipotente obere Dreiecksmatrix (d.h. quadratische Matrix A mit $a_{ii} = 1$ für alle i und $a_{ij} = 0$ für alle $i > j$) über R invertierbar ist.

1.34 Vergleiche Algorithmus 1.55 im Fall, dass R ein Körper ist, mit der üblichen Gauß-Elimination für lineare Gleichungssysteme.

1.35 Für welche $b_1, b_2, b_3 \in \mathbb{Z}$ besitzt das lineare Gleichungssystem

$$\begin{aligned} -21x_1 + x_2 - 20x_3 &= b_1 \\ -3x_1 + 5x_2 + 5x_3 &= b_2 \\ -10x_1 + 5x_2 - 2x_3 &= b_3. \end{aligned}$$

eine ganzzahlige Lösung in x_1, x_2, x_3?

1.36 Bestimme alle ganzzahligen Lösungen des linearen Gleichungssystems

$$\begin{aligned} 10x_1 - 27x_2 + 23x_3 &= 0 \\ 5x_1 - 12x_2 + 13x_3 &= 0. \end{aligned}$$

2 Homomorphismen und Ideale

Dieses Kapitel setzt die Ringtheorie fort und führt die Homomorphismen als strukturerhaltende Abbildungen zwischen Ringen ein. Das zweite Thema ist die Idealtheorie, die sowohl mit der Teilbarkeit als auch mit den Homomorphismen in Verbindung steht. Diese beiden Konzepte sind die Grundlage der abstrakten Ringtheorie.

2.1 Ringhomomorphismen

Zu jeder algebraischen Struktur gehört eine Klasse von Abbildungen, die mit der Struktur verträglich sind. Bei Ringen sind das die Abbildungen, die Addition und Multiplikation sowie die Eins erhalten.

Definition Es seien R und S zwei Ringe. Ein **Homomorphismus** zwischen R und S ist eine Abbildung $\varphi\colon R \to S$ mit den folgenden Eigenschaften:
(1) $\varphi(a+b) = \varphi(a) + \varphi(b)$ für alle $a, b \in R$;
(2) $\varphi(a \cdot b) = \varphi(a) \cdot \varphi(b)$ für alle $a, b \in R$;
(3) $\varphi(1_R) = 1_S$.

Als Homomorphismus werden in der Algebra die strukturerhaltenden Abbildungen der meisten algebraischen Strukturen bezeichnet. »Homomorph« bedeutet soviel wie »gleichförmig«.

Aus diesen drei Eigenschaften folgen außerdem:
(4) $\varphi(-a) = -\varphi(a)$ für alle $a \in R$;
(5) $\varphi(u^{-1}) = \varphi(u)^{-1}$ für alle $u \in R^*$; insbesondere $\varphi(R^*) \subset S^*$;
(6) $\varphi(0) = 0$.

Beweis. Aus (1) folgt $\varphi(0) + \varphi(0) = \varphi(0+0) = \varphi(0)$, also $\varphi(0) = 0$ durch Subtraktion von $\varphi(0)$ auf beiden Seiten. Wegen $\varphi(-a) + \varphi(a) = \varphi(-a+a) = \varphi(0) = 0$ folgt $\varphi(-a) = -\varphi(a)$, wegen der Eindeutigkeit der additiven Inversen. Analog folgt (5) aus (2) und (3) wegen $\varphi(a^{-1})\varphi(a) = \varphi(1) = 1$ für alle $a \in R^*$.

Während (6) aus (1) folgt, kann man (3) nicht aus (2) herleiten. Tatsächlich erfüllt die Nullabbildung, $\varphi(a) = 0$ für alle $a \in R$, offensichtlich (1) und (2). Sie ist aber kein Homomorphismus (es sei denn, S ist der Nullring).

2.1 Beispiele (1) Die komplexe Konjugation $x = a + bi \mapsto \overline{x} = a - bi$ ist ein Homomorphismus $\mathbb{C} \to \mathbb{C}$, denn es gelten $\overline{x+y} = \overline{x} + \overline{y}$ und $\overline{xy} = \overline{x} \cdot \overline{y}$ für $x, y \in \mathbb{C}$.

(2) Die Abbildung $\mathbb{Z} \to \mathbb{Z}$, $a \mapsto 2a$ ist kein Homomorphismus von Ringen, da sie zwar additiv ist aber nicht multiplikativ und auch die Eins nicht auf sich abbildet.

(3) Für jedes $n \in \mathbb{N}$ ist die Restklassenabbildung

$$\mathbb{Z} \to \mathbb{Z}/n,\ a \mapsto [a]_n,$$

die einer ganzen Zahl a ihre Kongruenzklasse modulo n zuordnet, ein Homomorphismus. Denn die Gleichheiten $[a+b]_n = [a]_n + [b]_n$ und $[ab]_n = [a]_n \cdot [b]_n$ entsprechen gerade der Definition von Addition und Multiplikation in $\mathbb{Z}/n$.

(4) Ist R ein Ring und $a \in R$, dann können wir in jedem Polynom $f \in R[x]$ die Variable x durch a ersetzen, also dic Polynomfunktion f an der Stelle a auswerten. Die Auswertung $R[x] \to R$, $f \mapsto f(a)$ ist ein Ringhomomorphismus. Dieses Beispiel werden wir gleich noch verallgemeinern. ◇

D. Plaumann, *Algebra*, https://doi.org/10.1007/978-3-662-67243-3_3

Sind $\varphi: R \to S$ und $\psi: S \to T$ zwei Homomorphismen, dann ist die Komposition $\psi \circ \varphi: R \to T$ wieder einer. Außerdem gibt es die Teilmengen

$$\mathrm{Kern}(\varphi) = \{a \in R \mid \varphi(a) = 0\} \qquad \text{und} \qquad \mathrm{Bild}(\varphi) = \{\varphi(a) \mid a \in R\},$$

genannt **Kern** und **Bild** von φ. Das Bild ist ein Teilring von S. Der Kern ist dagegen kein Teilring von R, da er 1 nicht enthält, es sei denn, S ist der Nullring.

2.2 *Proposition* *Genau dann ist ein Homomorphismus $\varphi: R \to S$ zwischen Ringen injektiv, wenn* $\mathrm{Kern}(\varphi) = \{0\}$ *gilt.*

Beweis. Es gilt immer $\varphi(0) = 0$. Wenn φ injektiv ist, dann kann also kein weiteres Element von R auf 0 abgebildet werden. Gilt umgekehrt $\mathrm{Kern}(\varphi) = \{0\}$ und sind $a, b \in R$ mit $\varphi(a) = \varphi(b)$, dann folgt $\varphi(a - b) = 0$, also $a - b = 0$ und damit $a = b$. ■

2.3 *Lemma* *Es sei $\varphi: R \to S$ ein bijektiver Homomorphismus. Dann ist die Umkehrabbildung $\varphi^{-1}: S \to R$ wieder ein Homomorphismus.*

Beweis. Das folgt für Addition und Multiplikation in gleicher Weise: Sind $a, b \in S$, so gilt

$$\varphi^{-1}(a+b) = \varphi^{-1}(\varphi(\varphi^{-1}(a)+\varphi^{-1}(b))) = \varphi^{-1}(a)+\varphi^{-1}(b).$$

Außerdem gilt $\varphi^{-1}(1) = 1$. ■

Definition Ein bijektiver Homomorphismus heißt **Isomorphismus**. Die Ringe R und S heißen **isomorph**, wenn es einen Isomorphismus zwischen ihnen gibt.

Wir schreiben auch kurz $\varphi: R \xrightarrow{\sim} S$, um auszudrücken, dass φ ein Isomorphismus zwischen den Ringen R und S ist, sowie $R \cong S$, wenn R und S isomorph sind.

Miniaufgaben

2.1 Überprüfe, dass die komplexe Konjugation ein Homomorphismus ist.

2.2 Überprüfe, dass das Bild eines Homomorphismus ein Teilring ist.

2.3 Für jedes $m \in \mathbb{N}$ gibt es einen Ringhomomorphismus $\mathbb{Z} \to \mathbb{Z}/m$, nämlich die Restklassenabbildung. Es gibt aber keinen Homomorphismus $\mathbb{Z}/m \to \mathbb{Z}$. Warum?

Betrachten wir noch einmal das Beispiel der Auswertung von Polynomen. Die Werte, die man für die Variable in einem Polynom mit Koeffizienten in R einsetzen kann, müssen nicht unbedingt aus R stammen. Zum Beispiel kann man in ein Polynom mit rationalen Koeffizienten ja auch reelle oder komplexe Zahlen einsetzen. Allgemeiner kann man das so formulieren:

Dass man für die Variable x beliebige Werte einsetzen kann, kann man auch als Definition einer Variablen und damit des Polynomrings verstehen. Eine genaue Formulierung dieser Aussage steht in Aufgabe 2.7.

2.4 *Proposition* *Seien R und S kommutative Ringe, $\varphi: R \to S$ ein Homomorphismus und $s \in S$. Es gibt genau einen Homomorphismus $\varphi_s: R[x] \to S$, der φ fortsetzt und x durch s ersetzt, also mit*

$$\varphi_s(a) = \varphi(a) \quad \textit{für alle } a \in R \textit{ und}$$
$$\varphi_s(x) = s.$$

Beweis. Wir definieren φ_s durch

$$\varphi_s\left(\sum_{i=0}^n a_i x^i\right) = \sum_{i=0}^n \varphi(a_i) s^i.$$

Dass φ_s ein Homomorphismus ist, ergibt sich aus der Definition von Addition und Multiplikation in $R[x]$ und der Tatsache, dass φ ein Homomorphismus ist. Explizit gilt für $f = \sum_{i=0}^{m} a_i x^i$ und $g = \sum_{i=0}^{n} b_i x^i$ die Gleichheit

$$\varphi_s(fg) = \varphi_s\left(\sum_{k=0}^{m}\sum_{l=0}^{n} a_k b_l x^{k+l}\right) = \sum_{k=0}^{m}\sum_{l=0}^{n} \varphi(a_k)\varphi(b_l)s^{k+l} = \varphi_s(f)\cdot\varphi_s(g)$$

und entsprechend für die Addition. Außerdem hat φ_s offensichtlich die behaupteten Eigenschaften. Um die Eindeutigkeit zu zeigen, sei $\psi\colon R[x] \to S$ irgendein Homomorphismus mit $\psi(a) = \varphi(a)$ für $a \in R$ und $\psi(x) = s$. Dann gilt

Bei der Multiplikativität wird die Kommutativität von S verwendet. Die von R spielt keine Rolle; siehe auch Aufgabe 2.5.

$$\psi\left(\sum_{i=0}^{n} a_i x^i\right) = \sum_{i=0}^{n} \psi(a_i)\psi(x)^i = \sum_{i=0}^{n} \varphi(a_i)s^i = \varphi_s\left(\sum_{i=0}^{n} a_i x^i\right). \qquad \blacksquare$$

Häufig ist R ein Teilring von S und $\varphi\colon R \to S$ die Inklusionsabbildung $a \mapsto a$. Für zum Beispiel $R = \mathbb{Q}$, $S = \mathbb{R}$ und $s = \sqrt{2}$ ist φ_s dann also die Auswertung $f \mapsto f(\sqrt{2})$ für ein Polynom $f \in \mathbb{Q}[x]$.

2.2 *Ideale*

Der Idealbegriff verallgemeinert die Teilbarkeit von Elementen zu Aussagen über Teilmengen eines Rings. Außerdem sind Ideale auch die Kerne von Homomorphismen. Im ganzen Abschnitt sei R ein Ring (mit Eins).

Definition Eine Teilmenge I von R heißt ein **Ideal**, wenn sie nicht leer ist und die folgenden beiden Eigenschaften besitzt:
(1) Für alle $a, b \in I$ gilt $a + b \in I$.
(2) Für alle $a \in I$ und $r \in R$ gilt $ra \in I$.

Die Definition unterscheidet sich von der eines Teilrings, weil man Elemente des Ideals mit beliebigen Ringelementen multiplizieren darf und wieder im Ideal landet. Jedes Ideal I ist eine additive Untergruppe von R, das heißt, für jedes $a \in I$ gilt nach (2) auch $-a = (-1)\cdot a \in I$ und damit auch $0 = a + (-a) \in I$. Andererseits muss I die Eins nicht enthalten, so dass Ideale in aller Regel keine Teilringe sind[1].

Der Begriff »Ideal« findet sich zuerst bei Dedekind; mehr dazu in Exkurs 2.5.

[1] Das ist wohl der Hauptgrund, warum viele Quellen auch Ringe (und damit Teilringe) ohne Eins erlauben.

2.5 Beispiele (1) In $\mathbb{Z}$ bildet die Menge der Vielfachen $\mathbb{Z}\cdot m = \{rm \mid r \in \mathbb{Z}\}$ einer Zahl $m \in \mathbb{Z}$, also die durch m teilbaren Zahlen, ein Ideal. Das stimmt in jedem kommutativen Ring: Für $a \in R$ ist

$$Ra = \{ra \mid r \in R\}$$

ein Ideal in R. Ein solches Ideal heißt ein **Hauptideal**. In jedem Ring gibt es die Hauptideale $\{0\} = R\cdot 0$, das **Nullideal**, und $R = R \cdot 1$ (auch *Einsideal*).

Ein Element $a \in R$ ist im Hauptideal Rb per Definition genau dann enthalten, wenn es ein $r \in R$ gibt mit $a = rb$. In jedem kommutativen Ring R gilt deshalb

$$a \in Rb \quad\Leftrightarrow\quad Ra \subset Rb \quad\Leftrightarrow\quad b|a.$$

Der kleinere Teiler gehört also zum größeren Ideal. Insbesondere gilt $Ra \subsetneq Rb$ genau dann, wenn b ein echter Teiler von a ist, und $Ra = Rb$ genau dann, wenn a und b assoziiert sind. Die Hauptideale in einem kommutativen Ring beschreiben damit vollständig die Teilbarkeiten zwischen seinen Elementen.

In nicht-kommutativen Ringen muss man bei Idealen unterscheiden, ob man nur von links, nur von rechts oder von links und rechts mit beliebigen Ringelementen multiplizieren darf. Entsprechend gibt es **Linksideale** (was wir hier einfach *Ideal* genannt haben), **Rechtsideale** und **zweiseitige Ideale**. Zum Beispiel bilden die 2 × 2-Matrizen (mit Koeffizienten in einem Ring R) der Form

$$\begin{pmatrix} * & 0 \\ * & 0 \end{pmatrix}$$

ein Linksideal, aber in aller Regel kein Rechtsideal, im Matrizenring. Nach einem Satz von Wedderburn besitzt der Matrizenring über einem Körper (oder Schiefkörper) keine nicht-trivialen zweiseitigen Ideale.

(2) Ist $\varphi\colon R \to S$ ein Homomorphismus, dann ist der Kern

$$\operatorname{Kern}(\varphi) = \{a \in R \mid \varphi(a) = 0\}$$

von φ ein Ideal. Denn sind $a, b \in R$ mit $\varphi(a) = \varphi(b) = 0$, dann ist auch $\varphi(a+b) = \varphi(a) + \varphi(b) = 0$ und außerdem gilt $\varphi(ra) = \varphi(r)\varphi(a) = 0$ für alle $r \in R$. ◇

2.6 Proposition *Es sei R ein kommutativer Ring.*
(1) Für $a \in R$ gilt $Ra = R$ genau dann, wenn a eine Einheit ist.
(2) Wenn ein Ideal I in R eine Einheit enthält, dann gilt $I = R$.
(3) Genau dann ist R ein Körper, wenn $\{0\}$ und R die einzigen Ideale in R sind.

Beweis. (1) folgt daraus, dass $Ra = R$ zu $a \sim 1$ äquivalent ist, wie wir gerade bemerkt haben. Wir prüfen es aber noch einmal explizit nach: Ist a eine Einheit und ist $b \in R$ beliebig, dann gilt $b = (ba^{-1}) \cdot a \in Ra$, was $Ra = R$ zeigt. Gilt umgekehrt $Ra = R$, dann gibt es insbesondere $r \in R$ mit $ra = 1$. Also ist a eine Einheit. (2) Denn aus $a \in I \cap R^*$ folgt $Ra \subset I$ und $Ra = R$ nach (1), also $I = R$. (3) folgt aus (1) und (2). ∎

2.7 Proposition *Es sei $\varphi\colon R \to S$ ein Homomorphismus von Ringen.*
(1) Ist J ein Ideal von S, dann ist $\varphi^{-1}(J)$ ein Ideal von R.
(2) Ist φ surjektiv und I ein Ideal von R, dann ist $\varphi(I)$ ein Ideal von S.

Miniaufgaben

2.4 Beweise Prop. 2.7.

2.5 Ist ein Homomorphismus nicht surjektiv, dann muss das Bild eines Ideals kein Ideal sein. Betrachte dazu die Inklusion $\varphi\colon \mathbb{Z} \to \mathbb{Q}$, $a \mapsto a$.

Der **Durchschnitt** beliebig vieler Ideale ist wieder ein Ideal, denn die Eigenschaften (1) und (2) bleiben offenbar erhalten. Daraus folgt, dass zu jeder Teilmenge eines Rings ein kleinstes Ideal existiert, das die gegebene Teilmenge enthält:

Definition Es sei T eine Teilmenge von R. Der Durchschnitt aller Ideale von R, die T enthalten, ist wieder ein Ideal, das **von T erzeugte Ideal**, und wird mit $\langle T\rangle$ bezeichnet. Ist $T = \{a_1, \ldots, a_n\}$ endlich, dann schreiben wir auch $\langle a_1, \ldots, a_n\rangle$.

2.8 Proposition *Für $T \subset R$ ist das von T erzeugte Ideal gerade die Menge*

$$\langle T\rangle = \{r_1a_1 + \cdots + r_na_n \mid r_1, \ldots, r_n \in R, a_1, \ldots, a_n \in T, n \in \mathbb{N}\}.$$

Insbesondere ist $\langle a\rangle$ dasselbe wie das Hauptideal Ra.

Beweis. Es sei I die Menge auf der rechten Seite. Wir zeigen als Erstes, dass I ein Ideal ist. Seien $r_1, \ldots, r_m, s_1, \ldots, s_n, t \in R$ und $a_1, \ldots, a_m, b_1, \ldots, b_n \in T$. Dann sind also $\sum r_ia_i$ und $\sum s_ib_i$ zwei Elemente von I und es gilt auch

$$\sum_{i=1}^m r_ia_i + \sum_{i=1}^n s_ib_i \in I \quad \text{und} \quad t\sum_{i=1}^m r_ia_i = \sum_{i=1}^m (tr_i)a_i \in I.$$

Dieser Beweis folgt einem typischen Schema, das sich in der Algebra jedes Mal wiederholt, wenn es um »erzeugte Unterstrukturen« einer algebraischen Struktur geht.

Also ist I ein Ideal, und per Definition enthält I die Menge T, denn für $a \in T$ gilt $a = 1 \cdot a \in I$. Nach Definition von $\langle T\rangle$ folgt daraus $\langle T\rangle \subset I$.

Für die umgekehrte Inklusion sei J irgendein Ideal von R mit $T \subset J$. Da J ein Ideal ist, enthält es dann alle Produkte ra mit $r \in R$ und $a \in T$ sowie alle Summen von solchen Produkten. Mit anderen Worten, J enthält I. Also ist I in jedem Ideal enthalten, das T enthält, und es folgt $I \subset \langle T\rangle$. ∎

2.9 Beispiel Im Polynomring $\mathbb{Z}[x]$ besteht das Ideal $\langle 2, x\rangle$ aus allen Polynomen der Form $h = 2 \cdot f + g \cdot x$ für $f, g \in \mathbb{Z}[x]$. Das sind nicht alle Polynome: Beispielsweise ist $h(0)$ für jedes solche Polynom h eine gerade Zahl. Es gilt also $1 \notin \langle 2, x\rangle$. ◇

Miniaufgaben

2.6 Bestimme direkt das Ideal $\langle 2, 3\rangle \subset \mathbb{Z}$.

2.7 Die Vereinigung von Idealen ist in aller Regel kein Ideal. Zeige, dass etwa $\langle 2\rangle \cup \langle 3\rangle$ kein Ideal in $\mathbb{Z}$ ist.

Als Nächstes betrachten wir die besonders einfache Klasse der Hauptidealringe, welche die euklidischen Ringe aus dem ersten Kapitel umfasst.

Definition Ein **Hauptidealring** ist ein Integritätsring, in dem jedes Ideal ein Hauptideal ist, also von einem Element erzeugt wird.

2.10 Proposition *Jeder euklidische Ring ist ein Hauptidealring. Insbesondere sind der Ring $\mathbb{Z}$ und der Polynomring $K[x]$ über einem Körper K Hauptidealringe.*

Beweis. Es sei R ein euklidischer Ring mit Bewertungsfunktion δ und sei $I \subset R$ ein Ideal. Ist I das Nullideal, dann ist nichts zu zeigen. Andernfalls wählen wir in I ein Element $a \neq 0$ mit der kleinstmöglichen Bewertung, also mit $\delta(a) \leqslant \delta(b)$ für alle $b \in I \setminus \{0\}$, und behaupten, dass $I = Ra$ gelten muss. Denn ist $b \in I$ beliebig, dann teilen wir b mit Rest durch a und bekommen

$$b = qa + r, \quad \text{mit } \delta(r) < \delta(a) \text{ oder } r = 0.$$

Wegen $a, b \in I$ folgt $r = b - qa \in I$ und aufgrund der Minimalität von $\delta(a)$ ist nur $r = 0$ möglich. Das zeigt $b = qa \in Ra$. ■

2.11 Beispiel Die Ideale im Ring $\mathbb{Z}$ sind damit alle von der Form $\mathbb{Z} \cdot m$ für ein $m \in \mathbb{Z}$, was die trivialen Ideale $\mathbb{Z}\cdot 0 = \{0\}$ und $\mathbb{Z}\cdot 1 = \mathbb{Z}$ einschließt. Aus $\mathbb{Z}a = \mathbb{Z}b$ folgt außerdem $a = \pm b$. Es entspricht also jeder natürlichen Zahl und der Null genau ein Ideal von $\mathbb{Z}$, und zwar das Ideal aller Vielfachen. ◇

2.12 Satz *In einem Hauptidealring R besitzen je zwei Elemente einen größten gemeinsamen Teiler und ein kleinstes gemeinsames Vielfaches. Für alle $a, b \in R$ gelten nämlich:*

$$\langle a, b\rangle = \langle \mathrm{ggT}(a, b)\rangle \quad \textit{und} \quad \langle a\rangle \cap \langle b\rangle = \langle \mathrm{kgV}(a, b)\rangle.$$

Beweis. Seien $a, b \in R$. Da R ein Hauptidealring ist, wird das Ideal $\langle a, b\rangle$ von einem Element $d \in R$ erzeugt. Wegen $a, b \in \langle a, b\rangle = \langle d\rangle$ gibt es dann Darstellungen $a = rd$ und $b = sd$, also werden a und b von d geteilt. Aus $d \in \langle a, b\rangle$ folgt andererseits $d = xa + yb$ für $x, y \in R$. Deshalb ist jeder gemeinsame Teiler von a und b ein Teiler von d, was $d = \mathrm{ggT}(a, b)$ zeigt.

Entsprechend gibt es $e \in R$ mit $\langle a\rangle \cap \langle b\rangle = \langle e\rangle$. Es gibt also $r, s \in R$ mit $e = ra$ und $e = sb$, so dass e ein gemeinsames Vielfaches von a und b ist. Ist auch $e' = r'a = s'b$ ein gemeinsames Vielfaches, dann folgt $e' \in \langle a\rangle \cap \langle b\rangle = \langle e\rangle$, so dass e' ein Vielfaches von e ist. Das zeigt $e = \mathrm{kgV}(a, b)$. ■

Die Aussage über den größten gemeinsamen Teiler in diesem Satz entspricht dem Lemma von Bézout. In einem Hauptidealring R hat $\mathrm{ggT}(a, b)$ für $a, b \in R \setminus \{0\}$ also immer eine Darstellung $\mathrm{ggT}(a, b) = ua + vb$ mit $u, v \in R$, nämlich als Element des Ideals $\langle a, b\rangle$. In einem euklidischen Ring kann man diese Darstellung mit dem euklidischen Algorithmus berechnen, während wir in allgemeinen Hauptidealringen nur eine Existenzaussage haben.

Der Ring $\mathbb{Z}[x]$ ist *kein* Hauptidealring, denn das Ideal $\langle 2, x\rangle$ ist zum Beispiel kein Hauptideal. Ebenso ist in einem Polynomring $R[x, y]$ in zwei (oder mehr) Variablen das Ideal $\langle x, y\rangle$ kein Hauptideal. Folgende allgemeine Aussage enthält beide Beispiele.

2.13 Proposition *Der Polynomring $R[x]$ über einem Integritätsring R ist nur dann ein Hauptidealring, wenn R ein Körper ist.*

Beweis. Sei $R[x]$ ein Hauptidealring, dann müssen wir zeigen, dass jedes Element ungleich 0 in R eine Einheit ist. Sei also $a \in R$, $a \neq 0$. Das Element a und die Variable x sind teilerfremd, denn a ist nicht durch x teilbar und x ist irreduzibel (vgl. Miniaufgabe 1.22). Da $R[x]$ ein Hauptidealring ist, gibt es also eine Bézout-Identität

$$pa + qx = 1$$

mit $p, q \in R[x]$. Einsetzen von $x = 0$ ergibt $p(0) \cdot a = 1$ in R. Also ist a eine Einheit. ∎

Wie die euklidischen Ringe sind die Hauptidealringe alle faktoriell. Für den Beweis verwenden wir das folgende Lemma.

2.14 Lemma *(1) Es sei $I_1 \subset I_2 \subset I_3 \subset \cdots$ eine aufsteigende Folge von Idealen in einem kommutativen Ring R. Dann ist die Vereinigung $\bigcup_{m\in\mathbb{N}} I_m$ ein Ideal.*

(2) Ist R ein Hauptidealring, dann wird jede Folge wie in (1) stationär, das heißt, es gibt einen Index k mit $I_j = I_k$ für alle $j \geqslant k$.

Beweis. (1) Sei $I = \bigcup_{m\in\mathbb{N}} I_m$ und seien $a, b \in I$. Dann gibt es $j, k \in \mathbb{N}$ mit $a \in I_j$, $b \in I_k$. Ist $m = \max\{j, k\}$, so gilt nach Voraussetzung $I_j \cup I_k \subset I_m$, also $a, b \in I_m$ und damit auch $a + b \in I_m \subset I$. Außerdem gilt $ra \in I$ für alle $r \in R$ und $a \in I$.

(2) Die Vereinigung I wie in (1) ist nach Voraussetzung ein Hauptideal, das heißt, es gibt $b \in R$ mit $I = Rb$. Da I die Vereinigung aller I_j ist, gibt es dann einen Index k mit $b \in I_k$. Für $j \geqslant k$ folgt daraus $I_j \subset I \subset I_k \subset I_j$ und damit $I_j = I_k$. ∎

2.15 Satz *Jeder Hauptidealring ist faktoriell.*

Hier noch einmal zusammengefasst die Hierarchie von Ringklassen, die wir eingeführt haben.

Beweis. Es sei R ein Hauptidealring. Nach Satz 2.12 besitzen je zwei Elemente von R einen größten gemeinsamen Teiler. Nach Satz 1.34 müssen wir noch zeigen, dass es in R keine unendlichen Teilerketten gibt. Das folgt aus Lemma 2.14(2), denn ist $a_1, a_2, a_3, \ldots$ eine Folge in R mit $a_{i+1} | a_i$ für alle i, dann ist $Ra_1 \subset Ra_2 \subset Ra_3 \subset \cdots$ eine aufsteigende Folge von Hauptidealen. Diese wird stationär, etwa an der Stelle k, so dass dann a_{i+1} für alle $i \geqslant k$ kein echter Teiler von a_i ist. ∎

2.16 Beispiel Die Ringe $\mathbb{Z}$, $K[x]$, $\mathbb{Z}[i]$ sind faktoriell, denn sie sind euklidisch und damit Hauptidealringe. Um gegenüber Kapitel 1 neue Beispiele für faktorielle Ringe zu bekommen, bräuchten wir also einen Hauptidealring, der nicht euklidisch ist. Solche Ringe gibt es, beispielsweise den Ring $\mathbb{Z}[\frac{1+\sqrt{-19}}{2}]$. Der Beweis würde aber zu weit in die Zahlentheorie führen. Der Sinn von Satz 2.15 liegt für uns weniger in den Beispielen, sondern in dem Zusammenhang zwischen Idealtheorie und Faktorialität.

Der Ring $\mathbb{Z}[x]$ und der Polynomring $K[x_1, \ldots, x_n]$ über einem Körper K in $n \geqslant 2$ Variablen sind keine Hauptidealringe, erst recht nicht euklidisch. Sie sind aber trotzdem faktoriell, was wir in Kapitel 5 beweisen werden. ◇

Miniaufgaben

2.8 Überprüfe noch einmal direkt, dass das Ideal $\langle 2, x\rangle \subset \mathbb{Z}[x]$ kein Hauptideal ist.

2.9 Da der Ring $\mathbb{Z}[x]$ kein Hauptidealring ist, ist er auch nicht euklidisch. Aber warum genau ist die Gradabbildung $f \mapsto \deg(f)$ für $\mathbb{Z}[x]$ keine euklidische Wertefunktion?

2.3 *Faktorringe und Homomorphiesätze*

Wir haben im letzten Abschnitt gesehen, wie die Teilbarkeit von Elementen durch Ideale ausgedrückt werden kann. Auch die Kongruenzrechnung lässt sich verallgemeinern: So wie man in den ganzen Zahlen modulo einer Zahl m rechnen kann, so kann man in jedem Ring modulo einem Ideal rechnen. Es sei R ein kommutativer Ring und I ein Ideal in R. Wir definieren eine Relation

$$a \equiv b \pmod{I} \quad \Leftrightarrow \quad a - b \in I$$

für $a, b \in R$.

2.17 Lemma *Die Relation* $\equiv \pmod{I}$ *ist eine Äquivalenzrelation auf* R. *Ihre Äquivalenzklassen sind die Teilmengen*

$$a + I = \{a + b \mid b \in I\}$$

von R *und heißen die* **Restklassen modulo** I.

Beweis. Die Relation $\equiv \pmod{I}$ ist

- *reflexiv*, das heißt, es gilt $a \equiv a \pmod{I}$ für alle $a \in R$; denn $a - a = 0 \in I$;
- *symmetrisch*, das heißt, aus $a \equiv b \pmod{I}$ folgt $b \equiv a \pmod{I}$; denn aus $a - b \in I$ folgt auch $b - a = -(a - b) \in I$;
- *transitiv*, das heißt, aus $a \equiv b \pmod{I}$ und $b \equiv c \pmod{I}$ folgt $a \equiv c \pmod{I}$; denn ist $a - b \in I$ und $b - c$ in I, so auch $a - c = (a - b) - (c - b) \in I$.

Die Behauptung über die Äquivalenzklassen ist gerade, dass die Äquivalenz

$$a + I = a' + I \quad \Leftrightarrow \quad a - a' \in I$$

für alle $a, a' \in R$ gilt. Aus $a + I = a' + I$ folgt $a \in a' + I$, etwa $a = a' + c$ mit $c \in I$, also $a - a' = c \in I$. Ist umgekehrt $a - a' \in I$, so folgt $a + I = a' + (a - a') + I = a' + I$. ∎

Wir schreiben

$$R/I = \{a + I \mid a \in R\}$$

für die Menge aller Restklassen modulo I. Häufig schreibt man auch verkürzt $\overline{a}$ statt $a + I$, wenn das Ideal I fixiert ist.

2.18 Proposition *Es sei* R *ein kommutativer Ring und sei* I *ein Ideal in* R. *Die Menge* R/I *wird mit den Verknüpfungen*

$$(a + I) + (b + I) = (a + b) + I$$
$$(a + I)(b + I) = ab + I$$

zu einem kommutativen Ring mit Null $0 + I$ *und Eins* $1 + I$, *genannt der* **Faktorring von** R **modulo** I *oder auch Restklassenring. Die Restklassenabbildung*

$$\rho \colon \begin{cases} R \to R/I \\ a \mapsto a + I \end{cases},$$

die jedem Element seine Restklasse zuordnet, ist ein Homomorphismus.

Beweis. Als Erstes müssen wir beweisen, dass die angegebene Verknüpfung wohldefiniert, das heißt vertreterunabhängig ist. Für die Multiplikation bedeutet das Folgendes: Gegeben $a, a', b, b' \in R$ mit $a + I = a' + I$ und $b + I = b' + I$, dann müssen wir

$ab + I = a'b' + I$ zeigen. Wegen $a - a' \in I$ und $b - b' \in I$ gilt

$$\begin{aligned} ab + I &= ((a-a') + a')((b-b') + b') + I \\ &= a'b' + \underbrace{a'(b-b') + b'(a-a') + (a-a')(b-b')}_{\in I} + I = a'b' + I. \end{aligned}$$

Hier haben wir also benutzt, dass I ein Ideal ist. Für die Addition müssen wir $a+b+I = a'+b'+I$ zeigen. Das ist noch einfacher: $a+b+I = a'+b'+(a-a'+b-b')+I = a'+b'+I$.

Die Ringgesetze gelten in R/I, weil sie sich einfach von R übertragen. Zum Beispiel ist die Multiplikation assoziativ, denn für alle $a, b, c \in R$ gilt

$$\big((a+I)(b+I)\big)(c+I) = (ab)c + I = a(bc) + I = (a+I)\big((b+I)(c+I)\big).$$

Die Beweise für die anderen Ringgesetze sind genauso tautologisch. Auch dass die Restklassenabbildung ρ ein Homomorphismus ist, ist klar, denn die Gleichheit $\rho(a\dot{+}b) = (a\dot{+}b) + I = (a+I)\dot{+}(b+I) = \rho(a)\dot{+}\rho(b)$ gilt per Definition. ■

Miniaufgaben

2.10 Sei I ein Ideal im kommutativen Ring R. Zeige:

$$a \equiv b \ (\mathrm{mod}\, I) \ \Rightarrow \ \big(a + c \equiv b + c \ (\mathrm{mod}\, I) \text{ und } ac \equiv bc \ (\mathrm{mod}\, I)\big)$$

für alle $a, b, c \in R$. Was hat das mit Prop. 2.18 zu tun?

2.11 Folgere aus Prop. 2.18, dass jedes Ideal der Kern eines Homomorphismus ist.

Ist $I = \langle a \rangle$ ein Hauptideal in R, dann verwenden wir auch die vereinfachte Notation R/a statt $R/\langle a \rangle$ oder R/Ra. Das ist konsistent mit unserer Notation für $R = \mathbb{Z}$.

2.19 Beispiele (1) Für $a, n \in \mathbb{Z}$ ist $a + \mathbb{Z}n = [a]_n$ die Kongruenzklasse von a modulo n und $\mathbb{Z}/\mathbb{Z}n = \mathbb{Z}/n$ der Ring der ganzen Zahlen modulo n.

Die Konstruktion in diesem Beispiel wird später sehr allgemein in der Theorie der algebraischen Körpererweiterungen verwendet (siehe §7.4).

(2) Im Polynomring $\mathbb{R}[x]$ betrachten wir das Polynom $f = x^2 + 1$ und den Faktorring nach dem Hauptideal $\langle f \rangle$, also

$$K = \mathbb{R}[x]/(x^2 + 1).$$

Der Faktorring K ist isomorph zum Körper $\mathbb{C}$ der komplexen Zahlen. Denn offenbar gilt $x^2 \equiv -1 \ (\mathrm{mod}\, x^2+1)$, das heißt, in K ist $x + \langle x^2+1 \rangle$ eine Quadratwurzel aus -1. Dass K ein Körper ist und zu $\mathbb{C}$ isomorph, kann man nun direkt überprüfen. Wir werden aber auch bald allgemeine Aussagen haben, aus denen dies folgt. ◇

An das obige Beispiel schließt sich folgende Frage an: Gegeben einen kommutativen Ring R und ein Ideal $I \subset R$, wann ist der Faktorring R/I ein Integritätsring oder sogar ein Körper? Für $R = \mathbb{Z}$ wissen wir, dass $\mathbb{Z}/p$ genau dann nullteilerfrei ist, wenn p eine Primzahl ist und außerdem, dass $\mathbb{Z}/p$ in diesem Fall ein Körper ist.

Definition (1) Ein Ideal P von R heißt **prim** oder **Primideal**, wenn $P \neq R$ gilt und

$$\forall a, b \in R \colon \big(ab \in P \quad \Rightarrow \quad (a \in P \vee b \in P)\big).$$

Ein Element $p \in R \smallsetminus \{0\}$ in einem Integritätsring ist genau dann prim, wenn das Hauptideal Rp ein Primideal ist.

(2) Ein Ideal M von R heißt **maximal**, wenn $M \neq R$ gilt und es keine Ideale zwischen M und R gibt, das heißt, wenn für jedes Ideal J gilt:

$$M \subset J \subset R \quad \Rightarrow \quad J = M \text{ oder } J = R.$$

2.20 *Satz* *Sei I ein Ideal in einem kommutativen Ring R.*
(1) Genau dann ist R/I ein Integritätsring, wenn I ein Primideal ist.
(2) Genau dann ist R/I ein Körper, wenn I ein maximales Ideal ist.

Beweis. (1) Ist R/I ein Integritätsring, dann gibt es in R/I keine Nullteiler. Das heißt also, sind $a, b \in R$ mit $ab \equiv 0 \pmod{I}$, dann muss $a \equiv 0 \pmod{I}$ oder $b \equiv 0 \pmod{I}$ gelten. Aber $a \equiv 0 \pmod{I}$ bedeutet gerade $a \in I$ und genauso für b. Es gilt also $a \in I$ oder $b \in I$, was zeigt, dass I ein Primideal ist. Die Umkehrung folgt entsprechend.

(2) Angenommen R/I ist ein Körper und $J \subset R$ ein Ideal mit $I \subsetneq J$. Dann müssen wir $J = R$ beweisen. Ist $a \in J \setminus I$, dann ist $a \not\equiv 0 \pmod{I}$. Also ist $a + I$ eine Einheit in R/I, da R/I ein Körper ist. Es gibt also $b \in R$ mit $ab \equiv 1 \pmod{I}$. Das bedeutet gerade $ab - 1 \in I \subset J$, und wegen $a \in J$ folgt daraus $1 \in J$ und damit $J = R$.

Nehmen wir umgekehrt an, dass I maximal ist. Sei $a \in R$ mit $a + I \neq 0 + I$ in R/I, das heißt, mit $a \notin I$. Da I maximal ist und a nicht enthält, gilt $Ra + I = R$. Insbesondere gilt $1 \in Ra + I$. Es gibt also $r \in R$ und $x \in I$ mit $ra + x = 1$ und damit $ra \equiv 1 \pmod{I}$. Also ist $a + I$ eine Einheit in R/I, was zeigt, dass R/I ein Körper ist. ■

Die zweite Aussage in Satz 2.20 kann man auch dadurch beweisen, dass die Ideale von R/I den Idealen von R entsprechen, welche I enthalten. (Siehe Aufgabe 2.23 oder Prop. 3.55 für die entsprechende Aussage für Faktorgruppen.) Die Behauptung in (2) folgt dann aus Prop. 2.6(3).

2.21 *Korollar* *Jedes maximale Ideal ist ein Primideal.*

Beweis. Denn jeder Körper ist ein Integritätsring. ■

Miniaufgaben

2.12 Verifiziere, dass ein Element $p \in R \setminus \{0\}$ in einem Integritätsring genau dann ein Primelement ist, wenn Rp ein Primideal ist.

2.13 Zeige, dass das Nullideal in einem kommutativen Ring genau dann ein Primideal ist, wenn R ein Integritätsring ist.

Für $R = \mathbb{Z}$ ist $\mathbb{Z}/p$ für jede Primzahl p nicht nur ein Integritätsring, sondern sogar ein Körper. Dahinter steht folgende allgemeine Aussage für Hauptidealringe:

2.22 *Lemma* *Ist R ein Hauptidealring, dann ist jedes Primideal außer dem Nullideal in R maximal. Ist $a \in R$, $a \neq 0$, dann gilt:*

$$R/a \text{ ist ein Körper} \Leftrightarrow R/a \text{ ist ein Integritätsring} \Leftrightarrow a \text{ ist irreduzibel/prim}.$$

Beweis. Da R faktoriell ist, ist jedes irreduzible Element in R prim und umgekehrt. Also ist $\langle a \rangle$ genau dann ein Primideal, wenn a irreduzibel ist, womit die rechte Äquivalenz aus Satz 2.20(1) folgt. Andererseits ist $\langle a \rangle$ für jedes irreduzible Element ein maximales Ideal: Denn ist J ein Ideal mit $\langle a \rangle \subset J$, dann gibt es $b \in R$ mit $J = \langle b \rangle$, weil R ein Hauptidealring ist. Die Inklusion $\langle a \rangle \subset \langle b \rangle$ bedeutet $b|a$ und da a irreduzibel ist, folgt entweder $b \sim a$ und damit $J = \langle a \rangle$, oder $b \sim 1$ und damit $J = R$. Also ist $\langle a \rangle$ maximal. Nach Satz 2.20(2) ist R/a in diesem Fall ein Körper. ■

2.23 *Beispiel* Wir kommen auf Beispiel 2.19(2) zurück: Das Polynom $f = x^2 + 1$ in $\mathbb{R}[x]$ ist irreduzibel, da es in $\mathbb{R}$ ohne Nullstelle ist. Also ist $K = \mathbb{R}[x]/f$ ein Körper. ◇

ALS NÄCHSTES UNTERSUCHEN WIR DEN ZUSAMMENHANG zwischen Faktorringen und Homomorphismen.

2.24 *Satz* (Homomorphiesatz für Ringe) *Es sei $\varphi: R \to S$ ein Homomorphismus zwischen kommutativen Ringen und I ein Ideal von R mit $I \subset \mathrm{Kern}(\varphi)$. Dann gibt es eine eindeutig bestimmte Abbildung $\overline{\varphi}: R/I \to S$ mit*

$$\varphi(a) = \overline{\varphi}(a + I).$$

Dabei ist $\overline{\varphi}$ ein Homomorphismus und genau dann injektiv, wenn $I = \mathrm{Kern}(\varphi)$ gilt.

Ist $\rho: R \to R/I$ die Restklassenabbildung $\rho(a) = a + I$, dann bedeutet die definierende Eigenschaft $\overline{\varphi}(a + I) = \varphi(a)$ von $\overline{\varphi}$ also $\varphi = \overline{\varphi} \circ \rho$. Das kann man bildlich durch ein kommutierendes Diagramm ausdrücken:

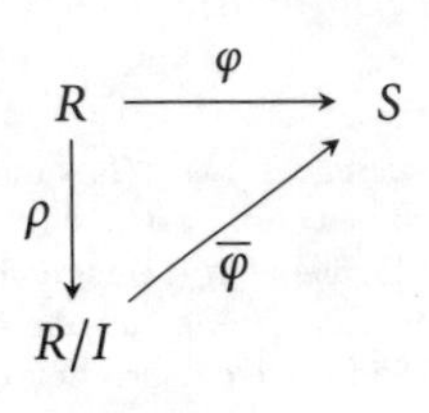

Beweis. Wenn so eine Abbildung $\overline{\varphi}$ existiert, dann ist sie eindeutig, denn die Gleichheit $\overline{\varphi}(a + I) = \varphi(a)$ legt $\overline{\varphi}$ ja bereits auf allen Elementen von R/I fest. Wir definieren $\overline{\varphi}$ also gerade durch $\overline{\varphi}(a + I) = \varphi(a)$, und müssen zeigen, dass dies wohldefiniert, also vertreterunabhängig, ist. Denn sind $a, a' \in R$ mit $a + I = a' + I$ in R/I, dann heißt das $a - a' \in I \subset \mathrm{Kern}(\varphi)$ und damit

$$\varphi(a) = \varphi(a' + a - a') = \varphi(a') + \varphi(a - a') = \varphi(a').$$

Die Identitäten $\varphi(a + b) = \varphi(a) + \varphi(b)$, $\varphi(ab) = \varphi(a)\varphi(b)$ und $\varphi(1) = 1$ implizieren unmittelbar die entsprechenden Identitäten für $\overline{\varphi}$, nämlich

$$\overline{\varphi}\big((a + I)(b + I)\big) = \overline{\varphi}(ab + I) = \varphi(ab) = \varphi(a)\varphi(b) = \overline{\varphi}(a + I)\overline{\varphi}(b + I)$$

und genauso für die Addition. Der Zusatz über die Injektivität folgt daraus, dass $\overline{\varphi}$ genau dann injektiv ist, wenn $\mathrm{Kern}(\overline{\varphi})$ in R/I nur aus der Null $0 + I$ besteht, also genau dann, wenn $I = \mathrm{Kern}(\varphi)$ gilt. ∎

2.25 *Korollar* (Isomorphiesatz) *Jeder Homomorphismus $\varphi: R \to S$ zwischen kommutativen Ringen induziert einen Isomorphismus*

$$\overline{\varphi}: R/\mathrm{Kern}(\varphi) \xrightarrow{\sim} \mathrm{Bild}(\varphi).$$

Beweis. Nach dem Homomorphiesatz, für $I = \mathrm{Kern}(\varphi)$, induziert φ einen injektiven Homomorphismus $\overline{\varphi}: R/\mathrm{Kern}(\varphi) \to S$. Dabei gilt offenbar $\mathrm{Bild}(\overline{\varphi}) = \mathrm{Bild}(\varphi)$. ∎

2.26 *Beispiele* (1) Sei $\varphi: \mathbb{R}[x] \to \mathbb{C}$ der Homomorphismus $\varphi(h) = h(i)$, also die Auswertung in der komplexen Zahl i. Der Kern von φ ist das Hauptideal $\langle f \rangle$ mit $f = x^2 + 1$. (Denn wegen $f(i) = 0$ gilt $f \in \mathrm{Kern}(\varphi)$ und damit $\langle f \rangle \subset \mathrm{Kern}(\varphi)$. Da f irreduzibel ist, ist $\langle f \rangle$ bereits maximal nach Lemma 2.22, also gilt $\langle f \rangle = \mathrm{Kern}(\varphi)$.) Außerdem ist φ surjektiv, denn für $z = a + bi \in \mathbb{C}$ gilt $z = \varphi(bx + a)$. Nach dem Isomorphiesatz folgt daraus $\mathbb{C} \cong \mathbb{R}[x]/f$.

(2) Seien $m_1, \ldots, m_k \in \mathbb{Z}$ teilerfremde ganze Zahlen. Wir betrachten den Homomorphismus

$$\varphi: \begin{cases} \mathbb{Z} & \to & \mathbb{Z}/m_1 \times \cdots \times \mathbb{Z}/m_k \\ a & \mapsto & ([a]_{m_1}, \ldots, [a]_{m_k}) \end{cases}.$$

Nach dem chinesischen Restsatz 1.26 ist φ surjektiv und der Kern ist $\mathbb{Z} \cdot (m_1 \cdots m_k)$. Nach dem Isomorphiesatz ist also

$$\overline{\varphi}: \begin{cases} \mathbb{Z}/(m_1 \cdots m_k) & \to & \mathbb{Z}/m_1 \times \cdots \times \mathbb{Z}/m_k \\ [a]_{m_1 \cdots m_k} & \mapsto & ([a]_{m_1}, \cdots, [a]_{m_k}) \end{cases}$$

wohldefiniert und ein Isomorphismus. Das hatten wir in §1.2 schon verwendet. Wir erklären in Exkurs 2.4 wie sich das auf andere Ringe als $\mathbb{Z}$ verallgemeinern lässt. ◇

Miniaufgaben

2.14 Es sei K ein Körper. Zeige durch direkte Rechnung, dass $f \equiv f(0) \pmod{x}$ für alle $f \in K[x]$ gilt, und damit die Isomorphie $K[x]/x \cong K$.

2.15 Zeige dieselbe Aussage mit dem Isomorphiesatz.

2.4 *Exkurs: Allgemeine Form des chinesischen Restsatzes*

Wir haben in §1.2 und gerade in Beispiel 2.26 gesehen, dass sich aus dem chinesischen Restsatz für paarweise teilerfremde ganze Zahlen $m_1, \ldots, m_k$ ein Isomorphismus

$$\mathbb{Z}/(m_1 \cdots m_k) \cong \mathbb{Z}/m_1 \times \cdots \times \mathbb{Z}/m_k$$

von Ringen ergibt. Wir möchten diese Aussage auf beliebige Ringe und Ideale übertragen. Es sei R ein kommutativer Ring. Zu zwei Idealen I, J in R können wir die Summe

$$I + J = \{a + b \mid a \in I, b \in J\}$$

bilden, was dasselbe ist, wie das von I und J erzeugte Ideal $\langle I \cup J \rangle$. Die Ideale I und J heißen **teilerfremd**, wenn $I + J = R$ gilt.

2.27 ***Satz*** (Chinesischer Restsatz für Ringe) *Es seien $I_1, \ldots, I_k$ Ideale von R mit*

$$I_i + I_j = R \quad \text{für alle } i \neq j.$$

Wir setzen $J = I_1 \cap \cdots \cap I_k$. Dann ist die Abbildung

$$\varphi: \begin{cases} R/J & \to & R/I_1 \times \cdots \times R/I_k \\ a + J & \mapsto & (a + I_1, \ldots, a + I_k) \end{cases}$$

ein Isomorphismus.

Beweis. Die Existenz von φ folgt aus dem Homomorphiesatz: Die Abbildung

$$\psi: \begin{cases} R & \to & R/I_1 \times \cdots \times R/I_k \\ a & \mapsto & (a + I_1, \ldots, a + I_k) \end{cases}$$

ist ein Homomorphismus, zusammengesetzt aus den Restklassenabbildungen $R \to R/I_j$. Ihr Kern besteht aus allen Elementen von R, deren Restklassen modulo $I_1, \ldots, I_k$ alle Null sind, also gerade aus dem Durchschnitt $J = I_1 \cap \cdots \cap I_k$. Die Abbildung $\varphi = \overline{\psi}$ existiert also nach dem Homomorphiesatz und ist ein injektiver Homomorphismus. Wir müssen nur zeigen, dass sie auch surjektiv ist.

Das zeigen wir durch Induktion nach k. Für $k = 1$ ist nichts zu zeigen und wir beginnen mit $k = 2$. Seien $a_1, a_2 \in R$. Gesucht ist $x \in R$ mit $x + I_j = a_j + I_j$ für $j = 1, 2$. Nach Voraussetzung gibt es $b_1 \in I_1$ und $b_2 \in I_2$ mit $b_1 + b_2 = 1$. Deshalb hat $x = a_1 b_2 + a_2 b_1$ die gewünschte Eigenschaft:

$$x + I_1 = a_1 b_2 + a_2 b_1 + I_1 = a_1(1 - b_1) + a_2 b_1 + I_1 = a_1 + \underbrace{(a_2 - a_1) b_1}_{\in I_1} + I_1 = a_1 + I_1$$

$$x + I_2 = a_1 b_2 + a_2 b_1 + I_2 = a_1 b_2 + a_2(1 - b_2) + I_2 = a_2 + \underbrace{(a_1 - a_2) b_2}_{\in I_2} + I_2 = a_2 + I_2.$$

Für den Induktionsschritt zeigen wir als Erstes die Gleichheit

$$(*) \qquad I_1 + (I_2 \cap \cdots \cap I_k) = R.$$

Nach Voraussetzung gibt es $a_j \in I_1$ und $b_j \in I_j$ mit $a_j + b_j = 1$ für $j = 2, \ldots, r$. Also gilt

$$1 = (a_2 + b_2) \cdots (a_k + b_k) = a + b_2 \cdots b_k,$$

wobei a eine Summe ist, in der jeder Term mindestens einen Faktor a_j enthält. Deshalb gilt $a \in I_1$, außerdem $b_2 \cdots b_k \in I_2 \cap \cdots \cap I_k$ und somit $1 \in I_1 + (I_2 \cap \cdots \cap I_k)$, und die Gleichheit $(*)$ ist bewiesen.

Sei nun $k > 2$ und seien $a_1, \ldots, a_k \in R$. Nach Induktionsvoraussetzung gibt es $y \in R$ mit $y + I_j = a_j + I_j$ für $j = 2, \ldots, k$. Nach $(*)$ und dem Fall $k = 2$ gibt es $x \in R$ mit

$$x + I_1 = a_1 + I_1 \quad \text{und} \quad x + (I_2 \cap \cdots \cap I_k) = y + (I_2 \cap \cdots \cap I_k).$$

Es folgt $x + I_j = a_j + I_j$ für alle $j = 1, \ldots, r$, wie gewünscht. ■

Um den Zusammenhang mit dem chinesischen Restsatz für Zahlen besser zu verstehen, untersuchen wir den Durchschnitt $I_1 \cap \cdots \cap I_k$ von Idealen in Satz 2.27 noch etwas genauer. Zu zwei Idealen I und J können wir außer $I \cap J$ und $I + J$ auch noch das **Idealprodukt**

$$IJ = \langle ab \mid a \in I,\ b \in J \rangle = \left\{ \sum_{i=1}^{k} a_i b_i \mid a_i \in I,\ b_i \in J,\ k \in \mathbb{N} \right\}$$

bilden, also das von der Menge der paarweisen Produkte erzeugte Ideal; ebenso $I_1 \cdots I_k$ für Ideale $I_1, \ldots, I_k \subset R$. Per Definition gilt immer

$$I_1 \cdot \ldots \cdot I_k \subset I_1 \cap \cdots \cap I_k$$

aber diese Inklusion ist im Allgemeinen strikt.[2] Allerdings gilt:

[2] Zum Beispiel ist die Inklusion $I_1 \cdot I_2 \subset I_1 \cap I_2$ in aller Regel strikt für $I_1 = I_2$. In $\mathbb{Z}$ gilt für $n \neq 0$ etwa $\langle n \rangle \cdot \langle n \rangle = \langle n^2 \rangle \subsetneq \langle n \rangle = \langle n \rangle \cap \langle n \rangle$.

2.28 Lemma *Sind $I_1, \ldots, I_k$ paarweise teilerfremde Ideale in R, dann gilt*

$$I_1 \cap \cdots \cap I_k = I_1 \cdot \ldots \cdot I_k.$$

Beweis. Die Inklusion $I_1 \cdots I_k \subset I_1 \cap \cdots \cap I_k$ gilt immer. Wir beweisen die umgekehrte Inklusion durch Induktion nach k, beginnend mit $k = 2$. Nach Voraussetzung gibt es $b_1 \in I_1$, $b_2 \in I_2$ mit $b_1 + b_2 = 1$. Für $a \in I_1 \cap I_2$ folgt deshalb $a = 1 \cdot a = b_1 a + a b_2 \in I_1 I_2$. Sei nun $k > 2$. Nach Induktionsvoraussetzung gilt $I_2 \cap \cdots \cap I_k = I_2 \cdots I_k$. Nach $(*)$ im vorangehenden Beweis gibt es also $b_1 \in I_1$ und $b \in I_2 \cdots I_k$ mit $b_1 + b = 1$. Ist $a \in I_1 \cap \cdots \cap I_k$, dann folgt somit $a = b_1 a + ab \in I_1 \cdots I_k$. ■

Für Hauptidealringe bekommen wir eine Aussage, die völlig analog ist zum chinesischen Restsatz für ganze Zahlen, wie wir ihn in Beispiel 2.26 formuliert hatten.

2.29 Korollar *Es sei R ein Hauptidealring und seien $m_1, \ldots, m_k \in R$ paarweise teilerfremde Elemente. Dann ist die Abbildung $a + \langle m_1 \cdots m_k \rangle \mapsto (a + \langle m_1 \rangle, \ldots, a + \langle m_k \rangle)$ ein Isomorphismus*

$$R/(m_1 \cdots m_k) \xrightarrow{\sim} R/m_1 \times \cdots \times R/m_k.$$

Beweis. Da m_i und m_j für $i \neq j$ teilerfremd sind, gilt $Rm_i + Rm_j = R$ (nach Satz 2.12). Nach Lemma 2.28 gilt $Rm_1 \cap \cdots \cap Rm_k = R \cdot (m_1 \cdots m_k)$. Damit folgt die Behauptung aus Satz 2.27. ■

2.5 *Exkurs: Ideale in Zahlbereichen*

Wie wir gesehen haben, übersetzt sich die Teilbarkeit zwischen Elementen in einem kommutativen Ring in Inklusionen zwischen Hauptidealen. In Ringen, die keine Hauptidealringe sind, enthalten die Ideale aber viel mehr Information. Sehr deutlich wird das zum Beispiel in bestimmten Zahlbereichen, was auch der historische Ausgangspunkt der Idealtheorie ist. Die Frage nach der Faktorialität von anderen Zahlbereichen als $\mathbb{Z}$ entwickelte sich aus dem Studium ganzzahliger quadratischer Formen, und später aus der Frage nach der Lösbarkeit bestimmter Gleichungen (siehe auch §6.2).

Als Hinweis darauf, was Faktorialität mit der Lösbarkeit von Gleichungen zu tun hat, betrachte man etwa den üblichen Beweis für die Irrationalität von $\sqrt{d}$ für eine quadratfreie natürliche Zahl d und damit die Unlösbarkeit der Gleichung $x^2 - d = 0$ in $\mathbb{Q}$ (Aufgabe 1.12).

Betrachten wir noch einmal den Ring $\mathbb{Z}[\sqrt{-5}]$, von dem wir gesehen haben, dass er nicht faktoriell ist. Die Zahl 6 hat in diesem Ring zwei verschiedene Zerlegungen

$$6 = 2 \cdot 3 = (1 + \sqrt{-5})(1 - \sqrt{-5})$$

in irreduzible Faktoren (Beispiel 1.32). Dieses Problem verschwindet in gewisser Weise, wenn nicht die Zahl 6 in ein Produkt von Elementen, sondern das Hauptideal $\langle 6\rangle$ in ein Produkt von Idealen zerlegt wird. Zu zwei Idealen I, J in einem Ring R ist das **Idealprodukt** definiert durch $IJ = \langle ab \mid a \in I,\ b \in J\rangle = \{\sum_{i=1}^k a_i b_i \mid a_i \in I,\ b_i \in J,\ k \in \mathbb{N}\}$, das von den paarweisen Produkten erzeugte Ideal, das schon im vorigen Exkurs verwendet wurde. Ist $I = \langle a_1, \dots, a_k\rangle$ und $J = \langle b_1, \dots, b_l\rangle$, dann gilt $IJ = \langle a_i b_j \mid i = 1, \dots, k;\ j = 1, \dots, l\rangle$. Für $I = J$ schreiben wir auch $I^2 = I \cdot I$.

2.30 *Proposition* *Die Ideale*

$$P_2 = \langle 2, 1 + \sqrt{-5}\rangle,\ P_{3+} = \langle 3, 1 + \sqrt{-5}\rangle,\ P_{3-} = \langle 3, 1 - \sqrt{-5}\rangle$$

sind Primideale in $\mathbb{Z}[\sqrt{-5}]$ *und erfüllen die Gleichheiten*

$$\langle 2\rangle = P_2^2 \quad \textit{und} \quad \langle 3\rangle = P_{3+} \cdot P_{3-}.$$

Beweis. Es sei P eines dieser drei Ideale und sei $p = 2$ (für $P = P_2$) oder $p = 3$ (für $P = P_{3+}, P_{3-}$). Um zu zeigen, dass P ein Primideal ist, verwenden wir Satz 2.20 und beweisen, dass der Faktorring $\mathbb{Z}[\sqrt{-5}]/P$ ein Integritätsring ist. Ist $x = a + b\sqrt{-5} \in \mathbb{Z}[\sqrt{-5}]$ ein beliebiges Element, dann gilt $x = (a \mp b) \pm b(1 \pm \sqrt{-5})$ und der zweite Summand liegt (bei passendem Vorzeichen) in P, also gilt $x \equiv a \mp b \pmod{P}$. Wir definieren

$$\varphi\colon \mathbb{Z}[\sqrt{-5}] \to \mathbb{Z}/p,\ a + b\sqrt{-5} \mapsto [a \mp b]_p.$$

Das ist ein Homomorphismus: Für $x = a + b\sqrt{-5}$ und $y = a' + b'\sqrt{-5}$ gilt $\varphi(x + y) = \varphi(x) + \varphi(y)$, wie man direkt sieht, und $\varphi(xy) = [aa' - 5bb' \mp ab' \mp a'b]_p = [aa' + bb' \mp ab' \mp a'b]_p = \varphi(x) \cdot \varphi(y)$, da die Differenz beider Ausdrücke $6bb'$ ist und damit durch p teilbar. Der Kern von φ besteht aus allen Elementen $a + b\sqrt{-5}$ mit $a \equiv \pm b \pmod{p}$. Insbesondere liegen p und $1 \pm \sqrt{-5}$ in P. Ist umgekehrt $a + b\sqrt{-5} \in \mathrm{Kern}(\varphi)$ und etwa $b = \pm a + cp$, dann folgt $a + b\sqrt{-5} = a(1 \pm \sqrt{-5}) \pm cp\sqrt{-5} \in \langle p, 1 \pm \sqrt{-5}\rangle = P$, was $\mathrm{Kern}(\varphi) = P$ zeigt. Nach dem Isomorphiesatz gilt also $\mathbb{Z}[\sqrt{-5}]/P \cong \mathbb{Z}/p$, was zeigt, dass P ein Primideal (sogar ein maximales Ideal) ist.

Die Elemente des Ideals $P_{3+} \cdot P_{3-}$ haben nach Ausmultiplizieren der Erzeuger die Form $9c_1 + (3 + 3\sqrt{-5})c_2 + (3 - 3\sqrt{-5})c_3 + 6c_4 = (3c_1 + (1 + 1\sqrt{-5})c_2 + (1 - \sqrt{-5})c_3 + 2c_4) \cdot 3 \subset \langle 3\rangle$ für $c_1, c_2, c_3, c_4 \in \mathbb{Z}$. Das zeigt $P_{3+}P_{3-} \subset \langle 3\rangle$. Umgekehrt gilt $3 = 9 - 6 = 3 \cdot 3 - (1 + \sqrt{-5})(1 - \sqrt{-5}) \in P_{3+}P_{3-}$, was $\langle 3\rangle \subset P_{3+}P_{3-}$ zeigt. Die Rechnung für $\langle 2\rangle$ geht entsprechend, wobei $\langle 2, 1 + \sqrt{-5}\rangle = \langle 2, 1 - \sqrt{-5}\rangle$ gilt, was $\langle 2\rangle = P_2^2$ zeigt. ∎

Diesen Rechnungen zufolge ergibt sich aus der Gleichung $6 = 2 \cdot 3$ die Zerlegung

$$\langle 6 \rangle = P_2^2 \cdot P_{3+} \cdot P_{3-}$$

des Hauptideals 6 in ein Produkt von Primidealen in $\mathbb{Z}[\sqrt{-5}]$. Man kann beweisen, dass so eine Zerlegung für jedes Ideal in $\mathbb{Z}[\sqrt{-5}]$ existiert und eindeutig ist. Die Faktorialität gilt also in diesem Sinn auf Ebene der Ideale, sie sind *idealisierte Zahlen*.

Diese bahnbrechende Methode, die Teilbarkeit durch Ideale auszudrücken, geht auf Dedekind zurück, der damit einer Idee Kummers folgte und ihr einen präzisen Rahmen gab. Eine gute Darstellung ist beispielsweise im Algebra-Buch von M. Artin (Kap. 13) enthalten.

Ein Integritätsring mit der Eigenschaft, dass jedes Ideal außer dem Nullideal ein Produkt von Primidealen ist, wird **Dedekindring** genannt. Die Dedekindringe lassen sich auf viele äquivalente Weisen charakterisieren und spielen in der algebraischen Geometrie und vor allem der algebraischen Zahlentheorie eine wichtige Rolle.

Miniaufgaben

2.16 Verifiziere die Gleichheit $\langle 2, 1 + \sqrt{-5} \rangle = \langle 2, 1 - \sqrt{-5} \rangle$.

2.17 Berechne auch die Idealprodukte $P_2 \cdot P_{3+}$ und $P_2 \cdot P_{3-}$.

2.6 *Exkurs: Das Zornsche Lemma und maximale Ideale*

Das Zornsche Lemma ist ein nicht-konstruktives »Maximumprinzip« der Mengenlehre, das in der Algebra an verschiedenen Stellen zum Einsatz kommt, um die Existenz von Objekten mit bestimmten maximalen Eigenschaften zu beweisen. Häufig wird es schon in der linearen Algebra verwendet, um zu beweisen, dass jeder Vektorraum eine Basis besitzt. In diesem Buch können wir das Zornsche Lemma an zwei Stellen gebrauchen, einmal für die Existenz maximaler Ideale und ein weiteres Mal für den algebraischen Abschluss eines Körpers in §7.6.

Es sei $(M, \leqslant)$ eine **partiell geordnete Menge**, das heißt, $\leqslant$ ist eine Ordnungsrelation auf M, in der aber nicht unbedingt alle Elemente vergleichbar sind. Das wichtigste Beispiel ist die Potenzmenge $M = \mathcal{P}(X)$ einer Menge X, partiell geordnet durch Inklusion, sowie ihre Teilmengen.

- Ein **maximales Element** von M ist ein Element $x \in M$, das von keinem anderen übertroffen wird: Ist $y \in M$ mit $x \leqslant y$, dann gilt $y = x$.
- Eine **obere Schranke** einer Teilmenge $N \subset M$ ist ein Element $x \in M$ mit $y \leqslant x$ für alle $y \in N$. Die obere Schranke muss also nicht in N enthalten sein. Sie muss aber mit jedem Element von N vergleichbar sein.
- Eine **Kette** in M ist eine *linear geordnete* Teilmenge von M, also eine Teilmenge C mit der Eigenschaft
$$\forall x, y \in C \colon (x \leqslant y) \vee (y \leqslant x).$$
Solche Ketten schreibt man häufig indiziert, also $C = (x_i)_{i \in I}$ mit linear geordneter Indexmenge I und $x_i \leqslant x_j$ für $i \leqslant j$. Auch die leere Teilmenge ist eine Kette.

2.31 Satz (Zornsches Lemma) *Es sei $(M, \leqslant)$ eine partiell geordnete Menge. Existiert zu jeder Kette in M eine obere Schranke in M, dann besitzt M ein maximales Element.*

Bemerkung. Aus der Voraussetzung folgt, dass M nicht leer ist, da andernfalls die leere Kette keine obere Schranke besitzt.

Das Zornsche Lemma ist äquivalent zu einem Axiom der Mengenlehre, dem *Auswahlaxiom*. Der Beweis, der das Lemma aus dem Axiom herleitet, findet sich zum Beispiel im Buch von Lang, Anhang 2, oder natürlich in Büchern zur Mengenlehre.

Die folgende Anwendung des Zornschen Lemmas wird manchmal schon in der Anfängervorlesung zur linearen Algebra gebracht.

2.32 Satz *Jede linear unabhängige Teilmenge eines Vektorraums ist in einer Basis enthalten. Insbesondere besitzt jeder Vektorraum eine Basis.*

Beweis. Sei V ein Vektorraum über einem Körper K und sei $S \subset V$ eine linear unabhängige Teilmenge. Die Menge X aller linear unabhängigen Teilmengen von V, die S enthalten, ist nicht leer und partiell geordnet durch Inklusion. Diese Ordnung erfüllt die Voraussetzungen des Zornschen Lemmas, denn zu einer aufsteigenden Kette von linear unabhängigen Teilmengen ist die Vereinigung wieder linear unabhängig und damit eine obere Schranke. Nach dem Zornschen Lemma besitzt X ein maximales Element B. Die Teilmenge B spannt den ganzen Raum V auf. Denn ist $W = \mathrm{Lin}(B)$ der von B aufgespannte lineare Unterraum und $W \subsetneq V$, dann kann man jeden Vektor in $V \setminus W$ zu B hinzufügen und erhält wieder eine linear unabhängige Teilmenge, im Widerspruch zur Maximalität von B. Also ist B ein linear unabhängiges Erzeugendensystem und damit eine Basis. ∎

Für endlichdimensionale Vektorräume braucht man das Zornsche Lemma nicht. In dieser Allgemeinheit sagt die Aussage aber beispielsweise, dass die reellen Zahlen $\mathbb{R}$ aufgefasst als $\mathbb{Q}$-Vektorraum eine Basis besitzen, auch wenn man eine solche Basis nicht explizit konstruieren kann. Eine solche Basis ist auch ein Beispiel für eine Menge, die nicht Lebesgue-messbar ist. Das heißt, skaliert man etwa alle Elemente der Basis so, dass sie im Intervall $[0,1]$ liegen, dann kann man nicht sinnvoll sagen, welchen Anteil dieses Intervalls sie ausmachen.

In der Ringtheorie können wir mit dem Zornschen Lemma folgenden Satz zeigen.

2.33 Satz *Jedes echte Ideal eines kommutativen Rings $R \neq \{0\}$ ist in einem maximalen Ideal enthalten. Insbesondere besitzt jeder solche Ring ein maximales Ideal.*

Beweis. Sei $I \subsetneq R$ ein Ideal. Die Menge X aller echten Ideale von R, die I enthalten, ist nicht leer, denn sie enthält I selbst. Sie ist geordnet durch Inklusion, und die Voraussetzung des Zornschen Lemmas ist erfüllt: Die aufsteigende Vereinigung von Idealen ist wieder ein Ideal (Beweis wie in Lemma 2.14(1)). Also gibt es in X ein maximales Element und damit ein maximales Ideal. Der Zusatz folgt daraus, dass jeder kommutative Ring $R \neq \{0\}$ ein echtes Ideal besitzt, nämlich das Nullideal. ∎

2.7 *Körper und Quotientenkörper*

Die rationalen Zahlen entstehen aus den ganzen Zahlen als Brüche. Ein Bruch $\frac{a}{b} \in \mathbb{Q}$ ist ein Paar ganzer Zahlen, wobei allerdings verschiedene Brüche derselben rationalen Zahl entsprechen, denn es gilt

$$\frac{a}{b} = \frac{a'}{b'} \quad \Leftrightarrow \quad ab' = a'b.$$

Durch die Gleichheit auf der rechten Seite wird auf der Menge der Paare $\mathbb{Z} \times (\mathbb{Z} \setminus \{0\})$ eine Äquivalenzrelation definiert. Das alles überträgt sich wortwörtlich auf beliebige Integritätsringe, wobei allerdings eine ganze Reihe Details nachzuprüfen sind.

2.34 Lemma *Sei R ein Integritätsring. Auf der Menge $R \times (R \setminus \{0\})$ ist durch*

$$(a,b) \sim (a',b') \quad \Longleftrightarrow \quad ab' = a'b$$

eine Äquivalenzrelation gegeben.

Beweis. Symmetrie und Reflexivität sind offensichtlich. Für die Transitivität nehmen wir $(a,b) \sim (a',b')$ und $(a',b') \sim (a'',b'')$ an, also $ab' = a'b$ und $a'b'' = a''b'$. Falls $a' = 0$ ist, dann folgt wegen $b, b' \neq 0$ auch $a = a'' = 0$ und damit $(a,b) \sim (a'',b'')$. Andernfalls multiplizieren wir die beiden Gleichungen und bekommen $ab'a'b'' = a'ba''b'$. Da R ein Integritätsring ist, können wir $a'b'$ auf beiden Seiten kürzen und bekommen $ab'' = a''b$, also $(a,b) \sim (a'',b'')$. ∎

Wir schreiben wie gewohnt $\frac{a}{b}$ für die Äquivalenzklassen des Paars (a, b) und

$$\mathrm{Quot}(R) = \left\{ \frac{a}{b} \mid a \in R,\ b \in R \setminus \{0\} \right\}.$$

Auf der Menge $\mathrm{Quot}(R)$ definieren wir Addition und Multiplikation durch

$$\frac{a}{b} + \frac{c}{d} = \frac{ad + cb}{bd} \quad \text{und} \quad \frac{a}{b} \cdot \frac{c}{d} = \frac{ac}{bd}.$$

2.35 Satz *Es sei R ein Integritätsring. Die Menge $\mathrm{Quot}(R)$ wird mit den beiden Verknüpfungen $+$ und $\cdot$ zu einem Körper. Die Abbildung $a \mapsto \frac{a}{1}$ ist ein injektiver Ringhomomorphismus $R \to \mathrm{Quot}(R)$.*

Der Körper $\mathrm{Quot}(R)$ heißt der **Quotientenkörper** von R.

Im Englischen heißt der Quotientenkörper meist »field of fractions«, also Körper von Brüchen. Da das Wort »Quotient« auch häufig im Zusammenhang mit Restklassen verwendet wird, besteht hier im Deutschen immer eine Verwechslungsgefahr.

Beweis. Es sei also $\frac{a}{b} = \frac{a'}{b'} \in \mathrm{Quot}(R)$, dann gilt $ab' = a'b$ und damit

$$\frac{a'}{b'} + \frac{c}{d} = \frac{a'd + b'c}{b'd} = \frac{a'bd + bb'c}{bb'd} = \frac{ab'd + bb'c}{bb'd} = \frac{ad + bc}{bd} = \frac{a}{b} + \frac{c}{d}.$$

Das zeigt die Wohldefiniertheit der Addition. Insbesondere können wir, wenn wir $\frac{a}{b} + \frac{c}{d}$ bilden müssen, immer erst den Hauptnenner bilden und $\frac{a}{b}$ durch $\frac{ad}{bd}$, sowie $\frac{c}{d}$ durch $\frac{bc}{bd}$ ersetzen. Für die Assoziativität reicht es also, nur Summen mit dem gleichen Nenner zu betrachten. Damit gilt

$$\left(\frac{a}{d} + \frac{b}{d}\right) + \frac{c}{d} = \frac{a+b}{d} + \frac{c}{d} = \frac{a+b+c}{d} = \frac{a}{d} + \frac{b+c}{d} = \frac{a}{d} + \left(\frac{b}{d} + \frac{c}{d}\right).$$

Außerdem gelten

$$\frac{0}{1} + \frac{a}{b} = \frac{a}{b} \quad \text{und} \quad \frac{a}{b} + \frac{-a}{b} = \frac{0}{b} = \frac{0}{1}$$

für alle $\frac{a}{b} \in \mathrm{Quot}(R)$. Also ist $\frac{0}{1}$ die Null in $\mathrm{Quot}(R)$ und $\frac{-a}{b}$ ist das additive Inverse von $\frac{a}{b}$; folgerichtig schreiben wir dafür auch $-\frac{a}{b}$.

Die Wohldefiniertheit und Assoziativität der Multiplikation, sowie das Distributivgesetz, zeigt man entsprechend. Die Eins ist $\frac{1}{1}$. Für $\frac{a}{b} \in \mathrm{Quot}(R)$ mit $a \neq 0$ gilt

$$\frac{a}{b} \cdot \frac{b}{a} = \frac{ab}{ab} = \frac{1}{1}$$

so dass $\frac{b}{a}$ das multiplikative Inverse von $\frac{a}{b}$ ist. Dass $a \mapsto \frac{a}{1}$ ein injektiver Homomorphismus ist, ergibt sich sofort aus der Definition. ∎

Die Notation $\frac{a}{b}$ hat damit zwei im Grunde verschiedene aber kompatible Bedeutungen, nämlich einerseits für Elemente des Quotientenkörpers und andererseits als alternative Schreibweise für ab^{-1}.

Wenn ein Bruch in eine Zeile passen muss, schreiben wir auch a/b statt $\frac{a}{b}$. Die Injektion $a \mapsto \frac{a}{1}$ ist ein Isomorphismus von R mit dem Teilring $\{\frac{a}{1} \mid a \in R\} \subset \mathrm{Quot}(R)$. In der Regel wird zwischen $a \in R$ und $\frac{a}{1} \in \mathrm{Quot}(R)$ nicht unterschieden. In diesem Sinn ist R ein Teilring von $\mathrm{Quot}(R)$.

2.36 Beispiele (1) Der Quotientenkörper von $\mathbb{Z}$ ist $\mathbb{Q}$.

(2) Der Quotientenkörper des Polynomrings $K[x]$ über einem Körper K ist

$$K(x) = \mathrm{Quot}(K[x]) = \{f/g \mid f, g \in K[x],\ g \neq 0\}$$

und heißt der **rationale Funktionenkörper** in einer Variablen. Seine Elemente sind die **rationalen Funktionen**. Allgemeiner bezeichnet $K(x_1, \ldots, x_n)$ den Quotientenkörper von $K[x_1, \ldots, x_n]$, den rationalen Funktionenkörper in n Variablen. ◇

2.37 *Bemerkung* Man kann die ganzen Zahlen als Äquivalenzklassen von Paaren natürlicher Zahlen definieren, nämlich Paare mit derselben Differenz. Die Äquivalenzrelation ist dann

$$(a,b) \sim (a',b') \iff a + b' = a' + b$$

für $a, b, a', b' \in \mathbb{N}$. Die Konstruktion verläuft völlig analog zur der des Quotientenkörpers, nur additiv statt multiplikativ. Der Übergang von $\mathbb{N}$ zu $\mathbb{Z}$ sieht also formal ganz ähnlich aus wie der von $\mathbb{Z}$ zu $\mathbb{Q}$. Eine abstrakte Version dieser Beobachtung sagt, dass man jedes kommutative Monoid, das einer Kürzungsregel genügt, in eine abelsche Gruppe einbetten kann (Aufgabe 2.26).

2.38 Proposition *Ist R ein faktorieller Ring, dann besitzt jedes Element $x \in \mathrm{Quot}(R)$ eine Darstellung der Form $x = \frac{a}{b}$ in der a und b teilerfremd sind. Dadurch sind a und b bis auf Multiplikation mit einer Einheit eindeutig bestimmt.*

Beweis. Aufgabe 2.24 ■

Miniaufgaben

2.18 Es sei $R = \mathbb{Z}[\sqrt{2}] = \{a + b\sqrt{2} \mid a, b \in \mathbb{Z}\}$. Zeige, dass jedes Element von $\mathrm{Quot}(R)$ in der Form $x + y\sqrt{2}$ mit $x, y \in \mathbb{Q}$ geschrieben werden kann.

Für Homomorphismen von einem Körper in einen Ring gilt allgemein Folgendes.

2.39 Proposition *Ist K ein Körper, dann ist jeder Ringhomomorphismus $K \to R$ in einen Ring $R \neq \{0\}$ injektiv.*

Beweis. Es sei $\varphi: K \to R$ ein solcher Homomorphismus. Der Kern von φ ist ein Ideal in K und, weil K ein Körper ist, damit $\{0\}$ oder K. Andererseits gilt $\varphi(1) = 1$ und damit $1 \notin \mathrm{Kern}(\varphi)$. Also muss $\mathrm{Kern}(\varphi) = \{0\}$ gelten. ■

2.40 Proposition *Es sei R ein Integritätsring, S ein kommutativer Ring und $\varphi: R \to S$ ein Ringhomomorphismus mit*

$$\varphi(R \setminus \{0\}) \subset S^*.$$

Dann gibt es einen eindeutig bestimmten Homomorphismus $\widetilde{\varphi}: \mathrm{Quot}(R) \to S$ mit

$$\widetilde{\varphi}\left(\tfrac{a}{1}\right) = \varphi(a) \quad \textit{für alle } a \in R.$$

Ist $\beta: R \to \mathrm{Quot}(R)$, $a \mapsto \frac{a}{1}$, dann kann man die Aussage dieser Proposition durch das folgende kommutierende Diagramm ausdrücken:

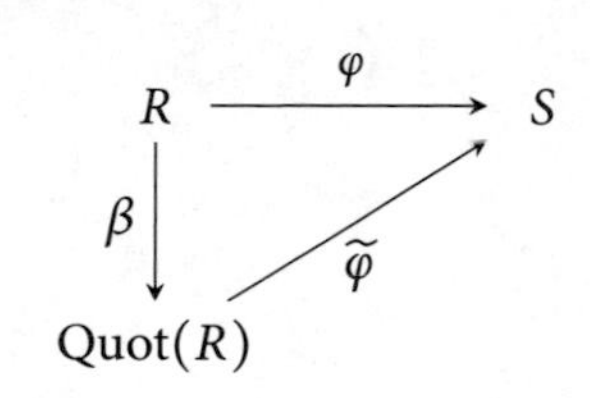

Beweis. Wenn ein solches $\widetilde{\varphi}$ existiert, dann ist es eindeutig bestimmt, denn es gilt

$$\widetilde{\varphi}\left(\tfrac{a}{b}\right) = \widetilde{\varphi}\left(\tfrac{a}{1}\cdot\tfrac{1}{b}\right) = \widetilde{\varphi}\left(\tfrac{a}{1}\right)\widetilde{\varphi}\left(\tfrac{1}{b}\right) = \widetilde{\varphi}\left(\tfrac{a}{1}\right)\widetilde{\varphi}\left(\left(\tfrac{b}{1}\right)^{-1}\right) = \widetilde{\varphi}\left(\tfrac{a}{1}\right)\widetilde{\varphi}\left(\tfrac{b}{1}\right)^{-1} = \varphi(a)\varphi(b)^{-1}.$$

Nun können wir $\widetilde{\varphi}$ wegen $\varphi(R \setminus \{0\}) \subset S^*$ genau durch die Gleichheit

$$\widetilde{\varphi}\left(\tfrac{a}{b}\right) = \varphi(a)\varphi(b)^{-1}$$

definieren. Eine kleine Rechnung zeigt, dass $\widetilde{\varphi}$ ein Homomorphismus ist. ■

Miniaufgabe

2.19 Vervollständige den Beweis von Prop. 2.40.

ALS LETZTEN PUNKT DISKUTIEREN WIR die Charakteristik eines Körpers und in diesem Zusammenhang den Begriff des Primkörpers. Wir schreiben wieder 0_K und 1_K für Null und Eins im Körper K, wenn es darauf ankommt, sie von den ganzen Zahlen 0 und 1 zu unterscheiden.

Definition Die **Charakteristik** eines Körpers K, geschrieben $\operatorname{char}(K)$, ist die kleinste natürliche Zahl n derart, dass

$$n \cdot 1_K = \underbrace{1_K + \cdots + 1_K}_{n \text{ Summanden}} = 0_K$$

in K gilt, falls eine solche Zahl existiert. Wenn keine solche Zahl existiert, dann soll per Definition $\operatorname{char}(K) = 0$ gelten.

Die Definition ist für jeden Ring sinnvoll, aber für Körper besonders wichtig.

2.41 *Proposition* *Es sei K ein Körper mit* $\operatorname{char}(K) > 0$.
(1) Die Charakteristik von K ist eine Primzahl.
(2) Für $a \in K^*$ und $n \in \mathbb{N}$ gilt $na = 0$ genau dann, wenn n durch $\operatorname{char}(K)$ *teilbar ist.*

Beweis. Sei $p = \operatorname{char}(K)$. Angenommen $p = rs$ mit $r, s \in \mathbb{N}$. Dann gilt $r1_K \cdot s1_K = 0$ in K. Da K ein Körper und damit nullteilerfrei ist, ist einer der beiden Faktoren 0, etwa $r \cdot 1_K = 0$. Wegen der Minimalität von p folgt daraus $r = p$ und $s = 1$, was (1) beweist. Für $a \in K^*$ und $n \in \mathbb{N}$ gilt

$$na = 0 \quad \Leftrightarrow \quad (n \cdot 1_K) \cdot a = 0 \quad \Leftrightarrow \quad n \cdot 1_K = 0.$$

Ist $n \in \mathbb{N}$ mit $n \cdot 1_K = 0$, dann schreibe $n = ap + r$ mit $a \in \mathbb{N}$, $0 \leqslant r < p$. Es folgt $r \cdot 1_K = n \cdot 1_K - ap \cdot 1_K = 0$ in K. Wegen $r < p$ muss $r = 0$ sein, also $p|n$. ■

2.42 *Beispiele* Die Körper $\mathbb{Q}, \mathbb{R}, \mathbb{C}$ haben die Charakteristik 0. Für jede Primzahl p ist $\mathbb{F}_p = \mathbb{Z}/p$ ein Körper der Charakteristik p. Ein Beispiel für einen unendlichen Körper der Charakteristik p ist der rationale Funktionenkörper $\mathbb{F}_p(x)$. ◇

Ein **Teilkörper** (oder *Unterkörper*) eines Körpers L ist ein Teilring $K \subset L$, der selbst ein Körper ist. Explizit bedeutet das:
(1) Für alle $a, b \in K$ sind auch $a + b$ und $a - b$ wieder in K;
(2) für alle $a, b \in K \setminus \{0\}$ sind auch ab und ab^{-1} in K;
(3) es gilt $1 \in K$.
Ein Durchschnitt von Teilkörpern eines Körpers K ist wieder ein Teilkörper. Der Durchschnitt *aller* Teilkörper von K wird der **Primkörper** von K genannt. Der Primkörper ist also der kleinste Körper, der in K enthalten ist.

2.43 *Proposition* *Alle Teilkörper eines Körpers K haben dieselbe Charakteristik. Der Primkörper von K ist entweder isomorph zu $\mathbb{Q}$, falls* $\operatorname{char}(K) = 0$, *oder zu $\mathbb{F}_p$, falls* $\operatorname{char}(K) = p$ *für eine Primzahl p gilt.*

Beweis. Wir betrachten den Ringhomomorphismus $\varphi: \mathbb{Z} \to K$, $n \mapsto n \cdot 1_K$. Sein Bild $\varphi(\mathbb{Z})$ ist in jedem Teilkörper von K enthalten. Daraus folgt bereits, dass alle Teilkörper dieselbe Charakteristik haben. Gilt $\operatorname{char}(K) = p$ für eine Primzahl p, dann folgt $\operatorname{Kern}(\varphi) = \mathbb{Z} \cdot p$ (Prop. 2.41(2)). Nach dem Isomorphiesatz gilt für das Bild von φ dann $\varphi(\mathbb{Z}) \cong \mathbb{Z}/p = \mathbb{F}_p$. Also ist $\varphi(\mathbb{Z})$ ein Teilkörper von K, der in jedem Teilkörper enthalten ist, und stimmt deshalb mit dem Primkörper überein.

Dieser Beweis ist präzise aber vielleicht übertrieben formal: Der Primkörper ist der von der Eins 1_K erzeugte Teilkörper von K, der aus allen ganzzahligen Vielfachen von 1_K und deren multiplikativen Inversen besteht. Für $\operatorname{char}(K) = p$ entsteht so der Primkörper $\mathbb{F}_p$ und für $\operatorname{char}(K) = 0$ der Primkörper $\mathbb{Q}$.

Ist $\operatorname{char}(K) = 0$, dann ist φ injektiv. Ist $F \subset K$ ein Teilkörper, dann gilt $\varphi(\mathbb{Z}) \subset F$ und für jedes $a \in \mathbb{Z}$, $a \neq 0$, ist $\varphi(a) \neq 0$ und damit eine Einheit in F. Deshalb setzt φ nach Prop. 2.40 fort zu einem Homomorphismus $\widetilde{\varphi}: \mathbb{Q} \to F$, gegeben durch

$$\widetilde{\varphi}\left(\tfrac{a}{b}\right) = \varphi(a)\varphi(b)^{-1}.$$

Da $\mathbb{Q}$ ein Körper ist, ist $\widetilde{\varphi}$ injektiv. Das Bild $\widetilde{\varphi}(\mathbb{Q})$ ist also isomorph zu $\mathbb{Q}$. Da dieses Bild in jedem Teilkörper enthalten ist, ist es der Primkörper von K. ■

2.44 Proposition *Ist K ein Körper der Charakteristik $p > 0$, dann gilt*

$$(a+b)^p = a^p + b^p$$

für alle $a, b \in K$.

Beweis. Nach der binomischen Formel gilt

$$(a+b)^p = \sum_{i=0}^{p} \binom{p}{i} a^i b^{p-i}.$$

Der Binomialkoeffizient $\binom{p}{i} = \frac{p!}{i!(p-i)!}$ ist für alle $0 < i < p$ durch p teilbar. Da K die Charakteristik p hat, sind diese Binomialkoeffizienten also alle 0 in K. Für $i = 0$ und $i = p$ ist der Binomialkoeffizient gleich 1, woraus die Behauptung folgt. ■

Prop. 2.44 sagt mit anderen Worten, dass die Abbildung $K \to K$, $a \mapsto a^p$ in einem Körper der Charakteristik $p > 0$ ein Homomorphismus ist, genannt der **Frobenius-Homomorphismus**.

Miniaufgaben

2.20 Verifiziere die Behauptung, dass $\binom{p}{i}$ für alle $0 < i < p$ durch p teilbar ist.

2.21 Sei K ein Körper und $K_0 \subset K$ sein Primkörper. Zeige: Für jeden Homomorphismus $\varphi: K \to K$ gilt $\varphi(a) = a$ für alle $a \in K_0$.

2.22 Zeige: In einem endlichen Körper der Charakteristik p besitzt jedes Element eine p-te Wurzel. (*Hinweis:* Betrachte den Frobenius-Homomorphismus.)

2.8 *Übungsaufgaben zu Kapitel 2*

Homomorphismen

2.1 Es sei R ein Ring. Zeige, dass es genau einen Ringhomomorphismus $\mathbb{Z} \to R$ gibt. (Gibt es auch immer einen Ringhomomorphismus $R \to \mathbb{Z}$?)

2.2 Zeige: Für $m, n \in \mathbb{N}$ gibt es genau dann einen Ringhomomorphismus $\mathbb{Z}/n \to \mathbb{Z}/m$, wenn $m|n$ gilt.

2.3 Zeige, dass die Menge

$$R = \left\{ \begin{pmatrix} a & b \\ 2b & a \end{pmatrix} \middle| a, b \in \mathbb{Z} \right\}.$$

ein Teilring von $\mathrm{Mat}_2(\mathbb{Z})$ ist. Finde einen Isomorphismus von Ringen $R \xrightarrow{\sim} \mathbb{Z}[\sqrt{2}]$.

2.4 Diese Aufgabe gibt einen alternativen Beweis für den binomischen Lehrsatz. Es sei R der Polynomring $\mathbb{Z}[x, y]$. Definiere $\left[{n \atop k}\right]$ für $k, n \in \mathbb{N}_0$ mit $k \leqslant n$ als den Koeffizienten von $x^k y^{n-k}$ in $(x + y)^n$.

(a) Beweise die Pascalsche Identität $\left[{n \atop k}\right] = \left[{n-1 \atop k}\right] + \left[{n-1 \atop k-1}\right]$.

(b) Zeige durch Induktion $\left[{n \atop k}\right] = \binom{n}{k} = \frac{n!}{k!(n-k)!}$.

(c) Folgere den binomischen Lehrsatz $(a + b)^n = \sum_{k=0}^{n} \binom{n}{k} a^k b^{n-k}$ für a, b aus einem beliebigen kommutativen Ring R.

2.5 (a) Zeige, dass die Aussage von Prop. 2.4 für nicht-kommutative Ringe R und S unter folgender Voraussetzung richtig bleibt: Für alle $a \in R$ und $b \in S$ gilt $\varphi(a) \cdot b = b \cdot \varphi(a)$.

(b) Zeige dass diese Voraussetzung in folgendem Beispiel erfüllt ist: Sei R ein kommutativer Ring, $S = \mathrm{Mat}_{n \times n}(R)$ der Matrizenring und $\varphi \colon R \to S$ die Abbildung $a \mapsto a \cdot \mathbb{1}_n$ (Vielfaches der Einheitsmatrix). Wo kommt das in der linearen Algebra vor? (Siehe auch Kapitel 9.)

(c) Zeige durch ein Beispiel, dass die Aussage von Prop. 2.4 ganz ohne eine solche Voraussetzung an die Vertauschbarkeit nicht richtig sein kann.

2.6 Es sei R ein kommutativer Ring und sei $a \in R$. Zeige, dass durch $f(x) \mapsto f(x - a)$ ein Isomorphismus des Polynomrings $R[x] \xrightarrow{\sim} R[x]$ mit sich selbst gegeben ist. (*Zusatz:* Diese Aussage ist im Allgemeinen falsch, wenn der Ring R nicht als kommutativ vorausgesetzt wird.)

2.7 Es sei R ein kommutativer Ring. Ein *Ersetzungsschema über R* ist ein Tripel (S, φ, s) bestehend aus einem kommutativen Ring S, einem Homomorphismus $\varphi \colon R \to S$ und einem festen Element $s \in S$. Wir nennen ein Ersetzungsschema (T, α, x) *universell*, wenn es zu jedem weiteren Ersetzungsschema (S, φ, s) einen eindeutigen Homomorphismus φ_s gibt mit

$$\varphi = \varphi_s \circ \alpha \quad \text{und} \quad \varphi_s(x) = s.$$

(a) Es seien (T, α, x) und (T', α', x') zwei universelle Ersetzungsschemata. Zeige, dass es einen eindeutig bestimmten Isomorphismus $\varphi \colon T \to T'$ mit $\varphi(x) = x'$ und $\alpha' = \varphi \circ \alpha$ gibt.

(b) Zeige, dass der Polynomring $R[x]$ mit der Inklusion $\iota \colon R \to R[x]$ ein universelles Ersetzungsschema $(R[x], \iota, x)$ ist.

Dies beschreibt eine *universelle Eigenschaft*, die den Polynomring bis auf Isomorphie bestimmt.

Ideale

2.8 Welche der folgenden Mengen sind Ideale im jeweiligen Ring?
(a) $\{f \in \mathbb{Q}[x] \mid f(1) = 0\}$; (b) $\{f \in \mathbb{Q}[x] \mid f(x) = f(-x)\}$; (c) $\{a + b\sqrt{2} \in \mathbb{Z}[\sqrt{2}] \mid a \text{ gerade}\}$;

2.9 (a) Bestimme alle Ideale I von $\mathbb{Z}$ mit $20\mathbb{Z} \subset I \subset 2\mathbb{Z}$.

(b) Wie viele Primzahlen enthält jedes der in (a) gefundenen Ideale?

2.10 Es sei R ein kommutativer Ring. Zeige: Ist jedes Ideal $I \neq R$ ein Primideal, dann ist R ein Körper.

2.11 Es sei $\alpha \in \mathbb{C}$ eine komplexe Zahl.

(a) Die Menge $I = \{f \in \mathbb{Q}[x] \mid f(\alpha) = 0\}$ ist ein Ideal in $\mathbb{Q}[x]$.

(b) Ist $g \in \mathbb{Q}[x]$ irreduzibel mit $g(\alpha) = 0$, dann ist jedes Element von I durch g teilbar.

2.12 Es sei R ein kommutativer Ring.

(a) Zeige, dass die folgenden beiden Aussagen äquivalent sind:

(i) Die Teilmenge $R \smallsetminus R^*$ ist ein Ideal.

(ii) Der Ring R besitzt genau ein maximales Ideal, das jedes andere Ideal $I \neq R$ enthält.

(b) Zeige, dass

$$R = \left\{ \frac{a}{b} \mid a \in \mathbb{Z}, b \in \mathbb{N} \text{ ungerade} \right\}$$

ein Teilring von $\mathbb{Q}$ ist und die Eigenschaften in (a) besitzt. Bestimme das maximale Ideal.

2.13 Es sei R ein kommutativer Ring und seien I_1, I_2, I_3 Ideale von R. Zeige die folgenden Gleichheiten von Idealprodukten (§2.5):

(a) $(I_1 I_2)\, I_3 = I_1\, (I_2 I_3)$.

(b) $I_1\, (I_2 + I_3) = I_1 I_2 + I_1 I_3$.

2.14 Es seien I und J zwei Ideale in einem kommutativen Ring R. Zeige durch ein Beispiel, dass das Idealprodukt IJ im Allgemeinen nicht nur aus Produkten besteht, also $IJ \neq \{fg \mid f \in I,\ g \in J\}$.

2.15 Es sei R ein Hauptidealring und seien $a_1, \ldots, a_k \in R$, $k \geqslant 2$. Zeige, dass $\langle a_1, \ldots, a_k \rangle = \langle \mathrm{ggT}(a_1, \ldots, a_k) \rangle$ gilt. (Beachte Aufgabe 1.25.)

2.16 Es sei $I = \{ f \in \mathbb{Q}[x] \mid f(0) = f'(0) = 0 \}$.

(a) Zeige, dass I ein Ideal von $\mathbb{Q}[x]$ ist und gib einen Erzeuger von I an.

(b) Ist I ein Primideal?

2.17 Es sei $R = \{ f \in \mathbb{R}[x] \mid f(0) \in \mathbb{Q} \}$ der Ring aller Polynome mit reellen Koeffizienten, deren konstantes Glied rational ist. Zeige:

(a) Das Ideal $I = \{ f \in R \mid f(0) = 0 \}$ ist nicht das Hauptideal $\langle x \rangle$.

(b) Das Element $x \in R$ ist irreduzibel aber nicht prim.

(c) Das Ideal I aus (a) ist nicht endlich erzeugt.

2.18 Es sei R ein Hauptidealring.

(a) Zeige: Für alle $x, y \in R$, nicht beide Null, gibt es eine 2×2-Matrix $\left(\begin{smallmatrix} a & b \\ c & d \end{smallmatrix}\right)$ mit Einträgen aus R mit $ad - bc = 1$ und

$$\begin{pmatrix} a & b \\ c & d \end{pmatrix} \begin{pmatrix} x \\ y \end{pmatrix} = \begin{pmatrix} \mathrm{ggT}(x, y) \\ 0 \end{pmatrix}.$$

(b) Zeige: Für alle $x, y \in R \smallsetminus \{0\}$ gibt es invertierbare Matrizen $S, T \in \mathrm{GL}_2(R)$ mit

$$S \begin{pmatrix} x & 0 \\ 0 & y \end{pmatrix} T = \begin{pmatrix} \mathrm{ggT}(x, y) & 0 \\ 0 & \mathrm{kgV}(x, y) \end{pmatrix}.$$

(Beachte hierbei $\mathrm{kgV}(x, y) = \frac{xy}{\mathrm{ggT}(x,y)}$.)

(c) Verallgemeinere Algorithmus 1.55 auf Matrizen mit Einträgen aus R.

Faktorringe

2.19 Gib alle Ideale des Rings $\mathbb{Z}/45$ an. Für welche Zahlen $m \in \mathbb{Z}$ gilt $\langle \overline{m} \rangle = \langle \overline{1} \rangle$ in $\mathbb{Z}/45$? Für welche gilt $\langle \overline{m} \rangle = \langle \overline{3} \rangle$?

2.20 Wir betrachten den Ring $R = \mathbb{Z}[i]/\langle 3 + 4i \rangle$ und schreiben $\overline{x}$ für die Restklasse von $x = a + bi \in \mathbb{Z}[i]$.

(a) Zeige, dass $\overline{7}$ eine Einheit in R ist und bestimme das inverse Element.

(b) Bestimme alle ganzen Zahlen $n \in \mathbb{Z}$, für die $\overline{n}$ eine Einheit in R ist.

2.21 Zeige, dass das Ideal $\langle x^2 + 1 \rangle$ im Ring $\mathbb{Z}[x]$ ein Primideal ist, jedoch kein maximales Ideal.

2.22 Es sei R der Faktorring $\mathbb{R}[x, y]/\langle x^2 + y^2 - 1 \rangle$.

(a) Zeige, dass jedes Element durch ein Polynom der Form $a + by$ (mit $a, b \in \mathbb{R}$) repräsentiert wird.
(b) Ist R ein Integritätsring?
(c) Bestimme alle Einheiten von R.

2.23 Es sei R ein kommutativer Ring, I ein Ideal in R und $\rho: R \to R/I$ der Restklassenhomomorphismus. Ist J ein weiteres Ideal von R, dann ist $\rho(J)$ ein Ideal von R/I; ist umgekehrt J' ein Ideal von R/I, dann ist $\rho^{-1}(J')$ ein Ideal von R. Zeige die folgenden Aussagen:

(a) Es gilt $\rho^{-1}(\rho(J)) = I + J$ und $\rho(\rho^{-1})(J') = J'$.
(b) Der Homomorphismus ρ induziert eine Bijektion zwischen der Menge der Ideale von R, die I enthalten und der Menge der Ideale von R/I.
(c) Diese Bijektion respektiert Inklusionen, Durchschnitte, Summen und Produkte von Idealen, außerdem Primalität und Maximalität.

Quotientenkörper

2.24 Beweise Prop. 2.38.

2.25 Es sei R ein Integritätsring und $K = \mathrm{Quot}(R)$. Zeige, dass der Quotientenkörper $\mathrm{Quot}(R[x])$ und der rationale Funktionenkörper $K(x) = \mathrm{Quot}(K[x])$ isomorph sind.

2.26 Es sei $(M, \cdot)$ ein kommutatives Monoid mit neutralem Element e. In M gelte die **Kürzungsregel**, also die Implikation $\forall a, b, c \in M \ (ac = bc \ \Rightarrow \ a = b)$. Wir definieren die Relation

$$(a, b) \sim (a', b') \quad \Leftrightarrow \quad ab' = a'b$$

auf $M \times M$ und schreiben $[a, b]$ für die Äquivalenzklasse von (a, b) und $Q(M) = \{[a, b] \mid a, b \in M\}$ für die Menge der Äquivalenzklassen. Zeige die folgenden Aussagen:

(a) In $Q(M)$ gilt $[ac, bc] = [a, b]$ für alle $a, b, c \in M$.
(b) Die Menge $Q(M)$ wird mit der Verknüpfung $[a, b][c, d] = [ac, bd]$ zu einer abelschen Gruppe mit neutralem Element $[e, e]$.
(c) Die Abbildung $\beta: M \to Q(M)$, $a \mapsto [a, e]$ ist injektiv und ein Homomorphismus von Monoiden, das heißt, sie erfüllt $\beta(ab) = \beta(a)\beta(b)$ und $\beta(e) = [e, e]$.
(d) Ist $(G, \cdot)$ eine abelsche Gruppe und $\alpha: M \to G$ ein Homomorphismus, dann gibt es einen eindeutig bestimmten Homomorphismus $\widetilde{\alpha}: Q(M) \to G$ mit $\alpha = \widetilde{\alpha} \circ \beta$.

3 Gruppen

Gruppen tauchen in der Mathematik in vielen verschiedenen Zusammenhängen auf. Der eigentliche Ursprung – und das bis heute wichtigste Anwendungsfeld der Gruppentheorie – ist aber die Untersuchung von *Symmetrien*.

Die Symmetrien von geometrischen, kombinatorischen, algebraischen und sonstigen mathematischen Objekten werden als bijektive Abbildungen realisiert. Solche Symmetrien kann man hintereinander ausführen (»komponieren«) und zu jeder Symmetrie ihre Umkehrung bilden. Das ist eine Gruppe.

Betrachten wir einen Körper im dreidimensionalen Raum, beispielsweise einen Würfel, eine Kugel, einen Zylinder, etc. Unter den Symmetrien des Körpers verstehen wir die Drehungen und Spiegelungen des Raums und ihre Kompositionen, die den Körper in sich überführen. Für die Einheitskugel ist jede Drehung oder Spiegelung um den Ursprung eine Symmetrie. Viele Körper haben aber nur endlich viele Symmetrien.

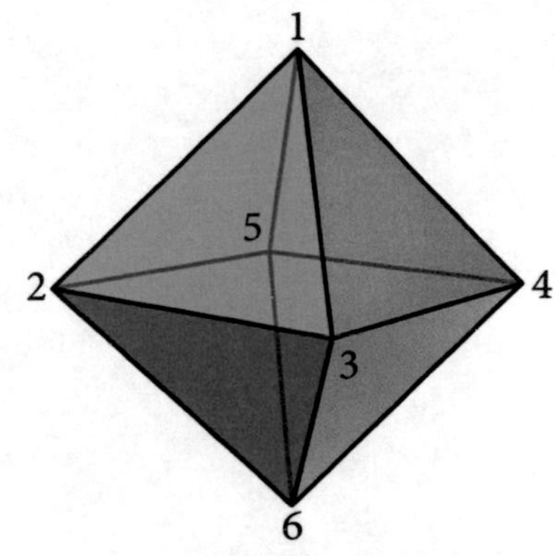

Das Oktaeder ist invariant unter 24 Rotationen (inklusive Identität) und 24 Spiegelungen und Drehspiegelungen.

Als konkretes Beispiel nehmen wir ein regelmäßiges Oktaeder, dessen Seitenflächen acht kongruente gleichseitige Dreiecke sind (einer der fünf platonischen Körper). Eine Symmetrie des Oktaeders ist eindeutig bestimmt durch ihre Wirkung auf den sechs Ecken und entspricht damit einer Permutation, also einer Vertauschung, der Ecken. Wenn wir die Ecken wie abgebildet mit $1, 2, 3, 4, 5, 6$ bezeichnen, dann entspricht jede Symmetrie einem Element der symmetrischen Gruppe S_6. Die Spiegelung an der horizontalen Ebene vertauscht zum Beispiel die beiden Ecken 1 und 6 und lässt $2, 3, 4, 5$ fest; die Rotation an der senkrechten Achse um 90 Grad vertauscht $2, 3, 4, 5$ zyklisch und fixiert 1 und 6, etc. Es lässt sich aber nicht jede Permutation der Ecken durch eine Drehung oder Spiegelung realisieren; es ist zum Beispiel nicht möglich, die Ecken 1 und 2 zu vertauschen und dabei die übrigen zu fixieren. Die Symmetriegruppe des Oktaeders ist deshalb eine echte Untergruppe der Gruppe S_6 (in diesem Fall isomorph zu $S_4 \times S_2$; siehe Exkurs 4.3).

Symmetriegruppen kommen in zahlreichen Anwendungen vor: In der Physik ist das berühmte *Standardmodell der Elementarteilchenphysik* durch seine sogenannte Eichgruppe $\mathrm{SU}(3) \times \mathrm{SU}(2) \times \mathrm{U}(1)$ gekennzeichnet. In der Chemie wird die Struktur von Kristallen durch die *kristallographischen Gruppen* beschrieben, welche als diskrete Untergruppen der Isometriegruppe von $\mathbb{R}^3$ gegeben sind. Sie sind das dreidimensionale Analogon der *ebenen kristallographischen Gruppen*, die zwar nicht bei Kristallen auftreten, dafür aber schon lange in der Ornamentik, in Wandmalereien, Mosaiken oder auch in Tapetenmustern bekannt sind.

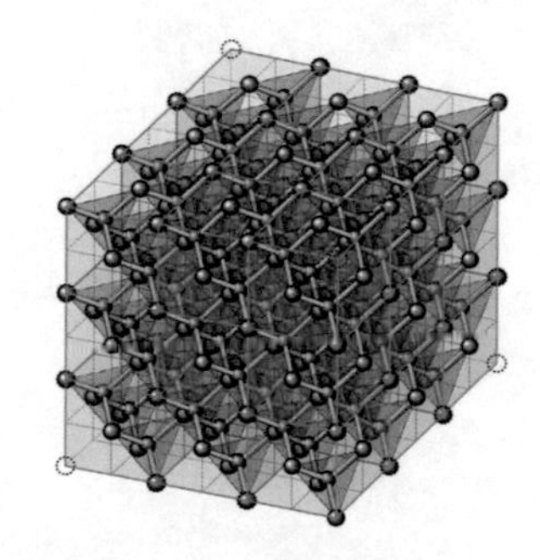
Die **Diamantstruktur** mit Symmetriegruppe $Fd\bar{3}m$, die als Kristallstruktur bei Diamanten oder auch bei Silizium auftritt. Dargestellt ist ein 3×3-Block von Zellen.

Diese Symmetriegruppen sind unendlich, während wir uns in diesem Buch auf endliche Gruppen beschränken werden. Zu solchen komplexen Anwendungen können wir

D. Plaumann, *Algebra*, https://doi.org/10.1007/978-3-662-67243-3_4

hier auch nicht vordringen. Wir werden aber viele der Ideen sehen, die dabei eine Rolle spielen. Später werden wir die Gruppentheorie in der Galoistheorie verwenden, was gleichzeitig ihr historischer Ausgangspunkt ist.

Ornament mit Translationssymmetrie in die beiden Pfeilrichtungen und zwei verschiedenen Rotationssymmetrien (Symmetriegruppe $p4$)

Die moderne Algebra trennt die reine Gruppentheorie zunächst von der Untersuchung von Symmetrien. In diesem Kapitel wird es daher vor allem um die formalen Grundlagen und die Strukturtheorie gehen. Operationen von Gruppen werden wir im nächsten Kapitel betrachten.

3.1 *Einführung*

Definition Eine **Gruppe** ist ein Paar bestehend aus einer Menge G und einer Verknüpfung $G \times G \to G$, $(g, h) \mapsto g \cdot h$, die die folgenden Eigenschaften besitzt:

- Für alle $g, h, k \in G$ gilt $(gh)k = g(hk)$. *(Assoziativität)*
- Es gibt ein $e \in G$ mit $eg = ge = g$ für alle $g \in G$. *(Neutrales Element)*
- Zu jedem $g \in G$ gibt es $g^{-1} \in G$ mit $gg^{-1} = g^{-1}g = e$. *(Inverse)*

Eine Gruppe G heißt **abelsch** (oder *kommutativ*), wenn außerdem gilt

- Für alle $g, h \in G$ gilt $gh = hg$. *(Kommutativität)*

Die angegebenen Axiome einer Gruppe sind nicht ganz minimal: Es genügt beispielsweise, das neutrale Element als *linksneutral* zu definieren, also $eg = g$ für alle $g \in G$, und die Inversen als *Linksinverse*, also mit $g^{-1}g = e$. Die jeweils andere Eigenschaft kann man dann folgern; siehe Aufgabe 3.6.

Die Mächtigkeit $|G|$ von G als Menge, bei einer endlichen Gruppe also die Anzahl ihrer Elemente, heißt die **Ordnung** von G. Das Invertieren hat die Eigenschaften

$$(gh)^{-1} = h^{-1}g^{-1} \quad \text{und} \quad (g^{-1})^{-1} = g \quad \text{für alle } g, h \in G.$$

Für $g \in G$ und $n \in \mathbb{N}$ verwendet man die Potenzschreibweise

$$g^n = \underbrace{g \cdot \ldots \cdot g}_{n\text{-mal}}$$

und hat dann mit $g^0 = e$ und $g^{-n} = (g^{-1})^n$ die übliche Rechenregel

$$g^{m+n} = g^m \cdot g^n \qquad \text{für alle } m, n \in \mathbb{Z}.$$

Miniaufgaben

3.1 Das neutrale Element und das Inverse eines Elements $g \in G$ sind eindeutig bestimmt.

3.2 In einer Gruppe darf man kürzen: Sind $g, h, k \in G$ mit $gh = gk$ oder $hg = kg$, dann folgt $h = k$. Ist jedes Monoid mit dieser Kürzungseigenschaft eine Gruppe?

3.3 Ist G eine Gruppe, dann ist die Abbildung $G \to G$, $g \mapsto g^{-1}$ bijektiv.

3.1 Beispiele (1) Die additive Gruppe $(\mathbb{Z}, +)$ der ganzen Zahlen ist abelsch mit neutralem Element 0 und das Inverse von $a \in \mathbb{Z}$ ist $-a$. Für jedes $n \in \mathbb{N}$ ist außerdem $(\mathbb{Z}/n, +)$ eine abelsche Gruppe der Ordnung n. Allgemeiner gehören zu jedem Ring R die additive abelsche Gruppe $(R, +)$ und die Einheitengruppe $(R^*, \cdot)$.

Gruppen sind in die meisten Rechenstrukturen der linearen Algebra eingebaut: Zu jedem Körper K gehören die additive Gruppe $(K, +)$, die multiplikative Gruppe $K^* = (K \setminus \{0\}, \cdot)$, und die additive Vektorgruppe $(K^n, +)$. Alle diese Gruppen sind abelsch und, aus dem Blickwinkel der Gruppentheorie betrachtet, nicht sonderlich interessant.

(2) Die Gruppe $G = \{e\}$, die nur aus einem neutralen Element besteht, heißt die **triviale Gruppe**. (Die leere Menge ist keine Gruppe.)

(3) Ist K ein Körper (oder ein Ring), dann bilden die invertierbaren $n \times n$-Matrizen mit Einträgen in K die **allgemeine lineare Gruppe** über K

$$\mathrm{GL}_n(K) = \{A \in \mathrm{Mat}_{n\times n}(K) \mid \exists A^{-1} \in \mathrm{Mat}_{n\times n}(K)\colon AA^{-1} = A^{-1}A = \mathbb{1}_n\}.$$

Dabei ist die Einheitsmatrix $\mathbb{1}_n$ das neutrale Element, und die Verknüpfung ist die Matrizenmultiplikation. Das ist die wichtigste Gruppe der linearen Algebra und eine der wichtigsten Gruppen überhaupt. Ist K ein endlicher Körper, dann ist $\mathrm{GL}_n(K)$ auch eine endliche Gruppe.[1] Trotzdem werden wir diese Gruppe nicht betrachten.

[1] Ist K ein endlicher Körper mit q Elementen, dann ist die Ordnung von $\mathrm{GL}_n(K)$ genau die Anzahl der (geordneten) Basen von K^n. Man kann diese Anzahl induktiv bestimmen und erhält

$$|\mathrm{GL}_n(K)| = \prod_{k=0}^{n-1}(q^n - q^k).$$

(4) Für jede nicht-leere Menge X bildet die Menge aller Bijektionen

$$\Sigma(X) = \{f\colon X \to X \mid f \text{ ist bijektiv}\}$$

mit der Komposition eine Gruppe. Das neutrale Element ist die Identität id_X und das Inverse von $f \in \Sigma(X)$ ist die Umkehrabbildung f^{-1}. Die Gruppe

$$S_n = \Sigma(\{1, \ldots, n\})$$

ist die **symmetrische Gruppe** auf n Symbolen. Ihre Ordnung, die Anzahl der Permutationen, ist $n!$. Sie kommt meistens in der linearen Algebra im Determinantenkalkül vor. Um diese Gruppe wird es im nächsten Abschnitt gehen. ◇

Da Gruppen auf so viele Arten auftreten, gibt es für die Verknüpfung, das neutrale Element und die Inversen je nach Kontext unterschiedliche Schreibweisen. Es hat sich aber eingebürgert, für allgemeine Gruppen die multiplikative Schreibweise zu benutzen, während man die additive Schreibweise gern verwendet, wenn es explizit nur um abelsche Gruppen geht. Die folgende Tabelle gibt eine Übersicht.

Notation	Multiplikativ	Additiv	Abbildungen
Verknüpfung	$\cdot$	$+$	$\circ$
Neutrales Element	e oder 1	0	id
Inverses von g	g^{-1}	$-g$	g^{-1}
n-te Potenz von g	g^n	ng	g^n

Sind G_1 und G_2 zwei Gruppen, dann ist das **direkte Produkt**

$$G_1 \times G_2 = \{(g_1, g_2) \mid g_1 \in G_1,\ g_2 \in G_2\}$$

mit der komponentenweisen Verknüpfung $(g_1, g_2)\cdot(g_1', g_2') = (g_1g_1', g_2g_2')$ eine Gruppe mit neutralem Element (e_{G_1}, e_{G_2}) und Inversen $(g_1, g_2)^{-1} = (g_1^{-1}, g_2^{-1})$. Es ist trivial, dass die Gruppenaxiome alle erfüllt sind, weil die beiden Komponenten völlig getrennt bleiben. Entsprechend definiert man das direkte Produkt

$$G_1 \times \cdots \times G_n \qquad \text{bzw.} \qquad \prod_{i\in I} G_i$$

von $n \geqslant 2$ oder auch unendlich vielen Gruppen. Die Ordnung eines endlichen direkten Produkts ist das Produkt der Ordnungen.

FELIX KLEIN hat diese Gruppe wohl erstmals »Vierergruppe« genannt.

FELIX KLEIN (1849–1925)

Neben seinen Beiträgen zur mathematischen Forschung hat Felix Klein in seinen späteren Jahren auch die Lehrerausbildung in Deutschland mit geprägt. Nach seinen Büchern *Elementarmathematik vom höheren Standpunkte aus* wurde über Jahrzehnte an Universitäten unterrichtet.

3.2 *Beispiel* Die additive Gruppe $\mathbb{Z}/2 \times \mathbb{Z}/2$ hat die vier Elemente

$$(0,0),\ (1,0),\ (0,1),\ (1,1)$$

und wird **Kleinsche Vierergruppe** genannt. In multiplikativer Schreibweise können wir sie als Menge $\{e, a, b, c\}$ mit vier Elementen und neutralem Element e schreiben, wobei die Regeln

$$a^2 = b^2 = c^2 = e \quad \text{und} \quad ab = c$$

gelten sollen (was die Gruppenstruktur eindeutig bestimmt). ◇

Die Struktur einer endlichen Gruppe kann man durch eine Tabelle darstellen, die **Gruppentafel** genannt wird (auch *Verknüpfungstafel*; im Englischen meist *Cayley table*). Dabei schreibt man alle Gruppenelemente als Zeilen- und Spaltenüberschriften und dann die Produkte in die entsprechenden Felder. Für die Kleinsche Vierergruppe V_4 wie oben ergibt sich so zum Beispiel die Gruppentafel

V_4	e	a	b	c
e	e	a	b	c
a	a	e	c	b
b	b	c	e	a
c	c	b	a	e

Manche Eigenschaften von Gruppen kann man an der Gruppentafel gut erkennen, wie die Existenz des neutralen Elements und der Inversen. Man erkennt außerdem die *Sudoko-Eigenschaft:* Jedes Gruppenelement taucht in jeder Zeile und jeder Spalte genau einmal auf. Das Assoziativgesetz lässt sich dagegen an der Gruppentafel nur schlecht überprüfen, weil es das Produkt von drei Elementen involviert.

Definition Ist G eine Gruppe und $g \in G$, dann heißt

$$\operatorname{ord}(g) = \min\{m \in \mathbb{N} \mid g^m = e\}$$

die **Ordnung** von g. Wenn kein solches m existiert, dann ist $\operatorname{ord}(g) = \infty$.

3.3 *Beispiele* (1) In der additiven Gruppe $(\mathbb{Z}/n, +)$ hat $\bar{1}$ die Ordnung n. In $(\mathbb{Z}, +)$ hat dagegen jede Zahl außer 0 unendliche Ordnung.

(2) Das neutrale Element ist immer das eindeutige Element der Ordnung 1.

(3) Da $g^2 = e$ zu $g = g^{-1}$ äquivalent ist, sind die Elemente der Ordnung 2 in einer Gruppe gerade die Elemente, die zu sich selbst invers sind (und nicht selbst das neutrale Element sind). Sie werden auch *Involutionen* genannt.

(4) Ein k-Zykel in S_n hat die Ordnung k (siehe nächster Abschnitt). ◇

3.4 *Lemma* *Sei G eine Gruppe, $g \in G$ und $k = \operatorname{ord}(g)$.*

(1) Ist $k < \infty$, dann sind die Elemente $e, g, g^2, \dots, g^{k-1}$ alle verschieden.

(2) Ist $k = \infty$, dann sind alle Potenzen g^i für $i \in \mathbb{Z}$ verschieden.

(3) Ist $g^m = e$ für ein $m \in \mathbb{Z}$, dann ist m durch k teilbar.

Beweis. (1) Ist k endlich und $g^i = g^j$ für $0 \leqslant i \leqslant j < k$, dann folgt $0 \leqslant j - i < k$ und $g^{j-i} = e$, was wegen der Minimalität von k nur für $i = j$ möglich ist. (2) Denn $g^i = g^j$ mit $j \geqslant i$ bedeutet $g^{j-i} = e$. Ist hier $i \neq j$, dann hat g also endliche Ordnung. (3) Teile m mit Rest durch k, also $m = qk + r$ mit $0 \leqslant r < k$, dann folgt $e = g^m = (g^k)^q \cdot g^r = g^r$. Mit der Minimalität von k folgt $r = 0$, also $k|m$. ■

Sind g, h zwei Elemente in einer Gruppe G, dann sagen die Ordnungen von g und h im Allgemeinen noch nichts über die Ordnung des Produkts gh. Denn in $(gh)^k = gh\cdots gh$ kommen keine Potenzen von g und h vor, wenn g und h nicht kommutieren.

Miniaufgaben

3.4 Begründe die Sudoku-Eigenschaft der Gruppentafel einer endlichen Gruppe.
3.5 Wie erkennt man in einer Gruppentafel die Elemente der Ordnung 2?
3.6 Stelle die Gruppentafel für $\mathbb{Z}/4$ auf.
3.7 Bestimme alle Gruppen der Ordnung 4 bis auf Isomorphie.

3.2 *Permutationen und die symmetrische Gruppe*

Die wichtigste endliche Gruppe ist die symmetrische Gruppe. Das meiste in diesem Abschnitt dürfte aus der linearen Algebra bekannt sein, so dass man ihn gegebenenfalls auch nur überfliegen oder überspringen kann.

Die symmetrische Gruppe S_n besteht aus allen Bijektionen der Menge $\{1, \dots, n\}$ in sich selbst, mit der Komposition von Abbildungen als Verknüpfung und der Identität id als neutrales Element. Dabei bezeichnen wir die Elemente $1, \dots, n$ als **Symbole**, da es auf ihren Zahlcharakter meist nicht ankommt. Wir können ein Element $\sigma \in S_n$ angeben, indem wir die Bilder $\sigma(1), \dots, \sigma(n)$ unter die Symbole schreiben, etwa so:

Die Ordnung einer zyklischen Permutation kann man gut visualisieren, wenn man sie sich als Drehung vorstellt.

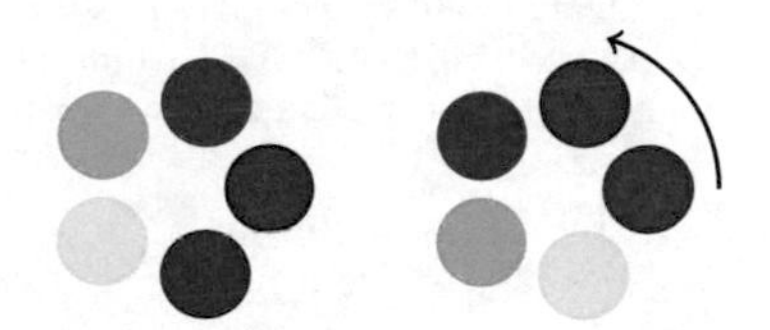

$$\begin{bmatrix} 1 & 2 & \cdots & n-1 & n \\ \sigma(1) & \sigma(2) & \cdots & \sigma(n-1) & \sigma(n) \end{bmatrix}.$$

Alle Information über σ steckt in der Reihenfolge der Symbole $\sigma(1), \dots, \sigma(n)$, so dass wir σ als **Permutation** verstehen. Es folgt, dass die Gruppe S_n die Ordnung $n!$ hat. Gilt $\sigma(i) \neq i$, dann sagen wir, dass σ das Symbol i **bewegt**, andernfalls, dass σ das Symbol i **fixiert**. Um Permutationen anzugeben, verwenden wir die Zykel-Notation

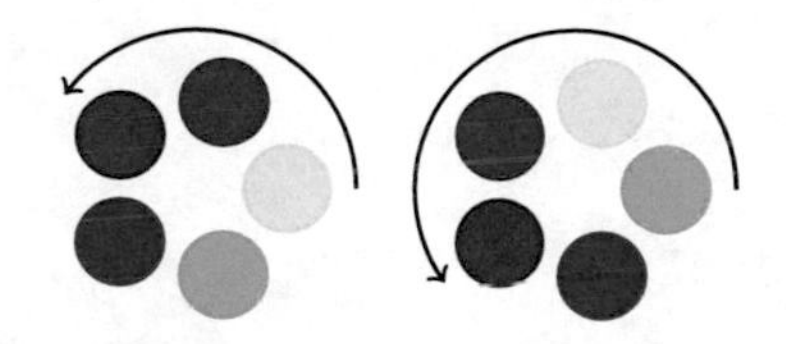

$$\sigma = (a_1\, a_2\, \dots\, a_k)$$

für die Permutation, welche die Symbole $a_1, \dots, a_k$ zyklisch vertauscht und die übrigen Symbole fixiert, also $\sigma(a_i) = a_{i+1}$ für $i = 1, \dots, k-1$, $\sigma(a_k) = a_1$ und $\sigma(i) = i$ für alle $i \in \{1, \dots, n\} \setminus \{a_1, \dots, a_k\}$. Ein Zykel der Länge k heißt ein k-**Zykel**. Zykel der Länge 2 heißen **Transpositionen**: Sie vertauschen genau zwei Symbole. Ein k-Zykel ζ ist in der Gruppe S_n ein Element der Ordnung k, denn es gilt offenbar $\zeta^k = \text{id}$ und $\zeta^i \neq \text{id}$ für $0 < i < k$. Permutationen werden, wie alle Abbildungen, von rechts nach links komponiert. Zwei Zykel sind **disjunkt**, wenn in ihnen kein gemeinsames Symbol vorkommt. Disjunkte Zykel kommutieren offensichtlich, während zwei Zykel, die dasselbe Symbol bewegen, im Allgemeinen nicht kommutieren, wie zum Beispiel

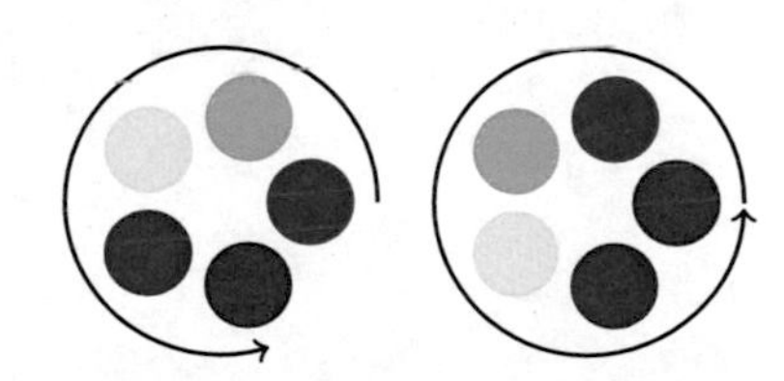

Zykel der Ordnung 5 als Drehung

Die Verknüpfung in S_n ist die Komposition. Trotzdem schreibt man meistens kein Verknüpfungszeichen und spricht von »Produkten« von Permutationen.

$$(1\,2)(1\,2\,3) = (2\,3) \quad \text{und} \quad (1\,2\,3)(1\,2) = (1\,3).$$

Die Gruppe S_n ist also für $n \geqslant 3$ nicht abelsch.

3.5 Proposition *Jede Permutation ist ein Produkt von disjunkten Zykeln.*

Beweis. Sei $\sigma \in S_n$. Wir fixieren ein Symbol x und betrachten die Folge von Symbolen $x, \sigma(x), \sigma(\sigma(x)), \dots$. Da es nur endlich viele Symbole gibt, existieren $k, l \in$

$\mathbb{N}$ mit $\sigma^k(x) = \sigma^l(x)$ mit etwa $k > l$. Es folgt $\sigma^{k-l}(x) = x$. Setze $m = \min\{k \in \mathbb{N} \mid \sigma^k(x) = x\}$, dann sind $x, \sigma(x), \ldots, \sigma^{m-1}(x)$ alle verschieden. Wir können deshalb $\sigma = (x\sigma(x)\cdots\sigma^{m-1}(x)) \circ \tau$ schreiben, wobei $\tau \in S_n$ die Symbole $x, \sigma(x), \ldots, \sigma^{m-1}(x)$ fixiert. Wenn τ die Identität ist, sind wir fertig. Sonst wiederholen wir das Argument für τ und fahren fort, bis σ vollständig in Zykel zerlegt ist. ■

Das Prinzip dahinter ist an einem Beispiel leicht verständlich: Man fasst einfach so lange Symbole in Zykeln zusammen, bis alle Symbole ausgeschöpft sind, etwa

$$\begin{bmatrix} 1 & 2 & 3 & 4 & 5 & 6 \\ 4 & 1 & 6 & 2 & 5 & 3 \end{bmatrix} = (1\,4\,2)(3\,6).$$

Die Zerlegung einer Permutation in disjunkte Zykel verrät uns auch ihre Ordnung:

3.6 Lemma *Sind $\zeta_1, \ldots, \zeta_r \in S_n$ disjunkte Zykel, jeweils der Länge $k_1, \ldots, k_r$, dann gilt*

$$\operatorname{ord}(\zeta_1\cdots\zeta_r) = \operatorname{kgV}(k_1, \ldots, k_r).$$

Man kann sich fragen, für welche Paare (n, k) es in S_n ein Element der Ordnung k gibt. Die Funktion, die jedem n das größte solche k zuordnet, heißt die *Landau-Funktion* (nach dem berühmten Zahlentheoretiker EDMUND LANDAU (1877–1938)). Sie ist im Allgemeinen nicht leicht zu bestimmen.

Beweis. Sei $\sigma = \zeta_1\cdots\zeta_r$. Für jedes $m \in \mathbb{N}$ gilt $\sigma^m = \zeta_1^m\cdots\zeta_r^m$, da disjunkte Zykel kommutieren. Ist also m ein gemeinsames Vielfaches von $k_1, \ldots, k_r$, dann folgt direkt $\sigma^m = \mathrm{id}$. Umgekehrt folgt aus der Gleichheit $\sigma^m = \zeta_1^m\cdots\zeta_r^m = e$ bereits $\zeta_i^m = \mathrm{id}$ für $i = 1, \ldots, k$, denn die disjunkten Zykel $\zeta_1, \ldots, \zeta_r$ bewegen verschiedene Symbole. Also ist m durch $k_1, \ldots, k_r$ teilbar. Die $m \in \mathbb{N}$ mit $\sigma^m = \mathrm{id}$ sind also genau die gemeinsamen Vielfachen von $k_1, \ldots, k_r$ und $\operatorname{ord}(\sigma)$ damit das kleinste gemeinsame Vielfache. ■

Miniaufgaben

3.8 Zerlege die Permutation $(1374)(2837)(57)(63)$ in disjunkte Zykel.
3.9 Sei $\zeta \in S_n$ ein k-Zykel. Ist auch jede Potenz ζ^i ein k-Zykel (oder die Identität)?
3.10 Welche Permutationen in S_3 kommutieren mit der Transposition (12)?
3.11 Bestimme die Ordnung der Permutationen $(12)(345)$ und $(12)(234)$ in S_5.
3.12 Welche Ordnungen von Elementen treten in der Gruppe S_6 auf?
3.13 Ist jedes Element der Ordnung k in S_n ein k-Zykel?

In S_n nennen wir eine Transposition $(a\;a{+}1)$ (mit $1 \leqslant a < n$) zwischen benachbarten Symbolen eine **Nachbartransposition**.

3.7 Proposition *Jede Permutation ist ein Produkt von Nachbartranspositionen.*

Beweis. Jede Permutation ist ein Produkt von Zykeln und jeder k-Zykel ein Produkt von $k - 1$ Transpositionen: $(a_1\cdots a_k) = (a_1a_k)(a_1a_{k-1})\cdots(a_1a_2)$. Schließlich ist jede Transposition $(a\;b)$ mit $a < b$ ein Produkt von Nachbartranspositionen, nämlich

$$(a\;b) = (a\;a+1)(a+1\;a+2)\cdot\ldots\cdot(b-2\;b-1)(b-1\;b)(b-2\;b-1)\cdot\ldots\cdot(a+1\;a). \ ■$$

Alternativ kann man das Signum einer Permutation σ definieren als die Parität der Anzahl der *Fehlstände*. Ein Fehlstand ist dabei ein Paar von Symbolen (i, j) mit $i < j$ aber $\sigma(i) > \sigma(j)$ (siehe Aufgabe 3.10).

Als Nächstes definieren wir das **Signum** $\operatorname{sgn}(\sigma)$ einer Permutation wie folgt: Ist ζ ein k-Zykel, dann setzen wir

$$\operatorname{sgn}(\zeta) = (-1)^{k+1}.$$

Ein Zykel ungerader Länge hat also das Signum +1 und ein Zykel gerader Länge das Signum −1. Ist σ ein Produkt von disjunkten Zykeln $\sigma = \zeta_1\cdots\zeta_r$, dann setzen wir

$$\operatorname{sgn}(\sigma) = \operatorname{sgn}(\zeta_1)\cdot\ldots\cdot\operatorname{sgn}(\zeta_r).$$

Mit anderen Worten, das Signum von σ ist 1, wenn σ eine gerade Anzahl von Zykeln gerader Länge enthält, sonst −1. Wir nennen die Permutationen mit geradem bzw. ungeradem Signum kurz die *geraden* bzw. die *ungeraden Permutationen*.

In der linearen Algebra geht das Signum als Vorzeichen in die Leibniz-Formel für die Determinante einer quadratischen Matrix ein (siehe auch §9.4). Es ist aber auch für die Gruppentheorie selbst wichtig.

3.8 Satz *Das Signum ist multiplikativ, das heißt, für alle $\sigma, \tau \in S_n$ gilt*

$$\operatorname{sgn}(\sigma\tau) = \operatorname{sgn}(\sigma) \cdot \operatorname{sgn}(\tau).$$

Beweis. Es genügt, die Behauptung für den Fall zu beweisen, dass σ eine Nachbartransposition ist, dann folgt der allgemeine Fall induktiv mit Prop. 3.7. Sei ohne Einschränkung etwa $\sigma = (1\,2)$, dann müssen wir also $\operatorname{sgn}(\sigma\tau) = -\operatorname{sgn}(\tau)$ beweisen. Sei $\tau = \zeta_1 \cdots \zeta_r$ eine Zerlegung von τ in disjunkte Zykel. Wir unterscheiden zwei Fälle:

(1) Die Symbole 1 und 2 kommen im selben Zykel ζ_j vor. Dieser habe etwa die Form $\zeta_j = (1\, a_2 \cdots a_{l-1}\, 2\, a_{l+1} \cdots a_m)$. Dann folgt

$$(1\,2)(1\, a_2 \cdots a_{l-1}\, 2\, a_{l+1} \cdots a_m) = (2\, a_{l+1} \cdots a_m)(1\, a_2 \cdots a_{l-1}).$$

Ist m gerade, dann sind die beiden Zykel rechts entweder beide gerade oder beide ungerade. Ist m ungerade, dann ist einer der beiden gerade, der andere ungerade. In beiden Fällen ändert sich die Zahl der geraden Zykel um Eins.

(2) Die Symbole 1 und 2 kommen in verschiedenen Zykeln vor[2], sagen wir in ζ_j und ζ_k. Diese haben dann die Form $\zeta_j = (1\, a_2 \cdots a_l)$ und $\zeta_k = (a_{l+1} \cdots a_m\, 2)$. Es folgt

$$(1\,2)(a_{l+1} \cdots a_m\, 2)(1\, a_2 \cdots a_l) = (1\, a_2 \cdots a_l\, 2\, a_{l+1} \cdots a_m).$$

Das ist genau der umgekehrte Fall zu (1) und das Signum ändert sich ebenfalls. ■

[2] Wenn 1 oder 2 von τ fixiert werden, dann ist ζ_j oder ζ_k hier der 1-Zykel $(1) = (2) = \mathrm{id}$.

3.3 *Untergruppen und Nebenklassen*

Definition Sei G eine Gruppe. Eine **Untergruppe** von G ist eine nicht-leere Teilmenge U von G mit den Eigenschaften:

(1) Für alle $g, h \in U$ gilt $gh \in U$.

(2) Für jedes $g \in U$ gilt $g^{-1} \in U$.

Man kann die beiden Eigenschaften auch zusammenfassen: Genau dann ist U eine Untergruppe, wenn gilt:
(1)+(2) Für alle $g, h \in U$ gilt $gh^{-1} \in U$

Jede Untergruppe $U \subset G$ enthält das neutrale Element. Denn nach Voraussetzung ist U nicht die leere Menge, enthält also ein Element $g \in U$. Aus (1) und (2) folgt dann $e = gg^{-1} \in U$. Man kann also die Forderung $U \neq \varnothing$ auch durch $e \in U$ ersetzen.

Eine übliche Kurzschreibweise für »U ist Untergruppe von G« ist $U \leqslant G$.

3.9 *Beispiele* (1) Jede Gruppe G hat die **triviale Untergruppe** $\{e\}$. Außerdem ist $G \subset G$ selbst eine Untergruppe. Eine Untergruppe U mit $U \subsetneq G$ wird **echte Untergruppe** genannt.

(2) Die Gruppe $\mathrm{GL}_n(K)$ hat viele interessante Untergruppen, die schon in der linearen Algebra vorkommen, zum Beispiel $\mathrm{SL}_n(K)$, $\mathrm{O}_n(K)$, $\mathrm{SO}_n(K)$ usw.

(3) In jeder Gruppe G ist das **Zentrum**

$$Z(G) = \{x \in G \mid \forall g \in G\colon gx = xg\}$$

eine Untergruppe. Das Zentrum besteht also aus den Gruppenelementen, die mit allen anderen kommutieren. Diese Untergruppe ist deshalb natürlich abelsch. Offenbar gilt $Z(G) = G$ genau dann, wenn G eine abelsche Gruppe ist. ◇

3.10 Proposition *Jede Untergruppe der additiven Gruppe $\mathbb{Z}$ hat die Form*

$$n\mathbb{Z} = \{na \mid a \in \mathbb{Z}\}$$

für ein $n \in \mathbb{N}_0$.

Erster Beweis. Jede Untergruppe U von $(\mathbb{Z}, +)$ ist auch ein Ideal im Ring $\mathbb{Z}$, denn $ra \in U$ für alle $r \in \mathbb{Z}$, $a \in U$ entspricht hier nur der Abgeschlossenheit unter Addition und Negativen. Die Ideale haben wir in Kapitel 2 alle bestimmt (Beispiel 2.11). ∎

Zweiter Beweis. Wir reproduzieren noch einmal das Argument für Ideale: Es sei U eine Untergruppe von $\mathbb{Z}$. Falls $U = \{0\}$, dann ist $U = 0 \cdot \mathbb{Z}$. Andernfalls enthält U ein $a \neq 0$ und wegen $\pm a \in U$ auch eine positive Zahl. Setze $n = \min\{a \in U \mid a > 0\}$. Wir behaupten, dass $U = n\mathbb{Z}$ gelten muss. Wegen $n \in U$ gilt auch $n\mathbb{Z} \subset U$. Ist umgekehrt $a \in U$, dann teilen wir a mit Rest durch n, also $a = qn + r$ mit $0 \leqslant r < n$. Dann gilt $r = a - qn \in U$. Wegen der Minimalität von n folgt $r = 0$ und damit $a = qn \in n\mathbb{Z}$. ∎

Bei einer endlichen Teilmenge reicht von den beiden Eigenschaften in der Definition einer Untergruppe die erste aus:

3.11 Proposition *Es sei G eine Gruppe. Eine nicht-leere endliche Teilmenge $U \subset G$ ist eine Untergruppe, falls für alle $g, h \in U$ auch gh in U liegt.*

Beweis. Für ein Element $g \in G$ bezeichnen wir mit λ_g die Abbildung $G \to G$, $h \mapsto gh$. Sie ist bijektiv, denn sie hat die Umkehrabbildung $\lambda_{g^{-1}}$. Für $g \in U$ sorgt die Voraussetzung nun dafür, dass λ_g zu einer Abbildung $U \to U$ einschränkt. Diese Einschränkung ist in jedem Fall injektiv. Da U endlich ist, ist sie dann auch surjektiv. Es gibt also $h \in U$ mit $gh = g$, woraus $h = e$ folgt und damit $e \in U$. Aus dem gleichen Grund gibt es für jedes $g \in U$ dann auch $h \in U$ mit $gh = e$, was $g^{-1} \in U$ zeigt. ∎

Definition Es sei G eine Gruppe, $T \subset G$ eine Teilmenge und sei $k \in \mathbb{N}$. Ein **Wort der Länge k über T** ist ein Produkt in G der Form

$$g_1^{\varepsilon_1} \cdots g_k^{\varepsilon_k}$$

mit $g_1, \ldots, g_k \in T$ und $\varepsilon_1, \ldots, \varepsilon_k \in \{1, -1\}$. Das leere Wort der Länge 0 definieren wir als das neutrale Element e.

Das Produkt zweier Wörter[3] über T der Länge k bzw. l ist das Wort

$$(g_1^{\varepsilon_1} \cdots g_k^{\varepsilon_k}) \cdot (h_1^{\zeta_1} \cdots h_l^{\zeta_l}) = g_1^{\varepsilon_1} \cdots g_k^{\varepsilon_k} \cdot h_1^{\zeta_1} \cdots h_l^{\zeta_l}.$$

der Länge $k + l$. Ebenso ist das Inverse eines Worts über T wieder eines, nämlich

$$(g_1^{\varepsilon_1} \cdots g_k^{\varepsilon_k})^{-1} = g_k^{-\varepsilon_k} \cdots g_1^{-\varepsilon_1}.$$

Die Menge aller Wörter über T ist also eine Untergruppe von G, die **von T erzeugte Untergruppe**, die wir mit

$$\langle T \rangle$$

bezeichnen, bzw. mit $\langle g_1, \ldots, g_n \rangle$, falls $T = \{g_1, \ldots, g_n\}$ endlich ist. Eine Teilmenge $T \subset G$ mit $\langle T \rangle = G$ nennen wir eine Menge von **Erzeugern von** G.

3.12 Beispiel Ist $T \subset S_n$ die Menge aller Nachbartranspositionen, dann gilt $\langle T \rangle = S_n$ nach Prop. 3.7. Da jede Transposition zu sich selbst invers ist, sind die Wörter über T hier nur die Produkte von Elementen aus T. ◇

[3] Da wir Produkte in der Gruppe G bilden, entsprechen verschiedene Wörter demselben Element von G, zum Beispiel ist das Wort $g^{-1}g$ der Länge 2 immer gleich dem leeren Wort e der Länge 0.

Ist $g \in G$ ein Element der Ordnung $k < \infty$, dann gilt $g^k = e$ und damit $g^{-1} = g^{k-1}$. Wenn alle Elemente endliche Ordnung haben (zum Beispiel in endlichen Gruppen), dann können wir uns also auf Wörter mit positiven Exponenten beschränken.

Untergruppen, die von einem einzelnen Element erzeugt werden, heißen **zyklisch**. Die von einem Element g der Ordnung n erzeugte zyklische Untergruppe ist

$$\langle g \rangle = \{e, g, g^2, \ldots, g^{n-1}\}$$

und diese Elemente sind nach Lemma 3.4 alle verschieden. Es gilt daher $\mathrm{ord}(g) = |\langle g \rangle|$, das heißt, die Ordnung eines Elements stimmt mit der Ordnung der von ihm erzeugten zyklischen Untergruppe überein.

Bei zwei Erzeugern g, h können sich die Potenzen von g und h beliebig oft abwechseln. Wenn g und h endliche Ordnung haben, so dass wir keine Inversen dazu nehmen müssen, dann gilt also

$$\langle g, h \rangle = \{e, g, h, g^2, gh, hg, h^2, g^3, g^2h, ghg, gh^2, hg^2, hgh, h^2g, h^3, g^4, g^3h, g^2hg, g^2h^2, ghg^2, ghgh, gh^2g, gh^3, \ldots\ldots\}$$

3.13 Proposition *Es sei $G = \langle g \rangle$ eine zyklische Gruppe der Ordnung n. Für $k \in \mathbb{N}$ gilt dann $\langle g^k \rangle = \langle g^{\mathrm{ggT}(k,n)} \rangle$. Insbesondere ist $\langle g^k \rangle = G$ genau dann, wenn $\mathrm{ggT}(k, n) = 1$ gilt.*

Beweis. Sei $d = \mathrm{ggT}(k, n)$, mit etwa $k = dl$, und sei $d = uk + vn$ eine Bézout-Identität. Dann gilt $g^d = (g^k)^u \cdot (g^n)^v = (g^k)^u$ und umgekehrt $g^k = (g^d)^l$, was $\langle g^k \rangle = \langle g^d \rangle$ zeigt. Ist $d = 1$, dann folgt $\langle g^k \rangle = \langle g \rangle = G$. Gilt umgekehrt $\langle g^k \rangle = G$, dann also $g = g^{km}$ für ein $m \in \mathbb{N}$, was $km \equiv 1 \pmod{n}$ impliziert, so dass k und n teilerfremd sind. ■

Miniaufgaben

3.14 Zeige: Ist $U \subset G$, $U \neq \varnothing$, mit $gh^{-1} \in U$ für alle $g, h \in U$, dann ist U eine Untergruppe.

3.15 Zeige: Ist $(U_i)_{i \in I}$ eine (beliebig indizierte) Familie von Untergruppen einer Gruppe G, dann ist $U = \bigcap_{i \in I} U_i$ wieder eine Untergruppe.

3.16 Zeige: Die von einer Teilmenge $T \subset G$ erzeugte Untergruppe $\langle T \rangle$ ist der Durchschnitt aller Untergruppen von G, die T enthalten.

WIR BETRACHTEN NUN EINIGE UNTERGRUPPEN der symmetrischen Gruppe. Wie wir gesehen haben, wird die symmetrische Gruppe von der Menge aller Nachbartranspositionen erzeugt. Tatsächlich wird S_n aber immer von nur zwei Elementen erzeugt.

3.14 Proposition *Für jedes $n \geqslant 2$ gilt*

$$S_n = \langle (1\,2), (1 \cdots n) \rangle.$$

Beweis. Wir berechnen

$$(1 \cdots n)(1\,2)(1 \cdots n)^{-1} = (1 \cdots n)(1\,2)(n \cdots 1) = (1\,3 \cdots n)(n \cdots 1) = (2\,3)$$

und damit $(1 \cdots n)^k (1\,2)(1 \cdots n)^{-k} = (k+1,\ k+2)$. Also liegen die Transpositionen

$$(1\,2),\ (2\,3), \ldots,\ (n-1,\ n)$$

alle in $\langle (1\,2), (1 \cdots n) \rangle$ und die Behauptung folgt aus Prop. 3.7. ■

Als Nächstes betrachten wir die Diedergruppe, die als Untergruppe von S_n ebenfalls von zwei Elementen erzeugt wird. Sie hat eine geometrische Interpretation, ähnlich zur Symmetriegruppe des Oktaeders, die wir in der Einleitung betrachtet haben. Die Diedergruppe ist die Gruppe der Isometrien eines **regulären n-Ecks** in der Ebene, dessen n Ecken wir etwa mit gleichen Abständen auf dem Einheitskreis platzieren können und mit $1, \ldots, n$ durchnummerieren (siehe Bilder auf der nächsten Seite).

Das n-Eck hat eine Rotationssymmetrie (um $360/n$ Grad gegen den Uhrzeigersinn), die im Bild dem n-Zykel $d = (1\,2\cdots n)$ in S_n entspricht. Außerdem hat das n-Eck eine Spiegelsymmetrie s, die im Bild die Ecken oberhalb und unterhalb der waagerechten Achse vertauscht. Das führt zu folgender allgemeiner Definition.

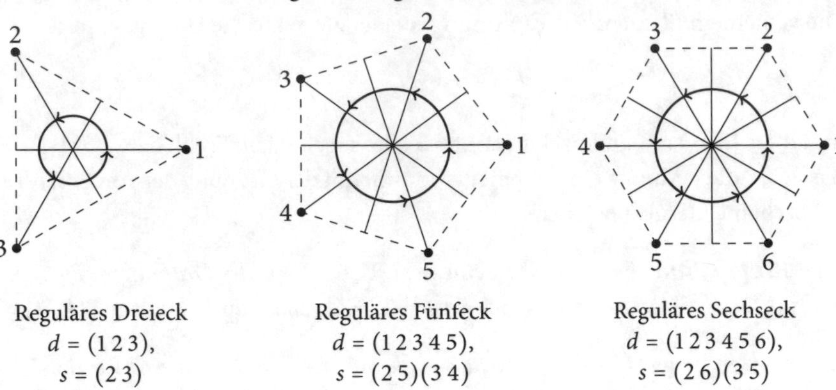

Reguläres Dreieck $d = (1\,2\,3)$, $s = (2\,3)$ — Reguläres Fünfeck $d = (1\,2\,3\,4\,5)$, $s = (2\,5)(3\,4)$ — Reguläres Sechseck $d = (1\,2\,3\,4\,5\,6)$, $s = (2\,6)(3\,5)$

In der linearen Algebra ist $O_2(\mathbb{R})$ die orthogonale Gruppe aller Drehungen und Spiegelungen der Ebene. Man kann die Diedergruppe D_n auch als Untergruppe von $O_2(\mathbb{R})$ auffassen. Um ihre Struktur als endliche Gruppe zu verstehen, ist es aber einfacher, sie als Untergruppe von S_n zu realisieren.

Wegen $s^{-1} = s$ ist die Relation $sd^ks = d^{-k}$ äquivalent zur Vertauschungsregel

$$d^k s = sd^{-k}.$$

Definition Für $n \in \mathbb{N}$ mit $n \geqslant 3$ seien $d, s \in S_n$ gegeben durch

$$d = (1\,2\cdots n) \text{ und } s = \begin{cases} (2,\ n)(3,\ n-1)\cdots(k,\ k+2) & \text{für } n = 2k \text{ gerade} \\ (2,\ n)(3,\ n-1)\cdots(k,\ k+1) & \text{für } n = 2k-1 \text{ ungerade.} \end{cases}$$

Die Gruppe $D_n = \langle d, s\rangle \subset S_n$ heißt die **Diedergruppe** (der Ordnung $2n$).

Die Elemente d und s erfüllen die **Relationen**

$$d^n = \mathrm{id}, \quad s^2 = \mathrm{id}, \quad sd^ks = d^{-k} \text{ für } k = 1, \ldots, n-1. \tag{D}$$

Die ersten beiden Aussagen sind klar. Für die dritte rechnet man $sds = d^{-1}$ direkt nach. Wegen $s^2 = \mathrm{id}$ gilt $s = s^{-1}$ und es folgt $sd^2s = (sds)(sds) = d^{-2}$ usw.

In der Literatur wird D_n oft mit D_{2n} bezeichnet, nach der Anzahl der Elemente statt der Ecken. Sinnvoll ist außerdem auch $D_2 = V_4$ (Kleinsche Vierergruppe) und $D_1 = C_2$ (zyklische Gruppe der Ordnung 2).

3.15 *Proposition* *Sei $n \geqslant 3$. Die Diedergruppe D_n hat die Ordnung $2n$ und ist nicht abelsch. Sind d, s ihre Erzeuger wie oben, dann sind*

$$d^k \quad \text{und} \quad d^ks \quad \text{für } k = 0, \ldots, n-1$$

die $2n$ verschiedenen Elemente von D_n.

Beweis. Per Definition ist jedes Element von D_n ein Wort in d und s und damit von der Form $d^{k_1}s^{l_1}\cdots d^{k_r}s^{l_r}$ mit $k_1, \ldots, k_r, l_1, \ldots, l_r \in \mathbb{Z}$, $r \in \mathbb{N}_0$. Die Relation $sd^ks = d^{-k}$ in (D) ist wegen $s = s^{-1}$ äquivalent zu $d^ks = sd^{-k}$. Deshalb bestimmt jedes Wort in d und s in D_n dasselbe Element wie ein Wort der Form d^ks^l. Wegen $d^n = \mathrm{id}$ und $s^2 = \mathrm{id}$ können wir außerdem $k \in \{0, \ldots, n-1\}$ und $l \in \{0, 1\}$ annehmen. Das ergibt die angegebenen $2n$ Elemente, also

$$D_n = \{\mathrm{id}, d, d^2, \ldots, d^{n-1}, s, ds, d^2s, \ldots, d^{n-1}s\}.$$

Diese Elemente sind tatsächlich alle verschieden: Denn da d die Ordnung n hat, sind $\mathrm{id}, d, d^2, \ldots, d^{n-1}$ und auch $s, ds, \ldots, d^{n-1}s$ untereinander alle verschieden. Wäre $d^k = d^ls$ für irgendwelche $k \neq l$, dann würde $s = d^{k-l}$ folgen. Das kann aber nicht sein, da s das Symbol 1 festlässt, während d^k für $k \in \{1, \ldots, n-1\}$ alle Symbole bewegt.

Wäre D_n abelsch, dann müsste $sd^k = d^ks = sd^{-k}$ und damit $d^k = d^{-k}$ für alle $k \in \{0, \ldots, n-1\}$ gelten. Wegen $n \geqslant 3$ ist das aber nicht der Fall. ∎

Der Beweis zeigt, dass die Diedergruppe durch die Relationen (D) vollständig bestimmt ist. Es ist nicht nötig, mit den Permutationen selbst zu rechnen[4]. Um dieses Prinzip zu illustrieren, rechnen wir das Zentrum der Diedergruppe aus.

[4] Mehr dazu in §3.9.

3.16 Proposition *Für das Zentrum $Z(D_n)$ der Diedergruppe ($n \geqslant 3$) mit Erzeugern d, s wie in (D) gilt*

$$Z(D_n) = \begin{cases} \{e, d^{\frac{n}{2}}\} & \text{falls } n \text{ gerade} \\ \{e\} & \text{falls } n \text{ ungerade.} \end{cases}$$

Für ungerades n ist das Zentrum also trivial, für gerades n enthält es die 180-Grad-Drehung.

Beweis. Jedes Element von D_n hat die Form d^k oder $d^k s$ mit $0 \leqslant k < n$. Ist $g = d^k \in Z(D_n)$ eine Drehung, dann muss also $gh = hg$ für alle $h \in D_n$ gelten. Für $h = s$ berechnen wir

$$gh = d^k s \quad \text{und} \quad hg = sd^k = d^{-k}s.$$

Wenn beide das gleiche sein sollen, dann muss also $d^{-k} = d^k$ und damit $d^{2k} = e$ gelten. Da d die Ordnung n hat, folgt $k = \frac{n}{2}$ für gerades n. Für ungerades n existiert kein solches $k < n$. Umgekehrt kommutiert $d^{\frac{n}{2}}$ für gerades n nach dieser Rechnung mit s. Mit den Drehungen d^r kommutiert es sowieso und damit mit allen Elementen von D_n.

Es bleibt zu zeigen, dass das Zentrum keine Spiegelung $g = d^k s$ enthalten kann. Wäre $g \in Z(D_n)$, dann also insbesondere $gd = dg$. Wir berechnen

$$gd = d^k sd = d^k d^{-1} s = d^{k-1} s \quad \text{und} \quad dg = dd^k s = d^{k+1} s$$

und folgern $d^2 = e$. Wegen $\operatorname{ord}(d) = n \geqslant 3$ ist das ein Widerspruch. ■

Jede Rechenregel in der Diedergruppe drückt einen geometrischen Sachverhalt aus. Beispielswiese ist das Produkt zweier Spiegelungen eine Drehung.

Das Produkt zweier Spiegelungen ist eine Drehung.

Miniaufgaben

3.17 Bestimme alle Elemente der Diedergruppen D_4 und D_5. Welche sind Drehungen, welche sind Spiegelungen? (Skizze) Überprüfe mit den Rechenregeln, dass die Spiegelungen alle selbstinvers sind.

3.18 Zeige: Das Zentrum der symmetrischen Gruppe ist $Z(S_n) = \{\mathrm{id}\}$ für $n \geqslant 3$. (*Hinweis:* Ist $\sigma \neq \mathrm{id}$ mit etwa $\sigma(i) = j \neq i$ und ist $k \in \{1, \ldots, n\}$, $k \neq i, j$, dann betrachte $\tau = (jk)$.)

Definition Es sei G eine Gruppe und $U \subset G$ eine Untergruppe. Für $x \in G$ heißen die Mengen

$$Ux = \{gx \mid g \in U\} \quad \text{bzw.} \quad xU = \{xg \mid g \in U\}$$

die **Rechtsnebenklasse** bzw. die **Linksnebenklasse** von U in G bestimmt durch x.

Für jedes $x \in G$ ist die Abbildung $U \mapsto Ux$, $g \mapsto gx$ bijektiv. Die Mächtigkeit jeder Rechtsnebenklasse ist daher die Ordnung von U, genauso für Linksnebenklassen.

Bei einer Rechtsnebenklasse steht rechts das Element (nicht die Untergruppe), umgekehrt bei einer Linksnebenklasse. Merken konnte ich mir das allerdings noch nie so recht.
„manche meinen/ lechts und rinks/ kann man nicht velwechsern/ werch ein illtum“ (Ernst Jandl)

3.17 Beispiele (1) Für $G = \mathbb{Z}$ und $U = n\mathbb{Z}$ ist die Linksnebenklasse von $a \in \mathbb{Z}$ die Kongruenzklasse

$$a + n\mathbb{Z} = [a]_n = \{a + bn \mid b \in \mathbb{Z}\}$$

aller Zahlen, die modulo n zu a kongruent sind. Da die Gruppe abelsch ist, sind Links- und Rechtsnebenklassen dasselbe.

(2) Bei nicht-abelschen Gruppen stimmen Rechts- und Linksnebenklassen erwartungsgemäß nicht immer überein. In $G = S_3$ gilt für $U = \{\mathrm{id}, (1\,2)\}$ und $g = (1\,2\,3)$ zum Beispiel $Ug = \{(1\,2\,3), (2\,3)\}$ aber $gU = \{(1\,2\,3), (1\,3)\}$. ◇

Ist U eine Untergruppe von G und $x \in G$, dann gilt $x = ex \in Ux$, wegen $e \in U$. Außerdem gilt

$$Ux = Uy \quad \Longleftrightarrow \quad xy^{-1} \in U \quad \Longleftrightarrow \quad \exists g \in U : x = gy.$$

Mit anderen Worten: Die Relation $x \sim y$, die durch $xy^{-1} \in U$ definiert ist, ist eine Äquivalenzrelation auf G, deren Äquivalenzklassen die Rechtsnebenklassen von U sind.

Zwei verschiedene Rechtsnebenklassen sind disjunkt, das heißt, es gilt immer entweder $Ux = Uy$ oder $Ux \cap Uy = \varnothing$ (Miniaufgabe 3.21).

Wir halten fest: Jedes Element liegt in genau einer Rechtsnebenklasse von U, und G ist die Vereinigung aller Rechtsnebenklassen. Das ist genauso wie bei den Kongruenzklassen in $\mathbb{Z}$ (und stimmt ebenso für Linksnebenklassen).

Definition Ist U eine Untergruppe von G, dann schreiben wir

$$[G : U]$$

für die Anzahl der Rechtsnebenklassen, genannt der **Index** von U in G.

JOSEPH-LOUIS DE LAGRANGE (1736–1813) geboren Giuseppe Lodovico Lagrangia, italienischer Mathematiker und Astronom
Stich von H. Rousseau

Ist U eine Untergruppe der Gruppe G, dann ist die Abbildung $xU \mapsto Ux^{-1}$ eine (wohldefinierte) Bijektion von der Menge der Links- auf die Menge der Rechtsnebenklassen von U. Der Index $[G : U]$ ist also auch die Anzahl der Linksnebenklassen. Ordnung und Index einer Untergruppe hängen wie folgt zusammen:

3.18 *Satz* (Lagrange) *Sei G eine endliche Gruppe und U eine Untergruppe. Dann gilt*

$$|G| = |U| \cdot [G : U].$$

Insbesondere ist die Ordnung von U ein Teiler der Ordnung von G.

Beweis. Jede Rechtsnebenklasse hat die Mächtigkeit $|U|$. Da G die disjunkte Vereinigung aller Rechtsnebenklassen von U ist, folgt daraus die Behauptung. ■

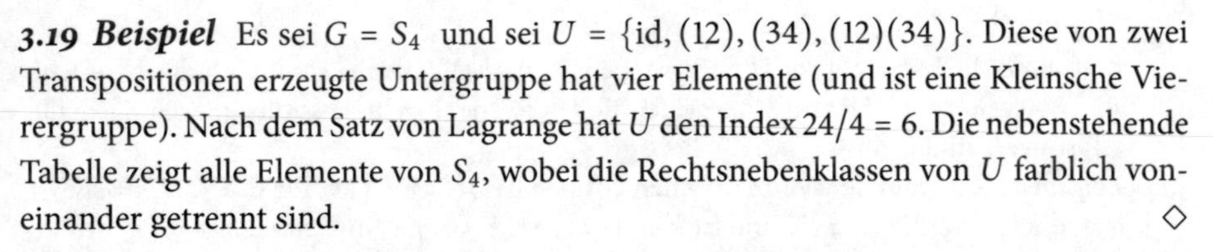

id	(12)	(13)	(132)
(34)	(12)(34)	(143)	(1432)
(14)	(142)	(23)	(123)
(134)	(1342)	(243)	(1243)
(24)	(124)	(13)(24)	(1324)
(234)	(1234)	(1423)	(14)(23)

3.19 *Beispiel* Es sei $G = S_4$ und sei $U = \{\mathrm{id}, (12), (34), (12)(34)\}$. Diese von zwei Transpositionen erzeugte Untergruppe hat vier Elemente (und ist eine Kleinsche Vierergruppe). Nach dem Satz von Lagrange hat U den Index $24/4 = 6$. Die nebenstehende Tabelle zeigt alle Elemente von S_4, wobei die Rechtsnebenklassen von U farblich voneinander getrennt sind. ◇

3.20 *Korollar* *Eine Gruppe, deren Ordnung eine Primzahl ist, besitzt keine echten nichttrivialen Untergruppen und wird von jedem Element ungleich e erzeugt. Jede Gruppe von Primzahlordnung ist also zyklisch.*

Beweis. Sei p eine Primzahl und G eine Gruppe mit $|G| = p$. Ist $g \in G$ und $U = \langle g \rangle$ die von g erzeugte zyklische Untergruppe, dann gilt $|U| = 1$ oder $|U| = p$ nach dem Satz von Lagrange. Der erste Fall kann nur für $g = e$ eintreten, im zweiten ist $U = G$. ■

3.21 *Korollar* *Es sei G eine endliche Gruppe.*
(1) *Die Ordnung jedes Elements von G ist ein Teiler von* $|G|$.
(2) *Für jedes* $g \in G$ *gilt* $g^{|G|} = e$.

Beweis. (1) Es gilt $\mathrm{ord}(g) = |\langle g \rangle|$, was nach Lagrange ein Teiler von $|G|$ ist. (2) Nach (1) gilt $|G| = k \cdot \mathrm{ord}(g)$ für ein $k \in \mathbb{N}$ und damit $g^{|G|} = (g^{\mathrm{ord}(g)})^k = e^k = e$. ■

3.22 *Beispiel* In der Diedergruppe D_n ist die Ordnung jedes Elements ein Teiler von $2n$. Die n Spiegelungen haben alle die Ordnung 2, während die Drehung d die Ordnung n hat. Außerdem gilt $g^{2n} = e$ für alle $g \in D_n$. ◇

3.23 Korollar *Ist G eine endliche Gruppe und sind $U, V \subset G$ zwei Untergruppen teilerfremder Ordnung, dann gilt $U \cap V = \{e\}$.*

Beweis. Denn die Ordnung von $U \cap V$ teilt die Ordnungen von U und von V. ∎

Kor. 3.21(2) hat auch eine direkte Anwendung auf die Eulersche Phi-Funktion (§1.2) und impliziert die folgende Verallgemeinerung des kleinen Satzes von Fermat.

3.24 Korollar (Euler) *Für alle teilerfremden natürlichen Zahlen a und n gilt*

$$a^{\varphi(n)} \equiv 1 \pmod n$$

Beweis. Denn $\varphi(n)$ ist die Ordnung der Gruppe $(\mathbb{Z}/n)^*$ der primen Reste. ∎

Miniaufgaben

3.19 Bestimme in D_5 alle Ordnungen der 10 Elemente.

3.20 Bestimme in D_4 die Rechts- und die Linksnebenklassen der Untergruppe $U = \{e, s\}$, die von der Spiegelung s erzeugt wird.

3.21 Es sei G eine Gruppe und U eine Untergruppe von G. Zeige, dass zwei Rechtsnebenklassen von U in G entweder gleich oder disjunkt sind.

3.4 *Exkurs: Freie Gruppen und Cayley-Graphen*

Es sei A eine Menge und sei $k \in \mathbb{N}$. Ein **Wort der Länge k über A** ist ein Ausdruck der Form $a_1^{\varepsilon_1} \cdots a_k^{\varepsilon_k}$ mit $a_1, \ldots, a_k \in A$ und $\varepsilon_1, \ldots, \varepsilon_k \in \{-1, 1\}$. (Formal definiert ist das ein Element der Menge $(A \times \{-1, 1\})^k$.) Wir erlauben außerdem auch das leere Wort der Länge 0. Ein Wort heißt **reduziert**, wenn in ihm kein Teilwort der Form aa^{-1} oder $a^{-1}a$ für ein $a \in A$ vorkommt. Wir können jedes Wort **reduzieren**, indem wir alle solchen Teilwörter entfernen.

Das ist alles wie bei Wörtern in Gruppen, nur dass wir noch gar keine Gruppe haben: Wir können zwei Wörter w und w' der Längen k und k' aneinander hängen und so ein neues Wort ww' der Länge $k + k'$ bilden. Wenn w und w' reduziert sind, dann ist ww' nicht unbedingt reduziert (denn der erste Buchstabe von w' kann invers zum letzten von w sein). Wir können aber ww' anschließend reduzieren. Diese Verknüpfung auf der Menge aller reduzierten Wörter über A nennen wir die **reduzierte Verkettung**.

Definition Die **freie Gruppe** F_A über eine Menge A ist die Menge aller reduzierten Wörter über A mit der reduzierten Verkettung als Verknüpfung. Das neutrale Element ist das leere Wort e.

Es ist klar, dass A eine Gruppe ist, denn die reduzierte Verkettung ist assoziativ und zu jedem reduzierten Wort $a_1^{\varepsilon_1} \cdots a_k^{\varepsilon_k}$ ist das Wort $a_k^{-\varepsilon_k} \cdots a_1^{-\varepsilon_1}$ invers.

Die freie Gruppe ist deshalb **frei**,[5] weil in ihr keinerlei Relationen zwischen den Elementen gelten, außer den Gruppengesetzen selbst. Die freie Gruppe F_A enthält A als Teilmenge (Wörter der Länge 1) und wird per Definition von dieser Teilmenge erzeugt. Dies geschieht so, dass zwei verschiedene reduzierte Wörter auch immer verschiedene Elemente von F_A sind, ganz im Gegensatz etwa zu endlichen Gruppen.

[5] Die Gleichheit $aa^{-1} = e$ ist in diesem Sinn auch eine Relation, die aber zwingend in jeder Gruppe gelten muss. Analog kann man das **freie Monoid** über A bilden, das ohne diese Regel auskommt und einfach nur aus allen Wörtern in A (ohne Exponenten ± 1) besteht.

3.25 Beispiele (1) Die freie Gruppe über der leeren Menge ist die triviale Gruppe. Alle anderen freien Gruppen sind unendlich.

(2) Die freie Gruppe über einer einelementigen Menge ist die unendlich-zyklische Gruppe

$$F_{\{a\}} = \{\dots a^{-1}a^{-1}a^{-1}, a^{-1}a^{-1}, a^{-1}, e, a, aa, aaa, \dots\}.$$

(3) Die freie Gruppe über einer zweielementigen Menge hat die Gestalt

$$F_{\{a,b\}} = \{\dots, b^{-1}, a^{-1}, e, a, b, aa, ab, ba, bb, aaa, aab, aba, abb, baa, \dots\}. \quad \diamond$$

Wir können Gruppen mit Erzeugern einen gerichteten Graph zuweisen, der helfen kann, ihre Struktur zu untersuchen oder zu visualisieren.

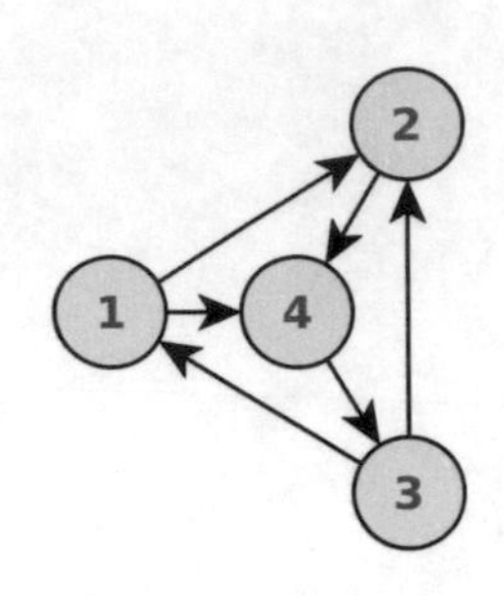

Gerichteter Graph

Ein **gerichteter Graph** besteht aus **Knoten** und **Pfeilen** (oder gerichteten Kanten), welche von einem Knoten zu einem anderen zeigen. Dabei soll zwischen zwei Knoten höchstens ein Pfeil in dieselbe Richtung zeigen. (Sonst spricht man von *Multigraphen*.) Formal ist ein gerichteter Graph ein Paar (K, P) bestehend aus einer Menge K (Knoten) und einer Teilmenge $P \subset K \times K$ (Pfeile). Ein Pfeil $(a, b) \in P$ zeigt dabei von a nach b. Eine **Beschriftung** ist eine Abbildung $P \to S$ für eine Menge S, die also jedem Pfeil ein Element von S zuweist. Pfeile werden in diesem Sinn beschriftet. Ein gerichteter Graph heißt **schwach zusammenhängend**, wenn man von jedem Knoten zu jedem anderen durch eine (endliche) Abfolge von Pfeilen gelangen kann, wobei die Richtung der Pfeile keine Rolle spielt.

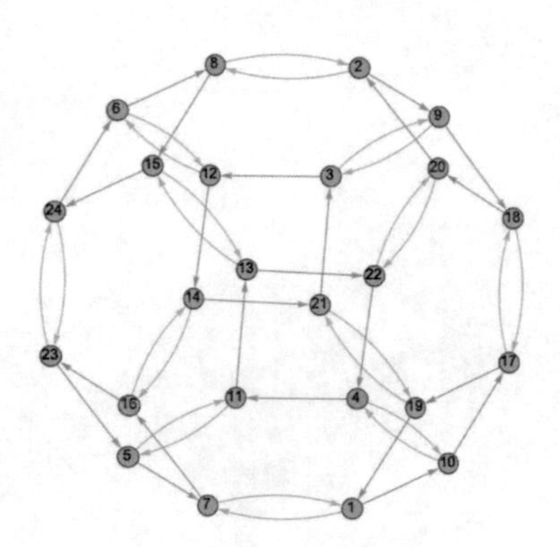
Cayley Graph $\Gamma(S_4, \{(1234), (12)\})$ der symmetrischen Gruppe S_4

Definition Es sei G eine Gruppe und $T \subset G$ eine Teilmenge. Der **Cayley-Graph** von G bezüglich T ist der gerichtete Graph, dessen Knoten die Elemente von G sind, mit einem Pfeil von $x \in G$ nach $y \in G$, wenn es ein $g \in T$ gibt mit $y = xg$. Wir bezeichnen ihn mit $\Gamma(G, T)$. Wir versehen $\Gamma(G, T)$ zusätzlich mit einer Beschriftung aus T, indem wir einem Pfeil von x nach y das zugehörige Element $g \in T$ zuordnen.

Da G eine Gruppe ist, kann immer höchstens ein Pfeil von x nach y zeigen, wie es unsere Definition von Graph verlangt. Folgende Eigenschaften des Cayley-Graphen ergeben sich ziemlich leicht aus der Definition.

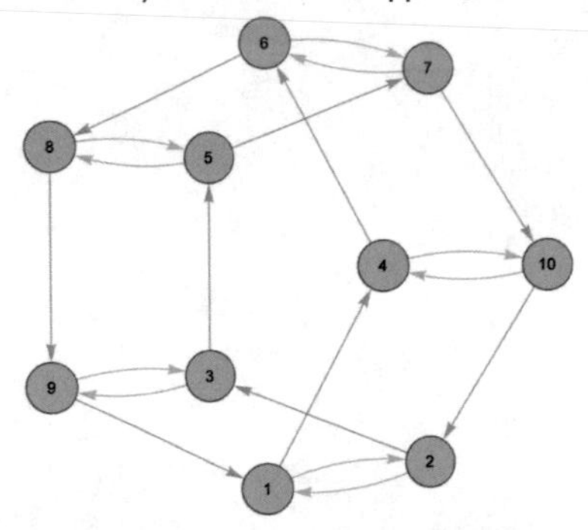
Cayley Graph $\Gamma(D_5, \{(12345), (25)(34)\})$ der Diedergruppe D_5

Die Bilder sind mit MATHEMATICA erzeugt. Die Knoten sind nur durchnummeriert, so dass man die einzelnen Elemente nicht direkt identifizieren kann.

(1) Wenn wir annehmen, dass e nicht in T liegt, dann zeigt kein Pfeil in $\Gamma(G, T)$ von einem Knoten auf sich selbst. (Der Cayley-Graph ist *schleifenfrei*.)
(2) Genau dann ist T ein Erzeugendensystem von G, wenn $\Gamma(G, T)$ schwach zusammenhängend ist. Denn $\langle T \rangle = G$ bedeutet gerade, dass man vom Knoten e aus jeden anderen Knoten erreichen kann.[6]
(3) $\Gamma(G, T)$ ist **regulär**: In jedem Knoten beginnen und enden gleich viele Pfeile.

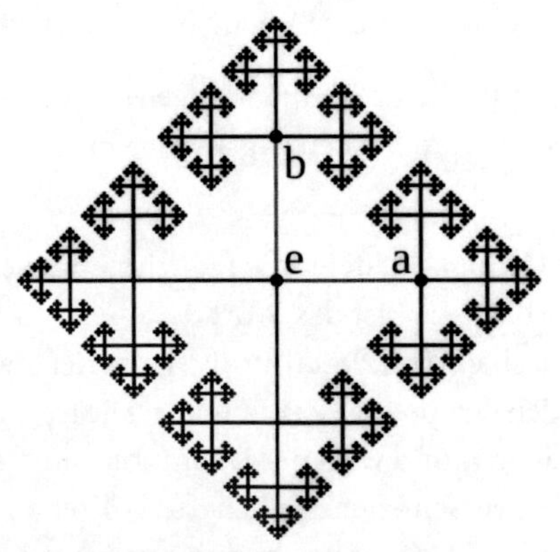

Der Cayley-Graph der freien Gruppe ist ein *Baum*: Zu jedem Element führt ein eindeutiger Weg von der Wurzel e. Hier der Cayley-Graph der freien Gruppe mit zwei Erzeugern $\{a, b\}$, dargestellt als Fraktal mit immer kürzeren Pfeilen.

[6] Häufig ist dies Teil der Definition des Cayley-Graphen.

3.5 *Homomorphismen*

Genau wie bei den Ringen sind die Homomorphismen von Gruppen die Abbildungen, die mit der Struktur verträglich sind.

Definition Seien G und H zwei Gruppen. Ein **Homomorphismus** von G nach H ist eine Abbildung $\varphi\colon G \to H$ mit

$$\varphi(gh) = \varphi(g)\varphi(h) \quad \text{für alle } g, h \in G.$$

3.26 *Proposition* *Jeder Homomorphismus $\varphi\colon G \to H$ erfüllt auch*

$$\varphi(e_G) = e_H \qquad \textit{und} \qquad \varphi(g^{-1}) = \varphi(g)^{-1} \textit{ für alle } g \in G.$$

Beweis. Für $g \in G$ gilt $\varphi(g)\varphi(e) = \varphi(ge) = \varphi(g)$, also $\varphi(e) = \varphi(g)^{-1}\varphi(g) = e$. Weiter gilt $\varphi(g^{-1})\varphi(g) = \varphi(g^{-1}g) = \varphi(e) = e$, also $\varphi(g^{-1}) = \varphi(g)^{-1}$. ∎

Miniaufgaben

Einige grundlegende Eigenschaften von Homomorphismen beweist man am besten selbst. Sei im Folgenden $\varphi\colon G \to H$ ein Homomorphismus.

3.22 Für alle $n \in \mathbb{Z}$ und alle $g \in G$ gilt $\varphi(g^n) = \varphi(g)^n$.

3.23 Ist U eine Untergruppe von G, dann ist $\varphi(U)$ eine Untergruppe von H.

3.24 Ist V eine Untergruppe von H, dann ist $\varphi^{-1}(V)$ eine Untergruppe von G.

3.25 Ist $T \subset G$ eine Teilmenge, die G erzeugt, dann ist φ durch die Bilder von Elementen aus T eindeutig bestimmt. Das heißt, ist $\psi\colon G \to H$ ein Homomorphismus mit $\varphi(g) = \psi(g)$ für alle $g \in T$, dann folgt $\psi = \varphi$.

3.26 Ist $\psi\colon H \to K$ ein weiterer Homomorphismen, dann ist auch $\psi \circ \varphi\colon G \to K$ ein Homomorphismus.

Zu jedem Homomorphismus $\varphi\colon G \to H$ gehören die beiden Untergruppen

$$\operatorname{Kern}(\varphi) = \{g \in G \mid \varphi(g) = e_H\} \subset G \quad \text{und} \quad \operatorname{Bild}(\varphi) = \{\varphi(g) \mid g \in G\} \subset H$$

von G bzw. von H, und es gilt:

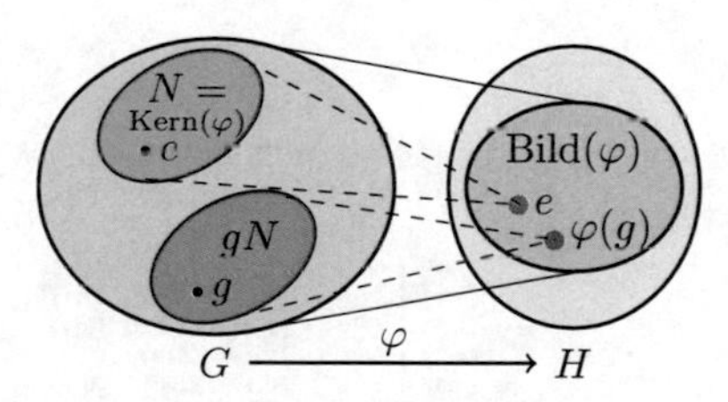

Bildliche Darstellung eines Gruppenhomomorphismus $\varphi\colon G \to H$. Der Kern N von φ links in rot wird auf das neutrale Element in H zusammengezogen, die Nebenklasse gN des Kerns in violett auf das Bildelement $\varphi(g)$.

3.27 *Proposition* *Genau dann ist φ injektiv, wenn* $\operatorname{Kern}(\varphi) = \{e_G\}$ *gilt.*

Beweis. Denn es gilt $\varphi(g) = \varphi(h)$ für $g, h \in G$ genau dann, wenn $\varphi(gh^{-1}) = e$, das heißt $gh^{-1} \in \operatorname{Kern}(\varphi)$. Also enthält $\operatorname{Kern}(\varphi)$ genau dann ein Element ungleich e, wenn es $g \neq h \in G$ gibt mit $\varphi(g) = \varphi(h)$. ∎

3.28 *Beispiele* (1) Es sei K ein Körper. Die Determinante

$$\det\colon \mathrm{GL}_n(K) \to K^*$$

ist ein Homomorphismus, denn es gilt $\det(AB) = \det(A)\det(B)$. Der Kern der Determinante ist die spezielle lineare Gruppe $\mathrm{SL}_n(K)$.

(2) Sei G eine Gruppe. Die Invertierungsabbildung $\iota\colon G \to G, g \mapsto g^{-1}$ ist in der Regel kein Homomorphismus, weil sie die Reihenfolge umdreht. (Genau dann ist ι ein Homomorphismus, wenn G abelsch ist; Übung.)

(3) Für jede ganze Zahl n ist die Abbildung $\mathbb{Z} \to \mathbb{Z}$, $a \mapsto na$ ein Homomorphismus (von additiven Gruppen, aber nicht von Ringen).

(4) Das **Signum** einer Permutation $\sigma \in S_n$ ist ein Homomorphismus

$$\mathrm{sgn}: S_n \to \{\pm 1\}$$

wobei $\{\pm 1\}$ die multiplikative Gruppe mit zwei Elementen ist (Satz 3.8).

(5) Das direkte Produkt $G \times H$ kommt mit den Homomorphismen

$$\pi_1: G \times H \to G,\ (g,h) \mapsto g \quad \text{und} \quad \pi_2: G \times H \to H,\ (g,h) \mapsto h$$

den **Projektionen.** ◇

Wird eine Gruppe G von einer Teilmenge T erzeugt, also $G = \langle T \rangle$, dann ist jeder Homomorphismus $\varphi: G \to H$ eindeutig bestimmt durch die Bilder $\varphi(g)$, $g \in T$, der Erzeuger. Denn für jedes Wort $g = g_1^{\varepsilon_1} \cdots g_k^{\varepsilon_k}$ über T, und damit für jedes Element von G, gilt $\varphi(g) = \varphi(g_1)^{\varepsilon_k} \cdots \varphi(g_k)^{\varepsilon_k}$. Das sagt noch nicht viel darüber, welche Homomorphismen $G \to H$ es gibt, da wir die Bilder der Erzeuger in aller Regel nicht beliebig vorgeben können.

Definition Ein bijektiver Homomorphismus ist ein **Isomorphismus**. Zwei Gruppen G und H heißen **isomorph**, wenn es einen Isomorphismus zwischen ihnen gibt, in Zeichen

$$G \cong H.$$

Ist $\varphi: G \to H$ ein Isomorphismus, dann ist die Umkehrabbildung φ^{-1} wieder ein Homomorphismus; das beweist man genauso wie für Ringe (Lemma 2.3).

Einen Isomorphismus, vor allem zwischen endlichen Gruppen, kann man sich so vorstellen, dass nur die Bezeichnungen der Elemente einer Gruppe ausgetauscht werden, während die Struktur dieselbe bleibt. In diesem Sinn sind Isomorphismen einfacher als Homomorphismen.[7] Aus Korollar 3.20 folgt beispielsweise:

[7] Auch historisch kamen die Isomorphismen vor den Homomorphismen.

3.29 *Korollar* *Ist p eine Primzahl, dann ist jede Gruppe der Ordnung p isomorph zur additiven Gruppe $\mathbb{Z}/p$.* ■

3.30 *Beispiel* Die Gruppe $(\mathbb{Z}/2 \times \mathbb{Z}/2, +)$ ist isomorph zur Untergruppe $\langle (12), (34) \rangle$ von S_4. Beide sind verschiedene Inkarnationen der Kleinschen Vierergruppe.[8] ◇

[8] Die beiden Gruppentafeln sind

	$(0,0)$	$(1,0)$	$(0,1)$	$(1,1)$
$(0,0)$	$(0,0)$	$(1,0)$	$(0,1)$	$(1,1)$
$(1,0)$	$(1,0)$	$(0,0)$	$(1,1)$	$(0,1)$
$(0,1)$	$(0,1)$	$(1,1)$	$(0,0)$	$(1,0)$
$(1,1)$	$(1,1)$	$(0,1)$	$(1,0)$	$(0,0)$

	id	(12)	(34)	(12)(34)
id	id	(12)	(34)	(12)(34)
(12)	(12)	id	(12)(34)	(34)
(34)	(34)	(12)(34)	id	(12)
(12)(34)	(12)(34)	(34)	(12)	id

Die Bijektion $(0,0) \mapsto \mathrm{id}$, $(1,0) \mapsto (12)$, $(0,1) \mapsto (34)$, $(1,1) \mapsto (12)(34)$ ist also ein Isomorphismus.

In der Gruppentafel einer endlichen Gruppe kann man jede Zeile als Permutation der Gruppenelemente lesen und bekommt die folgende Aussage:

3.31 *Satz* (Cayley) *Jede endliche Gruppe G der Ordnung n ist isomorph zu einer Untergruppe von S_n.*

Beweis. Wir nummerieren die Gruppenelemente durch, das heißt, wir fixieren eine Bijektion $G \to \{1, \ldots, n\}$. Unter dieser Bijektion ist die Gruppe $\Sigma(G)$ aller Bijektionen der Menge G in sich isomorph zu S_n. Für jedes $g \in G$ ist die Linksmultiplikation $\lambda_g: G \to G$, $x \mapsto gx$ eine Bijektion und die Abbildung

$$\lambda: G \to \Sigma(G),\ g \mapsto \lambda_g$$

ist ein Homomorphismus, wie man direkt nachprüft. Dabei ist $g = \lambda_g(e)$, und deshalb ist λ injektiv. Also ist $\mathrm{Bild}(\lambda)$ eine zu G isomorphe Untergruppe von $\Sigma(G) \cong S_n$. ■

Der Satz von Cayley ist gelegentlich nützlich, aber weniger als es vielleicht auf den ersten Blick scheint. Die Gruppe S_n mit $n!$ Elementen wird für wachsendes n schnell riesig groß. Es ist nicht möglich, ihre Untergruppen systematisch zu erfassen.

Miniaufgaben

3.27 Für $n \geqslant 2$ ist $U = \{\sigma \in S_n \mid \sigma(n) = n\} \subset S_n$ eine Untergruppe, die zu S_{n-1} isomorph ist.

3.28 Wende die Konstruktion aus dem Beweis von Satz 3.31 auf die additive Gruppe $\mathbb{Z}/5$ an.

3.29 Zeige: Die Nebenklassen des Kerns eines Homomorphismus $\varphi: G \to H$ sind die Fasern: Für alle $x \in G$ gilt $x \operatorname{Kern}(\varphi) = \varphi^{-1}(\varphi(x))$.

Die bijektiven Homomorphismen $G \to G$ einer Gruppe G in sich selbst heißen **Automorphismen** von G. Das wichtigste Beispiel ist die **Konjugation** mit einem Element $g \in G$, die durch

$$\kappa_g: G \to G,\ x \mapsto gxg^{-1}$$

definiert ist. Das ist ein Homomorphismus, denn es gilt

$$\kappa_g(xy) = g(xy)g^{-1} = (gxg^{-1})(gyg^{-1}) = \kappa_g(x) \cdot \kappa_g(y)$$

für alle $g, x, y \in G$. Außerdem ist κ_g bijektiv mit Umkehrabbildung $\kappa_{g^{-1}}$ und damit ein Automorphismus. Gilt $y = gxg^{-1}$ für $g, x, y \in G$, dann sind x und y **konjugiert** in G. Ist G abelsch, dann gilt $\kappa_g = \mathrm{id}_G$ für $g \in G$, so dass die Konjugation trivial ist. Für jedes $x \in G$ heißt die Menge

$$\operatorname{Konj}(x) = \{gxg^{-1} \mid g \in G\}.$$

aller zu x konjugierten Elemente die **Konjugationsklasse** von x in G.

Wir bestimmen die Konjugationsklassen der symmetrischen Gruppe S_n: Jede Permutation $\sigma \in S_n$ besitzt eine Darstellung

$$\sigma = \zeta_1 \cdots \zeta_r$$

als Produkt disjunkter Zykel, eindeutig bis auf die Reihenfolge. Kommen dabei c_2 Zykel der Länge 2, c_3 Zykel der Länge 3 usw. vor, dann nennen wir das Tupel

$$(c_1, c_2, \ldots, c_n) \in \mathbb{N}_0^n$$

die **Zykelstruktur** von σ. Dabei ist c_1 die Anzahl der Zykel der Länge 1, also der Symbole, die von σ fixiert werden. Wenn wir diese mitzählen, kommt jedes der n Symbole in genau einem Zykel vor, und es folgt

$$\sum_{i=1}^n i c_i = n.$$

Die Zykelstruktur entspricht der **Partition**

$$n = \underbrace{1 + \cdots + 1}_{c_1} + \underbrace{2 + \cdots + 2}_{c_2} + \underbrace{3 + \cdots + 3}_{c_3} + \cdots$$

also einer Darstellung der Zahl n als Summe kleinerer Zahlen. Einige Beispiele:

n	Permutation	Zykelstruktur	Partition
3	(1 2)	(1, 1, 0)	3 = 1 + 2
4	(1 3)(2 4)	(0, 2, 0, 0)	4 = 2 + 2
6	(1 4 2)(3 6)	(1, 1, 1, 0, 0, 0)	6 = 1 + 2 + 3
7	(1 3)(2 4 5 6 7)	(0, 1, 0, 0, 1, 0, 0)	7 = 2 + 5
7	(2 3 4 5 6 7)	(1, 0, 0, 0, 0, 1, 0)	7 = 1 + 6

Die Anzahl der Konjugationsklassen ist also die Anzahl der Partitionen von n. Diese **Partitionszahl** ist für große n schwer zu berechnen und spielt in der Zahlentheorie und der theoretischen Informatik eine wichtige Rolle.

Die Zykelstruktur hat die folgende Charakterisierung in der Gruppe S_n:

3.32 Proposition *In S_n sind zwei Permutationen genau dann konjugiert, wenn beide dieselbe Zykelstruktur besitzen.*

Beweis. Sei $\zeta = (a_1 \cdots a_k)$ ein Zykel der Länge k und sei $\tau \in S_n$ beliebig. Dann ist

$$\tau \zeta \tau^{-1} = (\tau(a_1) \cdots \tau(a_k))$$

wieder ein Zykel der Länge k, was man direkt nachprüft. Ist $\sigma = \zeta_1 \cdots \zeta_r$ ein Produkt von disjunkten Zykeln ζ_i und ist $\tau \in S_n$ beliebig, dann gilt

$$\tau\sigma\tau^{-1} = (\tau\zeta_1\tau^{-1})(\tau\zeta_2\tau^{-1}) \cdots (\tau\zeta_r\tau^{-1}).$$

Dabei sind die $\tau\zeta_i\tau^{-1}$ wieder disjunkte Zykel derselben Länge wie ζ_i. Also haben σ und $\tau\sigma\tau^{-1}$ dieselbe Zykelstruktur.

Sind umgekehrt $\zeta = (a_1 \cdots a_k)$ und $\zeta' = (b_1 \cdots b_k)$ Zykel derselben Länge, dann gilt

$$\zeta' = \tau\zeta\tau^{-1} \quad \text{für } \tau \in S_n \text{ mit } \tau(a_i) = b_i \quad (i = 1, \ldots, k).$$

Dabei ist es egal, was τ auf den Symbolen tut, die in ζ nicht vorkommen. Sind also $\sigma = \zeta_1 \cdots \zeta_r$ und $\sigma' = \zeta_1' \cdots \zeta_r'$ zwei Permutationen, die in disjunkte Zykel zerlegt sind, wobei ζ_i und ζ_i' für alle $i = 1, \ldots, r$ die gleiche Länge haben, dann existiert ein $\tau \in S_n$, das die entsprechenden Zykel gleichzeitig konjugiert, also mit $\sigma = \tau\sigma'\tau^{-1}$. ■

3.33 *Beispiel* In S_4 gibt es fünf mögliche Zykelstrukturen, die in der nebenstehenden Tabelle dargestellt sind. ◇

Struktur	Konjugationsklasse
$(4,0,0,0)$	$\{\mathrm{id}\}$
$(2,1,0,0)$	$\{(1\,2),(1\,3),(1\,4),(2\,3),(2\,4),(3\,4)\}$
$(1,0,1,0)$	$\{(1\,2\,3),(1\,3\,2),(1\,2\,4),(1\,4\,2),$ $(1\,3\,4),(1\,4\,3),(2\,3\,4),(2\,4\,3)\}$
$(0,2,0,0)$	$\{(1\,2)(3\,4),(1\,3)(2\,4),(1\,4)(2\,3)\}$
$(0,0,0,1)$	$\{(1\,2\,3\,4),(1\,2\,4\,3),(1\,3\,2\,4),$ $(1\,3\,4\,2),(1\,4\,2\,3),(1\,4\,3\,2)\}$

Miniaufgabe

3.30 Überprüfe, dass durch Konjugation $x \sim y \Leftrightarrow y \in \mathrm{Kong}(x)$ eine Äquivalenzrelation auf G gegeben ist.

3.31 Gib für die Gruppe S_5 aus jeder Konjugationsklasse eine Permutation an.

Die Automorphismen einer Gruppe G bilden unter Komposition selbst eine Gruppe, die **Automorphismengruppe**, die mit

$$\mathrm{Aut}(G)$$

bezeichnet wird. Sie enthält also die Automorphismen κ_g für jedes $g \in G$, aber im Allgemeinen ist es nicht leicht, die Gruppe $\mathrm{Aut}(G)$ vollständig zu bestimmen.[9]

Wir untersuchen die Automorphismen der zyklischen Gruppe $(\mathbb{Z}/n, +)$. Für jede Zahl $k \in \mathbb{N}$ ist die Abbildung

$$\alpha_k : \mathbb{Z}/n \to \mathbb{Z}/n, \; [a]_n \mapsto k \cdot [a]_n = [ka]_n$$

ein Homomorphismus. Sind k und n teilerfremd, dann ist sie außerdem surjektiv nach Prop. 1.19(2) und damit auch injektiv, da $\mathbb{Z}/n$ endlich ist.

3.34 *Satz* *Es sei $n \in \mathbb{N}$. Die Zuordnung $[k]_n \mapsto \alpha_k$ induziert einen Isomorphismus*

$$(\mathbb{Z}/n)^* \cong \mathrm{Aut}(\mathbb{Z}/n).$$

Dabei ist $(\mathbb{Z}/n)^*$ die multiplikative Gruppe der primen Reste modulo n.

Beweis. Es gilt $\alpha_{kl} = \alpha_k \circ \alpha_l$ und $\alpha_k = \alpha_l$ falls $k \equiv l \pmod n$. Also ist $[k]_n \mapsto \alpha_k$ ein wohldefinierter Homomorphismus $(\mathbb{Z}/n)^* \to \mathrm{Aut}(\mathbb{Z}/n)$. Er ist injektiv, da die Elemente $\alpha_k([1]_n) = [k]_n$ für verschiedene $k \in (\mathbb{Z}/n)^*$ verschieden sind. Er ist auch surjektiv, denn ein Homomorphismus $\varphi : \mathbb{Z}/n \to \mathbb{Z}/n$ ist festgelegt durch das Bild $\varphi([1]_n)$ eines Erzeugers von $\mathbb{Z}/n$. Ist also $\varphi([1]_n) = [k]_n$, dann folgt $\varphi = \alpha_k$. ■

3.35 *Beispiel* Die Automorphismengruppe der zyklischen Gruppe $\mathbb{Z}/8$ ist isomorph zu $(\mathbb{Z}/8)^*$. Die primen Restklassen modulo 8 sind 1, 3, 5, 7. Also hat $(\mathbb{Z}/8)^*$ die Ordnung 4. Dabei gelten

$$1^2 \equiv 1 \pmod 8, \quad 3^2 \equiv 1 \pmod 8, \quad 5^2 \equiv 1 \pmod 8, \quad 7^2 \equiv 1 \pmod 8.$$

In $(\mathbb{Z}/8)^*$ hat also jedes Element die Ordnung 2. Es ist die Kleinsche Vierergruppe. Insbesondere ist $(\mathbb{Z}/8)^*$ nicht zyklisch. ◇

[9] In $\mathrm{Aut}(G)$ bilden die Konjugationen $\{\kappa_g \mid g \in G\}$ eine Untergruppe, die *innere Automorphismengruppe.* Nach einem Satz von Hölder sind zum Beispiel alle Automorphismen der symmetrischen Gruppe S_n innere Automorphismen, außer für $n = 6$. Die Automorphismengruppe von S_6 wird von den inneren Automorphismen und einem weiteren »exotischen« Automorphismus der Ordnung 2 erzeugt.

Otto Hölder: »Bildung zusammengesetzter Gruppen«. In: *Math. Ann.* 46 (1895)

3.6 *Normalteiler*

Sei $\varphi\colon G \to H$ ein Homomorphismus von Gruppen. Der Kern $\{g \in G \mid \varphi(g) = e\}$ ist eine Untergruppe von G. Er hat aber noch eine zusätzliche Eigenschaft: Es gilt

$$gxg^{-1} \in \mathrm{Kern}(\varphi) \quad \text{für alle } g \in G \text{ und } x \in \mathrm{Kern}(\varphi),$$

denn in diesem Fall gilt $\varphi(gxg^{-1}) = \varphi(g) \cdot \varphi(x) \cdot \varphi(g^{-1}) = \varphi(g) \cdot \varphi(g)^{-1} = e$.

Definition Eine Untergruppe N einer Gruppe G ist **normal** oder ein **Normalteiler**, wenn

$$gxg^{-1} \in N$$

für alle $g \in G$ und alle $x \in N$ gilt.

Üblich ist die abkürzende Notation $N \lhd G$ um auszudrücken, dass N ein Normalteiler von G ist.

Ein Normalteiler ist also eine Untergruppe, die abgeschlossen ist unter Konjugation mit beliebigen Gruppenelementen: Für jedes $g \in G$ gilt $gNg^{-1} \subset N$. Daraus folgt andererseits auch $N = g(g^{-1}Ng)g^{-1} \subset gNg^{-1}$, also bereits

$$gNg^{-1} = N$$

für alle $g \in G$.

3.36 *Beispiele* (1) Die spezielle lineare Gruppe $\mathrm{SL}_n(K)$ ist der Kern der Determinante $\mathrm{GL}_n(K) \to K^*$, $A \mapsto \det(A)$ und damit normal in $\mathrm{GL}_n(K)$.

(2) In einer abelschen Gruppe ist jede Untergruppe normal.

(3) In jeder Gruppe G sind G selbst und die triviale Untergruppe $\{e\}$ normal. ◇

Wir können die Gleichheit $gNg^{-1} = N$ auch in der Form

$$gN = Ng$$

schreiben, dann bedeutet sie, dass Links- und Rechtsnebenklassen von N übereinstimmen. Bei Normalteilern kann man deshalb einfach von **Nebenklassen** sprechen.

3.37 *Proposition* *Jede Untergruppe vom Index 2 ist normal.*

Beweis. Denn $[G : N] = 2$ impliziert, dass es außer N selbst nur eine weitere Links- und eine Rechtsnebenklasse von N in G gibt. Das muss dann jeweils die Menge $G \setminus N = gN = Ng$ sein, für jedes $g \in G \setminus N$, was $gN = Ng$ und damit $gNg^{-1} = N$ zeigt. ∎

3.38 *Beispiel* In der Diedergruppe D_n, erzeugt von einer Drehung d und einer Spiegelung s, ist die *Drehgruppe* $\langle d\rangle$ ein Normalteiler. Das kann man einerseits an der Rechenregel $s^{-1}d^k s = d^{-k}$ sehen. Es folgt aber auch aus Prop. 3.37, denn die Drehgruppe $\langle d\rangle$ hat die Ordnung n und damit den Index 2 in D_n. ◇

Miniaufgaben

3.32 Überprüfe, dass die Untergruppe $U = \{\mathrm{id}, (12)\}$ von S_3 nicht normal ist.

3.33 Zeige: Ist $\varphi\colon G \to H$ ein Homomorphismus und $N \lhd H$ ein Normalteiler, dann ist $\varphi^{-1}(N)$ ein Normalteiler in G.

3.34 Ist dagegen $N \lhd G$ ein Normalteiler, dann ist $\varphi(N)$ im Allgemeinen nur ein Normalteiler von $\mathrm{Bild}(\varphi) = \varphi(G)$, aber nicht unbedingt normal in H. Finde dafür ein Beispiel.

3.35 Zeige, dass das Zentrum einer Gruppe immer ein Normalteiler ist.

3.36 Zeige direkt, dass die Drehgruppe in der Diedergruppe ein Normalteiler ist.

WIR KOMMEN ZUR WICHTIGSTEN Untergruppe der symmetrischen Gruppe. Das Signum ist ein Homomorphismus $S_n \to \{\pm 1\}$ und sein Kern deshalb ein Normalteiler.

Bei diesem klassischen Schiebepuzzle, sollen die 15 Zahlen wieder in die richtige Reihenfolge gebracht werden.

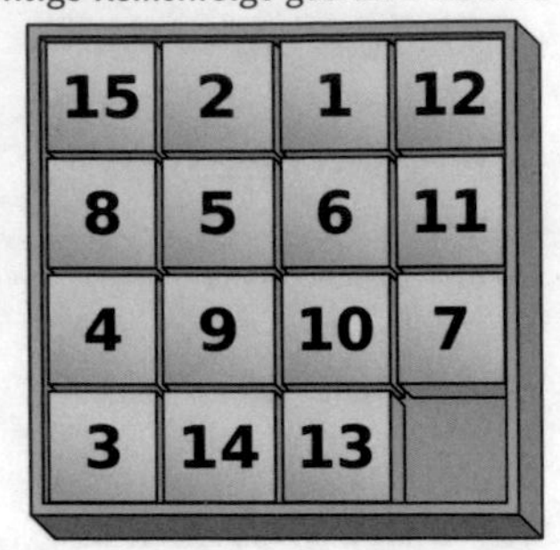

Man kann sich überlegen, dass das (bei freiem Feld rechts unten) genau dann möglich ist, wenn die Anordnung der 15 Zahlen durch eine gerade Permutation gegeben ist. Bei einer ungeraden Permutation ist das Puzzle also unlösbar.

W. W. Johnson und W. E. Story: »Notes on the "15"Puzzle«. In: *American Journal of Mathematics* 2.4 (1879)

Definition Für $n \geqslant 2$ heißt die Gruppe

$$A_n = \{\sigma \in S_n \mid \operatorname{sgn}(\sigma) = 1\}$$

aller geraden Permutationen in S_n die **alternierende Gruppe**.

3.39 *Beispiel* Für $n = 2$ ist die Identität die einzige gerade Permutation in $S_2 = \{\mathrm{id}, (1\ 2)\}$ und es gilt daher $A_2 = \{\mathrm{id}\}$. Die Gruppe $A_3 = \{\mathrm{id}, (1\ 2\ 3), (1\ 3\ 2)\}$ ist zyklisch der Ordnung 3. Die A_4 besteht aus den zwölf Permutationen id, (12)(34), (13)(24), (14)(23), (123), (124), (132), (134), (142), (143), (234), (243). ◇

3.40 *Proposition* *Die alternierende Gruppe A_n ist ein Normalteiler vom Index 2 in S_n und hat die Ordnung $\frac{n!}{2}$. Für $n \geqslant 4$ ist sie nicht abelsch.*

Beweis. Als Kern eines Homomorphismus ist A_n normal. Ist $\sigma \in S_n$ eine ungerade Permutation, dann ist $(12)\sigma$ gerade. Daraus folgt $S_n = A_n \cup (12)A_n$. Also hat A_n den Index 2 und damit nach Lagrange die Ordnung $\frac{|S_n|}{2} = \frac{n!}{2}$. Für $n \geqslant 4$ ist A_4 nicht abelsch, wie die folgende Rechnung zeigt:

$$(1\,2\,3)(2\,3\,4) = (1\,2)(3\,4) \neq (1\,3)(2\,4) = (2\,3\,4)(1\,2\,3). \qquad \blacksquare$$

3.41 *Proposition* *Die Gruppe A_n, $n \geqslant 3$, wird erzeugt von den Dreizykeln*

$$(1\,2\,3), (1\,2\,4), \ldots, (1\,2\,n).$$

Beweis. Jede Permutation ist ein Produkt von Transpositionen (Prop. 3.7) und da das Signum multiplikativ ist, muss die Anzahl der Transpositionen bei einer geraden Permutation gerade sein. Die Gleichheiten

$$(c\ d)(a\ b) = (c\ a\ d)(a\ b\ c) \quad \text{und} \quad (a\ c)(a\ b) = (a\ b\ c)$$

zeigen deshalb, dass A_n von Dreizykeln erzeugt wird. Dass man mit den Dreizykeln der Form $(1\ 2\ i)$ auskommt, sieht man an den Identitäten

$$(a\ b\ c) = (1\,2\,a)(2\,b\,c)(1\,2\,a)^{-1} \quad \text{und} \quad (2\,b\,c) = (1\,2\,b)(1\,2\,c)(1\,2\,b)^{-1}. \qquad \blacksquare$$

Jede Gruppe G besitzt die Normalteiler G und $\{e\}$. Manche Gruppen besitzen keine weiteren Normalteiler:

Die »einfachen« Gruppen sind so ziemlich das Komplizierteste, was es in der Gruppentheorie gibt. »Einfach« bedeutet hier »nicht zusammengesetzt«.

Definition Eine Gruppe heißt **einfach**, wenn sie keinen echten, nichttrivialen Normalteiler besitzt.

3.42 *Beispiel* Jede Gruppe, deren Ordnung eine Primzahl ist, ist einfach. Denn eine solche Gruppe besitzt gar keine echten, nichttrivialen Untergruppen (Kor. 3.20). ◇

Das Folgende wird später wichtig für die Galoistheorie sein.

3.43 *Satz* (Galois) *Die alternierende Gruppe A_n ist einfach für $n \geqslant 5$.*

Beweis. Das wird unser erster längerer Beweis in der Gruppentheorie. Es sei N ein Normalteiler von A_n, $N \neq \{\mathrm{id}\}$. Dann müssen wir $N = A_n$ zeigen. Nach Prop. 3.41 reicht es dafür zu zeigen, dass N alle Dreizykel der Form $(12i)$, $i \in \{3, \ldots, n\}$ enthält.

Wenn N überhaupt einen Dreizykel enthält, ohne Einschränkung etwa $(1\,2\,3)$, dann auch $(1\,3\,2) = (1\,2\,3)^{-1} \in N$. Für jedes $i > 3$ gilt dann

$$(1\,2)(3\,i)(1\,3\,2)\big((1\,2)(3\,i)\big)^{-1} = (1\,2)(3\,i)(1\,3\,2)(1\,2)(3\,i) = (1\,2\,i) \in N$$

und wir sind fertig.

Es bleibt also zu zeigen, dass N einen Dreizykel enthält. Sei $\sigma \in N$, $\sigma \neq \mathrm{id}$. Keine Permutation bewegt nur ein Symbol. Ebenso kann σ nicht bloß zwei Symbole bewegen, denn sonst wäre es eine Transposition und damit ungerade. Wenn σ genau drei Symbole bewegt, dann ist σ ein Dreizykel, wie gewünscht. Andernfalls bewegt σ also mindestens vier Symbole. Wir unterscheiden zwei Fälle:

(a) In der Zerlegung von σ in disjunkte Zykel kommt ein Zykel der Länge mindestens 3 vor, ohne Einschränkung $\sigma = (1\,2\,3\cdots)\cdots$. Da σ kein Vierzykel sein kann (denn der wäre ungerade), muss σ dann sogar mindestens fünf Symbole bewegen, ohne Einschränkung etwa $1, 2, 3, 4, 5$.

(b) σ ist ein Produkt von disjunkten Transpositionen und damit ohne Einschränkung von der Form $\sigma = (12)(34)\cdots$.

Wir setzen $\tau = (345)$ und betrachten die Permutation

$$\sigma' = \tau\sigma\tau^{-1}\sigma^{-1} \in N.$$

Wir unterscheiden die beiden obigen Fälle:

(a) Die Permutation σ' fixiert jedes von σ fixierte Symbol, und außerdem gilt $\sigma'(2) = \tau\sigma\tau^{-1}\sigma^{-1}(2) = \tau\sigma\tau^{-1}(1) = \tau\sigma(1) = \tau(2) = 2$. Es ist aber $\sigma'(3) = 4$, also $\sigma' \neq \mathrm{id}$.

(b) In diesem Fall fixiert σ' jedes von σ fixierte Symbol außer 5. (Ob 5 von σ fixiert wird, wissen wir nicht.) Dafür ist $\sigma'(1) = \tau\sigma\tau^{-1}\sigma^{-1}(1) = \tau\sigma\tau^{-1}(2) = \tau\sigma(2) = \tau(1) = 1$ und genauso $\sigma'(2) = 2$. Außerdem ist $\sigma'(3) = 5$, also wiederum $\sigma' \neq \mathrm{id}$.

Wir haben also in beiden Fällen ein Element σ' in N gefunden, das nicht die Identität ist und weniger Symbole bewegt als σ. Dieses Argument kann man so lange wiederholen, bis der gesuchte Dreizykel gefunden ist. ∎

3.44 *Beispiel* Die Gruppe A_3 ist zyklisch der Ordnung 3 und damit ebenfalls einfach. Aber A_4 ist tatsächlich nicht einfach: Die Untergruppe

$$V = \{\mathrm{id}, (12)(34), (13)(24), (14)(23)\}$$

ist ein Normalteiler in A_4, eine Kleinsche Vierergruppe (siehe Aufgabe 3.37). ◇

3.45 Korollar *Für $n \geqslant 5$ ist A_n der einzige echte nicht-triviale Normalteiler der symmetrischen Gruppe S_n.*

Beweis. Aufgabe 3.26 ∎

Wir diskutieren noch den Zusammenhang zwischen Normalteilern und direkten Produkten. Gegeben zwei Gruppen G und H, dann können wir das direkte Produkt

$$G \times H$$

bilden und bekommen eine neue Gruppe, die G und H als Untergruppen enthält, genauer $G \times \{e_H\} = \{(g, e_H) \mid g \in G\} \cong G$ und $\{e_G\} \times H \cong H$. Diese beiden Untergruppen kommutieren elementweise, denn es gilt

$$(g, e)(e, h) = (g, h) = (e, h)(g, e)$$

für alle $g \in G$ und alle $h \in H$. Daraus folgt insbesondere, dass $G \times \{e_H\}$ und $\{e_G\} \times H$ Normalteiler von $G \times H$ sind.

Es stellt sich die Frage, wann wir eine gegebene Gruppe umgekehrt in zwei solche Normalteiler zerlegen können.

Die Bezeichnung *inneres* direktes Produkt dient der Unterscheidung vom kartesischen Produkt $G_1 \times G_2$ (mit der komponentenweisen Verknüpfung), das auch **äußeres direktes Produkt** genannt wird. Wir zeigen gleich, dass beide ohnehin isomorph sind.

Definition Es sei G eine Gruppe und seien N_1 und N_2 zwei Untergruppen von G. Wir sagen, G ist das **(innere) direkte Produkt der Untergruppen N_1 und N_2**, wenn die folgenden drei Bedingungen erfüllt sind:

(P1) Es gilt $G = N_1 N_2$.
(P2) Es gilt $N_1 \cap N_2 = \{e\}$.
(P3) Die Untergruppen N_1 und N_2 sind normal in G.

3.46 Beispiele (1) Die Gruppe $G = \langle(12),(34)\rangle = \{\mathrm{id},(12),(34),(12)(34)\}$ ist das innere direkte Produkt der zyklischen Untergruppen $N_1 = \langle(12)\rangle$ und $N_2 = \{(34)\}$.

(2) In der Diedergruppe D_n (mit $n \geqslant 3$), erzeugt wie üblich von einer Drehung d der Ordnung n und einer Spiegelung s der Ordnung 2, ist die Drehgruppe $\langle d\rangle$ ein Normalteiler und es gilt $\langle d\rangle\langle s\rangle = \langle d,s\rangle = D_n$ sowie $\langle d\rangle \cap \langle s\rangle = \{e\}$. Allerdings ist $\langle s\rangle = \{e,s\}$ kein Normalteiler. Das ist also kein direktes Produkt (siehe auch §4.5). ◇

Miniaufgaben

3.37 Es seien G und H zwei Gruppen. Überprüfe, dass $G \times H$ das innere direkte Produkt der beiden Untergruppen $\widetilde{G} = G \times \{e\}$ und $\widetilde{H} = \{e\} \times H$ ist.

3.38 Erinnerung an die lineare Algebra: Was bedeutet es für einen Vektorraum, die direkte Summe von zwei linearen Unterräumen zu sein?

3.47 Satz *Es sei G eine Gruppe und seien N_1 und N_2 Untergruppen von G. Die folgenden Aussagen sind äquivalent:*

(i) Die Gruppe G ist das innere direkte Produkt der Untergruppen N_1 und N_2.

(ii) Für alle $g_1 \in N_1$ und $g_2 \in N_2$ gilt $g_1 g_2 = g_2 g_1$ und jedes Element $x \in G$ besitzt eine eindeutige Darstellung

$$x = g_1 g_2 \qquad (g_1 \in N_1,\ g_2 \in N_2).$$

(iii) Die Abbildung

$$\varphi\colon N_1 \times N_2 \to G,\ (g_1,g_2) \mapsto g_1 g_2$$

ist ein Homomorphismus und bijektiv, also ein Isomorphismus.

Beweis. (i)⇒(ii): Sei G das direkte Produkt von N_1 und N_2. Um zu zeigen, dass N_1 und N_2 elementweise kommutieren, seien $g_1 \in N_1$ und $g_2 \in N_2$ gegeben. Dann gilt $(g_1 g_2 g_1^{-1})g_2^{-1} = g_1(g_2 g_1^{-1} g_2^{-1}) \in N_1 \cap N_2$ nach (P3) und damit $g_1 g_2 g_1^{-1} g_2^{-1} = e$ nach (P2), also $g_1 g_2 = g_2 g_1$. Nach Eigenschaft (P1) besitzt außerdem jedes $x \in G$ eine Darstellung $x = g_1 g_2$ mit $g_1 \in N_1$ und $g_2 \in N_2$. Um die Eindeutigkeit der Darstellung zu zeigen, seien $g_1, g_1' \in N_1$ und $g_2, g_2' \in N_2$ mit $g_1 g_2 = g_1' g_2'$, dann folgt $g_1^{-1} g_1' = g_2 g_2'^{-1} \in N_1 \cap N_2$, also $g_1 = g_1'$ und $g_2 = g_2'$ nach (P2).

(ii)⇒(iii): Als Erstes müssen wir zeigen, dass φ ein Homomorphismus ist. Seien $(g_1,g_2),(g_1',g_2') \in N_1 \times N_2$. Nach Voraussetzung gilt dann

$$\begin{aligned}\varphi\big((g_1,g_2)(g_1',g_2')\big) &= \varphi(g_1 g_1', g_2 g_2') = g_1 g_1' g_2 g_2' = g_1 g_2 g_1' g_2' \\ &= \varphi(g_1,g_2)\varphi(g_1',g_2').\end{aligned}$$

Außerdem sagt die Existenzaussage in (ii) gerade, dass φ surjektiv ist, und die Eindeutigkeitsaussage, dass φ injektiv ist.

(iii)⇒(i): Aus der Surjektivität von φ folgt direkt (P1). Ferner gilt $N_1 = \varphi(N_1 \times \{e\})$ und $N_2 = \varphi(\{e\} \times N_2)$. Da $N_1 \times \{e\}$ und $\{e\} \times N_2$ normal in $N_1 \times N_2$ sind und sich nur im neutralen Element (e, e) schneiden (Miniaufgabe 3.37), folgen (P2) und (P3). ∎

Miniaufgaben

3.39 Zeige: In S_3 sind die Untergruppen $U_1 = \langle(12)\rangle$ und $U_2 = \langle(23)\rangle$ nicht normal. Die Abbildung $\varphi\colon U_1 \times U_2 \to S_3, (g_1, g_2) \mapsto g_1 g_2$ wie in Satz 3.47 ist *kein* Homomorphismus.

Der Begriff des direkten Produkts verallgemeinert sich auf mehr als zwei Faktoren:

Definition Eine Gruppe G ist das **(innere) direkte Produkt** von endlich vielen Untergruppen $N_1, \ldots, N_k$, wenn die folgenden drei Bedingungen erfüllt sind:

(P1) Es gilt $G = N_1 \cdots N_k$.

(P2) Es gilt $(N_1 \cdots N_{i-1}) \cap N_i = \{e\}$ für alle $i = 2, \ldots, k$.

(P3) Die Untergruppen $N_1, \ldots, N_k$ sind normal in G.

Die Bedingung (P2) sorgt dafür, dass sich Satz 3.47 sofort verallgemeinert:

3.48 *Korollar* *Für eine Gruppe G und Untergruppen $N_1, \ldots, N_k$ sind äquivalent:*

(i) Die Gruppe G ist das innere direkte Produkt von $N_1, \ldots, N_k$.

(ii) Die Untergruppen $N_1, \ldots, N_k$ kommutieren elementweise, und jedes Element $x \in G$ besitzt eine eindeutige Darstellung $x = g_1 \cdots g_k$, mit $g_1 \in N_1, \ldots, g_k \in N_k$.

(iii) Die Abbildung $\varphi\colon \prod_{i=1}^{k} N_i \to G$, $(g_1, \ldots, g_k) \mapsto g_1 \cdots g_k$ ist ein Isomorphismus.

Beweis. Das folgt aus Satz 3.47 per Induktion nach k. ∎

3.49 *Beispiel* Sind $m_1, \ldots, m_k$ paarweise teilerfremde ganze Zahlen, dann gilt

$$\mathbb{Z}/(m_1 \cdots m_k) \cong \mathbb{Z}/m_1 \times \cdots \times \mathbb{Z}/m_k$$

nach dem chinesischen Restsatz (Beispiel 2.26(2)). Der Beweis zeigt auch, wie das zugehörige innere direkte Produkt aussieht: Ist $l_i = (m_1 \cdots m_k)/m_i$ für $i = 1, \ldots, k$, dann ist $U_i = \langle [l_i]_{m_1 \cdots m_k} \rangle \subset \mathbb{Z}/(m_1 \cdots m_k)$ eine zyklische Untergruppe der Ordnung m_i, und $\mathbb{Z}/(m_1 \cdots m_k)$ ist das innere direkte Produkt (bzw. die direkte Summe, da additiv geschrieben) der Untergruppen $U_1, \ldots, U_k$. ◇

3.7 *Faktorgruppen und Homomorphiesätze*

So wie wir in $\mathbb{Z}$ modulo einer Zahl n rechnen oder in einem Ring modulo einem Ideal, wollen wir auch in Gruppen modulo einer Untergruppe rechnen. Dabei muss die Untergruppe allerdings normal sein, damit das wie gewünscht funktioniert.
Ist $N \lhd G$ ein Normalteiler, dann schreiben wir

$$G/N = \{gN \mid g \in G\}$$

für die Menge der Nebenklassen von N in G. Auf dieser Mengen kann man nun vertreterweise wieder eine Gruppenstruktur definieren.

3.50 Satz *Sei G eine Gruppe, $N \lhd G$ ein Normalteiler. Mit der Verknüpfung*

$$gN \cdot hN = ghN$$

wird die Menge G/N zu einer Gruppe mit neutralem Element $eN = N$ und Inversen $(gN)^{-1} = g^{-1}N$. Die Nebenklassenabbildung

$$\rho \colon G \to G/N, \; g \mapsto gN$$

ist ein surjektiver Homomorphismus mit $\operatorname{Kern}(\rho) = N$.

Üblich ist auch »Quotientengruppe«, seltener »Nebenklassengruppe«.

Die Gruppe G/N heißt die **Faktorgruppe von** G **nach** N. Ist G endlich, dann auch G/N und der Satz von Lagrange sagt

$$|G| = |N| \cdot |G/N|.$$

Beweis. Wir müssen die Wohldefiniertheit der Verknüpfung zeigen. Seien $g, g', h, h' \in G$ mit $gN = g'N$ und $hN = h'N$, also mit $g'g^{-1} \in N$ und $h'h^{-1} \in N$. Wir müssen $ghN = g'h'N$, also $g'h'(gh)^{-1} \in N$ beweisen: Da N ein Normalteiler ist, gilt

$$g'h'(gh)^{-1} = g'h'h^{-1}g^{-1} = (g'g^{-1})\big(g(h'h^{-1})g^{-1}\big) \in N.$$

Die Assoziativität ist klar, ebenso $N \cdot gN = gN \cdot N = gN$ und $gN \cdot g^{-1}N = g^{-1}N \cdot gN = N$. Also ist G/N eine Gruppe. Außerdem ist ρ surjektiv und es gilt

$$\rho(gh) = ghN = gN \cdot hN = \rho(g)\rho(h).$$

Für $g \in G$ ist $g \in \operatorname{Kern}(\rho)$ äquivalent zu $\rho(g) = gN = N$, also zu $g \in N$. ∎

3.51 Beispiele (1) Für die additive Gruppe $\mathbb{Z}$ und $N = n\mathbb{Z}$ (für $n \in \mathbb{Z}$) ist $G/N = \mathbb{Z}/n\mathbb{Z}$ die Gruppe der ganzen Zahlen modulo n, wieder kurz mit $\mathbb{Z}/n$ bezeichnet.

(2) Die Faktorgruppe S_n/A_n hat die Ordnung $[S_n : A_n] = 2$. Sie ist daher isomorph zur Gruppe $(\mathbb{Z}/2, +)$, denn eine andere Gruppe der Ordnung 2 gibt es nicht. ◇

Miniaufgaben

Wir betrachten die Diedergruppe D_4, erzeugt von der Drehung d und der Spiegelung s.

3.40 Betrachte die Untergruppe $N = \langle d^2 \rangle = \{e, d^2\}$. Überprüfe, dass N ein Normalteiler ist.

3.41 Stelle die Gruppentafel für die Faktorgruppe D_4/N auf. Welche Gruppe ist das?

3.42 Es sei $U = \langle s \rangle = \{e, s\} \subset D_4$. Zeige, dass die Zuordnung $(gU, hU) \mapsto ghU$ auf der Menge der Linksnebenklassen von U in D_4 nicht wohldefiniert ist.

Die Faktorgruppe G/N blendet den Normalteiler N aus und erhält nur einen Teil der Struktur von G. Dieses Prinzip illustrieren wir an einem weiteren Konzept, das wir später in der Galoistheorie verwenden werden.

Häufig wird auch die Konvention $[g, h] = g^{-1}h^{-1}gh$ verwendet, was aber keinen großen Unterschied macht.

Definition Es sei G eine Gruppe und seien $g, h \in G$. Der **Kommutator von** g **und** h ist das Element

$$[g, h] = ghg^{-1}h^{-1}.$$

Per Definition gilt

$$gh = [g, h]hg$$

was den Namen erklärt. Außerdem gilt offenbar

$$[g, h] = e \iff gh = hg.$$

Definition Es sei G eine Gruppe. Die **Kommutatorgruppe** von G ist die von allen Kommutatoren erzeugte Untergruppe[10]

$$G' = \langle [g,h] \mid g,h \in G \rangle.$$

Die Kommutatorgruppe ist ein Maß dafür, wie weit eine Gruppe davon entfernt ist, abelsch zu sein. Ist G abelsch, dann gilt $G' = \{e\}$ und umgekehrt. Am anderen Ende der Skala stehen Gruppen mit $G' = G$. Solche Gruppen werden **perfekt** genannt.

[10] Die Menge aller Kommutatoren bildet im Allgemeinen keine Untergruppe, deshalb muss man hier die erzeugte Untergruppe nehmen. Elemente der Kommutatorgruppe sind also nicht unbedingt Kommutatoren, sondern Produkte von Kommutatoren. Bei endlichen Gruppen ist es aber nicht ganz leicht, ein explizites Beispiel anzugeben, in dem nicht alle Elemente der Kommutatorgruppe selbst Kommutatoren sind.

Siehe dazu: Robert M. Guralnick: »Expressing group elements as commutators«. In: *Rocky Mountain J. Math.* 10.3 (1980)

3.52 *Lemma* *Die Kommutatorgruppe G' einer Gruppe G ist ein Normalteiler und die Faktorgruppe G/G' ist abelsch. Allgemeiner gilt: Für einen Normalteiler $N \triangleleft G$ ist G/N genau dann abelsch, wenn $G' \subset N$ gilt.*

Beweis. Für $g, x, y \in G$ gilt $g[x,y]g^{-1} = [gxg^{-1}, gyg^{-1}]$, was zeigt, dass G' normal ist. Ist N ein Normalteiler mit $G' \subset N$, dann gilt für alle $g, h \in G$ die Gleichheit

$$gN \cdot hN = ghN = [g,h]hgN = [g,h]N \cdot hgN = N \cdot hgN = hgN = hN \cdot gN$$

was zeigt, dass G/N abelsch ist. Ist umgekehrt G/N abelsch, dann gilt $ghN = hgN$ für alle $g, h \in N$, und damit $gh(hg)^{-1} \in N$, also $[g,h] \in N$. ■

3.53 *Beispiele* Wir bestimmen die Kommutatorgruppen von S_n und A_n: Die Gruppe A_3 ist abelsch (der Ordnung 3), also gilt $A_3' = \{\mathrm{id}\}$. Für $n \geqslant 5$ ist A_n einfach. Die Kommutatorgruppe ist ein Normalteiler und ist nicht-trivial, weil A_n nicht abelsch ist. Es muss also $A_n' = A_n$ gelten. Für die symmetrische Gruppe gilt $S_n' = A_n' = A_n$ für $n \geqslant 5$, denn jeder Kommutator ist eine gerade Permutation. Die Kommutatorgruppen von S_4 und A_4 und der Diedergruppen bestimmen wir in den Übungen. ◇

ALS NÄCHSTES STUDIEREN WIR die Untergruppen von Faktorgruppen. Dazu halten wir als Erstes Folgendes fest: Sind U_1 und U_2 zwei Untergruppen einer Gruppe G, dann kann man ihr **Produkt**

$$U_1U_2 = \{g_1g_2 \mid g_1 \in U_1,\ g_2 \in U_2\}$$

bilden (auch *Komplexprodukt* genannt), also die Menge aller paarweisen Produkte. Wegen $e \in U_1 \cap U_2$ gilt immer $U_1 \subset U_1U_2$ und $U_2 \subset U_1U_2$. Außerdem gilt $UU = U$ für jede Untergruppe U. Im Allgemeinen ist U_1U_2 allerdings *keine* Untergruppe, es sei denn, eine der beiden Untergruppen ist normal (siehe Aufgabe 3.14).

3.54 *Lemma* *Es sei G eine Gruppe, N ein Normalteiler und U eine Untergruppe. Dann gilt $UN = NU$, und UN ist eine Untergruppe von G.*

Beweis. Es gilt $gN = Ng$ für alle $g \in U$, was $UN = NU$ zeigt. Sind $g, g' \in U$ und $x, x' \in N$, dann gilt außerdem $Ng^{-1} = g^{-1}N$, es gibt also $y \in N$ mit $x'x^{-1}g^{-1} = g^{-1}y$. Daraus folgt $(g'x')(gx)^{-1} = g'x'x^{-1}g^{-1} = g'g^{-1}y \in UN$. ■

In Lemma 3.54 ist UN die kleinste Untergruppe, die U und N enthält. Entsprechend ist $U \cap N$ die größte Untergruppe, die in beiden enthalten ist. Schematisch kann man das in einem *Inklusionsdiagramm* darstellen:

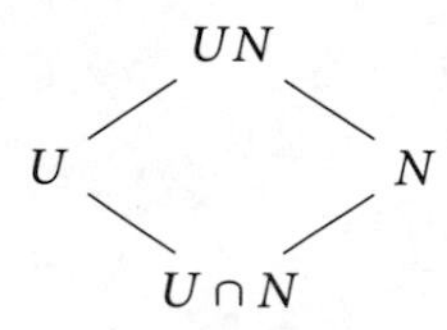

Die Striche bedeuten Inklusion, wobei größere Untergruppen oben stehen.

Sei nun G eine Gruppe, $N \triangleleft G$ ein Normalteiler und $\rho\colon G \to G/N$ die Nebenklassenabbildung. Für jede Untergruppe U von G ist das Bild $\rho(U)$ in G/N eine Untergruppe. Wir können außerdem die Untergruppe UN wie oben bilden, die sowohl U als auch N enthält und in der N ein Normalteiler ist. Wegen $N = \mathrm{Kern}(\rho)$ gilt dann

$$\rho(U) = \rho(UN) = UN/N.$$

Ist U eine Untergruppe, die N bereits enthält, dann gilt $U = UN$. Das Fazit dieser Diskussion ist die folgende Aussage.

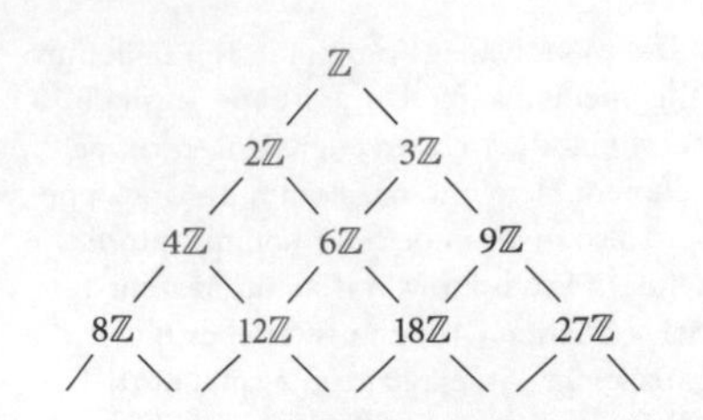

Ausschnitt aus dem Untergruppenverband von $\mathbb{Z}$ mit den Teilern von 12 in blau.

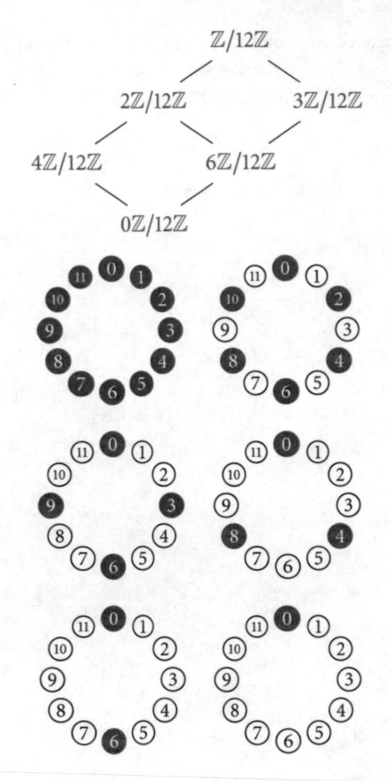

Die echten Untergruppen von $\mathbb{Z}/12$, entsprechend den Teilern von 12.

3.55 *Proposition* *Es sei G eine Gruppe und $N \triangleleft G$ ein Normalteiler. Durch*

$$U \mapsto U/N$$

ist eine Bijektion zwischen der Menge der Untergruppen von G, die N enthalten, und der Menge der Untergruppen von G/N gegeben.

Beweis. Sei $\rho\colon G \to G/N$ die Nebenklassenabbildung und sei U eine Untergruppe von G. Es gilt $\rho^{-1}(\rho(U)) = UN$, wie man direkt nachprüft. Falls $N \subset U$, dann $UN = U$ und damit $\rho^{-1}(\rho(U)) = U$. Ist umgekehrt $\widetilde{U}$ eine Untergruppe von G/N, dann ist $\rho^{-1}(\widetilde{U})$ eine Untergruppe von G. Sie enthält N wegen $N = \rho^{-1}(\{eN\})$ und $eN \in \widetilde{U}$. Außerdem gilt $\rho(\rho^{-1}(\widetilde{U})) = \widetilde{U}$, weil ρ eine surjektive Abbildung ist. ∎

Die Zuordnung $U \mapsto UN/N$ erhält Inklusionen und Durchschnitte, sowie die Normalität von Untergruppen (siehe Aufgabe 3.33).

3.56 *Beispiel* Die Untergruppen von $\mathbb{Z}/n$ entsprechen eindeutig den Untergruppen von $\mathbb{Z}$, die $n\mathbb{Z}$ enthalten. Alle Untergruppen von $\mathbb{Z}$ haben die Form $k\mathbb{Z}$ für ein $k \in \mathbb{N}_0$ und es gilt

$$n\mathbb{Z} \subset k\mathbb{Z} \iff k | n.$$

Die Untergruppen von $\mathbb{Z}/n$ entsprechen also den Teilern von n. ◇

FAKTORGRUPPEN UND HOMOMORPHISMEN hängen wie folgt zusammen. Ist G eine Gruppe und $\varphi\colon G \to H$ ein Homomorphismus, dann ist $\operatorname{Kern}(\varphi)$ ein Normalteiler von G. Wenn φ nicht injektiv ist, also $\operatorname{Kern}(\varphi) \neq \{e\}$, dann enthält das Bild von G in H nur noch einen Teil der Information aus G, nämlich den, der in der Faktorgruppe $G/\operatorname{Kern}(\varphi)$ steckt. Das ist ein Spezialfall der folgenden wichtigen Aussage:

3.57 *Satz* (Homomorphiesatz) *Sei $\varphi\colon G \to H$ ein Homomorphismus und $N \triangleleft G$ ein Normalteiler mit $N \subset \operatorname{Kern}(\varphi)$. Dann gibt es einen eindeutig bestimmten Homomorphismus $\overline{\varphi}\colon G/N \to H$ mit*

$$\overline{\varphi}(gN) = \varphi(g)$$

für alle $g \in G$. Genau dann ist $\overline{\varphi}$ injektiv, wenn $\operatorname{Kern}(\varphi) = N$ gilt.

Der Homomorphiesatz für Gruppen lässt sich wieder in einem *kommutierenden Diagramm* darstellen.

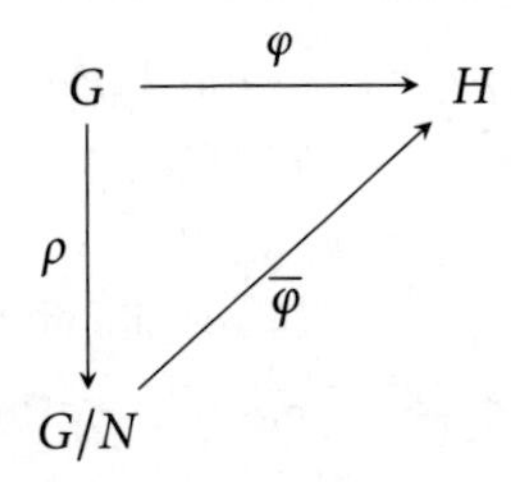

Beweis. Die Abbildung $\overline{\varphi}$ ist durch die Eigenschaft $\overline{\varphi}(gN) = \varphi(g)$ für alle $g \in G$ bereits eindeutig festgelegt, sofern sie existiert. Wir müssen zeigen, dass $\overline{\varphi}(gN) = \varphi(g)$ als Definition von $\overline{\varphi}$ unter der Voraussetzung $N \subset \operatorname{Kern}(\varphi)$ wohldefiniert ist: Seien also $g, g' \in G$ mit $gN = g'N$, also mit $g'g^{-1} \in N$. Dann folgt $\varphi(g') = \varphi(g'g^{-1}g) = \varphi(g'g^{-1})\varphi(g) = \varphi(g)$ wegen $N \subset \operatorname{Kern}(\varphi)$. Es ist klar, dass $\overline{\varphi}$ ein Homomorphismus ist. Außerdem ist $\overline{\varphi}$ genau dann injektiv, wenn $\operatorname{Kern}(\overline{\varphi}) = \{eN\}$ gilt, was zu $\operatorname{Kern}(\varphi) = N$ äquivalent ist. ∎

3.58 Korollar (Isomorphiesatz) *Es sei $\varphi\colon G \to H$ ein Homomorphismus. Dann induziert φ einen Isomorphismus*

$$G/\operatorname{Kern}(\varphi) \xrightarrow{\sim} \operatorname{Bild}(\varphi).$$

Ist G endlich, dann folgt außerdem

$$|G| = |\operatorname{Kern}(\varphi)| \cdot |\operatorname{Bild}(\varphi)|.$$

Beweis. Das folgt unmittelbar aus dem Homomorphiesatz mit $N = \operatorname{Kern}(\varphi)$. Der Zusatz folgt wegen $|G| = |\operatorname{Kern}(\varphi)| \cdot |G/\operatorname{Kern}(\varphi)|$, nach dem Satz von Lagrange. ∎

3.59 Beispiel Sei G eine Gruppe und A eine abelsche Gruppe. Ist $\varphi\colon G \to A$ ein Homomorphismus, dann liegen alle Kommutatoren in G im Kern von φ, wegen $\varphi([g,h]) = \varphi(ghg^{-1}h^{-1}) = \varphi(g)\varphi(h)\varphi(g^{-1})\varphi(h^{-1}) = \varphi(g)\varphi(g)^{-1}\varphi(h)\varphi(h)^{-1} = e$. Für die Kommutatorgruppe G' von G gilt also $G' \subset \operatorname{Kern}(\varphi)$. Nach dem Homomorphiesatz gibt es einen eindeutig bestimmten Homomorphismus

$$\widetilde{\varphi}\colon G/G' \to A, \ \widetilde{\varphi}(gG') = \varphi(g).$$

Nach dem Isomorphiesatz ist $G/\operatorname{Kern}(\varphi)$ isomorph zu einer Untergruppe von A und damit abelsch. Nach Lemma 3.52 folgt daraus wieder die Inklusion $G' \subset \operatorname{Kern}(\varphi)$, die wir gerade nachgerechnet haben. ◇

3.60 Korollar (Kürzungsregel für Normalteiler) *Sei G eine Gruppe mit zwei Normalteilern $M, N \lhd G$, wobei $M \subset N$. Dann gilt*

$$(G/M)/(N/M) \cong G/N.$$

Diese Aussage und die folgende werden manchmal 2. und 3. Isomorphiesatz genannt. Sie stehen aber in ihrer Bedeutung nicht mit dem Isomorphiesatz auf einer Stufe.

Beweis. Es sei $\rho\colon G \to G/N$ die Nebenklassenabbildung. Da M in $N = \operatorname{Kern}(\rho)$ enthalten ist, induziert ρ einen Homomorphismus $\overline{\rho}\colon G/M \to G/N$. Sein Kern ist gerade N/M, woraus die Behauptung mit dem Isomorphiesatz folgt. ∎

3.61 Beispiel Ist $n = kl$, dann können wir in $\mathbb{Z}/n = \mathbb{Z}/n\mathbb{Z}$ die von $[l]_n$ erzeugte Untergruppe $l\mathbb{Z}/n\mathbb{Z}$ bilden. Nach der Kürzungsregel gilt dann

$$(\mathbb{Z}/n\mathbb{Z})/(l\mathbb{Z}/n\mathbb{Z}) \cong \mathbb{Z}/l\mathbb{Z}.$$ ◇

3.62 Korollar (Parallelogrammregel) *Es sei G eine Gruppe, U eine Untergruppe und N ein Normalteiler von G. Dann ist $U \cap N$ ein Normalteiler von U und es gibt einen Isomorphismus*

$$U/(U \cap N) \cong UN/N.$$

Der Name »Parallelogrammregel« bezieht sich auf das Inklusionsdiagramm

$$\begin{array}{ccc} & UN & \\ U & & N \\ & U \cap N & \end{array}$$

Beweis. Dass $U \cap N$ ein Normalteiler in U ist, ist trivial. Sei $\rho\colon G \to G/N$ die Nebenklassenabbildung. Dann gilt $\rho(U) = UN/N$, und der Kern der Einschränkung $\rho|_U$ ist $U \cap N$. Also folgt die Behauptung aus dem Isomorphiesatz. ∎

Miniaufgaben

3.43 Begründe folgende Aussage: Das Bild einer einfachen Gruppe unter einem Homomorphismus ist trivial oder isomorph zur Gruppe selbst.

3.44 Zeige: Für $n \geqslant 5$ ist jeder Homomorphismus $\varphi\colon A_n \to G$ von A_n in eine abelsche Gruppe G trivial, das heißt, es gilt $\varphi(\sigma) = e$ für alle $\sigma \in A_n$.

3.8 Zyklische und abelsche Gruppen

Abelsche Gruppen sind viel einfacher aufgebaut als allgemeine Gruppen. Wir werden in diesem Abschnitt die endlichen und allgemeiner die endlich erzeugten abelschen Gruppen vollständig klassifizieren.

Zyklische Gruppen werden von einem einzigen Element erzeugt und sind die einfachsten Gruppen, die es gibt. In multiplikativer Schreibweise hat eine zyklische Gruppe G, die von einem Element g erzeugt wird, die Form

$$G = \langle g \rangle = \{g^n \mid n \in \mathbb{Z}\}$$

Bei der Multiplikation

$$g^k \cdot g^l = g^{k+l}$$

spielt sich alles im Exponenten ab. Insbesondere ist jede zyklische Gruppe abelsch. Die Struktur der Gruppe G hängt bekanntlich von der Ordnung des Erzeugers g ab. Wir betrachten den Homomorphismus

$$\varphi: \mathbb{Z} \to G,\ n \mapsto g^n.$$

Nach Voraussetzung ist φ surjektiv. Nach dem Isomorphiesatz gilt also

$$G \cong \mathbb{Z}/\operatorname{Kern}(\varphi).$$

Es gibt zwei Fälle: Entweder ist φ injektiv, dann gilt $\operatorname{Kern}(\varphi) = \{0\}$, oder nicht injektiv, dann gilt $\operatorname{Kern}(\varphi) = n\mathbb{Z}$ für ein $n \in \mathbb{N}$ (Prop. 3.10). Es folgt

$$(G,\cdot) \cong (\mathbb{Z},+) \quad \text{oder} \quad (G,\cdot) \cong (\mathbb{Z}/n,+).$$

Die Gruppe G ist also entweder **unendlich zyklisch** oder **zyklisch der Ordnung** n.

Bei den endlichen zyklischen Gruppen kann man sich die Elemente im Kreis angeordnet vorstellen, wie die Ziffern einer Uhr. Der Begriff »unendlich-zyklische Gruppe« ist eher ein Widerspruch in sich. Alternativen, wie »monothetische Gruppe«, haben sich aber nicht durchgesetzt.

Zusammengefasst gilt:

3.63 Satz *(1) Jede endliche zyklische Gruppe der Ordnung n ist isomorph zu $(\mathbb{Z}/n,+)$.*
(2) Jede unendlich-zyklische Gruppe ist isomorph zu $(\mathbb{Z},+)$. ∎

Eine zyklische Gruppe $G = \langle g \rangle$ der Ordnung n hat meistens viele mögliche Erzeuger, nämlich alle g^k mit $\operatorname{ggT}(k,n) = 1$ (Prop. 3.13), während eine unendliche zyklische Gruppe $G = \langle g \rangle$ nur die Erzeuger g und g^{-1} hat (entsprechend 1 und −1 in $(\mathbb{Z},+)$).

3.64 *Beispiele* Zyklische Gruppen tauchen in vielen verschiedenen Inkarnationen auf, die (nur) als *abstrakte* Gruppen alle zu $(\mathbb{Z},+)$ oder $(\mathbb{Z}/n,+)$ isomorph sind:

(1) Die von einem k-Zykel erzeugte zyklische Untergruppe der Ordnung k in S_n.

(2) Die von einer n-ten Einheitswurzel $e^{\frac{2\pi i}{n}}$ erzeugte zyklische Untergruppe der Ordnung n in $\mathbb{C}^*$. (Darauf gehen wir in §8.3 ein.)

(3) Die von einer reellen Zahl $\alpha \neq 0$ erzeugte unendlich-zyklische Untergruppe $\langle \alpha \rangle = \{n\alpha \mid n \in \mathbb{Z}\}$ der additiven Gruppe $(\mathbb{R},+)$, usw. ◇

Miniaufgaben

3.45 Gib eine unendlich-zyklische Untergruppe von $\mathrm{GL}_2(\mathbb{Q})$ an.

3.46 Gib für jedes $m \in \mathbb{N}$ eine zyklische Untergruppe der Ordnung m in $\mathrm{GL}_m(\mathbb{Q})$ an.

3.65 Proposition *Alle Untergruppen und alle Faktorgruppen einer zyklischen Gruppe sind zyklisch. Die Untergruppen sind genau die folgenden:*

(1) *Eine unendlich-zyklische Gruppe $G = \langle g \rangle$ hat die unendlich-zyklischen Untergruppen $\langle g^k \rangle$ für jedes $k \in \mathbb{N}$, wobei $G/\langle g^k \rangle$ zyklisch der Ordnung k ist.*

(2) *Eine zyklische Gruppe $G = \langle g \rangle$ der Ordnung n hat für jeden Teiler k von n genau eine Untergruppe $\langle g^{n/k} \rangle$ der Ordnung k, und $G/\langle g^{n/k} \rangle$ ist zyklisch der Ordnung n/k.*

Beweis. (1) ist Prop. 3.10 über die Untergruppen von $(\mathbb{Z},+)$, nur multiplikativ geschrieben. Auch (2) haben wir für $\mathbb{Z}/n$ schon diskutiert (Beispiele 3.56 und 3.61). ■

Nachdem das für die zyklischen Gruppen so gut geklappt hat, versuchen wir dieses Vorgehen auf andere abelsche Gruppen zu verallgemeinern, wobei wir uns auf Gruppen mit endlich vielen Erzeugern beschränken müssen.

Wird eine abelsche Gruppe $(G,\cdot)$ von n Elementen $T = \{g_1, \ldots, g_n\}$ erzeugt, dann können wir in jedem Wort $g = h_1^{\varepsilon_1} \cdots h_k^{\varepsilon_k}$ über T die Reihenfolge ändern und Wiederholungen der Erzeuger zu Potenzen zusammenfassen, also

$$g = g_1^{x_1} \cdots g_n^{x_n}, \quad x_1, \ldots, x_n \in \mathbb{Z}$$

schreiben. Beispielsweise ist $g_1 g_2^{-1} g_1 g_2^{-1} g_1^{-1} g_2^{-1} g_1 = g_1^2 g_2^{-3}$. Allgemein gilt:

3.66 Satz (1) *Eine abelsche Gruppe G wird genau dann von n Elementen erzeugt, wenn es einen surjektiven Homomorphismus $\varphi\colon \mathbb{Z}^n \to G$ gibt.*

(2) *Jede Untergruppe von $\mathbb{Z}^n$ ist endlich erzeugt, von höchstens n Elementen.*

Beweis. (1) Gilt $G = \langle g_1, \ldots, g_n \rangle$, dann ist die Abbildung

$$\varphi\colon \mathbb{Z}^n \to G, \ (x_1, \ldots, x_n) \mapsto g_1^{x_1} \cdots g_n^{x_n}$$

ein Homomorphismus und surjektiv, wie wir gerade bemerkt haben.

Eine ähnliche Aussage gilt auch für nicht-abelsche Gruppen, wobei man die Gruppe $\mathbb{Z}^n$ allerdings durch die viel kompliziertere freie Gruppe mit n Erzeugern ersetzen muss (siehe Exkurs 3.9).

Sei umgekehrt ein surjektiver Homomorphismus $\varphi\colon \mathbb{Z}^n \to G$ gegeben. Jeden Vektor $x \in \mathbb{Z}^n$ können wir als Linearkombination $x = \sum_{i=1}^n x_i e_i$ der Einheitsvektoren $e_1, \ldots, e_n \in \mathbb{Z}^n$ schreiben. Es folgt $\varphi(x) = \varphi(x_1 e_1 + \cdots + x_n e_n) = \varphi(e_1)^{x_1} \cdots \varphi(e_n)^{x_n}$, so dass G von den Bildern $\varphi(e_1), \ldots, \varphi(e_n)$ der Einheitsvektoren erzeugt wird.

(2) Das beweisen wir durch Induktion nach n. Für $n = 1$ hat jede Untergruppe von $\mathbb{Z}$ die Form $m\mathbb{Z}$ für ein $m \in \mathbb{N}_0$, wird also von einer Zahl m erzeugt. Sei $n \geqslant 2$ und sei $U \subset \mathbb{Z}^n$ eine Untergruppe. Wir setzen $V = \{x \in \mathbb{Z}^n \mid x_n = 0\} \cong \mathbb{Z}^{n-1}$ und betrachten die Projektion

$$\pi\colon U \to \mathbb{Z}, \ (x_1, \ldots, x_n) \mapsto x_n$$

von U auf den letzten Faktor. Es gilt $\mathrm{Kern}(\pi) = U \cap V$ und nach Induktionsannahme wird $U \cap V$ von $n-1$ Elementen $f_1, \ldots, f_{n-1}$ erzeugt. Außerdem ist das Bild $\pi(U)$ eine Untergruppe von $\mathbb{Z}$, also $\pi(U) = m\mathbb{Z}$ für ein $m \in \mathbb{N}_0$. Wähle ein $f \in U$ mit $\pi(f) = m$.

Ist nun $x = (x_1, \ldots, x_n) \in U$ beliebig, dann gilt $x_n = \pi(x) = ym = y\pi(f)$ für ein $y \in \mathbb{Z}$, also $x - yf \in \mathrm{Kern}(\pi) = U \cap V$. Es gibt also $y_1, \ldots, y_{n-1} \in \mathbb{Z}$ mit $a - yf = y_1 f_1 + \cdots + y_{n-1} f_{n-1}$ und damit

$$x = y_1 f_1 + \cdots + y_{n-1} f_{n-1} + yf.$$

Umgekehrt liegt jedes solche Element in U, so dass die Untergruppe U insgesamt von den n Elementen $f_1, \ldots, f_{n-1}, f$ erzeugt wird. ■

In einer abelschen Gruppe kann es sowohl Elemente endlicher als auch unendlicher Ordnung geben, die wir im Folgenden voneinander trennen.

Definition Eine abelsche Gruppe G heißt **torsionsfrei**, wenn sie außer dem neutralen Element $\{e\}$ kein Element endlicher Ordnung besitzt.

3.67 *Beispiel* Die additiven Gruppen $(\mathbb{Z},+)$ und $(\mathbb{Q},+)$ sind torsionsfrei, $(\mathbb{Z}/n,+)$ für $n \geqslant 2$ dagegen nicht. ◇

3.68 *Proposition* *Ist G eine abelsche Gruppe, dann ist $G_{\text{tor}} = \{g \in G \mid \text{ord}(g) < \infty\}$ eine Untergruppe, und die Faktorgruppe G/G_{tor} ist torsionsfrei.*

Beweis. Wegen $e \in G_{\text{tor}}$ ist $G_{\text{tor}} \neq \varnothing$. Sind $g, h \in G_{\text{tor}}$ Elemente mit $g^k = e$ und $h^l = e$, dann folgt auch $(g^{-1})^k = (g^k)^{-1} = e$ und $(gh)^{kl} = g^{kl}h^{lk} = e$, da G abelsch ist. Also ist G_{tor} eine Untergruppe. In der Faktorgruppe G/G_{tor} bedeutet $(gG_{\text{tor}})^k = eG_{\text{tor}}$ gerade $g^k \in G_{\text{tor}}$. Also hat g^k endliche Ordnung und damit auch g, so dass $g \in G_{\text{tor}}$ und damit $gG_{\text{tor}} = eG_{\text{tor}}$ gilt. Also ist G/G_{tor} torsionsfrei. ∎

Damit ist alles bereit für das Hauptergebnis in diesem Abschnitt.

3.69 *Satz* (Struktursatz für endliche und endlich erzeugte abelsche Gruppen)

(1) *Jede endlich erzeugte abelsche Gruppe ist isomorph zu einem direkten Produkt*

$$\mathbb{Z}^r \times E$$

für eine endliche abelsche Gruppe E. Die Zahl r heißt der **Rang** *der Gruppe und ist eindeutig bestimmt. Ebenso ist E eindeutig bestimmt bis auf Isomorphie.*

(2) *Jede endliche abelsche Gruppe ist isomorph zu einem direkten Produkt*

$$\mathbb{Z}/a_1 \times \cdots \times \mathbb{Z}/a_k$$

von zyklischen Gruppen für natürliche Zahlen $a_1, \ldots, a_k \geqslant 2$ mit

$$a_1 | a_2 | \cdots | a_k.$$

Die $a_1, \ldots, a_k$ heißen die **Elementarteiler** *der Gruppe und sind eindeutig bestimmt.*

Teil (2) des Struktursatzes wird auch **Elementarteilersatz** genannt.

(3) *Jede endliche abelsche Gruppe ist isomorph zu einem direkten Produkt*

$$\mathbb{Z}/p_1^{r_1} \times \cdots \times \mathbb{Z}/p_k^{r_k}$$

von zyklischen Gruppen von Primpotenzordnung, für (nicht notwendig verschiedene) Primzahlen $p_1, \ldots, p_k$ und Exponenten $r_1, \ldots, r_k \geqslant 1$, die bis auf ihre Reihenfolge eindeutig bestimmt sind.

Beweis. Es sei $(G, \cdot)$ eine endlich erzeugte abelsche Gruppe. Nach Satz 3.66(1) gibt es einen surjektiven Homomorphismus $\varphi: \mathbb{Z}^n \to G$ für ein $n \in \mathbb{N}$. Die Untergruppe $U = \text{Kern}(\varphi)$ ist nach Satz 3.66(2) endlich erzeugt von $k \leqslant n$ Elementen $f_1, \ldots, f_k$. Wir schreiben $f_1, \ldots, f_k$ als Spalten in eine ganzzahlige $n \times k$-Matrix A und überführen diese Matrix in ihre Smithsche Normalform: Nach Satz 1.53 gibt es invertierbare Matrizen $S \in \text{GL}_n(\mathbb{Z})$ und $T \in \text{GL}_k(\mathbb{Z})$ derart, dass $B = SAT$ eine rechteckige Diagonalmatrix ist, also mit $b_{ij} = 0$ für alle $i \neq j$, deren Diagonaleinträge $a_i = b_{ii}$ für $i = 1, \ldots, k$ die aufsteigende Teilbarkeitsbedingung $a_1|a_2|\cdots|a_k$ erfüllen. Ist V die von den Spalten von B erzeugte Untergruppe, dann folgt

Die Smithsche Normalform haben wir allgemeiner für Matrizen mit Einträgen in einem euklidischen Ring hergeleitet. Man kann daher auch einen analogen Satz für Moduln über solchen Ringen beweisen (siehe Kapitel 9, Satz 9.33).

$$V = a_1\mathbb{Z} \times \cdots \times a_k\mathbb{Z} = \left\{(x_1a_1, \ldots, x_ka_k, 0, \ldots, 0)^T \mid x_1, \ldots, x_k \in \mathbb{Z}\right\} \subset \mathbb{Z}^n.$$

Für die Faktorgruppe $H = \mathbb{Z}^n/V$ gilt also

$$H \cong \mathbb{Z}/a_1 \times \cdots \times \mathbb{Z}/a_k \times \mathbb{Z} \times \cdots \times \mathbb{Z}.$$

Ist $k = n$ und enthält die Folge der a_i keine Nullen, dann ist H endlich. Ist eine der Zahlen $a_i = \pm 1$, dann ist $\mathbb{Z}/a_i \cong \{0\}$ und wir können den entsprechenden Faktor auch weglassen. Außerdem können wir a_i immer durch $-a_i$ ersetzen und damit $a_i \geqslant 2$ für $i = 1, \dots, k$ annehmen. Damit sind wir im Fall (2). Jedes $a \neq 0$ können wir in Primfaktoren zerlegen, etwa $a = p_1^{r_1} \cdots p_l^{r_l}$ und den chinesischen Restsatz anwenden (wie in Beispiel 2.26 bzw. §1.2), dann gilt

$$\mathbb{Z}/a \cong \mathbb{Z}/p_1^{r_1} \times \cdots \times \mathbb{Z}/p_l^{r_l}.$$

So gehen wir von der Form in (2) zu der in (3) über. Da wir das für alle $a_1, \dots, a_k$ tun müssen, können sich dabei auch Primzahlen wiederholen.

Die Zahlen $a_1, \dots, a_k$ in (2) sind eindeutig bestimmt: Da a_k am größten ist, enthält nur $\mathbb{Z}/a_k$ Elemente der Ordnung a_k. Deren Anzahl in der Gruppe H bestimmt also die Anzahl der Faktoren der Ordnung a_k, und entsprechend induktiv für $a_1, \dots, a_{k-1}$. Dadurch sind auch die Primzahlen und Exponenten in (3) bestimmt (Aufgabe 3.48).

Ist $n > k$ oder sind einige $a_i = 0$, dann sind etwa die letzten r Faktoren $\mathbb{Z}/0 = \mathbb{Z}$ und die Faktorgruppe H ist unendlich. Das ist Fall (1). Die Zahl r ist dabei durch H eindeutig bestimmt, aus Prop. 3.68 folgt nämlich $H/H_{\mathrm{tor}} \cong \mathbb{Z}^r$.

Es bleibt noch zu zeigen, dass die Gruppe H isomorph zur ursprünglichen Gruppe G ist, dass also der Übergang von der Matrix A zu ihrer Smithschen Normalform B nichts geändert hat. Das ist das folgende Lemma, das den Beweis abschließt. ∎

3.70 *Lemma* *Es seien A und B zwei ganzzahlige $n \times k$-Matrizen und seien U_A bzw. U_B die von ihren Spaltenvektoren erzeugten Untergruppen von $\mathbb{Z}^n$. Falls es invertierbare Matrizen $S \in \mathrm{GL}_n(\mathbb{Z})$ und $T \in \mathrm{GL}_k(\mathbb{Z})$ gibt mit $B = SAT$, dann sind die Faktorgruppen $\mathbb{Z}^n/U_A$ und $\mathbb{Z}^n/U_B$ isomorph.*

Beweis. Die Untergruppe U_A ist das Bild $U_A = \{Ax \mid x \in \mathbb{Z}^k\}$ der Matrix A, genauso $U_B = \{Bx \mid x \in \mathbb{Z}^k\}$. Es seien $\rho: \mathbb{Z}^n \to \mathbb{Z}^n/U_A$ und $\sigma: \mathbb{Z}^n \to \mathbb{Z}^n/U_B$ die beiden Restklassenabbildungen. Wir definieren

$$\varphi: \mathbb{Z}^n \to \mathbb{Z}^n/U_A, \; x \mapsto \rho(S^{-1}x).$$

Für $y = Bx \in U_B$ folgt dann $\varphi(y) = \varphi(Bx) = \varphi(SATx) = \rho(ATx) = 0$, wegen $A(Tx) \in U_A$. Ist umgekehrt $x \in \mathrm{Kern}(\varphi)$, dann bedeutet das $S^{-1}x \in U_A$, also $S^{-1}x = Ay$ für ein $y \in \mathbb{Z}^k$. Es folgt $x = SAy = SAT(T^{-1}y) = BT^{-1}y \in U_B$. Wir haben also

$$U_B = \mathrm{Kern}(\varphi)$$

bewiesen. Nach dem Homomorphiesatz 3.57 gibt es einen injektiven Homomorphismus $\widetilde{\varphi}: \mathbb{Z}^n/U_B \to \mathbb{Z}^n/U_A$ mit $\widetilde{\varphi}(x + U_B) = \varphi(x)$. Der Homomorphismus $\widetilde{\varphi}$ ist auch surjektiv, denn für jedes $x \in \mathbb{Z}^n$ gilt $x + U_A = \rho(x) = \rho(S^{-1}Sx) = \varphi(Sx) = \widetilde{\varphi}(Sx + U_B)$. Also ist $\widetilde{\varphi}$ ein Isomorphismus. ∎

3.71 *Beispiel* Betrachten wir die abelschen Gruppen der Ordnung $12 = 2^2 \cdot 3$. Nach dem Struktursatz gibt es bis auf Isomorphie genau zwei solche Gruppen, nämlich

$$\mathbb{Z}/12 \quad \text{und} \quad \mathbb{Z}/2 \times \mathbb{Z}/6.$$

Nach dem chinesischen Restsatz gilt dabei

$$\mathbb{Z}/12 \cong \mathbb{Z}/4 \times \mathbb{Z}/3 \quad \text{und} \quad \mathbb{Z}/2 \times \mathbb{Z}/6 \cong \mathbb{Z}/2 \times \mathbb{Z}/2 \times \mathbb{Z}/3.$$

Das sind die beiden Darstellungen in Satz 3.69 (2) und (3). ◇

3.72 Korollar *Ist G eine endliche abelsche Gruppe, dann besitzt G für jeden Teiler m der Gruppenordnung eine Untergruppe der Ordnung m.*

Für nicht-abelsche Gruppen ist diese Aussage falsch. Das einfachste Beispiel ist die Gruppe A_4 der Ordnung 12, die keine Untergruppe der Ordnung 6 besitzt (Aufgabe 3.37).

Beweis. Das folgt aus der entsprechenden Aussage für zyklische Gruppen in Prop. 3.65 und Satz 3.69(3); siehe Aufgabe 3.46. ∎

Der Struktursatz für endliche abelsche Gruppen hat die folgende Anwendung auf die multiplikative Gruppe eines Körpers, die später noch wichtig sein wird.

3.73 Satz *Alle endlichen Untergruppen der multiplikativen Gruppe eines Körpers sind zyklisch.*

Beweis. Es sei K ein Körper und $G \subset (K^*, \cdot)$ eine endliche Untergruppe. Nach dem Struktursatz 3.69(2) können wir G in ein direktes Produkt von zyklischen Untergruppen $G = C_1 \cdots C_k$ zerlegen, wobei $n = |C_1|$ die übrigen Ordnungen $|C_2|, \ldots, |C_k|$ teilt. Jedes Element $a \in C_1 \subset K^*$ hat durch n teilbare Ordnung und erfüllt deshalb die Gleichheit $a^n = 1$, ist also eine Nullstelle des Polynoms $x^n - 1$ in K. In jeder Untergruppe C_i mit $i \geqslant 2$ gibt es ebenfalls Elemente der Ordnung n (nach Prop. 3.65), da $|C_i|$ durch n teilbar ist, die auch Nullstellen von $x^n - 1$ sind. Ein Polynom vom Grad n hat aber höchstens n verschiedene Nullstellen (das ist »klar«; aber siehe Kor. 5.2). Da C_1 bereits n Elemente hat, muss $k = 1$ gelten und $G = C_1$ ist zyklisch. ∎

Die Nullstellen des Polynoms $x^n - 1$ in K sind die *Einheitswurzeln*, die besonders für $K = \mathbb{C}$ später in der Körpertheorie betrachtet werden (§5.2 und §8.3).

3.74 Korollar *Die Gruppe $(\mathbb{Z}/p)^*$ der primen Reste modulo einer Primzahl p ist zyklisch der Ordnung $p - 1$.*

Beweis. Denn das ist die multiplikative Gruppe des Körpers $\mathbb{F}_p$. ∎

Miniaufgaben

3.47 Bestimme alle abelschen Gruppen der Ordnung 225.
3.48 Überprüfe durch direkte Rechnung, dass die Gruppe $(\mathbb{Z}/5)^*$ zyklisch ist.
3.49 Finde die Elementarteiler der Gruppe $(\mathbb{Z}/2)^3 \times (\mathbb{Z}/3)^4$.

3.9 Exkurs: Erzeuger und Relationen

Eine Konsequenz aus dem Isomorphiesatz ist die Beschreibung von Gruppen durch Erzeuger und Relationen. Dazu verwenden wir die freien Gruppen aus §3.4.

Sei G irgendeine Gruppe zusammen mit einer Menge $T \subset G$ von Erzeugern. Wir bilden die freie Gruppe F_T, die aus allen reduzierten Wörtern $g_1^{\varepsilon_1} \cdots g_k^{\varepsilon_k}$ über T besteht. Dann gibt es einen eindeutig bestimmten Homomorphismus

$$\pi \colon F_T \to G$$

der jedes solche reduzierte Wort auf das entsprechende Element von G abbildet. Da G von T erzeugt wird, ist π auf jeden Fall surjektiv. Dass die reduzierten Wörter in F_T alle verschieden sind, während das in G nicht der Fall sein muss, sagt andererseits, dass

π in der Regel nicht injektiv ist. Die Elemente von $\mathrm{Kern}(\pi)$ sind die **Relationen** zwischen den Erzeugern T von G. Das ist genau das, was wir in §3.8 für abelsche Gruppen gemacht haben, mit $\mathbb{Z}^n$ anstelle von F_T.

Ist umgekehrt T irgendeine Menge und $R \subset F_T$ eine Menge von reduzierten Wörtern über T, dann gibt es einen kleinsten Normalteiler N_R von F_T, der die Menge R enthält.[11] Die Faktorgruppe F_T/N_R ist dann eine Gruppe, die von T erzeugt wird und in der die Relationen aus R gelten. Der Homomorphiesatz sagt genauer, dass F_T/N_R die *größte* solche Gruppe ist. In ihr gelten genau die Relationen zwischen den Elementen von T, die sich zwingend aus den Relationen in R ergeben.

[11] Für jede Teilmenge S einer Gruppe G ist $N_S = \langle \{gsg^{-1} \mid s \in S,\ g \in G\} \rangle$ der kleinste Normalteiler von G, der die Teilmenge S enthält (Aufgabe 3.27).

Definition Ist T eine Menge und R eine Menge von reduzierten Wörtern über T, dann nennen wir das Paar (T, R) eine **Präsentation** der Gruppe $G = F_T/N_R$ und schreiben kurz

$$G = \langle T \mid R \rangle.$$

Sind $T = \{a_1, \dots, a_n\}$ und $R = \{r_1, \dots, r_k\}$ endlich, dann schreiben wir zur Verdeutlichung auch

$$G = \langle a_1, \dots, a_n \mid r_1 = e, \dots, r_k = e \rangle.$$

3.75 Beispiele (1) Es gilt $\mathbb{Z}/n \cong \langle a \mid a^n = e \rangle$.

(2) Man kann Relationen zunächst beliebig vorgeben, aber es ist nicht immer klar, was dabei herauskommt. Betrachten wir die Gruppe mit der Präsentation

$$G = \langle a \mid a^5 = e,\ a^7 = e \rangle.$$

Das ist also die größte Gruppe, die von einem Element a erzeugt wird, welches den Relationen $a^5 = e$ und $a^7 = e$ genügt. Tatsächlich ist diese Gruppe allerdings trivial, das heißt, es gilt $G = \{e\}$. Denn 5 und 7 sind teilerfremd, weshalb wir eine Bézout-Identität wie $(-4) \cdot 5 + 3 \cdot 7 = 1$ finden können. Daraus folgt dann $a = a^1 = (a^5)^{-4} \cdot (a^7)^3 = e$.

Dieses einfache Beispiel illustriert, dass in $G = \langle T|R \rangle$ eben nicht nur die durch R vorgegebenen Relationen gelten, sondern auch alle, die sich aus ihnen herleiten lassen, in diesem Fall die Relation $a^1 = e$.

(3) Die Diedergruppe hat die Präsentation

$$D_n = \langle d, s \mid d^n = e,\ s^2 = e,\ sds = d^{-1} \rangle.$$

Wir wissen bereits, dass D_n von zwei Elementen erzeugt wird, die diese Relationen erfüllen. Man muss allerdings beweisen, dass D_n tatsächlich die größte solche Gruppe ist, dass diese Relationen also ausreichen, um die Gruppe D_n vollständig zu charakterisieren. (Im Wesentlichen steckt das im Beweis von Prop. 3.15.) ◇

Die symmetrische Gruppe wird von Nachbartranspositionen erzeugt. Das übersetzt sich in die folgende Präsentation: S_n wird erzeugt von $n-1$ Elementen $\tau_1, \dots, \tau_{n-1}$, die den Relationen

$$\begin{aligned} \tau_i^2 &= \mathrm{id} && (i = 1, \dots, n-1) \\ \tau_i\tau_j &= \tau_j\tau_i && (j \neq i \pm 1) \\ \tau_i\tau_{i+1}\tau_i &= \tau_{i+1}\tau_i\tau_{i+1} && (i = 1, \dots, n-2) \end{aligned}$$

genügen (ohne Beweis).

Die Beschreibung von Gruppen durch Erzeuger und Relationen ist wichtig für die Computer-Algebra. Es stellen sich dabei einige grundlegende algorithmische Fragen, die bereits im Jahr 1911 von Max Dehn formuliert wurden. Im Jahr 1955 bewies jedoch Pjotr Nowikow, dass bereits die einfachste dieser Fragen, das sogenannte **Wortproblem**, algorithmisch **unentscheidbar** ist:[12] Gegeben eine endliche Menge T, eine endliche Menge R von reduzierten Wörtern und ein weiteres Wort w über T, dann gibt es keine Turingmaschine (entsprechend einem Computer mit unbegrenzter Speicherkapazität), die in endlicher Laufzeit immer entscheiden könnte, ob $w = e$ oder $w \neq e$ in der Gruppe $\langle T \mid R \rangle$ gilt.[13] Trotz dieser fundamentalen Schwierigkeit kann man mit Gruppen, die durch Erzeuger und Relationen gegeben sind, häufig gut rechnen.

[12] Nowikow, P. S. »Über die algorithmische Unentscheidbarkeit des Wortproblems in der Gruppentheorie«. Russisch. In: *Tr. Mat. Inst. Steklova 44, 140 S.* (1955)

[13] Man kann eine Liste von Wörtern generieren, die nach und nach den von R in F_T erzeugten Normalteiler N_R ausschöpft. Gilt $w \in N_R$, dann wird man irgendwann darauf stoßen. Das macht das Wortproblem immerhin *semi-entscheidbar*.

3.10 *Exkurs: Zyklische Untergruppen und Periodizität*

In diesem Abschnitt betrachten wir die Untergruppen der additiven Gruppe $(\mathbb{R}, +)$. Als zyklische Untergruppe kennen wir natürlich schon $(\mathbb{Z}, +)$. Andererseits gibt es Untergruppen wie $(\mathbb{Q}, +)$. Diese ist nicht zyklisch, dafür aber *dicht*, da jede reelle Zahl beliebig gut durch rationale Zahlen approximierbar ist. Der Gegensatz zwischen diesen beiden Beispielen gilt sehr allgemein, wie der folgende Satz zeigt.

3.76 Satz *Es sei U eine nicht-triviale Untergruppe von $(\mathbb{R}, +)$. Dann tritt genau einer der folgenden beiden Fälle ein:*
(1) U ist unendlich-zyklisch.
(2) U ist dicht, das heißt, zu jedem $x \in \mathbb{R}$ und jedem $\varepsilon > 0$ gibt es $u \in U$ mit $|x - u| < \varepsilon$.

Beweis. Wir bemerken als Erstes, dass sich die beiden Fälle ausschließen: Eine zyklische Untergruppe kann niemals dicht sein. Denn ist $U = \langle \alpha \rangle$ mit $\alpha \neq 0$, dann haben die benachbarten Elemente von U den Abstand $|\alpha|$. Für etwa $x = \frac{\alpha}{2}$ und $\varepsilon = |\frac{\alpha}{2}|$ gibt es also kein $u \in U$ mit $|x - u| < \varepsilon$.

Sei nun $U \subset \mathbb{R}$ eine nicht-triviale Untergruppe und betrachte

$$\alpha = \inf\{u \in U \mid u > 0\}.$$

$\alpha = \frac{67}{90}\pi = 134°$

(Man beachte, dass diese Menge nicht leer ist.) Wir unterscheiden zwei Fälle: Falls $\alpha = 0$, dann ist U dicht: Denn ist $x \in \mathbb{R}$ beliebig und $\varepsilon > 0$, dann gibt es wegen $\alpha = 0$ ein $u \in U$ mit $0 < u < \varepsilon$. Dazu finden wir $n \in \mathbb{N}$ mit $nu \leqslant |x| < (n+1)u$ (archimedisches Axiom), woraus $|x - nu| < \varepsilon$ oder $|x - (-n)u| < \varepsilon$ folgt.

Ist $\alpha > 0$, dann ist U zyklisch, nämlich $U = \langle \alpha \rangle$. Denn ist $u \in U$ mit $u > 0$, dann wähle wieder $n \in \mathbb{N}$ mit $n\alpha \leqslant u < (n+1)\alpha$. Wäre $n\alpha < u$, dann würde $0 < u - n\alpha < (n+1)\alpha - n\alpha = \alpha$ folgen, im Widerspruch zur Minimalität von α. Also folgt $u = n\alpha \in \langle \alpha \rangle$. Entsprechendes gilt im Fall $u < 0$. ∎

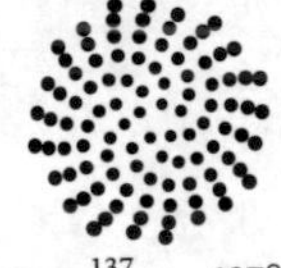

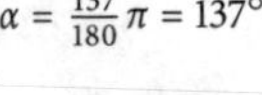

$\alpha = \frac{137}{180}\pi = 137°$

3.77 Beispiel Die Untergruppe

$$U = \langle 1, \sqrt{2} \rangle = \{a + b\sqrt{2} \mid a, b \in \mathbb{Z}\}$$

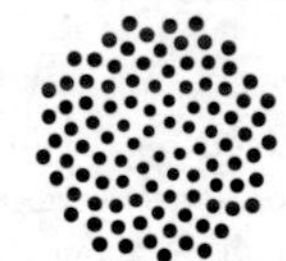

$\alpha = (3 - \sqrt{5})\pi \approx 137{,}508°$
goldener Winkel

von $(\mathbb{R}, +)$ ist nicht zyklisch. Denn angenommen es gäbe $x \in \mathbb{R}$ mit $U = \langle x \rangle$, dann gäbe es $m, n \in \mathbb{Z}$ mit $1 = mx$ und $\sqrt{2} = nx$. Es würde $\sqrt{2} = \frac{n}{m}$ folgen, im Widerspruch zur Irrationalität von $\sqrt{2}$. Nach Satz 3.76 ist U dicht in $\mathbb{R}$. Jede reelle Zahl ist also beliebig gut approximierbar durch eine Zahl der Form $a + b\sqrt{2}$ mit $a, b \in \mathbb{Z}$. ◇

Wir können die Aussage von Satz 3.76 auch in eine Aussage über Drehwinkel in der Ebene übersetzen. Die Gruppe aller Drehungen von $\mathbb{R}^2$ um den Ursprung ist die spezielle orthogonale Gruppe $\mathrm{SO}_2(\mathbb{R})$. Wenn wir $\mathbb{R}^2$ mit der komplexen Zahlenebene identifizieren, können wir jede solche Drehung mit einer komplexen Zahl vom Betrag 1 identifizieren. Jede solche komplexe Zahl hat die Form $e^{\alpha i}$ mit $\alpha \in \mathbb{R}$. Nach der Euler-Identität $e^{\alpha i} = \cos(\alpha) + i\sin(\alpha)$ entspricht die Multiplikation mit $e^{\alpha i}$ der Drehung um den Winkel α gegen den Uhrzeigersinn.

$\alpha = \frac{139}{180}\pi = 139°$

$\alpha = \frac{7}{9}\pi = 140°$

Folgen von 100 Punkten, spiralförmig angeordnet mit Drehwinkel α und wachsendem Radius.

3.78 Korollar *Es sei $\alpha \in \mathbb{R}$ und $U = \langle e^{\alpha i} \rangle$ die zugehörige zyklische Untergruppe der Drehgruppe $\mathrm{SO}_2(\mathbb{R})$.*
(1) Falls $\frac{\alpha}{\pi} \in \mathbb{Q}$, dann ist U endlich.
(2) Falls $\frac{\alpha}{\pi} \notin \mathbb{Q}$, dann ist U dicht in $\mathrm{SO}_2(\mathbb{R})$.

Beweis. Wir betrachten den surjektiven Homomorphismus $\varphi\colon (\mathbb{R},+) \to \mathrm{SO}_2(\mathbb{R})$, $\alpha \mapsto e^{\alpha i}$. Es gilt $\mathrm{Kern}(\varphi) = \langle 2\pi \rangle$ und für die Untergruppe $V = \varphi^{-1}(U)$ damit $V = \langle 2\pi, \alpha \rangle$. Im Fall (1) ist etwa $\alpha = \frac{m}{n}\pi$ und es folgt $V = \langle \frac{d}{n}\pi \rangle$ mit $d = \mathrm{ggT}(2n, m)$ nach dem Lemma von Bézout. Die Faktorgruppe $U \cong V/\langle 2\pi \rangle$ ist dann endlich.

Im Fall (2) ist V nicht zyklisch. Das sieht man wie in Beispiel 3.77: Wäre $V = \langle \beta \rangle$ für ein $\beta \in \mathbb{R}$, dann würde $2\pi, \alpha \in \langle \beta \rangle$ folgen, etwa $2\pi = m\beta$ und $\alpha = n\beta$ und damit $\alpha = \frac{2n}{m}\pi$, so dass wir im Fall (1) wären. Nach Satz 3.76 ist V damit dicht in $\mathbb{R}$. Daraus folgt, dass auch U dicht in $\mathrm{SO}_2(\mathbb{R})$ ist. ■

Anschaulich sagt Kor. 3.78 also, dass die Drehung um einen rationalen Winkel immer periodisch ist, während die Drehung um einen irrationalen Winkel aperiodisch ist und schließlich jeden möglichen Drehwinkel beliebig gut approximiert.

3.79 Korollar *Es sei U eine Untergruppe von $\mathrm{SO}_2(\mathbb{R})$. Dann tritt genau einer der folgenden beiden Fälle ein:*

(1) U ist zyklisch von endlicher Ordnung.

(2) U ist unendlich und dicht in $\mathrm{SO}_2(\mathbb{R})$.

Wenn wir von $\mathrm{SO}_2(\mathbb{R})$ zu $\mathrm{O}_2(\mathbb{R})$ gehen und außer Drehungen damit auch Spiegelungen zulassen, dann finden wir neben zyklischen Untergruppen auch noch die Diedergruppen als Untergruppen in $\mathrm{O}_2(\mathbb{R})$. Man kann beweisen, dass dies alle endlichen Untergruppen von $\mathrm{O}_2(\mathbb{R})$ sind.

Beweis. Wir betrachten wieder $\varphi\colon (\mathbb{R},+) \to \mathrm{SO}_2(\mathbb{R})$, $\alpha \mapsto e^{\alpha i}$. Ist $\varphi^{-1}(U)$ zyklisch in $(\mathbb{R},+)$, dann ist auch U zyklisch und damit endlich oder dicht, nach Korollar 3.78. Ist $\varphi^{-1}(U)$ nicht zyklisch, dann ist es dicht, und damit ist auch U dicht. ■

3.11 *Übungsaufgaben zu Kapitel 3*

Gruppen und Monoide

3.1 Zeige, dass das Potenzieren $(a,k) \mapsto a^k$ eine nicht-assoziative Verknüpfung auf der Menge $\mathbb{N}$ ist.

3.2 Welche dieser Mengen bilden unter der Addition ein Monoid? (a) Die ganzen Zahlen; (b) die geraden ganzen Zahlen; (c) die ungeraden ganzen Zahlen; (d) die nicht-negativen geraden ganzen Zahlen.

3.3 Es sei $(M,\cdot)$ ein Monoid. Ein Element $z \in M$ heißt *Nullelement* falls $zm = mz = z$ für alle $m \in M$ gilt. (a) Gib jeweils ein Beispiel für ein Monoid mit oder ohne Nullelement. (b) Gibt es eine Gruppe mit Nullelement? (c) Zeige, dass M nicht mehr als ein Nullelement haben kann.

3.4 Es sei G eine nicht-leere Menge mit assoziativer Verknüpfung $(g,h) \mapsto gh$. Zeige: Genau dann ist G eine Gruppe, wenn die beiden Gleichungen $gx = h$ und $yg = h$ für alle $g, h \in G$ Lösungen $x, y \in G$ besitzen. Die Lösungen sind dann eindeutig.

3.5 Zeige: Eine Gruppe, in der jedes Element höchstens die Ordnung 2 hat, ist abelsch.

3.6 Zeige, dass in der Definition einer Gruppe ein einseitiges neutrales Element und einseitige Inverse genügen, das heißt: Eine Menge G mit assoziativer Verknüpfung $\cdot$ ist eine Gruppe, wenn gelten: (1) Es gibt $e \in G$ mit $eg = g$ für alle $g \in G$. (2) Zu jedem $g \in G$ gibt es $g' \in G$ mit $g'g = e$.

3.7 Zeige, dass die affin-linearen Abbildungen $\ell_{a,b}\colon x \mapsto ax + b$ für $a, b \in \mathbb{R}$ mit $a \neq 0$ unter Komposition eine Gruppe bilden.

Permutationen

3.8 Stelle die Gruppentafel für die symmetrische Gruppe S_3 auf.

3.9 Es sei $\sigma \in S_{14}$ eine Permutation der Ordnung 22. (a) Wie sieht die Zerlegung von σ in disjunkte Zykel aus? (b) Ist σ eine gerade oder eine ungerade Permutation? (c) Zeige, dass σ genau ein Symbol fixiert.

3.10 Ein Fehlstand einer Permutation $\sigma \in S_n$ ist ein Paar von Symbolen (i, j) mit $i > j$ aber $\sigma(i) < \sigma(j)$. Zeige: Ist k die Anzahl der Fehlstände von σ, dann gilt $\mathrm{sgn}(\sigma) = (-1)^k$.

3.11 Zeige, dass die alternierende Gruppe A_n für ungerades n von den beiden Permutationen $(1\,2\,3)$ und $(1\,2 \cdots n)$ erzeugt wird, und für gerades n von $(1\,2\,3)$ und $(2\,3 \cdots n)$.

3.12 Eine Permutation $\sigma \in S_n$ heißt *regulär*, wenn sie ein Produkt disjunkter Zykel derselben Länge ist. (Für $\sigma \neq \mathrm{id}$ schließt dies ein, dass σ kein Symbol fixiert, also keine Zykel der Länge 1 vorkommen).

(a) Zeige, dass $\sigma \in S_n$ genau dann regulär ist, wenn sie eine Potenz eines n-Zykels ist.

(b) Es sei $U \subset S_n$ eine Untergruppe. Zeige: Wenn jede Permutation $\sigma \in U$ mit $\sigma \neq \mathrm{id}$ alle Symbole bewegt, dann besteht U nur aus regulären Permutationen.

(c) Zeige, dass jede endliche Gruppe zu einer solchen Untergruppe von S_n isomorph ist.

3.13 Es sei $\sigma \in S_n$ die Permutation, die die Reihenfolge umdreht, also $\sigma\colon 1 \mapsto n,\ 2 \mapsto n-1, \cdots, n \mapsto 1$. Zeige, dass σ Produkt von $\binom{n}{2}$ Nachbartranspositionen ist, aber nicht von weniger. Zeige, dass jede andere Permutation in S_n ein Produkt von weniger als $\binom{n}{2}$ Nachbartranspositionen ist.

Untergruppen

3.14 Es sei G eine Gruppe und seien U, V zwei Untergruppen von G.

(a) Zeige: Genau dann ist $U \cup V$ eine Untergruppe, wenn $U \subset V$ oder $V \subset U$ gilt.

(b) Zeige, dass G von der Teilmenge $G \setminus U$ erzeugt wird, sofern $U \neq G$.

(c) Finde ein Beispiel, in dem die Menge $UV = \{gh \mid g \in U,\ h \in V\}$ keine Untergruppe von G ist.

(d) Finde eine Gruppe, die die Vereinigung von drei echten Untergruppen ist.

3.15 Es sei G eine endliche Gruppe und seien U und V Untergruppen von G. Zeige die Ungleichung $[G : U \cap V] \leqslant [G : U] \cdot [G : V]$.

3.16 Es sei G eine Gruppe und sei $\sim$ eine Äquivalenzrelation auf G, welche **linksinvariant** ist: Für alle $x, y, g \in G$ gelte: $x \sim y \implies gx \sim gy$. Zeige: Es gibt eine Untergruppe U von G mit $x \sim y \iff x^{-1}y \in U$. Was sind die Äquivalenzklassen dieser Relation?

3.17 Zeige, dass jede Gruppe, die nur endlich viele Untergruppen besitzt, endlich ist.

3.18 Es sei $n \geqslant 3$ und sei D_n die Diedergruppe der Ordnung $2n$.

(a) Wieviele Elemente der Ordnung 2 gibt es in D_n?

(b) Zeige: Es gibt zwei Spiegelungen t, t' in D_n mit $D_n = \langle t, t' \rangle$.

(c) Was lässt sich über die Untergruppe $\langle t, t' \rangle$ für zwei beliebige Spiegelungen $t \neq t'$ in D_n sagen?

Homomorphismen und Normalteiler

3.19 Es sei $(G, \cdot)$ eine Gruppe. Zeige, dass die Abbildung $\varphi\colon G \to G,\ x \mapsto x^2$ genau dann ein Homomorphismus ist, wenn G abelsch ist.

3.20 Es sei G eine endliche Gruppe und $\alpha\colon G \to G$ ein Automorphismus mit $\alpha^2 = \mathrm{id}$ und $\alpha(g) \neq g$ für alle $g \neq e$. Dann ist G abelsch von ungerader Ordnung, und es gilt $\alpha(g) = g^{-1}$ für alle $g \in G$.

3.21 Es sei G eine Gruppe und seien $x, y \in G$. Zeige, dass xy immer zu yx konjugiert ist. Zeige auch, dass xy und yx dieselbe Ordnung haben.

3.22 Wahr oder falsch? Die Automorphismengruppe einer abelschen Gruppe ist abelsch.

3.23 Gibt es einen Isomorphismus zwischen $(\mathbb{R},+)$ und $(\mathbb{R}_{>0},\cdot)$? (*Hinweis:* Analysis)

3.24 Es sei G eine Gruppe und $M \subset G$ eine Teilmenge. Dann heißt $Z_G(M) = \{g \in G \mid \forall x \in M: gx = xg\}$ der **Zentralisator** von M in G. Zeige:

(a) Der Zentralisator von M in G ist eine Untergruppe von G.
(b) Ist $N \lhd G$ ein Normalteiler, dann ist auch $Z_G(N)$ ein Normalteiler.
(c) Ist der Normalteiler N endlich, dann hat $Z_G(N)$ endlichen Index in G.

3.25 Es sei G eine Gruppe, $U \subset G$ eine Untergruppe. Dann heißt $N_G(U) = \{g \in G \mid gUg^{-1} = U\}$ der **Normalisator** von U in G. Zeige:

(a) Die Menge $N_G(U)$ ist eine Untergruppe von G, in der U als Normalteiler enthalten ist.
(b) Ist $V \subset G$ eine Untergruppe, die U als Normalteiler enthält, dann gilt $V \subset N_G(U)$.

3.26 Zeige, dass A_n für $n \geqslant 5$ der einzige echte nicht-triviale Normalteiler von S_n ist.

3.27 Ist G eine Gruppe und T eine Teilmenge. Zeige, dass $\mathcal{N}(T) = \langle\{gxg^{-1} \mid x \in T,\ g \in G\}\rangle$ der kleinste Normalteiler von G ist, der T enthält.

3.28 Bestimme alle Konjugationsklassen der Diedergruppen.

3.29 Es sei G eine Gruppe und für jedes $g \in G$ sei $\kappa_g: G \to G, x \mapsto gxg^{-1}$ die Konjugation. Zeige, dass die Zuordnung $g \mapsto \kappa_g$ ein Homomorphismus $G \to \mathrm{Aut}(G)$ mit Kern $Z(G)$ ist.

3.30 (a) Es sei $G = H \times K$ und seien $H_1 \lhd H$ und $K_1 \lhd K$ Normalteiler. Zeige, dass $H_1 \times K_1$ ein Normalteiler von G ist mit $G/(H_1 \times K_1) \cong H/H_1 \times K/K_1$.

(b) Es seien H und K Normalteiler in einer Gruppe G mit $H \cap K = \{e\}$. Zeige, dass G isomorph ist zu einer Untergruppe von $G/H \times G/K$.

Faktorgruppen und Homomorphiesätze

3.31 Es sei G eine Gruppe und N ein Normalteiler von endlichem Index in G. Zeige: Es gibt ein $n \in \mathbb{N}$ mit $g^n \in N$ für alle $g \in G$.

3.32 Es sei G eine Gruppe und $N \lhd G$ ein Normalteiler vom Index 4. Zeige, dass G auch einen Normalteiler vom Index 2 besitzt.

3.33 Es sei G eine Gruppe und $N \lhd G$ ein Normalteiler. Seien $U, U_1, U_2 \subset G$ Untergruppen von G, die N enthalten. Zeige die folgenden Aussagen in der Faktorgruppe G/N:

(a) Genau dann gilt $U_1 \subset U_2$, wenn $U_1/N \subset U_2/N$ gilt.
(b) Es gilt $(U_1 \cap U_2)/N = U_1/N \cap U_2/N$.
(c) Genau dann ist U normal in G, wenn U/N normal in G/N ist.

3.34 Es seien G und H Gruppen mit Normalteilern $N \lhd G$ und $K \lhd H$ und Nebenklassenabbildungen $\rho: G \to G/N$ und $\sigma: H \to H/K$. Sei $\varphi: G \to H$ ein Homomorphismus. Zeige: Genau dann gibt es mit einen Homomorphismus

$$\psi: G/N \to H/K$$

mit $\psi \circ \rho = \sigma \circ \varphi$, wenn $\varphi(N) \subset K$ gilt.

3.35 In dieser Aufgabe geht es um die Struktur der Diedergruppe D_n der Ordnung $2n$.

(a) Für alle $n \geqslant 2$ gilt $D_{2n}/Z(D_{2n}) \cong D_n$.
(b) Bestimme die Kommutatorgruppe D'_n von D_n und die Faktorgruppe D_n/D'_n.
(c) Es sei G eine Gruppe und seien $a, b \in G$ zwei Elemente der Ordnung 2. Zeige: Falls ab die Ordnung n hat, dann ist $\langle a, b\rangle$ isomorph zu D_n.

3.36 Bestimme die Kommutatorgruppen von A_4 und S_4.

3.37 In dieser Aufgabe betrachten wir die Untergruppen der alternierenden Gruppe A_4.

(a) Es sei $V = \{\mathrm{id}, (12)(34), (13)(24), (14)(23)\} \subset A_4 \subset S_4$. Zeige, dass V eine Untergruppe von A_4 ist, die zur Kleinschen Vierergruppe isomorph ist.

(b) Zeige, dass V normal in S_4 ist und bestimme die Struktur der Faktorgruppen A_4/V und S_4/V.

(c) Finde eine Untergruppe von V, die normal in V ist aber nicht in A_4.

(d) Zeige, dass A_4 keine Untergruppe der Ordnung 6 besitzt.

3.38 Wahr oder falsch? Enthält eine Untergruppe die Kommutatorgruppe, dann ist sie normal.

Zyklische und abelsche Gruppen

3.39 Bestimme bis auf Isomorphie alle zyklischen Gruppen G, die genau zwei Erzeuger besitzen, also zwei verschiedene Elemente $g, h \in G$ mit $G = \langle g \rangle = \langle h \rangle$.

3.40 Es sei G eine Gruppe. Angenommen G besitzt eine echte Untergruppe H, die jede andere echte Untergruppe von G enthält. Zeige, dass G zyklisch ist und die Ordnung von G eine Primpotenz.

3.41 Es sei G eine Gruppe und seien r und s zwei teilerfremde natürliche Zahlen. Zeige:

(a) Sind $g, h \in G$ zwei kommutierende Elemente (also mit $gh = hg$) der Ordnung $\mathrm{ord}(g) = r$ bzw. $\mathrm{ord}(h) = s$, dann gilt $\mathrm{ord}(gh) = rs$.

(b) Ist $k \in G$ ein Element mit $\mathrm{ord}(k) = rs$, dann gibt es Elemente g und h der Ordnung r bzw. s, die Potenzen von k sind und $k = gh$ erfüllen.

(c) Zwei kommutierende Elemente teilerfremder Ordnung sind Potenzen desselben Elements.

3.42 Zeige, dass eine endliche Gruppe genau dann zyklisch ist, wenn sie keine zwei verschiedenen Untergruppen derselben Ordnung besitzt.

3.43 Zeige für die Eulersche Phi-Funktion die Identität $\sum_{d|n} \varphi(d) = n$ (Gauß).
(*Vorschlag:* Verwende Prop. 3.13 und Prop. 3.65.)

3.44 (a) Bestimme alle abelschen Gruppen der Ordnung 72 bis auf Isomorphie.

(b) Welche abelschen Gruppen der Ordnung 168 enthalten genau 3 Elemente der Ordnung 2?

3.45 Wir betrachten die (additive) Gruppe $G = \mathbb{Z}/p \times \mathbb{Z}/p$ für eine Primzahl p.

(a) Wieviele Untergruppen der Ordnung p besitzt G?

(b) Seien $x, y \in G$ mit $x \neq y$ gegeben. Zeige, dass es genau eine Untergruppe $H \subset G$ der Ordnung p gibt mit $x + H = y + H$.

(c) An einer sechstägigen Konferenz nehmen 25 Personen teil. Die sechs gemeinsamen Mittagessen nehmen sie an fünf Tischen mit je fünf Plätzen ein. Ist es möglich, täglich wechselnde Sitzordnungen derart festzulegen, dass jeder Teilnehmer mit jedem anderen genau einmal am gleichen Tisch sitzt? (Aus dem bayerischen Staatsexamen, Herbst 1998)

3.46 Beweise Kor. 3.72.

3.47 Zeige, dass Prop. 3.68 für nicht-abelsche Gruppen falsch ist: In $\mathrm{GL}_2(\mathbb{Z})$ bilden die Elemente endlicher Ordnung keine Untergruppe. (*Vorschlag:* Betrachte Matrizen mit Einträgen in $\{-1, 0, 1\}$.)

3.48 (a) Vervollständige den Beweis für die Eindeutigkeit der Elementarteiler $a_1, \dots, a_k$ in Satz 3.69(2).

(b) Verwende den chinesischen Restsatz, um die Elementarteiler aus der Zerlegung in 3.69(3) zu berechnen und folgere die Eindeutigkeit der Primzahlen und ihrer Exponenten.

3.49 Wir betrachten die additive Gruppe $(\mathbb{Q}, +)$ der rationalen Zahlen.

(a) Sind $\langle x \rangle$ und $\langle y \rangle$ zwei zyklische Untergruppen ($x, y \in \mathbb{Q} \setminus \{0\}$), dann gilt $\langle x \rangle \cap \langle y \rangle \neq \{0\}$.

(b) Folgere daraus, $(\mathbb{Q}, +)$ nicht das direkte Produkt zweier echter Untergruppen ist.

4 Operationen und Struktur von Gruppen

Viele Gruppen entstehen als Gruppen von bijektiven Abbildungen, wie zum Beispiel $\mathrm{GL}_n(K)$ als Gruppe linearer Abbildungen und S_n als Gruppe von Permutationen. In der Gruppentheorie tritt das zunächst in den Hintergrund. Abbildungen werden nicht länger als solche betrachtet, sondern nur noch als »Elemente einer Gruppe«. Wir untersuchen nun, wie abstrakte Gruppen wieder zu Gruppen von Abbildungen werden.

4.1 Bahnen, Fixpunkte und Stabilisatoren

Definition Es sei G eine Gruppe und X eine Menge. Eine **Operation** von G auf X ist eine Abbildung

$$G \times X \to X,\ (g, x) \mapsto g(x)$$

Im Englischen bedeutet »operation« meist das, was wir »Verknüpfung« nennen, während eine Gruppenoperation »group action« heißt.

mit den folgenden beiden Eigenschaften:
(O1) Für alle $g, h \in G$ und $x \in X$ gilt $g(h(x)) = (gh)(x)$.
(O2) Für alle $x \in X$ gilt $e(x) = x$.

Bei einer Operation bestimmt also jedes $g \in G$ eine Abbildung

$$g: X \to X,\ x \mapsto g(x).$$

Nach (O1) und (O2) gilt $g^{-1}(g(x)) = (g^{-1}g)(x) = e(x) = x$ für alle $x \in X$. Die Abbildung $x \mapsto g(x)$ ist also immer bijektiv.

4.1 *Beispiele* (1) Die Gruppe S_n operiert auf den Symbolen $X = \{1, \ldots, n\}$.

(2) Für jeden Körper K operiert die Matrixgruppe $\mathrm{GL}_n(K)$ auf dem Vektorraum K^n durch Matrix-Vektor-Multiplikation $(A, x) \mapsto Ax$.

(3) Jede Gruppe operiert auf sich selbst durch **Linksmultiplikation**, also durch

$$g(x) = gx \qquad g, x \in G.$$

Eigenschaft (O1) sagt $(gh)(x) = g(hx)$, das ist das Assoziativgesetz in G; (O2) ist gerade die Eigenschaft des neutralen Elements.

(4) Natürlich gibt es auch eine Rechtsmultiplikation definiert durch $g(x) = xg$. Wenn G nicht abelsch ist, dann ist im Allgemeinen allerdings

$$(gh)(x) = xgh \neq xhg = g(h(x)),$$

so dass die Rechtsmultiplikation keine Gruppenoperation ist. Am einfachsten behebt man dieses Problem durch Modifikation der Rechtsmultiplikation zu

$$g(x) = xg^{-1}.$$

Dann gilt $(gh)(x) = x(gh)^{-1} = xh^{-1}g^{-1} = g(h(x))$ und alles ist in Ordnung.

D. Plaumann, *Algebra*, https://doi.org/10.1007/978-3-662-67243-3_5

(5) Jede Gruppe operiert auf sich selbst durch Konjugation, also durch

$$g(x) = gxg^{-1}.$$

Denn hier gilt $(gh)(x) = (gh)\cdot x\cdot(gh)^{-1} = g\cdot(hxh^{-1})\cdot g^{-1} = g(h(x))$. Diese Operation haben wir schon betrachtet und kommen in §4.4 darauf zurück. ◇

Zu jeder Operation einer Gruppe auf einer Menge können wir eine ganze Reihe von weiteren Daten bilden. Zur besseren Unterscheidung nennen wir die Elemente der Menge X in der Regel **Punkte**.

Definition Die Gruppe G operiere auf der Menge X.

(1) Für $g \in G$ schreiben wir

$$\mathrm{Fix}(g) = \{x \in X \mid g(x) = x\} \subset X.$$

Jeder Punkt in $\mathrm{Fix}(g)$ heißt ein **Fixpunkt** von g. Wir schreiben auch

$$\mathrm{Fix}(G) = \bigcap_{g\in G} \mathrm{Fix}(g).$$

(2) Für $x \in X$ heißt

$$\mathrm{Stab}(x) = \{g \in G \mid g(x) = x\} \subset G$$

der **Stabilisator** oder die **Standgruppe** von x in G. Wie der Name sagt, ist das offensichtlich eine Untergruppe von G.

(3) Für $x \in X$ heißt

$$\mathrm{Bahn}(x) = \{g(x) \mid g \in G\} \subset X$$

die **Bahn** oder der **Orbit** von x. Jeder Punkt von x liegt in genau einer Bahn. Eine Operation, die nur eine einzige Bahn besitzt (also $\mathrm{Bahn}(x) = X$ für alle $x \in X$), wird **transitiv** genannt.

Ein Beispiel, das den Begriff der Bahn gut veranschaulicht, ist die Rotation einer Kugeloberfläche. Dazu operiert die Drehgruppe $SO_2(\mathbb{R})$ auf der Einheitssphäre in $\mathbb{R}^3$ durch Rotation entlang der senkrechten Achse, was wir uns zum Beispiel als die natürliche Rotation der Erde vorstellen können. Die Fixpunkte dieser Operation sind die beiden Pole. Die Bahn eines Punkts besteht aus allen Punkten, die auf demselben Breitengrad liegen.

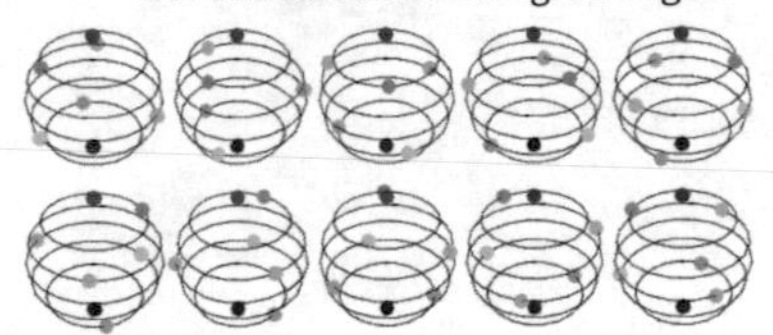

4.2 Beispiele (1) In S_n besteht der Stabilisator eines Symbols $x \in \{1, \ldots, n\}$ aus allen Permutationen, die x nicht bewegen. Offenbar gilt $\mathrm{Stab}(n) \cong S_{n-1}$, denn die Permutationen in S_n, die n nicht bewegen, sind einfach Permutationen von $1, \ldots, n-1$. Da es auf die Nummerierung der Symbole nicht ankommt, gilt entsprechend $\mathrm{Stab}(j) \cong S_{n-1}$ für $x = 1, \ldots, n$. Die Bahn eines Symbols x ist immer $\mathrm{Bahn}(x) = \{1, \ldots, n\}$, da x durch Permutationen auf jedes andere Symbol abgebildet werden kann. Die Operation ist also transitiv.

(2) Bei der Linksmultiplikation einer Gruppe G auf sich hat nur das neutrale Element Fixpunkte, das heißt es gilt

$$\mathrm{Fix}(e) = G \quad \text{und} \quad \mathrm{Fix}(g) = \varnothing \text{ für alle } g \neq e.$$

Entsprechend gilt $\mathrm{Stab}(x) = \{e\}$ für alle $x \in G$. Außerdem gilt $\mathrm{Bahn}(x) = G$ für alle $x \in G$. Auch diese Operation ist also transitiv.

(3) Ist $H \subset G$ eine Untergruppe, dann operiert auch H auf G durch Linksmultiplikation. Die Bahnen der Linksmultiplikation sind dann

$$\mathrm{Bahn}(x) = \{hx \mid h \in H\} = Hx$$

also gerade die *Rechtsnebenklassen*[1] von H in G. Die Linksnebenklassen von H sind entsprechend die Bahnen der Rechtsmultiplikation. ◇

[1] Diese Vertauschung ist etwas unglücklich. Nach meiner Meinung wäre es deshalb naheliegend, die Rechts- und Linksnebenklassen gerade umgekehrt zu benennen. Das ist aber nicht üblich.

Miniaufgaben

4.1 Überprüfe für die Linksmultiplikation einer Gruppe auf sich die Gleichheiten $\mathrm{Fix}(g) = \varnothing$ für $g \neq e$, $\mathrm{Stab}(x) = \{e\}$ und $\mathrm{Bahn}(x) = G$ für alle $x \in G$.

4.2 Die Gruppe G operiere auf der Menge X. Dann ist durch

$$x \sim y \iff \exists g \in G: g(x) = y$$

eine Äquivalenzrelation auf X gegeben. Die Äquivalenzklasse eines Punkts unter dieser Relation ist seine Bahn.

4.3 Folgere oder zeige direkt, dass jeder Punkt von X in genau einer Bahn liegt.

Wir interessieren uns in erster Linie für Operationen endlicher Gruppen auf endlichen Mengen. In diesem Fall ist man häufig daran interessiert, die Mächtigkeiten von Bahnen, Stabilisatoren etc. abzuzählen.

4.3 Proposition (Stabilisatorformel) *Operiert die endliche Gruppe G auf X, dann gilt*

$$|G| = |\mathrm{Bahn}(x)| \cdot |\mathrm{Stab}(x)|$$

für jedes $x \in X$ und damit $|\mathrm{Bahn}(x)| = [G : \mathrm{Stab}(x)]$. Die Mächtigkeit einer Bahn ist also der Index des Stabilisators.

Diese Aussage heißt manchmal *Bahnensatz* oder auch *Bahnbilanzgleichung*. Da es aber auch noch eine *Bahnengleichung* gibt (siehe unten), nenne ich sie zur besseren Unterscheidung Stabilisatorformel.

Beweis. Es sei $G/\!/\mathrm{Stab}(x)$ die Menge der Linksnebenklassen[2] von $\mathrm{Stab}(x)$ in G. Betrachte die Abbildung

$$\varphi: G/\!/\mathrm{Stab}(x) \to \mathrm{Bahn}(x),\ g\,\mathrm{Stab}(x) \mapsto g(x).$$

Das ist wohldefiniert, weil $(gh)(x) = g(h(x)) = g(x)$ für alle $h \in \mathrm{Stab}(x)$ gilt. Außerdem ist φ surjektiv (per Definition) und injektiv: Denn aus $g(x) = g'(x)$ folgt $g^{-1}(g'(x)) = x$, also $g^{-1}g' \in \mathrm{Stab}(x)$ und damit $g\,\mathrm{Stab}(x) = g'\,\mathrm{Stab}(x)$. Wegen $[G : \mathrm{Stab}(x)] = |G/\!/\mathrm{Stab}(x)|$ folgt die Behauptung aus dem Satz von Lagrange. ■

[2] Der doppelte Querstrich soll verdeutlichen, dass $G/\!/\mathrm{Stab}(x)$ nur eine Menge und keine Faktorgruppe ist, da $\mathrm{Stab}(x)$ in der Regel kein Normalteiler von G ist.

4.4 Korollar (Bahnengleichung) *Sei G eine Gruppe, die auf einer endlichen Menge X operiert und seien $\mathrm{Bahn}(x_1), \ldots, \mathrm{Bahn}(x_n)$ sämtliche Bahnen, $x_1, \ldots, x_n \in X$. Dann gilt*

$$|X| = \sum_{i=1}^{n} [G : \mathrm{Stab}(x_i)].$$

Beweis. Denn die Menge X ist die disjunkte Vereinigung aller Bahnen $\mathrm{Bahn}(x_1), \ldots, \mathrm{Bahn}(x_n)$ und nach Prop. 4.3 gilt $|\mathrm{Bahn}(x_i)| = [G : \mathrm{Stab}(x_i)]$. ■

Miniaufgaben

4.4 Die Gruppe S_3 operiere auf der Menge

$$X = \{a,b\}^3 = \{(a,a,a),(a,a,b),(a,b,a),(a,b,b),(b,a,a),(b,a,b),(b,b,a),(b,b,b)\}$$

durch Vertauschen der Einträge, also durch $\sigma(x_1, x_2, x_3) = (x_{\sigma(1)}, x_{\sigma(2)}, x_{\sigma(3)})$ für $\sigma \in S_3$. Bestimme alle Fixpunkte, Stabilisatoren und Bahnen dieser Operation.

4.5 Überprüfe im selben Beispiel auch die Aussage der Bahnengleichung.

4.2 *Bahnen zählen*

Viele Abzählprobleme handeln in irgendeiner Weise von der Anzahl der Bahnen einer Gruppenoperation. Ein einfaches Beispiel ist die Tatsache, dass die Anzahl der k-elementigen Teilmengen einer n-elementigen Menge durch den Binomialkoeffizienten

$$\binom{n}{k} = \frac{n!}{k!(n-k)!}$$

gegeben ist (»*Ziehen ohne Zurücklegen*«). Eine Begründung dafür geht so: Gilt $|A| = n$, dann gibt es $n!$ Möglichkeiten, die Elemente von A anzuordnen, das heißt, bilden wir die Teilmenge X von A^n, die aus n-Tupeln mit verschiedenen Einträgen besteht, dann gilt $|X| = n!$. Gegeben ein Element $(a_1, \ldots, a_n) \in X$, dann bilden wir die k-elementige Teilmenge $\{a_1, \ldots, a_k\}$. Die Reihenfolge der vorderen k Elemente $(a_1, \ldots, a_k)$ und der hinteren $n - k$ Elemente $(a_{k+1}, \ldots, a_n)$ spielt dabei für die resultierende Teilmenge offenbar keine Rolle. Die Gruppe $S_k \times S_{n-k}$ operiert auf X, indem sie die vorderen k und die hinteren $n - k$ Einträge permutiert. Jede k-elementige Teilmenge von A entspricht genau einer Bahn von $S_k \times S_{n-k}$ unter dieser Operation. Die Anzahl, die wir bestimmen wollen, ist also gerade die *Anzahl der Bahnen*. Jede Bahn hat dabei die gleiche Mächtigkeit, nämlich $k!(n-k)!$. Daraus folgt die Behauptung.

Der übliche »Schulbeweis« in der elementaren Stochastik in der Oberstufe geht im Prinzip genauso, nur ohne die (hier unnötigen) gruppentheoretischen Begriffe. Alternativ kann man die Aussage auch per Induktion beweisen, mit der Pascalschen Identität.

Was dieses Problem einfach macht, ist die Tatsache, dass alle Bahnen dieselbe Mächtigkeit haben. Es genügt deshalb, die Mächtigkeit von X und einer einzigen Bahn zu bestimmen. Die Anzahl der Bahnen ist dann der Quotient dieser beiden Größen. Deshalb kann man sich hier den Einsatz der Gruppentheorie sparen. Viele interessantere Abzählprobleme involvieren aber Bahnen verschiedener Mächtigkeit.

4.5 Beispiel Ein Armreif bestehe aus n farbigen Steinen, für die k verschiedene Farben verwendet werden können.

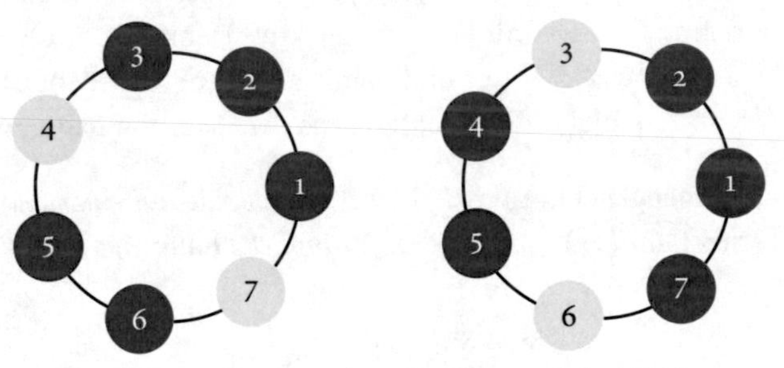

Zwei Armreife mit sieben Steinen und drei Farben

Auf wieviele Arten lässt sich so ein Armreif färben? Bei fester Anordnung der Steine gibt es offenbar k^n Möglichkeiten. Allerdings ändert sich der Armreif nicht bei Drehungen (klar) oder bei Spiegelungen (man kann ihn ja auch umgekehrt anziehen). Das so entstehende kombinatorische Problem formalisieren wir wie zuvor: Sei $F = \{f_1, \ldots, f_k\}$ die Menge der Farben und $X = F^n$ die Menge aller gefärbten Armreife mit fixierter Nummerierung der Steine. Die Diedergruppe D_n operiert auf X durch Vertauschen der Indizes:

$$\sigma(x_1, \ldots, x_n) = (x_{\sigma(1)}, \ldots, x_{\sigma(n)}), \quad x_1, \ldots, x_n \in F,\ \sigma \in D_n$$

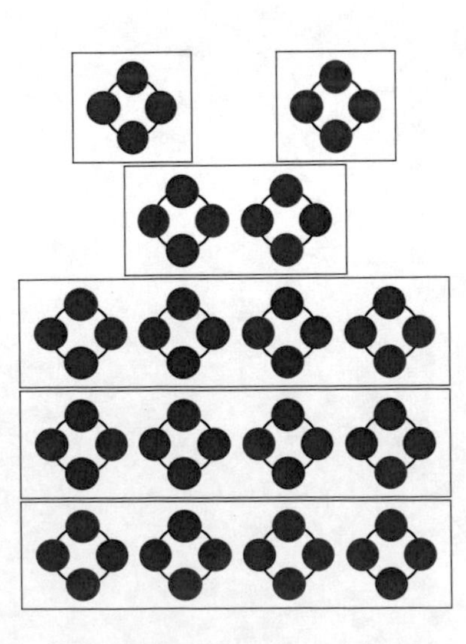

$n = 4$, $k = 2$, $F = \{\text{rot}, \text{blau}\}$. Die 16 Einfärbungen zerfallen hier in sechs Bahnen. Es gibt sechs wirklich verschiedene Möglichkeiten, diesen Armreif zu färben.

Wir interessieren uns gerade für die Anzahl der Bahnen dieser Operation. Gegenüber dem Ziehen ohne Zurücklegen wird das Abzählproblem hier dadurch erschwert, dass die Bahnen in der Regel unterschiedlich viele Elemente haben (siehe Abbildung). ◇

Um die Anzahl der Bahnen in einer solchen Situation zu bestimmen, kann die folgende Aussage helfen.

Das Lemma ist benannt nach William Burnside (1852–1927). Burnside selbst schrieb die Aussage allerdings Ferdinand Georg Frobenius (1849–1917) zu. Zuvor tauchte sie schon bei Cauchy auf! Manchmal ist es nicht so einfach, mit den Namen, die an einer Aussage hängen.

4.6 Satz (Lemma von Burnside) *Es sei G eine endliche Gruppe, die auf einer endlichen Menge X operiert. Die Anzahl der Bahnen von G in X ist gegeben durch*

$$\frac{1}{|G|}\sum_{g\in G}|\operatorname{Fix}(g)|.$$

Beweis. Wir betrachten die Menge

$$F=\{(g,x)\mid g(x)=x\}\subset G\times X.$$

Wir können die Elemente in F auf zwei Arten abzählen: Für $x\in X$ und $g\in G$ gilt

$$(g,x)\in F\quad\Leftrightarrow\quad g\in\operatorname{Stab}(x)\quad\Leftrightarrow\quad x\in\operatorname{Fix}(g).$$

Daraus folgt

$$\sum_{g\in G}|\operatorname{Fix}(g)| = |F| = \sum_{x\in X}|\operatorname{Stab}(x)|.$$

Nach Prop. 4.3 gilt nun $|\operatorname{Stab}(x)|=\frac{|G|}{|\operatorname{Bahn}(x)|}$. Einsetzen und Teilen durch $|G|$ gibt

$$\frac{1}{|G|}\sum_{g\in G}|\operatorname{Fix}(g)|=\sum_{x\in X}\frac{1}{|\operatorname{Bahn}(x)|}.$$

Da X die disjunkte Vereinigung aller Bahnen ist, ist die rechte Seite gerade die Anzahl der Bahnen (denn in jeder Bahn ist die Summe gleich 1). ■

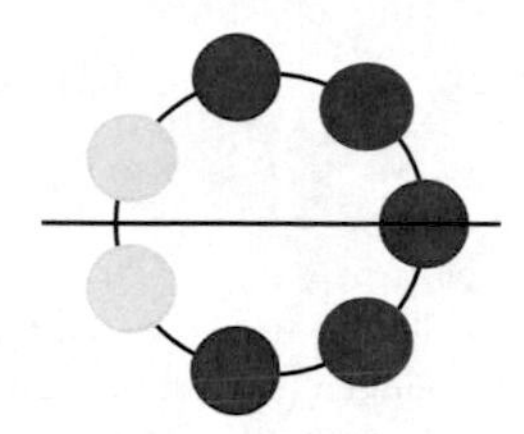

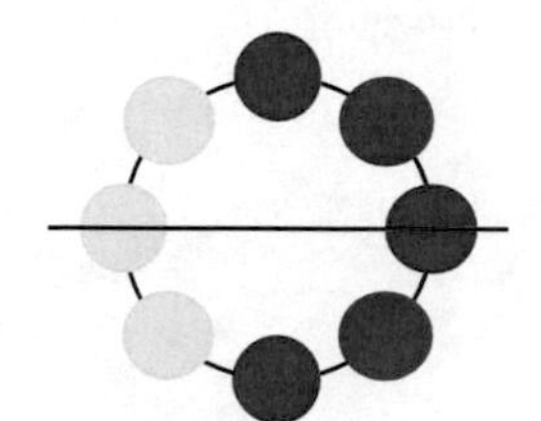

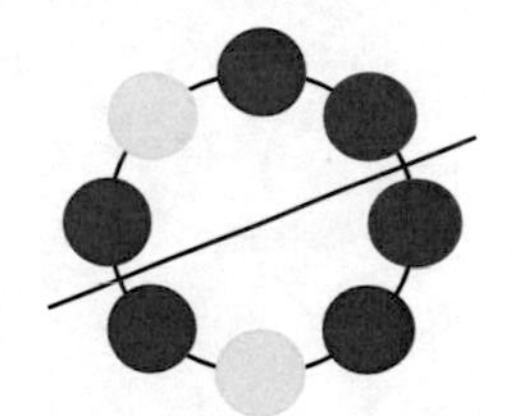

Spiegelungsinvariante Armreife

4.7 Beispiel Wir bestimmen die Anzahl der gefärbten Armreife aus Beispiel 4.5 mit Hilfe des Lemmas von Burnside: Es genügt dazu, für jede Permutation in D_n die Anzahl der Fixpunkte zu bestimmen: Ist $D_n=\{e,d,\dots,d^{n-1},s,ds,\dots,d^{n-1}s\}$, dann sind die ersten n Elemente die Drehungen und die zweiten n Elemente die Spiegelungen.

(1) Die Spiegelung s fixiert einen gefärbten Armreif, wenn die Farben auf beiden Seiten der Spiegelungsachse dieselben sind. Ist n ungerade, dann können wir für $m=\frac{n+1}{2}$ Steine die Farben beliebig vorgeben und bekommen k^m Fixpunkte. Für die anderen Spiegelungen ist die Anzahl dieselbe. Bei geradem n müssen wir noch die beiden verschiedenen Typen von Spiegelungen unterscheiden: Für die Spiegelungen, die zwei Steine fixieren, ist $m=\frac{n}{2}+1$, für die anderen ist $m=\frac{n}{2}$. Es gilt also

$$|\operatorname{Fix}(d^us)|=k^m\quad\text{mit } m=\begin{cases}\frac{n+1}{2} & \text{falls } n \text{ ungerade}\\ \frac{n}{2}+1 & \text{falls } n \text{ und } u \text{ gerade}\\ \frac{n}{2} & \text{falls } n \text{ gerade und } u \text{ ungerade.}\end{cases}$$

(2) Die erzeugende Drehung d fixiert überhaupt nur Armbänder, die durchgängig gleich gefärbt sind, hat also k Fixpunkte. Für eine allgemeine Drehung d^r mit $1\leqslant r\leqslant n$ setze $e=\operatorname{ggT}(n,r)$, dann gibt es k^e Möglichkeiten, die ersten e Steine zu färben, und dadurch ist eindeutig ein Fixpunkt von d^r bestimmt, indem wir dieses Muster $\frac{n}{e}$-mal wiederholen. Es gilt also

$$|\operatorname{Fix}(d^r)|=k^{\operatorname{ggT}(n,r)}.$$

Das schließt für $r=n$ den Fall $|\operatorname{Fix}(\mathrm{id})|=k^n$ ein.

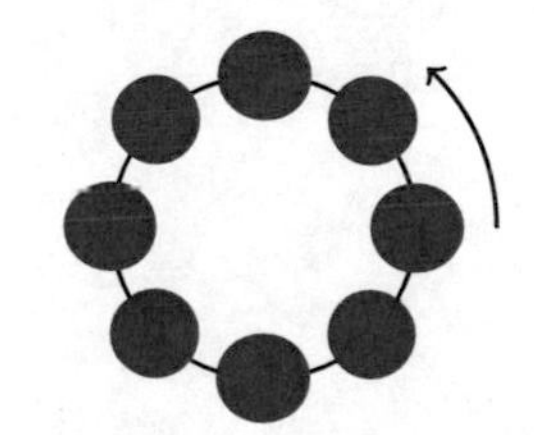

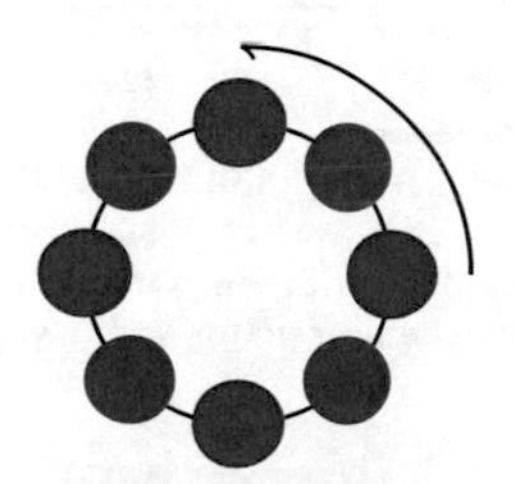

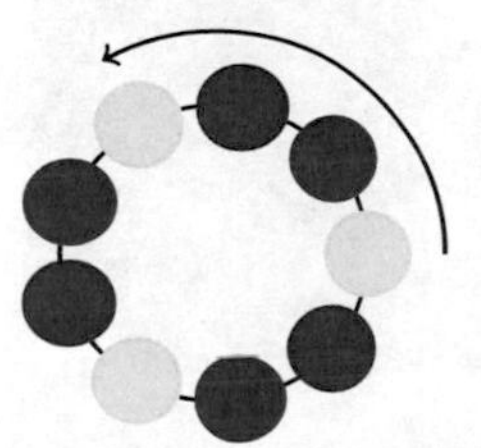

Rotationsinvariante Armreife

Für zum Beispiel $n = 4$ und $k = 2$ wie oben bekommen wir

$$\frac{1}{|D_4|}\left(\sum_{i=0}^{3}\left|\mathrm{Fix}(d^i)\right| + \sum_{i=0}^{3}\left|\mathrm{Fix}(d^i s)\right|\right)$$
$$= \frac{1}{8}\big((16+2+4+2)+(8+4+8+4)\big) = \frac{48}{8} = 6$$

Bahnen, was wir uns schon überlegt hatten. Für $n = 5$ und $k = 3$ kommt

$$\frac{1}{10}\big((243+3+3+3+3)+(27+27+27+27+27)\big) = \frac{390}{10} = 39$$

heraus. Das ist immer noch etwas mühsam. In der Gruppentheorie und Kombinatorik gibt es noch wesentlich besser ausgeklügelte Methoden, um solche Abzählprobleme zu lösen, beispielsweise den *Pólyaschen Aufzählungssatz*[3], der ursprünglich aus einem Problem der Chemie (Anzahl von Polymeren) entstanden ist. ◇

[3] G. Pólya: Kombinatorische Anzahlbestimmungen für Gruppen, Graphen und chemische Verbindungen. *Acta Mathematica* 68 (1), 145–254 (1939)

Miniaufgaben

4.6 Eine verbale Umschreibung des Lemmas von Burnside lautet: »Die Anzahl der Bahnen ist die durchschnittliche Anzahl von Fixpunkten.« Warum entspricht das der Aussage des Lemmas?

4.7 Wende die Methode aus Beispiel 4.5 an, um die Anzahl der dreigefärbten Armreife mit drei Steinen zu bestimmen.

4.3 *Exkurs: Symmetrien der platonischen Körper*

Ein wunderschönes Thema, das die Gruppentheorie mit der Geometrie verbindet, sind die Symmetrien der platonischen Körper. Wir werden es hier nur kurz anreißen und einige Beweise skizzieren. Ein **platonischer Körper** (oder reguläres Polyeder) ist ein konvexer Körper in $\mathbb{R}^3$, dessen Seitenflächen lauter kongruente reguläre Polygone sind, wobei in jeder Ecke gleich viele Flächen im gleichen Winkel zusammentreffen. Es gibt genau fünf solche Körper, die bereits in der Antike bestimmt und untersucht wurden (13. Band der *Elemente* des Euklid).

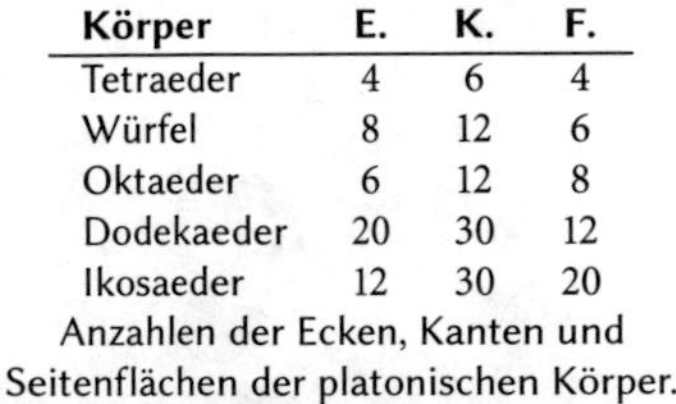

Körper	E.	K.	F.
Tetraeder	4	6	4
Würfel	8	12	6
Oktaeder	6	12	8
Dodekaeder	20	30	12
Ikosaeder	12	30	20

Anzahlen der Ecken, Kanten und Seitenflächen der platonischen Körper.

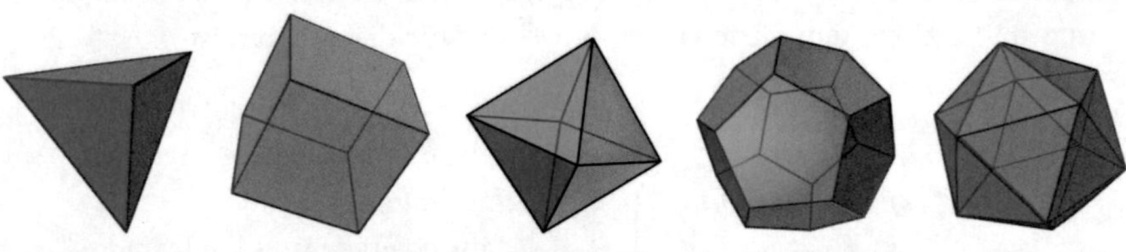

Die platonischen Körper: Tetraeder, Würfel, Oktaeder, Dodekaeder und Ikosaeder

Wir interessieren uns für die Gruppe der Drehungen und Spiegelungen, die einen solchen Körper in sich überführen. Diese Gruppe können wir als Untergruppe der orthogonalen Gruppe $O_3(\mathbb{R})$ verstehen oder in einer symmetrischen Gruppe, indem wir etwa die Operation auf den Ecken, Kanten oder Seitenflächen betrachten.

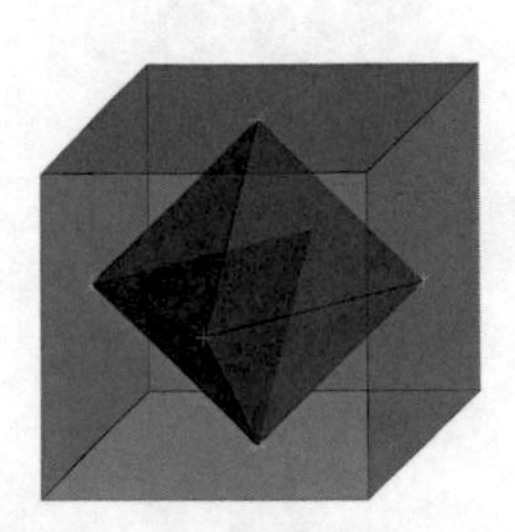

Dualität zwischen Würfel und Oktaeder

Als Erstes beschreiben wir die **Dualitäten**, die zwischen den fünf Körpern bestehen: Wir können das Oktaeder in einen Würfel einbeschreiben, so dass jede Ecke auf einem Seitenmittelpunkt des Würfels zum Liegen kommt (siehe Abbildung). Dieselbe Beziehung besteht zwischen Dodekaeder und Ikosaeder, während das Tetraeder zu sich selbst (bzw. einem kleineren Tetraeder) dual ist. Die Dualitäten spiegeln sich auch in der Anzahl der Ecken und Seitenflächen wider (siehe Tabelle). Die Symmetriegruppen stimmen jeweils überein – die Gruppe operiert auf den Ecken des einen Körpers genauso wie auf den Seitenflächen des anderen.

Am einfachsten ist das **Tetraeder**: Nehmen wir die Gerade durch eine der Ecken und den Mittelpunkt der gegenüberliegenden Seite, dann hat das Tetraeder eine Rotationssymmetrie (um 120°) um diese Achse, die eine Ecke fixiert und die anderen zyklisch permutiert. Wenn wir die Ecken mit 1, 2, 3, 4 nummerieren, dann ist die Drehgruppe als Untergruppe von S_4 also die Gruppe $\langle(1\,2\,3),(1\,2\,4),(1\,3\,4),(2\,3\,4)\rangle = A_4$. Außerdem gibt es eine Spiegelsymmetrie, die zwei gegenüberliegende Ecken vertauscht. Dadurch ist insgesamt jede Permutation der vier Ecken möglich. Die volle Symmetriegruppe des Tetraeders ist also S_4.

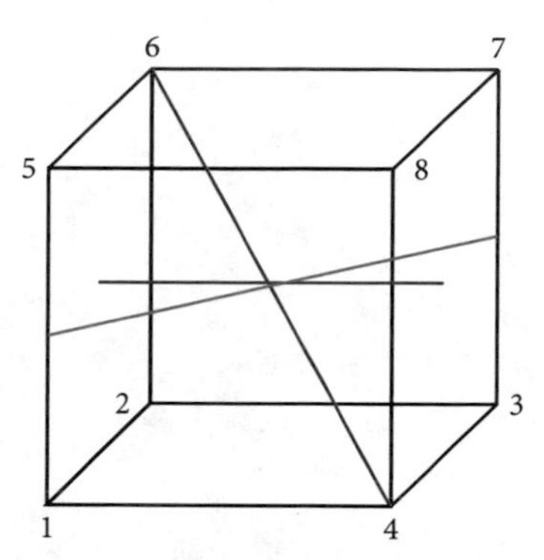

Schematische Darstellung eines Würfels mit den drei Arten von Rotationsachsen.

Für den **Würfel** wird es schon komplizierter. Er hat die folgenden Rotationsachsen:

- Drei Geraden durch die Mittelpunkte gegenüberliegender Seiten, mit einer Rotation der Ordnung 4; im Bild (blau) etwa die Permutation $(1\,2\,6\,5)(4\,3\,7\,8)$.
- Vier Diagonalen, die jeweils zwei gegenüberliegende Ecken verbinden, mit einer Rotation der Ordnung 3; im Bild (rot) etwa die Permutation $(1\,8\,3)(2\,5\,7)$.
- Sechs Geraden durch die Mittelpunkte gegenüberliegender Kanten, mit einer Rotation der Ordnung 2; im Bild (grün) etwa die Permutation $(1\,5)(2\,8)(3\,7)(4\,6)$.

Zusammen mit der Identität macht das $1 + 3 \cdot 3 + 2 \cdot 4 + 1 \cdot 6 = 24$ Rotationssymmetrien. Andererseits kann man sich überzeugen, dass eine Rotation durch die Wirkung auf den vier Diagonalen bestimmt ist. Das macht die Drehgruppe isomorph zu einer Untergruppe von S_4. Da sie $24 = 4! = |S_4|$ Elemente hat, ist sie also die ganze S_4.

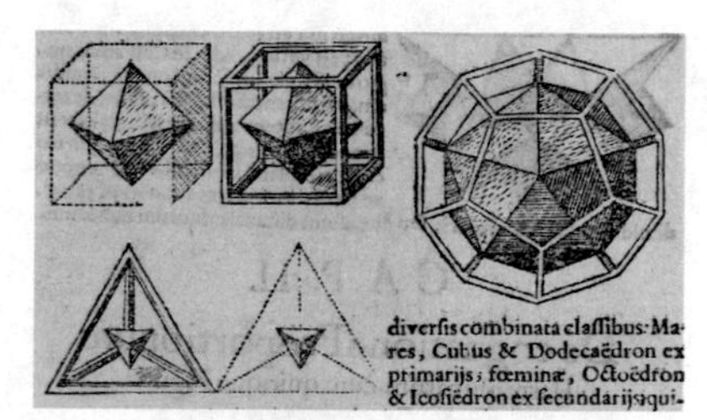

Platonische Körper in *Harmonices Mundi* von Johannes Kepler (1619)

Kepler war zutiefst überzeugt, dass zwischen der Geometrie der fünf platonischen Körper, ergänzt um eine Sphäre, und den Bahnen der sechs damals bekannten Planeten eine tiefliegende Beziehung bestehen müsse (*Mysterium cosmographicum*, 1596). Basierend auf dieser schönen, aber aus heutiger Sicht eher mystisch motivierten Vorstellung wurden allerhand mathematische Betrachtungen angestellt.

Nimmt man die Spiegelungen hinzu, passiert wenig Neues: Die platonischen Körper außer dem Tetraeder sind punktsymmetrisch am Ursprung, erlauben also die Symmetrie $-\mathrm{id}$ (das Negative der Einheitsmatrix). In $O_3(\mathbb{R})$ sind die Abbildungen mit positiver Determinante die Drehungen. Jede Symmetrie mit negativer Determinante wird also durch Komposition mit $-\mathrm{id}$ zu einer Drehung. Da $-\mathrm{id}$ mit allen anderen linearen Abbildungen kommutiert, kann man folgern, dass die volle Symmetriegruppe zu einem direkten Produkt aus der Drehgruppe und der zyklischen Gruppe $\{\pm\,\mathrm{id}\}$ der Ordnung 2 isomorph ist, außer beim Tetraeder.

Am Kompliziertesten ist das **Dodekaeder** bzw. das Ikosaeder, was wir hier nicht diskutieren. Man kann aber grundsätzlich ähnlich argumentieren wie für den Würfel. Insgesamt kommt man zu folgendem Ergebnis.

4.8 Satz *Die Symmetriegruppen der platonischen Körper sind die folgenden:*

Körper	*Drehgruppe*	*Volle Symmetriegruppe*
Tetraeder	A_4	S_4
Würfel/Oktaeder	S_4	$S_4 \times \{\pm\,\mathrm{id}\}$
Dodekaeder/Ikosaeder	A_5	$A_5 \times \{\pm\,\mathrm{id}\}$

Die Symmetrien des Ikosaeders sind mathematisch auch über die Betrachtung der platonischen Körper hinaus sehr interessant, zum Beispiel deshalb, weil die Gruppe A_5 die kleinste nicht-abelsche einfache Gruppe ist. Die Verbindungen zur Funktionentheorie und zur Auflösbarkeit von Gleichungen (siehe Kap. 8) wurden von Felix Klein in seinen berühmt gewordenen »Vorlesungen über das Ikosaeder und die Auflösung der Gleichungen vom fünften Grade« thematisiert.

Man kann weiter beweisen, dass jede endliche Untergruppe von $O_3(\mathbb{R})$ zu einer dieser fünf Gruppen, einer zyklischen Gruppe oder einer Diedergruppe isomorph ist, so dass auch diese Untergruppen vollständig klassifiziert sind.

Die Klassifikation der platonischen Körper und ihrer Symmetriegruppen, sowie der weitere Kontext, sind in vielen Büchern sehr gut dargestellt, auch in Lehrbüchern der Algebra, zum Beispiel dem von Fischer.

4.4 *Gruppen von Primpotenzordnung*

In diesem Abschnitt lassen wir endliche Gruppen in verschiedener Weise auf anderen Gruppen operieren und ziehen einige Folgerungen aus den Ergebnissen in §4.4. Das funktioniert besonders gut für Gruppen von Primpotenzordnung.

Definition Es sei p eine Primzahl. Eine endliche Gruppe G heißt eine **p-Gruppe**, wenn $|G| = p^n$ für ein $n \in \mathbb{N}$ gilt.

4.9 Lemma *Es sei G eine p-Gruppe, die auf einer endlichen Menge X operiert. Dann gilt*

$$|\operatorname{Fix}(G)| \equiv |X| \pmod{p}.$$

Beweis. Sei $|G| = p^n$ und seien $\operatorname{Bahn}(x_1), \ldots, \operatorname{Bahn}(x_m)$ sämtliche Bahnen. Nach der Bahnengleichung (Kor. 4.4) gilt $|X| = \sum_{i=1}^{m}[G : \operatorname{Stab}(x_i)]$. Dabei ist jeder Summand nach Lagrange ein Teiler von $|G|$, also eine Potenz von p. Damit ist $[G : \operatorname{Stab}(x_i)]$ entweder 1, dann ist $\operatorname{Stab}(x_i) = G$ und x_i ein Fixpunkt, oder durch p teilbar. In der Summe bleiben modulo p also nur die Fixpunkte stehen. ■

AUGUSTIN-LOUIS CAUCHY (1789–1857)
Lithographie von Z. Belliard nach einem Gemälde von J. Roller

4.10 Satz (Cauchy) *Es sei G eine endliche Gruppe und p ein Primteiler von $|G|$. Dann gibt es in G ein Element der Ordnung p.*

Beweis. Setze

$$X = \{(g_1, \ldots, g_p) \in G^p \mid g_1 \cdots g_p = e\}.$$

Die Menge X hat die Mächtigkeit $|X| = |G|^{p-1}$. Denn sind $g_1, \ldots, g_{p-1} \in G$ beliebig, dann gibt es genau ein $g_p \in G$ mit $(g_1, \ldots, g_p) \in X$, nämlich $g_p = (g_1 \cdots g_{p-1})^{-1}$. Also ist X in Bijektion zu G^{p-1}.

Nun operiert die zyklische Gruppe $C_p = \langle a \rangle$ der Ordnung p auf X durch zyklische Vertauschung, d.h., der Erzeuger a operiert durch

$$a\big((g_1, \ldots, g_p)\big) = (g_2, \ldots, g_p, g_1).$$

Dieser wunderschöne Beweis stammt von J. H. MCCAY: »Another proof of Cauchy's group theorem«. In: *Amer. Math. Monthly* 66 (1959)

Ein Fixpunkt dieser Operation muss dann lauter gleiche Einträge haben, hat also die Form $(g, \ldots, g)$ für ein $g \in G$ mit $g^p = e$. Ein solcher Fixpunkt ist $(e, \ldots, e)$. Jeder weitere Fixpunkt entspricht einem Element der Ordnung p. Nach Lemma 4.9 gilt nun

$$|\operatorname{Fix}(C_p)| \equiv |G^{p-1}| \equiv 0 \pmod{p}.$$

Also ist $|\operatorname{Fix}(C_p)|$ durch p teilbar. Wegen $(e, \ldots, e) \in \operatorname{Fix}(C_p)$ ist $|\operatorname{Fix}(C_p)| > 0$. Es muss also mindestens p Fixpunkte geben und damit ein Element der Ordnung p. ■

4.11 Korollar *Es sei p eine Primzahl. Eine endliche Gruppe $G \neq \{e\}$ ist genau dann eine p-Gruppe, wenn die Ordnung jedes Elements in G eine Potenz von p ist.*

Beweis. Da die Ordnung eines Elements die Gruppenordnung teilt, sind die Ordnungen der Elemente einer p-Gruppe allesamt p-Potenzen. Ist umgekehrt $G \neq \{e\}$ keine p-Gruppe, dann hat $|G|$ einen Primteiler $q \neq p$. Nach dem Satz von Cauchy gibt es in G ein Element der Ordnung q. ■

4.12 Beispiel Die alternierende Gruppe A_4 hat die Ordnung 12. Nach Cauchy muss sie Elemente der Ordnung 2 und 3 enthalten. Dagegen enthält A_4 keine Elemente der Ordnung 4, 6 oder 12. (Alle Elemente $\neq$ id von A_4 sind Dreizykel oder Produkte von zwei disjunkten Transpositionen.) ◇

Miniaufgaben

4.8 Begründe die folgende Aussage, die im Beweis von Satz 4.10 verwendet wird: Ist p eine Primzahl und $g \in G$ mit $g^p = e$, dann ist $g = e$ oder g ist ein Element der Ordnung p.

4.9 Welche Ordnungen von Elementen gibt es in der Diedergruppe D_6?

Als Anwendung des Satzes von Cauchy bestimmen wir die Gruppen der Ordnung $2p$:

4.13 Satz *Sei p eine Primzahl und G eine Gruppe der Ordnung $2p$. Entweder ist G zyklisch oder isomorph zur Diedergruppe D_p.*

Beweis. Für $p = 2$ ist die Behauptung richtig, wenn man die Kleinsche Vierergruppe als D_2 auffasst (siehe Miniaufgabe 3.7). Sei also $p \geqslant 3$. Nach dem Satz von Cauchy gibt es in G ein Element a der Ordnung p und ein Element b der Ordnung 2. Setze $H = \langle a \rangle$ und $K = \langle b \rangle$. Die Untergruppe H hat Index 2 und ist damit normal nach Prop. 3.37. Es gibt also $j \in \mathbb{Z}$ mit

$$bab = a^j,$$

wobei wir $b = b^{-1}$ wegen $b^2 = e$ benutzt haben. Da p ungerade ist, gilt außerdem $H \cap K = \{e\}$ und damit $G = \{e, a, \dots, a^{p-1}, b, ba, \dots, ba^{p-1}\} = \langle a, b \rangle$. Nun gilt

$$a^{j^2} = (a^j)^j = (bab)^j = ba^j b = b(bab)b = a.$$

Es gilt also $a^{j^2-1} = e$ und damit $p|(j^2 - 1)$. Da p prim ist, folgt $p|(j-1)$ oder $p|(j+1)$. Wir unterscheiden diese beiden Fälle:

(1) $p|(j-1)$. In diesem Fall gilt $bab = a^j = a$, also $ab = ba$, und ab hat die Ordnung $2p$, denn es gilt $(ab)^p = a^p b = b \neq e$, wegen $2 \nmid p$. Also ist G zyklisch.

(2) $p|(j+1)$. Dann gilt $bab = a^j = a^{-1}$ und damit ist $G \cong D_p$. ∎

Als Nächstes betrachten wir die Operation einer Gruppe G auf sich selbst durch Konjugation (vgl. §3.5), also durch

$$g(x) = gxg^{-1} \qquad (g, x \in G).$$

Dabei haben wir $x, y \in G$ **konjugiert** genannt, wenn es ein $g \in G$ mit $gxg^{-1} = y$ gibt, wenn also x und y in derselben Bahn unter Konjugation liegen. Die Bahnen sind die Konjugationsklassen $\mathrm{Konj}(x) = \{gxg^{-1} \mid g \in G\}$ für $x \in G$.

Zwei konjugierte Matrizen in $\mathrm{GL}_n(K)$ heißen in der linearen Algebra *ähnlich*, und die zu Diagonalmatrizen konjugierten Matrizen sind *diagonalisierbar*. Allerdings lässt man $\mathrm{GL}_n(K)$ auch auf allen $n \times n$-Matrizen und nicht nur auf sich selbst operieren.

4.14 Beispiele (1) In der symmetrischen Gruppe S_n entspricht die Konjugationsklasse einer Permutation ihrer Zykelstruktur (Prop. 3.32).

(2) In jeder Gruppe G gilt $\mathrm{Konj}(e) = \{e\}$. Allgemeiner gilt

$$\mathrm{Konj}(g) = \{g\} \Leftrightarrow g \in Z(G)$$

wobei $Z(G)$ das Zentrum von G bezeichnet. In einer abelschen Gruppe sind alle Konjugationsklassen einelementig. ◇

Da jedes Element einer Gruppe g entweder im Zentrum liegt oder in einer Konjugationsklasse mit mindestens zwei Elementen, gilt die **Klassengleichung**

$$|G| = |Z(G)| + |K_1| + \dots + |K_r|, \tag{4.15}$$

wobei $K_1, \dots, K_r$ die Konjugationsklassen von G mit $|K_i| > 1$ sind. Ist G eine p-Gruppe, dann können wir folgern, dass das Zentrum nicht nur aus dem neutralen Element bestehen kann, so ähnlich wie im Beweis des Satzes von Cauchy.

4.16 Korollar *Es sei G eine endliche p-Gruppe. Dann gilt* $Z(G) \neq \{e\}$.

Beweis. Denn nach Lemma 4.9 gilt

$$|Z(G)| \equiv |G| \equiv 0 \pmod p$$

und wegen $e \in Z(G)$ ist $|Z(G)| > 0$, also $|Z(G)| \geqslant p$. ■

Da das Zentrum ein Normalteiler ist und die Faktorgruppe $G/Z(G)$ für eine p-Gruppe G wieder eine p-Gruppe ist, können wir Kor. 4.16 wiederholt anwenden und so zum Beispiel das Folgende beweisen.

4.17 Satz *Sei p eine Primzahl. Jede Gruppe der Ordnung* p^2 *ist abelsch.*

Für den Beweis verwenden wir ein Lemma:

Dieses Lemma hat eine ungewöhnliche logische Struktur. Denn ist G abelsch, dann ist $Z(G) = G$ und $G/Z(G)$ trivial. Das Lemma sagt also, dass seine eigene Voraussetzung nur auf triviale Weise eintreten kann.

4.18 Lemma *Sei G eine Gruppe. Falls* $G/Z(G)$ *zyklisch ist, dann ist G abelsch.*

Beweis. Es sei $G/Z(G)$ zyklisch, etwa $G/Z(G) = \langle gZ(G)\rangle$ für $g \in G$. Für jedes $x \in G$ gilt dann $xZ(G) = g^k Z(G)$ für ein $k \in \mathbb{Z}$. Es gibt also $z \in Z(G)$ mit $x = g^k z$. Ist $y \in G$ ein weiteres Element, dann können wir ebenso $y = g^l z'$ für $l \in \mathbb{Z}$ und $z' \in Z(G)$ schreiben, und es folgt

$$xy = g^k z g^l z' = g^{k+l} z z' = g^l z' g^k z = yx.$$ ■

Beweis von Satz 4.17. Sei G eine Gruppe mit $|G| = p^2$. Die Ordnung des Zentrums von G ist nach Lagrange 1, p oder p^2. Nach Kor. 4.16 gilt aber $Z(G) \neq \{e\}$, also $|Z(G)| \neq 1$. Falls $|Z(G)| = p$ gilt, dann betrachten wir die Faktorgruppe $G/Z(G)$. Sie hat die Ordnung p und ist deshalb zyklisch. Nach dem vorangehenden Lemma muss G dann abelsch sein, im Widerspruch dazu, dass $Z(G)$ eine echte Untergruppe von G ist. Also ist nur $|Z(G)| = p^2$ möglich und damit G abelsch. ■

Miniaufgabe

4.10 Die Diedergruppe D_4 hat 8 Elemente. Bestimme ihre Konjugationsklassen, ihr Zentrum und $D_4/Z(D_4)$, und vergleiche mit den Aussagen auf dieser Seite.

Ist G eine endliche Gruppe, dann ist die Ordnung jeder Untergruppe von G nach dem Satz von Lagrange ein Teiler der Ordnung von G. Umgekehrt existiert aber nicht zu jedem Teiler eine Untergruppe der entsprechenden Ordnung. Beispielsweise enthält die Gruppe A_4 der Ordnung 12 keine Untergruppe der Ordnung 6 (Aufgabe 3.37). Allerdings besitzt jede endliche Gruppe Untergruppen maximaler Primpotenzordnung, ihre sogenannten Sylowgruppen. Die Sylowschen Sätze beinhalten noch weitere Informationen über diese Untergruppen und sind die ersten »tiefen« Struktursätze der Theorie der endlichen Gruppen.

Definition Es sei G eine endliche Gruppe, p eine Primzahl und $m \in \mathbb{N}_0$ der größte Exponent, für den $|G|$ durch p^m teilbar ist, das heißt, $|G| = p^m a$ mit $p \nmid a$. Eine Untergruppe der Ordnung p^m von G wird p-**Sylowgruppe** von G genannt.

4.19 Satz (Sylow) *Es sei G eine endliche Gruppe. Dann existiert zu jedem Primteiler p von $|G|$ eine p-Sylowgruppe in G.*

Beweis. Wir zeigen die Behauptung durch Induktion nach der Gruppenordnung $|G|$. Für $|G| = 1$ ist nichts zu zeigen. Sei also $|G| > 1$, p ein Primteiler von $|G|$ und m der größte Exponent mit $p^m \| |G|$. Wir unterscheiden zwei Fälle:

Der norwegische Mathematiker PETER LUDWIG MEJDELL SYLOW (1832–1918) publizierte die nach ihm benannten Sätze im Jahr 1872. Ihre Bedeutung für die Gruppentheorie wurde schnell erkannt. Die Aussage von Satz 4.19 findet sich schon als unbewiesene Behauptung in den Schriften Galois. Die Beweisidee, der wir hier folgen, stammt von Frobenius.

(1) Die Primzahl p teilt die Ordnung des Zentrums $Z(G)$. Nach dem Satz von Cauchy (Satz 4.10) enthält $Z(G)$ dann ein Element g der Ordnung p. Da g im Zentrum von G liegt, ist die zyklische Untergruppe $\langle g \rangle$ der Ordnung p normal, und die Ordnung der Faktorgruppe $G/\langle g \rangle$ ist durch p^{m-1} teilbar, aber nicht durch p^m. Nach Induktionsvoraussetzung enthält $G/\langle g \rangle$ eine Sylow-Untergruppe H der Ordnung p^{m-1}. Das Urbild von H in G ist dann eine p-Sylowgruppe von G.

(2) Die Ordnung von $Z(G)$ ist nicht durch p teilbar. Dann betrachten wir die Klassengleichung (4.15)

$$|G| = |Z(G)| + \sum_{i=1}^{r} |K_i|$$

wobei die Summe über die verschiedenen Konjugationsklassen $K_1, \ldots, K_r$ von G mit $|K_i| > 1$ läuft. Da $|Z(G)|$ nicht durch p teilbar ist, $|G|$ aber schon, muss es mindestens eine Konjugationsklasse K_j geben, deren Mächtigkeit ebenfalls nicht durch p teilbar ist. Sei $g \in G$ mit $K_j = \mathrm{Konj}(g)$ und betrachte den Stabilisator $H = \mathrm{Stab}(g) = \{h \in G \mid hgh^{-1} = g\}$ (der *Zentralisator* von g). Da g nicht im Zentrum von G liegt, ist H eine echte Untergruppe von G. Nach der Stabilisatorformel (Prop. 4.3) gilt $|G| = |\mathrm{Konj}(g)| \cdot |H|$ und damit

$$|\mathrm{Konj}(g)| = |G|/|H|.$$

Da die linke Seite nach Wahl von g nicht durch p teilbar ist, muss $|H|$ durch p^m teilbar sein. Nach Induktionsvoraussetzung besitzt H eine p-Sylowgruppe der Ordnung p^m, und diese ist auch eine p-Sylowgruppe von G. ∎

Damit ist die Existenz der Sylowgruppen bewiesen. Diese Aussage werden wir später zum Beispiel verwenden, um den Fundamentalsatz der Algebra zu beweisen (§8.5).

4.20 Beispiele (1) Die Gruppe A_4 der Ordnung 12 besitzt genau eine 2-Sylowgruppe, nämlich $V_4 = \{\mathrm{id}, (12)(34), (13)(24), (14)(23)\}$.

(2) Jede endliche abelsche Gruppe G, besitzt eine eindeutige p-Sylowgruppe, die genau aus allen Elementen besteht, deren Ordnung eine p-Potenz ist. Das kann man entweder direkt aus dem Struktursatz für endliche abelsche Gruppen (Satz 3.69) oder aus dem folgenden Satz von Sylow folgern (Aufgabe 4.19). ◇

Der folgende Satz enthält wesentlich mehr Informationen über die p-Sylowgruppen.

4.21 Satz (Sylow) *Es sei G eine endliche Gruppe, p ein Primteiler von $|G|$ und m der größte Exponent mit $p^m \mid |G|$.*

(1) *Alle p-Sylowgruppen sind konjugiert, das heißt, gegeben zwei p-Sylowgruppen P und Q von G, dann gibt es $g \in G$ mit $P = gQg^{-1}$.*

(2) *Die Anzahl der p-Sylowgruppen ist kongruent 1 modulo p und ein Teiler von $\frac{|G|}{p^m}$.*

Einige Bemerkungen, bevor wir uns um den Beweis kümmern: Es sei Σ die Menge aller p-Sylowgruppen von G. Ist $P \in \Sigma$ eine p-Sylowgruppe und $g \in G$, dann ist die zu P konjugierte Untergruppe gPg^{-1} zu P isomorph und damit ebenfalls eine p-Sylowgruppe. Die Gruppe G operiert also auf Σ durch Konjugation. Wir beweisen alle Aussagen des Satzes dadurch, dass wir die Bahnen und Stabilisatoren dieser Operation analysieren. Dazu zeigen wir als Erstes eine Hilfsaussage.

4.22 Lemma *Es sei p ein Primteiler von $|G|$, sei P eine p-Sylowgruppe von G und $g \in G$ ein Element der Ordnung p. Falls $gPg^{-1} = P$ gilt, dann folgt $g \in P$.*

Beweis. Es sei $H = \langle P, g \rangle$ die von P und g erzeugte Untergruppe von G. Aus der Voraussetzung folgt, dass P eine normale Untergruppe von H ist. Es gilt $|H| = |P| \cdot |H/P|$ nach Lagrange, und die Faktorgruppe H/P ist zyklisch, erzeugt von der Nebenklasse gP. Da g die Ordnung p hat, hat H/P damit Ordnung p oder Ordnung 1. Wäre $|H/P| = p$, dann würde $|H| = p \cdot |P|$ gelten, im Widerspruch zur Maximalität der Ordnung von $|P|$. Es muss also $|H/P| = 1$ sein, was $H = P$ und $g \in P$ bedeutet. ■

Beweis von Satz 4.21. (2) Wir fixieren eine p-Sylowgruppe $P \in \Sigma$. Ist $|\Sigma| = 1$, dann ist die Aussage trivial. Andernfalls betrachten wir die Operation von P auf Σ durch Konjugation (also eine Einschränkung der Operation von G). Ist $Q \in \Sigma$ mit $Q \neq P$, dann gibt es nach dem vorangehenden Lemma ein Element $g \in P$ mit $gQg^{-1} \neq Q$. Mit anderen Worten, P ist der einzige Fixpunkt der Operation von P auf Σ.

Da P eine p-Gruppe ist, ist die Anzahl der Fixpunkte nach Lemma 4.9 andererseits kongruent $|\Sigma|$ modulo p. Es folgt $|\Sigma| \equiv 1 \pmod p$ und damit der erste Teil von (2).

(1) Wir müssen zeigen, dass G auf Σ transitiv operiert, dass es also nur eine Bahn in Σ unter der Konjugation geben kann. Angenommen falsch, das heißt, es gäbe zwei verschiedene Bahnen Σ_1 und Σ_2. Wir fixieren $P \in \Sigma_1$, dann folgt $P \notin \Sigma_2$, da verschiedene Bahnen disjunkt sind. Wie wir gerade gesehen haben, operiert auch die Untergruppe P von G auf Σ und damit auch auf Σ_1 und Σ_2. Dieselbe Betrachtung wie oben zeigt, dass die Operation von P auf Σ_1 genau einen Fixpunkt hat, nämlich P, während die Operation von P auf Σ_2 keinen Fixpunkt besitzt. Daraus folgt dann

$$|\Sigma_1| \equiv 1 \pmod p \qquad \text{und} \qquad |\Sigma_2| \equiv 0 \pmod p.$$

Andererseits können wir dasselbe Argument auch mit einer p-Sylowgruppe $Q \in \Sigma_2$ machen, die dann nicht in Σ_1 liegt. Auf dieselbe Weise folgt dann gerade das Umgekehrte, also $|\Sigma_1| \equiv 0 \pmod p$ und $|\Sigma_2| \equiv 1 \pmod p$. Dieser Widerspruch zeigt (1).

(2, zweite Teilaussage) Wir fixieren wieder $P \in \Sigma$. Nach (1) gilt $\mathrm{Bahn}(P) = \Sigma$. Damit gilt nach der Stabilisatorformel $|G| = |\Sigma| \cdot |\mathrm{Stab}(P)|$, also

$$|\Sigma| = \frac{|G|}{|\mathrm{Stab}(P)|}.$$

Der Stabilisator $\mathrm{Stab}(P)$ ist eine Untergruppe von G, die P enthält. Deshalb ist $|\mathrm{Stab}(P)|$ durch $|P| = p^m$ teilbar, woraus die Behauptung folgt. ■

4.23 Korollar *Es sei p ein Primteiler von $|G|$ und P eine p-Sylowgruppe. Genau dann ist P normal in G, wenn G keine weitere p-Sylowgruppe besitzt.*

Beweis. Miniaufgabe (siehe unten). ■

4.24 Korollar *Es sei p eine Primzahl. Jede p-Untergruppe einer endlichen Gruppe G (und damit auch jedes Element von G, dessen Ordnung eine p-Potenz ist), ist in einer p-Sylowgruppe von G enthalten.*

Beweis. Sei wieder Σ die Menge der p-Sylowgruppen und sei $U \subset G$ eine p-Gruppe. Wir betrachten die Operation von U auf Σ durch Konjugation. Da $|\Sigma|$ nach Satz 4.21(2) nicht durch p teilbar ist und U eine p-Gruppe ist, hat diese Operation einen Fixpunkt $P \in \Sigma$ nach Lemma 4.9. Nach Lemma 4.22 gilt dann $U \subset P$. ■

Die p-Sylowgruppen haben die maximale p-Potenz-Ordnung. Aus ihrer Existenz folgt, dass es immer auch Untergruppen jeder kleineren p-Potenz-Ordnung gibt:

4.25 Korollar *Es sei G eine endliche Gruppe, p eine Primzahl und $k \in \mathbb{N}$ mit $p^k \| |G|$. Dann besitzt G eine Untergruppe der Ordnung p^k.*

Beweis. Aufgabe 4.20. ■

4.26 Beispiele Aus den Sylowschen Sätzen kann man eine ganze Menge Information über die Struktur endlicher Gruppen ziehen. Konkret kann man für Gruppen kleiner Ordnung Aussagen wie die folgenden bekommen:

(1) Jede Gruppe der Ordnung pq für zwei Primzahlen $p > q$ besitzt einen nicht-trivialen Normalteiler der Ordnung p. Denn die Anzahl s_p der p-Sylowgruppen erfüllt $s_p \equiv 1 \pmod p$ und ist andererseits ein Teiler von q, was $s_p = 1$ impliziert. Also ist die p-Sylowgruppe normal (Kor. 4.23).

(2) Jede Gruppe der Ordnung 63 enthält einen nicht-trivialen Normalteiler der Ordnung 7. Denn es gilt $63 = 3^2 \cdot 7$. Eine Gruppe der Ordnung 63 enthält also Untergruppen der Ordnung 9 und 7. Nach Satz 4.21 gilt für ihre Anzahlen:

Ordnung p^m	Anzahl s_p der p-Sylowgruppen
7	$s_7 \| 9$ und $s_7 \equiv 1 \pmod 7$
9	$s_3 \| 7$ und $s_3 \equiv 1 \pmod 3$.

Daraus folgt, dass es nur eine 7-Sylowgruppe geben kann, und entweder eine oder sieben 3-Sylowgruppen. In jedem Fall ist die 7-Sylowgruppe ein Normalteiler von G. Ähnlich kann man allgemeiner für Gruppen der Ordnung p^2q für Primzahlen $p \neq q$ argumentieren (Aufgabe 4.18). Eine etwas kompliziertere Variante dieses Arguments wird für Aufgabe 4.15 gebraucht.

Ist G eine Gruppe der Ordnung 63, N ein Normalteiler der Ordnung 7 und U eine Untergruppe der Ordnung 9, dann folgt $N \cap U = \{e\}$ und $G = NU$. Also ist G das semidirekte Produkt von zwei Sylowgruppen. In dieser Weise kann man schließlich die Struktur aller Gruppen der Ordnung 63 vollständig bestimmen. ◇

Miniaufgaben

4.11 Bestimme die p-Sylowgruppen von S_3.

4.12 Beweise Kor. 4.23.

4.13 Wie sehen die 2-Sylowgruppen von S_4 aus?

4.5 *Exkurs: Semidirekte Produkte*

Bei einem inneren direkten Produkt ist eine Gruppe aus zwei Normalteilern zusammengesetzt. Das semidirekte Produkt ist folgende Abschwächung.

Definition Es sei G eine Gruppe, U eine Untergruppe und N ein Normalteiler mit

$$G = NU \quad \text{und} \quad N \cap U = \{e\},$$

dann nennen wir G das **(innere) semidirekte Produkt** von N und U.

Man beachte, dass das Produkt NU aus einem Normalteiler und einer Untergruppe immer eine Untergruppe von G ist, nach Lemma 3.54.

4.27 Proposition *Für eine Gruppe G mit einer Untergruppe U und einem Normalteiler N sind äquivalent:*

(i) Die Gruppe G ist das semidirekte Produkt von N und U.

(ii) Jedes Element $x \in G$ besitzt eine eindeutige Darstellung

$$x = gh \qquad (g \in N,\ h \in U).$$

Beweis. Die Gleichheit $G = NU$ entspricht der Existenz der Darstellung in (ii) und $N \cap H = \{e\}$ der Eindeutigkeit, analog zu Satz 3.47. ■

4.28 Beispiele (1) Die Diedergruppe D_n, erzeugt von einer Drehung d und einer Spiegelung s, ist das semidirekte Produkt der Untergruppen $N = \langle d \rangle$ und $U = \langle s \rangle$.

(2) Die symmetrische Gruppe S_n ist das semidirekte Produkt der alternierenden Gruppe A_n und der Untergruppe $\langle (12) \rangle$ der Ordnung 2. ◇

Dieselbe Aussage gilt natürlich erst recht für das direkte Produkt von zwei Normalteilern.

4.29 Proposition *Ist G das semidirekte Produkt einer Untergruppe U und eines Normalteilers N, dann gilt*

$$G/N \cong U.$$

Beweis. Ist $\varphi: G \to G/N$ die Nebenklassenabbildung $g \mapsto gN$, dann gilt wie üblich $\mathrm{Kern}(\varphi) = N$. Wegen $N \cap U = \{e\}$ ist $\varphi|_U$ injektiv, also ist $\varphi(U)$ isomorph zu U. Aus $G = NU$ folgt andererseits $\varphi(U) = \varphi(G) = G/N$. ■

4.30 Beispiel Die additive Gruppe $\mathbb{Z}$ ist nicht das semidirekte Produkt irgendwelcher echter Untergruppen. Denn ist $U_1 \neq \{0\}$ eine Untergruppe von $\mathbb{Z}$, dann gilt $U_1 = m\mathbb{Z}$ für ein $m \in \mathbb{N}$. Da $\mathbb{Z}$ abelsch ist, ist U_1 automatisch normal. Es gibt aber überhaupt keine Untergruppe $U_2 \neq \{0\}$ mit $U_1 \cap U_2 = \{0\}$. Denn auch U_2 hat die Form $U_2 = l\mathbb{Z}$ für ein $l \in \mathbb{N}$, und so folgt $kl \in U_1 \cap U_2$. Man sagt, die Untergruppe U_1 *hat kein Komplement* in $\mathbb{Z}$ (siehe auch §9.2).

Dazu passt auch, dass $\mathbb{Z}$ keine Untergruppe besitzt, die zur Faktorgruppe $\mathbb{Z}/U_1 = \mathbb{Z}/m$ isomorph ist, was nach Prop. 4.29 der Fall sein müsste, wäre $\mathbb{Z}$ ein semidirektes Produkt aus U_1 und irgendeiner anderen Untergruppe. ◇

Miniaufgaben

4.14 Überprüfe die Aussagen über D_n und S_n als semidirekte Produkte in 4.28.

4.15 Beweise Korollar 3.48.

Aus zwei gegebenen Gruppen G_1 und G_2 können wir ohne Weiteres das äußere direkte Produkt $G_1 \times G_2$ bilden. Oft kann man auch ein äußeres semidirektes Produkt von G_1 und G_2 bilden. Dazu betrachten wir noch einmal das Produkt von zwei Elementen aus NU, wenn N ein Normalteiler einer Gruppe G ist und U eine beliebige Untergruppe (vgl. Lemma 3.54): Für $n, n_1, n_2 \in N$ und $h, h_1, h_2 \in U$ gelten

$$(4.31) \qquad n_1h_1n_2h_2 = n_1 \underbrace{h_1n_2h_1^{-1}}_{\in N} h_1h_2 \in NU \quad \text{und} \quad (nh)^{-1} = \underbrace{h^{-1}n^{-1}h}_{\in N} h^{-1} \in NU.$$

Die Untergruppe U operiert also durch Konjugation auf N. Die Konjugation können wir abstrakt durch eine beliebige Operation einer Gruppe auf einer anderen ersetzen:

4.32 Lemma und Definition Es seien H und N zwei Gruppen und sei

$$\alpha: H \to \mathrm{Aut}(N),\ h \mapsto \alpha_h$$

ein Homomorphismus. Explizit heißt das, dass H auf der Menge N operiert und die bijektive Abbildung $\alpha_h: N \to N,\ n \mapsto \alpha_h(n)$ für jedes $h \in H$ ein Homomorphismus ist. Auf der Menge $N \times H$ definieren wir

$$(n_1, h_1) \cdot (n_2, h_2) \ = \ (n_1 \cdot \alpha_{h_1}(n_2), h_1 h_2).$$

Die Menge $N \times H$ bildet mit dieser Verknüpfung eine Gruppe, genannt das (äußere) **semidirekte Produkt** von H und N bezüglich α. Wir bezeichnen diese Gruppe mit

$$N \rtimes_\alpha H.$$

Zur besseren Lesbarkeit schreiben wir hier α_h statt $\alpha(h)$. Es ist also $\alpha_{h_1 h_2}(n) = \alpha_{h_1}(\alpha_{h_2}(n))$ für $h_1, h_2 \in H$ und $n \in N$.

Beweis. Die angegebene Verknüpfung ist assoziativ, wie die folgende Rechnung zeigt: Für $n_1, n_2, n_3 \in N$ und $h_1, h_2, h_3 \in H$ gilt

$$\begin{aligned}((n_1,h_1)(n_2,h_2))(h_3,h_3) &= (n_1\alpha_{h_1}(n_2), h_1h_2)(n_3,h_3) = (n_1\alpha_{h_1}(n_2)\alpha_{h_1h_2}(n_3), h_1h_2h_3)\\ &= (n_1\alpha_{h_1}(n_2\alpha_{h_2}(n_3)), h_1h_2h_3) = (n_1,h_1)(n_2\alpha_{h_2}(n_3), h_2h_3)\\ &= (n_1,h_1)((n_2,h_2)(n_3,h_3)).\end{aligned}$$

Das neutrale Element ist (e, e), und es gilt

$$(n,h)(\alpha_{h^{-1}}(n^{-1}), h^{-1}) = (n\alpha_h(\alpha_{h^{-1}}(n^{-1})), hh^{-1}) = (e,e)$$

und damit $(n,h)^{-1} = (\alpha_{h^{-1}(n^{-1})}, h^{-1})$. ■

Ein semidirektes Produkt $G = N \rtimes H$ ist aus den beiden Gruppen N und $H \cong G/N$ zusammengesetzt.

Allgemeiner kann man **Gruppenerweiterungen** studieren: Gegeben zwei Gruppen N und H, welche Gruppen G gibt es, die N als Normalteiler enthalten und $G/N \cong H$ erfüllen? Eine Gruppe G, die ein direktes oder semidirektes Produkt von G und H ist, ist eine solche Gruppe, aber es kann auch weitere Möglichkeiten geben (sogenannte *nicht-zerfallende Erweiterungen* – siehe zum Beispiel Aufgabe 4.23(b)). In voller Allgemeinheit ist das Problem, alle Erweiterungen zu bestimmen, sehr schwierig, aber viele Spezialfälle sind vollständig verstanden.

Man beachte, dass in $N \rtimes H$ die Gleichheit

$$(e,h)(n,e)(e,h)^{-1} = (\alpha_h(n), e)$$

für alle $n \in N$ und $h \in H$ gilt. Aus α_h von N wird also in $N \rtimes_\alpha H$ die Konjugation mit h. Die Gruppe $N \rtimes_\alpha H$ ist das semidirekte Produkt der beiden Untergruppen

$$N' = \{(n,e) \mid n \in N\} \quad \text{und} \quad H' = \{(e,h) \mid h \in H\}.$$

Ist $G = NU$ das (innere) semidirekte Produkt aus einem Normalteiler N und einer Untergruppe U, dann definieren wir $\alpha: H \to \mathrm{Aut}(N)$ durch

$$\alpha_h(n) = hnh^{-1}.$$

Das äußere semidirekte Produkt $N \rtimes_\alpha H$ ist dann isomorph zu G, unter dem Isomorphismus $(n, h) \mapsto nh$. Das ist gerade die Rechnung in Gleichung (4.31).

4.33 Beispiele (1) Für jeden Körper K operiert die Gruppe $\mathrm{GL}_n(K)$ wie üblich auf der additiven Gruppe $(K^n, +)$: Wir haben $\alpha: \mathrm{GL}_n(K) \to \mathrm{Aut}(K^n)$ gegeben durch $\alpha_A(x) = Ax$ für $A \in \mathrm{GL}_n(K)$ und $x \in K^n$. Das so definierte semidirekte Produkt $G = K^n \rtimes_\alpha \mathrm{GL}_n(K)$ hat also die Verknüpfung

$$(x, A)(y, B) = (x + Ay, AB).$$

Diese Gruppe hat eine Interpretation als Gruppe der affinen Transformationen auf K^n. Der additive Teil $(K^n, +)$ entspricht dabei der Translation um den Vektor x.

(2) Für Gruppen N, H gibt es immer die triviale Operation $\alpha: H \to \mathrm{Aut}(N)$, $h \mapsto \mathrm{id}_N$. Das semidirekte Produkt $N \rtimes_\alpha H$ ist dann das direkte Produkt $N \times H$.

(3) Es sei $N = \mathbb{Z}/5$ und $H = \mathbb{Z}/2$. Welche semidirekten Produkte können wir aus diesen beiden Gruppen bilden? Die Automorphismengruppe $\mathrm{Aut}(\mathbb{Z}/5) \cong (\mathbb{Z}/5)^*$ ist durch die primen Restklassen modulo 5 gegeben. Diese Gruppe hat die Ordnung 4 und ist zyklisch nach Kor. 3.74, nämlich erzeugt von $[2]_5$. Sie enthält deshalb genau eine Untergruppe der Ordnung 2, die Untergruppe erzeugt von $[2]_5^2 = [4]_5 = [-1]_5$. Das führt auf die Operation

$$\alpha: \mathbb{Z}/2 \to \mathrm{Aut}(\mathbb{Z}/5), \ \alpha_{[0]_2}([a]_5) = [a]_5, \ \alpha_{[1]_2}([a]_5) = [4a]_5 = [-a]_5.$$

Das semidirekte Produkt $\mathbb{Z}/5 \rtimes_\alpha \mathbb{Z}/2$ ist eine nicht-abelsche Gruppe der Ordnung 10. Es ist die Diedergruppe D_5 (zwangsläufig nach Satz 4.13, man kann es aber auch an der Konstruktion nachvollziehen). Die einzige andere Möglichkeit für ein semidirektes Produkt von $\mathbb{Z}/5$ und $\mathbb{Z}/2$ ist das direkte Produkt $\mathbb{Z}/5 \times \mathbb{Z}/2 \cong \mathbb{Z}/10$. ◇

4.6 *Exkurs: Die Klassifikation der endlichen einfachen Gruppen*

Weitaus komplizierter als die Klassifikation aller endlichen *abelschen* Gruppen, die wir in diesem Kapitel erledigt haben, ist die Klassifikation aller endlichen Gruppen überhaupt. Wir haben schon ein paar einfache Aussagen gesehen. Sei p eine Primzahl, dann haben wir Folgendes bewiesen:

- Jede Gruppe der Ordnung p ist zyklisch (Kor. 3.20).
- Jede Gruppe der Ordnung p^2 ist abelsch (Satz 4.17).
- Jede Gruppe der Ordnung $2p$ ist zyklisch oder die Diedergruppe D_p (Satz 4.13).

Über Ordnungen, die anders zusammengesetzt sind, haben wir keine allgemeinen Aussagen bewiesen. Generell gilt, dass das **Klassifikationsproblem** schwieriger wird, je mehr eine Zahl zusammengesetzt ist, besonders wenn ein Primfaktor zu einer hohen Potenz auftritt. Es gibt zum Beispiel 14 Gruppen der Ordnung 16, 10.494.213 Gruppen der Ordnung $512 = 2^9$ und 49.487.365.422 Gruppen der Ordnung $1024 = 2^{10}$. Derzeit ist $2048 = 2^{11}$ die kleinste Zahl, für die selbst die Anzahl der Isomorphieklassen unbekannt ist.

Die kleinste Zahl, die von keinem der obigen Sätze abgedeckt ist, ist 8. An Gruppen der Ordnung 8 kennen wir die abelschen Gruppen $\mathbb{Z}/8$, $\mathbb{Z}/4 \times \mathbb{Z}/2$ und $(\mathbb{Z}/2)^3$, außerdem die Diedergruppe D_4. Man kann zeigen, dass es bis auf Isomomorphie genau eine weitere Gruppe mit acht Elementen gibt, die *Quaternionengruppe* (siehe Aufgabe 4.26).

Andererseits haben diese Gruppen von Primpotenzordnung alle ein nicht-triviales Zentrum (Kor. 4.16). Insbesondere besitzen sie immer nicht-triviale Normalteiler und sind damit nicht **einfach**, es sei denn sie sind zyklisch von Primzahlordnung. Da jede endliche Gruppe aus einfachen Gruppen zusammengesetzt ist (wenn auch im Allgemeinen auf komplizierte Weise), hat man sich ab Mitte des zwanzigsten Jahrhunderts ernsthaft daran gemacht, alle endlichen einfachen Gruppen zu bestimmen.

Diese Klassifikation ist eines der größten koordinierten Forschungsvorhaben in der Geschichte der Mathematik und gilt seit Beginn der 1980er Jahre als weitgehend abgeschlossen.[4] Die Beweise erstrecken sich über viele Arbeiten und viele Tausend Seiten und an einer einheitlichen, zusammenhängenden Darstellung wird bis heute gearbeitet. Abgesehen vom Umfang gehen natürlich auch die Methoden dieser Klassifikation weit über unsere Möglichkeiten hinaus. Das Resultat gilt jedenfalls als vollständig und besteht in einer Liste *aller* endlichen einfachen Gruppen:

(1) *Zyklische Gruppen* von Primzahlordnung.
(2) *Alternierende Gruppen* A_n für $n \geqslant 5$.
(3) *Endliche einfache Gruppen vom Lie-Typ.* Das sind im Wesentlichen verschiedene Typen von Matrixgruppen über endlichen Körpern, unterteilt in 16 Familien.

[4] Für einen Überblick siehe etwa Solomon, Ronald. »A brief history of the classification of the finite simple groups«. In: *Bull. Amer. Math. Soc. (N.S.)* 38.3 (2001), S. 315–352.

(4) *Sporadische Gruppen*. Dies sind genau 26 einzelne Ausnahmegruppen[5], nicht ganze Familien, wie in den vorangehenden Fällen. Die meisten dieser Gruppen sind ziemlich kompliziert. Die kleinste, die *Mathieu-Gruppe* M_{11}, hat die Ordnung 7920. Die größte ist die *Monster-Gruppe* und hat die Ordnung

$$808.017.424.794.512.875.886.459.904.961.710.757.005.754.368.000.000.000 \approx 8 \cdot 10^{53}.$$

[5] Je nach Quelle wird die sogenannte *Tits-Gruppe* (nach Jacques Tits) noch als 27. sporadische Gruppe genannt, oder aber separat oder unter den endlichen Gruppen vom Lie-Typ aufgeführt.

4.7 *Übungsaufgaben zu Kapitel 4*

Operationen

4.1 Die multiplikative Gruppe $\mathbb{R}^*$ operiert auf $\mathbb{R}^2$ durch Skalarmultiplikation. Gib alle Bahnen, Fixpunkte und Stabilisatoren dieser Operation an.

4.2 Die Menge $\{1, 2, 3, 4\}$ hat drei Zerlegungen in zwei disjunkte Teilmengen mit je zwei Elementen. Die Gruppe S_4 operiert auf $\{1, 2, 3, 4\}$ und damit auch auf der Menge dieser drei Zerlegungen. Dies definiert einen Homomorphismus $\varphi: S_4 \to S_3$. Bestimme den Kern und das Bild von φ.

4.3 Eine Gruppe der Ordnung 55 operiere auf einer Menge mit 34 Elementen. Zeige, dass es mindestens einen Fixpunkt geben muss.

4.4 Es sei G eine Gruppe, X eine Menge und $\Sigma(X)$ die Gruppe aller Bijektionen $X \to X$. Begründe die folgende Aussage: Eine Operation von G auf X ist dasselbe, wie ein Homomorphismus $G \to \Sigma(X)$.

4.5 Sei G eine Gruppe und H eine Untergruppe von G. Finde eine Operation von G auf einer Menge X mit $H = \mathrm{Stab}(x)$ für ein $x \in X$.

4.6 Es sei G eine endliche Gruppe, die auf einer Menge X mit mindestens zwei Punkten transitiv operiert. Zeige, dass es ein Element $g \in G$ gibt, dass alle Punkte von X bewegt, also mit $g(x) \neq x$ für alle $x \in X$. (*Hinweis:* Lemma von Burnside)

4.7 Bestimme analog zu Beispiel 4.7 die Anzahl der Möglichkeiten, einen Armreif aus fünf Steinen mit bis zu vier Farben einzufärben.

4.8 Wir betrachten die Tabelle

$$\begin{matrix} 1 & 2 & 3 & 4 & 5 & 6 & 7 \\ 2 & 3 & 4 & 5 & 6 & 7 & 1 \\ 4 & 5 & 6 & 7 & 1 & 2 & 3 \end{matrix}$$

wobei wir jede Spalte als (ungeordnete) Menge aus drei Symbolen auffassen. Wir betrachten die übliche Operation der Gruppe S_7 auf den Symbolen $\{1, \dots, 7\}$. Sei $T \subset S_7$ die Untergruppe, die jede Spalte auf sich selbst oder eine der anderen sechs Spalten abbildet.

(a) Überprüfe, dass T transitiv auf den Spalten operiert.
(b) Zeige, dass der Stabilisator der ersten Spalte isomorph zu S_4 ist.
(c) Folgere, dass T die Ordnung 168 hat.

Konjugationsklassen

4.9 (a) Zeige: In jeder endlichen Gruppe G ist die Ordnung jeder Konjugationsklasse ein Teiler der Gruppenordnung $|G|$.

(b) Bestimme alle endlichen Gruppen, die höchstens zwei Konjugationsklassen besitzen. (*Hinweis:* In welcher Konjugationsklasse liegt das neutrale Element?)

4.10 Zeige: Operiert eine Gruppe G auf einer Menge X, dann gilt

$$\mathrm{Stab}(g(x)) = g\mathrm{Stab}(x)g^{-1}$$

für jedes $x \in X$ und jedes $g \in G$.

4.11 Es sei G eine endliche Gruppe, $H \subset G$ eine Untergruppe vom Index $r > 1$ und $K = xHx^{-1}$ für ein $x \in G$. Zeige, dass $H \cap K$ höchstens den Index $r(r-1)$ hat. (*Vorschlag:* Erkläre eine Operation von G auf der Menge $X = \{(yH, zK) \mid y, z \in G\}$ und betrachte Bahn und Stabilisator von $(H, K) \in X$.)

4.12 Bestimme die Konjugationsklassen der Gruppe $\mathrm{GL}_2(\mathbb{F}_p)$ für jede Primzahl p.

4.13 Wir betrachten die Gruppe

$$G = \left\{ \begin{pmatrix} 1 & a & b \\ 0 & 1 & c \\ 0 & 0 & 1 \end{pmatrix} \;\middle|\; a, b, c \in \mathbb{F}_2 \right\} \subset \mathrm{GL}_n(\mathbb{F}_2)$$

aller *unipotenten oberen Dreiecksmatrizen* über dem Körper $\mathbb{F}_2$.

(a) Bestimme das Zentrum von G.

(b) Bestimme die Ordnung und die Gruppenstruktur der Faktorgruppe $G/Z(G)$.

(c) Ist G isomorph zur Diedergruppe D_4?

4.14 Es sei G eine Gruppe und $\mathrm{Inn}(G) = \{\kappa_g \mid g \in G\} \subset \mathrm{Aut}(G)$ die Gruppe der inneren Automorphismen von G. Zeige: Ist $\mathrm{Inn}(G)$ zyklisch, so ist G abelsch (und damit $\mathrm{Inn}(G)$ trivial).

Sylowsche Sätze

4.15 (a) Es sei G eine einfache Gruppe der Ordnung 60. Zeige, dass G genau sechs 5-Sylowgruppen und 24 Elemente der Ordnung 5 besitzt. (Gibt es ein Beispiel für eine solche Gruppe?)

(b) Zeige: Jede Gruppe der Ordnung 56 besitzt einen nicht-trivialen Normalteiler.

4.16 Es sei p eine Primzahl. Bestimme die Anzahl der p-Sylowgruppen der symmetrischen Gruppe S_p. Folgere die Kongruenz $(p-1)! \equiv -1 \pmod p$ (vgl. Aufgabe 1.21).

4.17 Es sei G eine endliche Gruppe, N ein Normalteiler von G, p eine Primzahl und P eine p-Sylowgruppe von G. Zeige, dass $P \cap N$ eine p-Sylowgruppe von N ist und PN/N eine p-Sylowgruppe von G/N.

4.18 Zeige, dass jede Gruppe der Ordnung $p^2 q$ für zwei verschiedene Primzahlen p, q einen nicht-trivialen Normalteiler besitzt.

4.19 Es sei G eine endliche abelsche Gruppe und p eine Primzahl.

(a) Zeige, dass $G_p = \{x \in G \mid \exists r \in \mathbb{N}\colon g^{p^r} = e\}$ eine Untergruppe von G ist

(b) Zeige mit Hilfe von Satz 3.69, dass G_p die eindeutig bestimmte p-Sylowgruppe von G ist.

(c) Folgere dieselbe Aussage aus Satz 4.21.

4.20 Es sei G eine endliche Gruppe und p^k eine Primzahlpotenz, welche die Ordnung von G teilt. Zeige, dass G eine Untergruppe der Ordnung p^k besitzt. (*Vorschlag:* Induktion nach k und Kor. 3.72; betrachte das Zentrum $Z(P)$ einer p-Sylowgruppe P von G, sowie die Faktorgruppe $P/Z(P)$.)

Semidirekte Produkte

4.21 Zeige, dass die symmetrische Gruppe S_n das semidirekte Produkt von A_n und $\langle (12) \rangle$ ist.

4.22 Es sei G eine Gruppe und $\alpha: G \to G$ ein Homomorphismus. Angenommen, es gilt $\alpha^2 = \alpha$. Zeige, dass G dann das semidirekte Produkt von $\text{Kern}(\alpha)$ und $\text{Bild}(\alpha)$ ist.

4.23 (a) Es sei $n \in \mathbb{N}$ eine ungerade Zahl. Zeige, dass die Diedergruppe D_{2n} das direkte Produkt aus ihrem Zentrum $Z(D_{2n})$ und einer Untergruppe U mit $U \cong D_n$ ist.

(b) Zeige, dass die Aussage in (a) für gerades n nicht richtig ist: Die Gruppe D_4 ist kein semidirektes Produkt von $Z(D_4)$ und einer anderen Untergruppe.

4.24 Zeige, dass die orthogonale Gruppe $\mathrm{O}_n(\mathbb{R})$ ein semidirektes Produkt von $\mathrm{SO}_n(\mathbb{R})$ mit einer zyklischen Untergruppe der Ordnung 2 ist, die von einer Spiegelung erzeugt wird. Zeige, dass dies genau dann ein direktes Produkt ist, wenn n ungerade ist.

4.25 Zeige, dass jede endliche Gruppe mit mindestens drei Elementen einen nicht-trivialen Automorphismus besitzt.

Klassifikation von endlichen Gruppen

4.26 Außer der Diedergruppe D_4 gibt es genau eine weitere nicht-abelsche Gruppe der Ordnung 8, die **Quaternionengruppe**, die in dieser Aufgabe konstruiert wird. Betrachte die Untergruppe Q_8 von $\mathrm{GL}_2(\mathbb{C})$, die von den Matrizen

$$I = \begin{pmatrix} 0 & 1 \\ -1 & 0 \end{pmatrix} \quad \text{und} \quad J = \begin{pmatrix} 0 & i \\ i & 0 \end{pmatrix}$$

erzeugt wird. Setzt man $K = IJ$, dann erfüllen I, J, K die Relationen

$$I^2 = J^2 = K^2 = -\mathbb{1}, \quad IJ = K, \; JK = I, \; KI = J$$
$$IJ = -JI, \; IK = -KI, \; JK = -JK.$$

(a) Zeige, dass die Gruppe Q_8 aus den 8 Elementen $Q_8 = \{\pm\mathbb{1}, \; \pm I, \; \pm J, \pm K\}$. besteht.

(b) Es sei G eine nicht-abelsche Gruppe der Ordnung 8. Zeige, dass G zu D_4 oder zu Q_8 isomorph ist. (*Vorschlag:* In G existiert ein Element g der Ordnung 4. Wähle $h \notin \langle g \rangle$ und folgere $G = \{e, g, g^2, g^3, h, gh, g^2h, g^3h\}$. Welches dieser Elemente ist gleich h^2? Was hilft das?)

Die Matrizen der Form $\begin{pmatrix} a+bi & c+di \\ -c+di & a-bi \end{pmatrix}$ in $\mathrm{Mat}_2(\mathbb{C})$ bilden einen nicht-kommutativen Körper, den *Quaternionenschiefkörper*, daher hat die Quaternionengruppe ihren Namen. Die Quaternionen sind eine nicht-kommutative Verallgemeinerung der komplexen Zahlen und spielen in der Algebra, der Operatortheorie, aber auch in der Physik und diversen Anwendungen, beispielsweise in der Computergraphik und Robotik, eine Rolle. Sie gehen auf William Rowan Hamilton (1805–1865) zurück.

4.27 Erstelle eine Liste aller Isomorphietypen endlicher Gruppen der Ordnung $\leqslant 15$. (Es gibt 28 Typen. Die Gruppen der Ordnungen 12 und 15 müssen genauer untersucht werden.)

5 Polynome

Dieses Kapitel handelt von den Nullstellen von Polynomen mit Koeffizienten in Ringen, und dabei insbesondere vom Übergang von einem faktoriellen Ring zu seinem Quotientenkörper, zum Beispiel von den ganzen zu den rationalen Zahlen. In einem Exkurs untersuchen wir außerdem die Koeffizienten von Polynomen als symmetrische Funktionen in den Nullstellen.

5.1 Nullstellen

Es sei immer R ein kommutativer Ring. Ist $f \in R[x]$ ein Polynom über R, dann heißt jedes Element $a \in R$ mit $f(a) = 0$ eine **Nullstelle** von f. Die Nullstellen hängen bekanntlich mit der Zerlegung von Polynomen in Linearfaktoren zusammen.

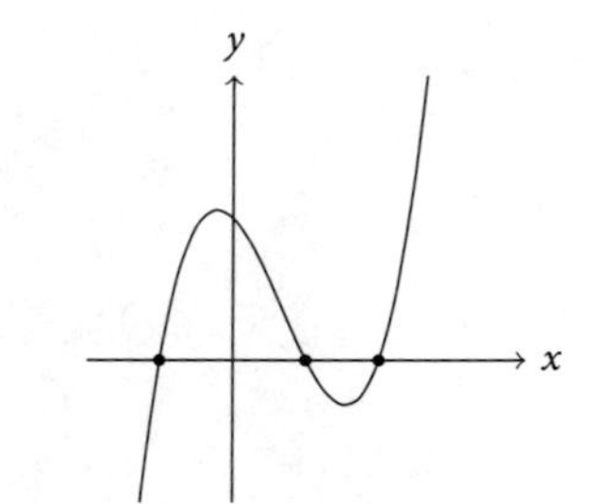

Kubisches Polynom $y = f(x)$ mit drei reellen Nullstellen

5.1 Satz (Vieta) *Es sei $f \in R[x]$ und $a \in R$. Dann gibt es $q \in R[x]$ mit*

$$f = (x - a)q + f(a).$$

Insbesondere gilt $(x - a) \mid f$ genau dann, wenn $f(a) = 0$ gilt.

Beweis. Wir wenden Polynomdivision auf f und $x-a$ an und schreiben $f = (x-a)q+r$ mit $\deg(r) < \deg(x-a)$. Es folgt $\deg(r) \leqslant 0$ und damit $r \in R$. Einsetzen von $x = a$ zeigt $r = f(a)$. Ist $(x-a)$ ein Teiler von f, dann gibt es $q \in R[x]$ mit $f = (x-a)q$ und es folgt $f(a) = 0$. Die Umkehrung ergibt sich aus der Darstellung $f = (x - a)q + f(a)$. ■

5.2 Korollar *Es sei R ein Integritätsring, und sei $f \in R[x]$ ein Polynom.*

(1) *Sind $a_1, \ldots, a_k \in R$ verschiedene Nullstellen von f, dann gilt $(x - a_1)\cdots(x - a_k) | f$.*
(2) *Ein Polynom in $R[x]$ vom Grad n hat höchstens n Nullstellen in R.*
(3) *Wenn zwei Polynome f und g in $R[x]$ vom Grad höchstens n an $n + 1$ Stellen übereinstimmen, dann sind sie gleich.*
(4) *Ist R unendlich und sind f und g Polynome in $R[x]$ mit $f(a) = g(a)$ für alle $a \in R$, dann gilt $f = g$.*

François Viète (1540–1603)

Im deutschsprachigen Raum ist Viète besser bekannt unter seinem latinisierten Namen Franciscus Vieta. Er gilt als einer der Begründer der neuzeitlichen Algebra.

Beweis. (1) Für $k = 1$ haben wir das gerade bewiesen. Sei $k > 1$, dann gibt es nach Induktionsvoraussetzung ein $g \in R[x]$ mit $f = (x - a_2)\cdots(x - a_k)g$. Es folgt

$$0 = f(a_1) = (a_1 - a_2)\cdots(a_1 - a_k)g(a_1).$$

Da die a_i alle verschieden sind und R ein Integritätsring ist, folgt $g(a_1) = 0$. Es gibt also $h \in R[x]$ mit $g = (x - a_1)h$ und somit $f = (x - a_1)\cdots(x - a_k)h$. (2) folgt aus (1).

(3) Wenn f und g an $n + 1$ Stellen übereinstimmen, dann hat die Differenz $f - g$ mindestens $n + 1$ verschiedene Nullstellen. Wegen $\deg(f - g) \leqslant n$ muss dann $f - g = 0$ gelten. (4) folgt aus (3) mit $g = 0$. ■

D. Plaumann, *Algebra*, https://doi.org/10.1007/978-3-662-67243-3_6

Nach (4) ist ein Polynom über einem unendlichen Integritätsring durch seine Polynomfunktion eindeutig bestimmt. Über endlichen Körpern stimmt das nicht (vgl. §1.4).

Die große Frage ist, wie die Nullstellen eines Polynoms von seinen Koeffizienten abhängen. Für Polynome vom Grad 2 gibt es die bekannte Lösungsformel:

Wie üblich bezeichnet $\sqrt{c}$ eine Lösung der Gleichung $x^2 = c$. Für $K = \mathbb{R}$ ist immer die positive Wurzel gemeint, aber wenn K keine Anordnung hat, kann man die beiden Lösungen nicht in dieser Weise unterscheiden.

5.3 Proposition (Quadratische Lösungsformel) *Sei K ein Körper mit $\operatorname{char}(K) \neq 2$. Die Nullstellen des quadratischen Polynoms $f = ax^2 + bx + c$ in $K[x]$ mit $a \neq 0$ sind*

$$\frac{-b + \sqrt{b^2 - 4ac}}{2a} \quad \text{und} \quad \frac{-b - \sqrt{b^2 - 4ac}}{2a}$$

sofern $b^2 - 4ac$ ein Quadrat in K ist. Andernfalls hat f keine Nullstellen in K.

Quadratische Gleichungen über Körpern der Charakteristik 2 lassen sich im Allgemeinen nicht in dieser Weise lösen; siehe auch Aufgabe 7.10

Beweis. Wir setzen $p = \frac{b}{2a}$ und $q = \frac{c}{a}$ und teilen die Gleichung $f = 0$ durch a. Sie wird damit zu $x^2 + 2px + q = 0$, was wir durch quadratische Ergänzung zu

$$x^2 + 2px + q = (x + p)^2 - p^2 + q = 0$$

umformen. Die Gleichung $(x + p)^2 = p^2 - q$ hat die beiden Lösungen $-p \pm \sqrt{p^2 - q}$. Einsetzen ergibt die obigen Ausdrücke in a, b, c. ■

Mit Lösungsformeln für Gleichungen von höherem Grad beschäftigen wir uns später als Anwendung der Galoistheorie (§8.6).

Miniaufgaben

5.1 Es sei $R = \mathbb{Z}/6$, $f = x^2 - 1$ und $g = x$. Welche Nullstellen haben die Polynome f, g und fg im Ring R?

5.2 Zeige, dass die Aussagen in 5.2 für $R = \mathbb{Z}/6$ allesamt falsch sind.

5.3 Vervollständige den Beweis von Prop. 5.3.

Definition Für $f \in R[x]$ und $a \in R$ ist die **Vielfachheit** von f in a die größte Zahl $k \in \mathbb{N}_0$ mit

$$(x - a)^k | f.$$

Für $k = 1$ heißt a eine **einfache Nullstelle** von f, für $k > 1$ **mehrfache Nullstelle**.

Für später halten wir fest, dass man eine mehrfache Nullstelle in der üblichen Weise durch Betrachten der Ableitung erkennen kann.

Die formale Ableitung ist dabei für $f = \sum_{i=0}^n a_i x^i$ durch $f' = \sum_{i=1}^n i a_i x^{i-1}$ definiert und genügt den üblichen Regeln $(f + g)' = f' + g'$, $(fg)' = f'g + fg'$ für $f, g \in R[x]$ und $a' = 0$ für $a \in R$.

5.4 Proposition *Es sei R ein Integritätsring und sei $f \in R[x]$ mit Ableitung f'. Genau dann ist $a \in R$ eine mehrfache Nullstelle von f, wenn $f(a) = f'(a) = 0$ gilt.*

Beweis. Wir teilen mit Rest und schreiben

$$f = (x - a)^2 q + r$$

mit $q, r \in R[x]$ und $\deg(r) < 2$, etwa $r = bx + c$ mit $b, c \in R$. Es folgt

$$f' = 2(x - a)q + (x - a)^2 q' + b.$$

Aus $(x - a)^2 | f$ folgt $r = 0$ und damit auch $f'(a) = 0$. Ist umgekehrt $f(a) = f'(a) = 0$, dann folgt $b = f'(a) = 0$ und damit $c = r(a) = f(a) = 0$, also $r = 0$. ■

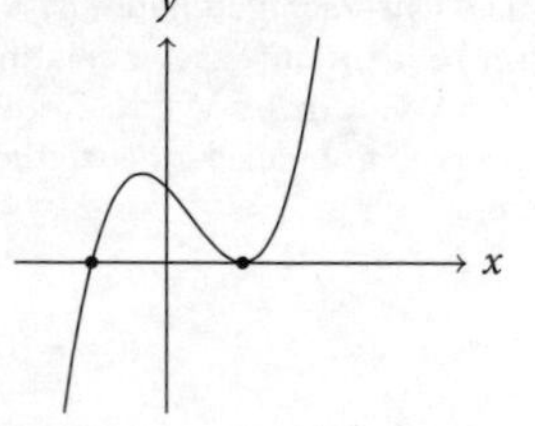

Kubisches Polynom $y = f(x)$ mit einer einfachen und einer doppelten Nullstelle

5.2 *Irreduzible Polynome*

Ein Polynom $f \in K[x]$ mit Koeffizienten in einem Körper K ist genau dann irreduzibel (vgl. §1.3), wenn es keine Zerlegung

$$f = gh \quad \text{mit} \quad \deg(g) > 0 \text{ und } \deg(h) > 0$$

in zwei Faktoren von positivem Grad gibt. Insbesondere ist jedes Polynom vom Grad 1 irreduzibel. Über Ringen stimmt das so nicht: Zum Beispiel ist das Polynom $2x \in \mathbb{Z}[x]$ nicht irreduzibel, denn in der Faktorisierung $2x = 2 \cdot x$ sind 2 und x beide keine Einheiten. Wir können solche Polynome über Ringen auch nicht ohne Weiteres normieren, weshalb wir die folgende Definition treffen:

Definition Ein Polynom $f \in R[x]$, $f \neq 0$, heißt **primitiv**, wenn seine Koeffizienten keine gemeinsamen Teiler (bis auf Einheiten) haben.

5.5 *Beispiele* (1) Das Polynom $2x+6$ in $\mathbb{Z}[x]$ ist nicht primitiv, da beide Koeffizienten durch 2 teilbar sind. (2) Das Polynom $f = 6x^2+10x+15$ in $\mathbb{Z}[x]$ ist primitiv. Zwar haben je zwei der Koeffizienten 6, 10, 15 einen gemeinsamen Teiler, aber es gibt keine Zahl ungleich ± 1, die alle drei teilt. (3) Jedes normierte Polynom ist primitiv, allgemeiner jedes Polynom, in dem mindestens ein Koeffizient eine Einheit ist. ◇

Ein primitives Polynom $f \in R[x]$ ist genau dann irreduzibel, wenn f nicht in zwei Faktoren von positivem Grad aus $R[x]$ zerfällt. Denn jeder Faktor vom Grad 0 ist ein gemeinsamer Teiler der Koeffizienten.

Im Folgenden wird es um den Zusammenhang zwischen der Irreduzibilität über einem Integritätsring R und über seinem Quotientenkörper $K = \mathrm{Quot}(R)$ gehen. Wir wollen beispielsweise beweisen, dass ein normiertes Polynom mit ganzzahligen Koeffizienten keine rationale Nullstelle haben kann, die nicht bereits ganzzahlig ist. Dazu beweisen wir einige allgemeinere Aussagen für Polynome über faktoriellen Ringen.

5.6 *Satz* (Gaußsches Lemma) *Es sei R ein faktorieller Ring. Dann ist das Produkt zweier primitiver Polynome in $R[x]$ wieder primitiv.*

Beweis. Es seien $f = \sum_{i=0}^{m} a_i x^i$ und $g = \sum_{i=0}^{n} b_i x^i$ zwei primitive Polynome und sei $fg = \sum_{i=0}^{m+n} c_i x^i$. Da R faktoriell ist, genügt es, das Folgende zu beweisen: Ist $p \in R$ ein Primelement, dann hat fg einen Koeffizienten, der nicht durch p teilbar ist. Da f und g primitiv sind, gibt es einen kleinsten Index r mit $p \nmid a_r$ und einen kleinsten Index s mit $p \nmid b_s$. In fg hat x^{r+s} den Koeffizienten

$$c_{r+s} = a_{r+s}b_0 + a_{r+s-1}b_1 + \cdots + a_r b_s + \cdots + a_0 b_{r+s}.$$

Nach der Minimalität von r und s sind hier alle Terme durch p teilbar, außer $a_r b_s$. Also ist c_{r+s} nicht durch p teilbar, was zeigt, dass fg primitiv ist. ■

5.7 *Lemma* *Es sei R ein faktorieller Ring mit Quotientenkörper K.*

(1) *Zu jedem $f \in K[x]$, $f \neq 0$, gibt es $u \in K^*$ derart, dass $u^{-1} \cdot f$ ein primitives Polynom mit Koeffizienten in R ist.*[1]

(2) *Für u wie in (1) gilt $u \in R$ genau dann, wenn $f \in R[x]$ gilt.*

[1] Das Element u wird auch **Inhalt** von f genannt. Der Inhalt ist eindeutig bestimmt bis auf Einheiten in R (Aufgabe 5.1).

Beweis. (1) Als Erstes wählen wir $b \in R$ mit $bf \in R[x]$, etwa das Produkt aller Nenner der Koeffizienten von f. Ist dann $a \in R$ der größte gemeinsame Teiler aller Koeffizienten von bf, dann ist $\frac{b}{a}f$ ein primitives Polynom in $R[x]$, das heißt, $u = \frac{a}{b}$ hat die gewünschte Eigenschaft.

(2) Ist $u \in R$, dann folgt $f = u \cdot (u^{-1}f) \in R[x]$. Umgekehrt gelte $f \in R[x]$, etwa $f = \sum a_i x^i$ mit $a_i \in R$, und $u = \frac{a}{b}$. Wir können annehmen, dass a und b teilerfremd sind. Aus $\frac{b}{a}f \in R[x]$ folgt dann $a|a_i$ für alle i. Also gilt bereits $\frac{1}{a}f \in R[x]$ und damit $b \in R^*$, da b alle Koeffizienten des Polynoms $b \cdot (\frac{1}{a}f)$ teilt, das nach Voraussetzung primitiv ist. Es folgt $u = ab^{-1} \in R$. ■

5.8 Satz *Es sei R ein faktorieller Ring mit Quotientenkörper K.*

(1) *Ist $g \in R[x]$ primitiv und $h \in K[x]$ mit $gh \in R[x]$, dann folgt $h \in R[x]$.*

(2) *Es sei $f \in R[x]$ ein Polynom. Genau dann gibt es g, h in $R[x]$ mit*

$$f = gh$$

und $\deg(g), \deg(h) > 0$, wenn es solche g, h in $K[x]$ gibt.

(3) *Ist ein Polynom $f \in R[x]$ irreduzibel in $R[x]$, dann ist f auch irreduzibel in $K[x]$. Die Umkehrung gilt, falls f primitiv ist.*

Beweis. (1) Nach Lemma 5.7(1) gibt es $u \in K^*$ derart, dass $u^{-1}h \in R[x]$ primitiv ist. Nach dem Gaußschen Lemma ist dann auch $u^{-1}gh$ primitiv. Da $gh \in R[x]$ nach Voraussetzung gilt, folgt $u \in R$ nach Lemma 5.7(2). Also gilt $h = uu^{-1}h \in R[x]$.

(2) Ist $f = g_0 h_0$ mit $g_0, h_0 \in K[x]$ und $\deg(g_0), \deg(h_0) > 0$, dann wähle wieder $u \in K^*$ derart, dass $g = u^{-1}g_0 \in R[x]$ primitiv ist. Setze $h = uh_0$, dann folgt $f = gh$, also auch $h \in R[x]$ nach (1). Die Umkehrung ist klar.

(3) folgt aus (2). ■

Nach diesen Vorbereitungen können wir nun allgemein sagen, wie sich Nullstellen im Quotientenkörper zu Nullstellen im Ring verhalten.

5.9 Satz *Es sei R ein faktorieller Ring mit Quotientenkörper K und sei*

$$f = a_n x^n + \cdots + a_0 \in R[x].$$

Ist $\lambda \in K$ eine Nullstelle von f und sind $a, b \in R$ teilerfremd mit $\lambda = \frac{a}{b}$, dann gilt

$$a|a_0 \quad \text{und} \quad b|a_n.$$

Falls f normiert ist, dann hat f insbesondere keine Nullstellen in $K \setminus R$.

Beweis. Wegen $f\left(\frac{a}{b}\right) = 0$ ist $\left(x - \frac{a}{b}\right)$ ein Teiler von f in $K[x]$ und damit auch $bx - a$. Ist

$$f = (bx - a)g$$

mit $g \in K[x]$, dann gilt tatsächlich $g \in R[x]$ nach Satz 5.8(1), da $bx - a$ primitiv ist. Ist $g = \sum b_i x^i$ mit $b_i \in R$, dann folgt $a_n = bb_n$ und $a_0 = ab_0$ und damit die Behauptung. Für den Zusatz sei $a_n = 1$. Dann bedeutet $b|1$, dass b eine Einheit in R ist, also $\frac{a}{b} \in R$. ■

5.10 Korollar *Ist f ein normiertes Polynom mit Koeffizienten in $\mathbb{Z}$, dann ist jede rationale Nullstelle von f ganzzahlig.* ■

5.11 Korollar (Irrationalität von Wurzeln) *Sei $n \geqslant 2$ eine natürliche Zahl. Eine ganze Zahl $d \in \mathbb{Z}$, die keine n-te Wurzel in $\mathbb{Z}$ besitzt, besitzt auch keine in $\mathbb{Q}$.*

Beweis. Wende das vorangehende Korollar auf $f = x^n - d$ an. ■

Miniaufgaben

5.4 Bestimme $u \in \mathbb{Q}^*$ wie in Lemma 5.7 für das Polynom $f = \frac{3}{2}x^2 + \frac{15}{4}x + 3$.

5.5 Sei K ein Körper. Zeige: Ein Polynom vom Grad 2 oder 3 ist genau dann irreduzibel in $K[x]$, wenn es keine Nullstelle in K besitzt. Für Polynome vom Grad $\geqslant 4$ ist das i.A. falsch.

5.6 Verwende Satz 5.9, um alle rationalen Nullstellen der folgenden Polynome zu bestimmen: (a) $f = x^7 - x^6 - 2x^5 + 7x^2 - 7x - 14$; (b) $f = 3x^3 + 8x^2 + 3x - 2$.

Eine weitere Frage ist, wie man einem gegebenen Polynom ansieht, ob es irreduzibel ist. Selbst für $R = \mathbb{Z}$ gibt es dafür leider kein einfaches vollständiges Kriterium. Das folgende ist immerhin hinreichend.

5.12 *Satz* (Eisenstein-Kriterium) *Sei R ein faktorieller Ring mit Quotientenkörper K und sei*

$$f = a_n x^n + \cdots + a_1 x + a_0 \in R[x].$$

Falls es ein Primelement $p \in R$ gibt mit

$$p \nmid a_n, \qquad p \mid a_i \text{ für } 0 \leqslant i < n, \qquad p^2 \nmid a_0,$$

dann ist f irreduzibel in $K[x]$.

Gotthold Eisenstein (1823–1852)

Beweis. Nach Satz 5.8(2) genügt es zu zeigen, dass f in $R[x]$ keine Teiler von positivem Grad hat. Sei also $f = gh$ mit etwa $g = \sum b_i x^i$ und $h = \sum c_i x^i$, dann müssen wir $g \in R$ oder $h \in R$ zeigen. Es gilt $a_0 = b_0 c_0$ und nach Voraussetzung teilt p genau einen der beiden Faktoren b_0 und c_0, ohne Einschränkung etwa b_0. Da p kein Teiler von a_n ist, kann p aber nicht alle Koeffizienten b_i teilen. Sei k der kleinste Index mit $p \nmid b_k$. Aus

$$a_k = b_k c_0 + b_{k-1} c_1 + \cdots + b_0 c_k$$

folgt, dass p kein Teiler von a_k ist, denn p teilt alle rechten Terme außer $b_k c_0$. Nach Voraussetzung folgt $k = n = \deg(f)$, also hat g den Grad n und h ist konstant. ∎

5.13 *Beispiel* Für jede Primzahl p ist $x^n - p$ irreduzibel in $\mathbb{Q}[x]$. Allgemeiner ist $x^n \pm a$ irreduzibel für jedes $a \in \mathbb{Z}$, in dem ein Primfaktor einfach vorkommt. ◇

Ein Polynom, das dem Eisenstein-Kriterium genügt, wird **Eisenstein-Polynom** genannt. Es ist aber nicht jedes irreduzible Polynom ein Eisenstein-Polynom.

Miniaufgaben

5.7 Welche der folgenden Polynome in $\mathbb{Z}[x]$ sind Eisenstein-Polynome? (a) $2x^5 + 3x^4 + 3x + 9$; (b) $15x^7 + 6x^5 + 8x^2 + 12$.

5.8 Sei $R = \mathbb{Q}[t]$. Ist $f = tx^2 + tx + t + x^2$ ein Eisenstein Polynom in $R[x]$?

5.9 Finde ein irreduzibles Polynom $f \in \mathbb{Z}[x]$ vom Grad 2, das kein Eisenstein-Polynom ist.

Als Anwendung des Eisenstein-Kriteriums untersuchen wir die komplexen Einheitswurzeln. Eine **n-te Einheitswurzel** in einem Körper K ist eine n-te Wurzel der 1, also eine Lösung der Gleichung

$$x^n = 1$$

über K. Da diese Gleichung Grad n hat, kann sie höchstens n Lösungen in K haben. Für $K = \mathbb{Q}$ oder $K = \mathbb{R}$ gibt es nur die beiden Einheitswurzeln -1 und 1 (für gerades n)

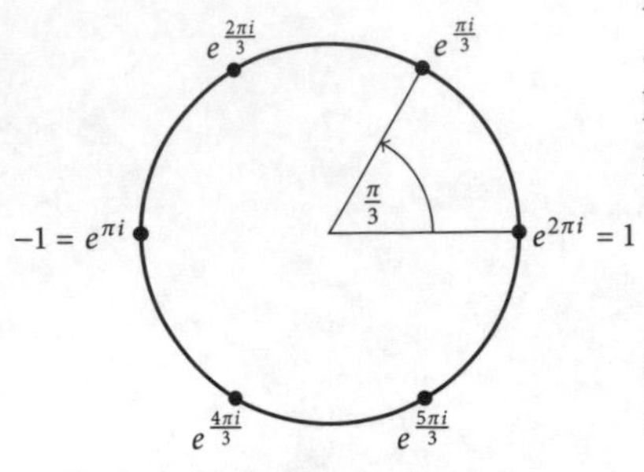

Sechste Einheitswurzeln in der komplexen Ebene

bzw. nur 1 (für ungerades n). Über den komplexen Zahlen $K = \mathbb{C}$ gibt es dagegen für jedes n immer genau n verschiedene n-te Einheitswurzeln, was man am einfachsten in Polarkoordinaten sieht: Nach der Euler-Identität gilt $e^{\alpha i} = \cos(\alpha) + i\sin(\alpha)$ für jede reelle Zahl α. Diese Zahlen bilden den komplexen Einheitskreis, wobei α den Winkel im Bogenmaß (gegen den Uhrzeigersinn) angibt. Insbesondere gelten $e^{\pi i} = -1$ und $e^{2\pi i} = 1$. Die Multiplikation $e^{\alpha i}e^{\beta i} = e^{(\alpha+\beta)i}$ entspricht der Addition der Winkel. Deshalb erhält man die komplexen n-ten Einheitswurzeln, indem man den Einheitskreis in n Segmente unterteilt. Die **n-ten komplexen Einheitswurzeln** sind damit

$$e^{\frac{2\pi i}{n}}, e^{\frac{2\cdot 2\pi i}{n}}, e^{\frac{2\cdot 3\pi i}{n}}, \dots, e^{\frac{2(n-1)\pi i}{n}}, e^{\frac{2n\pi i}{n}} = 1.$$

Sie bilden eine zyklische Untergruppe der Ordnung n in $\mathbb{C}^*$, erzeugt von $\omega = e^{\frac{2\pi i}{n}}$. Die n verschiedenen n-ten Einheitswurzeln sind dann also $\omega, \omega^2, \dots, \omega^{n-1}, \omega^n = 1$.

Wir betrachten das Polynom $x^n - 1 \in \mathbb{Q}[x]$, dessen Nullstellen die n-ten Einheitswurzeln sind. Wir kennen seine Zerlegung in Linearfaktoren über $\mathbb{C}$, nämlich

$$x^n - 1 = \prod_{k=1}^{n}(x - \omega^k).$$

Daraus ist aber nicht direkt erkennbar, in welche irreduziblen Faktoren $x^n - 1$ über $\mathbb{Q}$ zerfällt. Wegen $1 \in \mathbb{Q}$ können wir einen Linearfaktor sofort abspalten und erhalten

$$x^n - 1 = (x-1)(x^{n-1} + x^{n-2} + \dots + x + 1).$$

Der zweite Faktor rechts ist das Produkt der Linearfaktoren $x - e^{2k\pi i/n}$ mit $1 \leqslant k < n$.

5.14 *Proposition* *Für jede Primzahl p ist das Polynom*

$$\Phi_p(x) = x^{p-1} + \dots + x + 1$$

irreduzibel in $\mathbb{Q}[x]$.

Beweis. Wir verwenden einen Trick, um Φ_p zu einem Eisenstein-Polynom zu machen. Setze $y = x - 1$, dann folgt

$$\Phi_p = \frac{x^p - 1}{x - 1} = \frac{(y+1)^p - 1}{y} = y^{p-1} + \binom{p}{1}y^{p-2} + \dots + \binom{p}{p-1}$$

nach der binomischen Formel. Der Binomialkoeffizient $\binom{p}{i} = \frac{p!}{i!(p-i)!}$ ist für alle $0 < i < p$ durch p teilbar. Denn p teilt den Zähler $p!$, aber nicht den Nenner, da dort alle Faktoren kleiner als die Primzahl p sind. Der konstante Term ist $\binom{p}{p-1} = p$, also nicht durch p^2 teilbar. Deshalb ist Φ_p ein Eisenstein-Polynom in y. Damit ist Φ_p auch irreduzibel in der Variablen x, weil wir die Substitution durch $x = y + 1$ ja auch wieder rückgängig machen können. ■

Die Zerlegung des Polynoms $x^n - 1$ in irreduzible Faktoren über $\mathbb{Q}$, wenn n keine Primzahl ist, bestimmen wir mit Hilfe der Galoistheorie in §8.3.

Miniaufgabe

5.10 Berechne die dritten komplexen Einheitswurzeln (ohne Exponentialfunktion).

5.11 Folgere aus der Zerlegung $x^n - 1 = \prod_{k=1}^{n}(x - \omega^n)$, dass sich die n-ten Einheitswurzeln für $n \geqslant 2$ zu Null summieren.

5.3 *Exkurs: Symmetrische Polynome und symbolische Nullstellen*

Wir betrachten Polynome in einer Variablen über einem Ring R. Die Nullstellen eines Polynoms aus den Koeffizienten zu bestimmen, ist schwierig (in einem bestimmten Sinn sogar unmöglich; siehe §8.6). Umgekehrt kann man aber selbstverständlich die Koeffizienten in Abhängigkeit von den Nullstellen ausrechnen: Ein normiertes Polynom $h \in R[t]$ zerfalle über R in Linearfaktoren

$$f = t^n + a_{n-1}t^{n-1} + \cdots + a_1 t + a_0 = (t - x_1)\cdots(t - x_n)$$

mit $a_0, \ldots, a_{n-1}, x_1, \ldots, x_n \in R$. Ein Vergleich der Koeffizienten ergibt

Hier sind $x_1, \ldots, x_n$ also einfach Ringelemente, keine Variablen, aber die Notation hat ihren Sinn.

$$a_{n-1} = -(x_1 + \cdots + x_n),\ a_{n-2} = x_1x_2 + x_1x_3 + \cdots + x_{n-1}x_n,\ \ldots\ a_0 = (-1)^n x_1 \cdots x_n.$$

Die Reihenfolge der Nullstellen $x_1, \ldots, x_n$ spielt dabei natürlich keine Rolle, was zu folgender allgemeiner Definition passt.

Definition Ein Polynom $f \in R[x_1, \ldots, x_n]$ heißt **symmetrisch** in $x_1, \ldots, x_n$, wenn gilt:

$$\forall \pi \in S_n: f(x_{\pi(1)}, \ldots, x_{\pi(n)}) = f(x_1, \ldots, x_n).$$

Die Polynome

$$e_k = \sum_{1 \leqslant i_1 < \cdots < i_k \leqslant n} x_{i_1} \cdots x_{i_k} \qquad (k = 1, \ldots, n)$$

sind symmetrisch in $x_1, \ldots, x_n$ und heißen **elementarsymmetrische Polynome**. Dabei ist e_k homogen vom Grad k, das heißt, jeder Term hat insgesamt den Grad k.

Die elementarsymmetrischen Polynome entsprechen, bis auf Vorzeichen, den Koeffizienten des Polynoms h mit Nullstellen $x_1, \ldots, x_n$, wie wir gerade ausgerechnet haben. Die symmetrischen Polynome bilden einen Teilring von $R[x_1, \ldots, x_n]$, den wir mit

$$R[x_1, \ldots, x_n]^{S_n}$$

bezeichnen.

5.15 ***Satz*** (Hauptsatz über symmetrische Polynome) *Sei $f \in R[x_1, \ldots, x_n]$ symmetrisch in $x_1, \ldots, x_n$. Dann gibt es ein eindeutiges Polynom $g \in R[y_1, \ldots, y_n]$ mit*

$$f = g(e_1, \ldots, e_n).$$

Genauer gilt: Der Ringhomomorphismus $\varphi: R[y_1, \ldots, y_n] \to R[x_1, \ldots, x_n]^{S_n}$, der durch die Einsetzung $y_i \mapsto e_i$ bestimmt ist, ist ein Isomorphismus.

Beweis. Existenz. Das beweisen wir durch Induktion nach n. Für $n = 1$ ist die Aussage klar, wegen $x_1 = e_1$. Sei also $n > 1$. Wir setzen eine zweite Induktion nach $d = \deg(f)$ an. Für $d = 0$ ist wieder nichts zu zeigen. Sei also $d > 0$. Nach Induktionsvoraussetzung (für n) gilt

$$f(x_1, \ldots, x_{n-1}, 0) = g_1(\widetilde{e_1}, \ldots, \widetilde{e_{n-1}})$$

für $g \in R[y_1, \ldots, y_{n-1}]$, wobei $\widetilde{e_i} = e_i(x_1, \ldots, x_{n-1}, 0)$, wie man direkt überprüft. Wir setzen $f_1(x_1, \ldots, x_n) = f(x_1, \ldots, x_n) - g_1(e_1, \ldots, e_{n-1})$. Dann gilt $f_1(x_1, \ldots, x_{n-1}, 0) = 0$, also $x_n | f_1$. Da f_1 symmetrisch ist, folgt daraus $(x_1 \cdots x_n) | f_1$ und wegen $x_1 \cdots x_n = e_n$ etwa

$$f_1 = e_n \cdot f_2(x_1, \ldots, x_n).$$

Dabei ist f_2 symmetrisch vom Grad $d - n < d$. Nach Induktionsvoraussetzung (für d) gibt es g_2 mit $f_2(x_1, \dots, x_n) = g_2(e_1, \dots, e_n)$ und damit insgesamt

$$f = g_1(e_1, \dots, e_{n-1}) + e_n \cdot g_2(e_1, \dots, e_n).$$

Eindeutigkeit. Wir betrachten $\varphi\colon R[y_1, \dots, y_n] \to R[x_1, \dots, x_n]^{S_n}$, $y_i \mapsto e_i$ wie oben. Nach der Existenzaussage ist φ surjektiv. Wir zeigen die Injektivität wieder durch geschachtelte Induktion. Für $n = 1$ ist die Aussage klar. Sei $n > 1$ und sei $g \in \operatorname{Kern}(\varphi)$, also

$$g(e_1, \dots, e_n) = 0.$$

Wir zeigen $g = 0$ durch Induktion nach $d = \deg(g)$, wobei für $d = 0$ nichts zu zeigen ist. Sei $d > 0$ und schreibe $g = \sum g_i x_n^i$ mit $g_i \in R[x_1, \dots, x_{n-1}]$. Es gilt

$$0 = g_0(e_1, \dots, e_{n-1}) + \cdots + g_d(e_1, \dots, e_{n-1})e_n^d.$$

Wir setzen $x_n = 0$ ein, dann gilt wegen $e_n(x_1, \dots, x_{n-1}, 0) = 0$ also

$$g_0(\widetilde{e_1}, \dots, \widetilde{e_{n-1}}) = 0.$$

Damit folgt $g_0 = 0$ nach Induktionsvoraussetzung (für n). Wir können also $g = x_n \cdot h$ schreiben, mit $h(e_1, \dots, e_n) = 0$, und es ist $h = 0$ nach Induktionsvoraussetzung (für d). Es folgt insgesamt $g = 0$ und damit die Behauptung. ∎

Die Aussage im Hauptsatz über symmetrische Polynome hat, allgemein gesagt, den folgenden Nutzen: Alles, was sich durch ein symmetrisches Polynom *in den Nullstellen* eines anderen Polynoms ausdrücken lässt, lässt sich auch durch ein Polynom *in den Koeffizienten* ausdrücken. Solche Ausdrücke kann man prinzipiell berechnen, ohne die Nullstellen bestimmen zu müssen.

5.16 Beispiel Für jedes n definieren wir

$$\Delta_n = \prod_{i<j} (x_i - x_j)^2 \in R[x_1, \dots, x_n].$$

Offenbar ist Δ_n symmetrisch in $x_1, \dots, x_n$, liegt also im Ring $R[x_1, \dots, x_n]^{S_n}$. Das Polynom Δ_n heißt die **Diskriminante** vom Grad n. Sie verschwindet genau für die Einsetzungen von $x_1, \dots, x_n$, für welche das Polynom $(t - x_1)\cdots(t - x_n)$ eine mehrfache Nullstelle besitzt.

Nach dem Hauptsatz über symmetrische Polynome können wir Δ_n als Polynom in $e_1, \dots, e_n$ schreiben. Explizit geht das zum Beispiel für $n = 2$ so: Ist $h = t^2 + bt + c$, dann also $b = -(x_1 + x_2)$ und $c = x_1 x_2$, woraus

$$\Delta_2 = (x_1 - x_2)^2 = x_1^2 + x_2^2 - 2x_1x_2 = (x_1 + x_2)^2 - 4x_1x_2 = b^2 - 4c$$

folgt, wie man es von der quadratischen Lösungsformel kennt.

In höheren Graden werden diese Formeln komplizierter. Die Diskriminante eines allgemeinen kubischen Polynoms $h = t^3 + at^2 + bt + c$ ist

$$\Delta_3 = a^2b^2 - 4b^3 - 4a^3c - 27c^2 + 18abc.$$

Man kann durch die Substitution $s = t - \frac{a}{3}$ den quadratischen Term beseitigen und bekommt das Polynom in der Form $h(s) = s^3 + ps + q$, was für die (nun um $\frac{a}{3}$ verschobenen) Nullstellen der Bedingung $x_1 + x_2 + x_3 = 0$ entspricht. Die Formel für die

Diskriminante vereinfacht sich damit zu

$$\Delta_3 = -4p^3 - 27q^2.$$

Diese Formel kann man durch Einsetzen von $p = x_1x_2 + x_1x_3 + x_2x_3$ und $q = -x_1x_2x_3$ direkt überprüfen. Herleiten lassen sich solche Formeln für Diskriminanten mit einem Determinantenkalkül, worauf wir hier nicht eingehen. ◇

Für jedes $r \geqslant 1$ ist die **Potenzsumme**

$$p_r = x_1^r + \cdots + x_n^r$$

ein symmetrisches Polynom vom Grad r in $x_1, \ldots, x_n$. Deshalb lassen sich auch diese Potenzsummen durch elementarsymmetrische Polynome ausdrücken.

5.17 Satz (Newton-Identitäten) *Schreibe*

$$(t - x_1)\cdots(t - x_n) = t^n + c_1t^{n-1} + \cdots + c_n.$$

mit $c_i = (-1)^i e_i$ *für* $i = 1, \ldots, n$ *und setze* $c_i = 0$ *für alle* $i > n$. *Für alle* $r \geqslant 1$ *gilt*

$$p_r + c_1p_{r-1} + c_2p_{r-2} + \cdots + c_{r-1}p_1 + c_r r = 0.$$

Die Newton-Identitäten wurden im Jahr 1629 von ALBERT GIRARD beschrieben und, offenbar unabhängig, im Jahr 1666 von ISAAC NEWTON. Aus ihnen ergeben sich rekursive Formeln für die Potenzsummen der Nullstellen aus den Koeffizienten, also ohne Berechnung der Nullstellen selbst. Dies hat zahlreiche Anwendungen. Ein Beispiel dafür ist der **Faddejew–LeVerrier-Algorithmus** zur effizienten Berechnung des charakteristischen Polynoms einer quadratischen Matrix.

Beweis. Einsetzen von $t = x_i$ in die erste Gleichung ergibt

$$x_i^n + c_1x_i^{n-1} + \cdots + c_n = 0. \qquad (*)$$

Wir summieren über $i = 1, \ldots, n$ und erhalten

$$p_n + c_1p_{n-1} + \cdots + c_n n = 0,$$

also die Behauptung im Fall $r = n$. Für $r > n$ multiplizieren wir $(*)$ mit x_i^{r-n} und addieren. Es bleibt der Fall $r < n$. Setze $f(x_1, \ldots, x_n) = \sum_{i=0}^{r-1} p_{r-i}c_i + c_r r$. Es gilt dann $f(x_1, \ldots, x_r, 0, \ldots, 0) = 0$ (Fall $r = n$). In jedem Monom von f kommen höchstens r verschiedene Variablen vor. Jeder Koeffizient kommt bis auf Vertauschung deshalb auch in $f(x_1, \ldots, x_r, 0, \ldots, 0)$ vor und ist damit 0. Also gilt $f = 0$. ■

5.4 *Exkurs: Faktorialität von Polynomringen*

Der Polynomring in einer Variablen über einem Körper K ist faktoriell, da er ein Hauptidealring ist, sogar ein euklidischer Ring (Kor. 1.50). Das stimmt auch in mehreren Variablen, obwohl diese Ringe keine Hauptidealringe sind. Das wesentliche Hilfsmittel dafür ist wieder das Gaußsche Lemma bzw. seine Folgerung Satz 5.8.

5.18 Satz (Gauß) *Ist R ein faktorieller Ring, dann ist auch der Polynomring $R[x]$ faktoriell. Die Primelemente in $R[x]$ sind genau die folgenden:*

(a) Die Primelemente aus R;

(b) die irreduziblen Polynome von positivem Grad in $R[x]$.

Beweis. Da R faktoriell ist, sind in R alle irreduziblen Elemente prim. Es ist deshalb klar, dass alle irreduziblen Elemente von $R[x]$ entweder vom Typ (a) oder vom Typ (b) sind. Es ist außerdem leicht zu sehen, dass es in $R[x]$ keine unendlichen Teilerketten gibt. Nach Satz 1.34 genügt es daher zu zeigen, dass die Elemente vom Typ (a) und (b) in $R[x]$ prim sind.

Typ (a): Sei $p \in R$ prim, $R \to R/p$ die Restklassenabbildung $a \mapsto \overline{a} = a + pR$ und

$$\alpha \colon R[x] \to (R/p)[x], \sum a_i x^i \mapsto \sum \overline{a_i} x^i.$$

Die Abbildung α ist ein surjektiver Homomorphismus und ihr Kern ist genau das Hauptideal $p \cdot R[x]$, denn dieses besteht gerade aus allen Polynomen, deren Koeffizienten alle durch p teilbar sind. Nach dem Homomorphiesatz induziert α einen Isomorphismus

$$R[x]/pR[x] \xrightarrow{\sim} (R/p)[x].$$

Da p prim in R ist, ist R/p ein Integritätsring (Satz 2.20) und damit auch die Ringe $(R/p)[x]$ und $R[x]/pR[x]$. Also ist $pR[x]$ ein Primideal und damit p prim in $R[x]$.

Typ (b): Sei $f \in R[x]$ irreduzibel und sei $K = \operatorname{Quot}(R)$. Nach Satz 5.8(3) ist f auch in $K[x]$ irreduzibel. Da der Polynomring $K[x]$ faktoriell ist, ist f dort auch prim und damit der Faktorring $K[x]/f$ ein Integritätsring. Sei $\rho \colon K[x] \to K[x]/f$ die Restklassenabbildung und betrachte ihre Einschränkung

$$\rho \colon R[x] \to K[x]/f,$$

auf den Teilring $R[x] \subset K[x]$. Der Kern von ρ ist das Hauptideal $\langle f \rangle = f \cdot R[x]$, denn $\rho(g) = 0$ für $g \in R[x]$ bedeutet $f|g$ in $K[x]$, also auch $f|g$ in $R[x]$ nach Satz 5.8(1). Nach dem Homomorphiesatz induziert ρ deshalb einen Isomorphismus

$$\overline{\rho} \colon R[x]/f \xrightarrow{\sim} \operatorname{Bild}(\rho) \subset K[x]/f.$$

Also ist $R[x]/f$ isomorph zu einem Teilring eines nullteilerfreien Rings und damit selbst nullteilerfrei. Deshalb ist $fR[x]$ ein Primideal in $R[x]$, also f prim. ∎

5.19 Korollar *Der Polynomring $R[x_1, \dots, x_n]$ in n Variablen über einem faktoriellen Ring R ist faktoriell.*

Beweis. Mit $R[x_1, \dots, x_n] = R[x_1, \dots, x_{n-1}][x_n]$ folgt das induktiv aus Satz 5.18. ∎

5.20 Beispiel Die irreduziblen Polynome in einem Polynomring in $n \geqslant 2$ Variablen unterscheiden sich grundlegend vom Fall $n = 1$, selbst über einem algebraisch abgeschlossenen Körper. Es gibt immer irreduzible Polynome von jedem Grad (siehe Aufgabe 5.13), es sind sogar in einem gewissen Sinn »fast alle« Polynome irreduzibel. Die Frage, ob ein bestimmtes gegebenes Polynom irreduzibel ist, ist dagegen oft nicht so leicht zu entscheiden. Ein wichtiges Beispiel ist die Determinante einer allgemeinen Matrix. Beispielsweise ist das Polynom

$$\det \begin{pmatrix} x_1 & x_3 \\ x_4 & x_2 \end{pmatrix} = x_1 x_2 - x_3 x_4$$

über jedem Körper irreduzibel. Allgemeiner kann man sich überlegen, dass die Determinante $\det(X)$ einer Matrix als Polynom in n^2 Variablen irreduzibel in $\mathbb{Z}[X]$ (und allgemeiner über jedem Integritätsring) ist. ◇

5.5 *Übungsaufgaben zu Kapitel 5*

5.1 Es sei R ein faktorieller Ring mit Quotientenkörper K.

(a) Es sei $f \in R[x]$ ein Polynom, $f \neq 0$. Der *Inhalt* von f ist der größte gemeinsame Teiler aller Koeffizienten von f und wird mit $I(f)$ bezeichnet. Zeige, dass

$$I(fg) = I(f)I(g)$$

für alle $f, g \in R[x]$ gilt.

(b) Zeige ist $f \in K[x]$, $f \neq 0$ und sind $u, u' \in K^*$ derart, dass uf und $u'f$ primitive Polynome mit Koeffizienten aus R sind, dann gibt es $t \in R^*$ mit $u' = ut$. Ist $f \in R[x]$, dann folgere $u \sim I(f)$.

5.2 Sei p eine Primzahl. Für $f \in \mathbb{Z}[x]$ sei $\overline{f} \in \mathbb{F}_p[x]$ das Polynom, das aus f durch Reduzieren aller Koeffizienten modulo p entsteht.

(a) Zeige: Ist f normiert und $\overline{f}$ irreduzibel in $\mathbb{F}_p[x]$, so ist auch f irreduzibel in $\mathbb{Z}[x]$.

(b) Bestimme alle irreduziblen quadratischen Polynome in $\mathbb{F}_2[x]$.

(c) Zeige, dass das Polynom $x^5 - x^2 + 1$ in $\mathbb{Z}[x]$ irreduzibel ist.

5.3 Bestimme alle irreduziblen Polynome vom Grad $\leqslant 4$ in $\mathbb{F}_2[x]$.

5.4 Zeige, dass die Polynome $f = x^4 + x + 1$ und $g = x^4 - x^2 + 1$ in $\mathbb{Q}[x]$ irreduzibel sind. Sind sie auch irreduzibel in $\mathbb{Q}(i)[x]$?

5.5 Ist das Polynom $3x^3 - 6x^2 + \frac{3}{2}x - \frac{3}{5}$ irreduzibel in $\mathbb{Q}[x]$?

5.6 Zeige, dass die folgenden Polynome in $\mathbb{Q}[x]$ irreduzibel sind:

$$f = x^4 - 4x^3 + 2, \qquad g = x^2 + 4x + 7, \qquad h = x^3 - 38x^2 - 5x + 719.$$

5.7 Bestimme alle ganzen Zahlen a, für welche das Polynom $f_a = 4x^2 + 4x + a$ in $\mathbb{Z}[x]$ bzw. in $\mathbb{Q}[x]$ irreduzibel ist.

5.8 Beweise das *reziproke Eisensteinkriterium*: Sei $f = \sum_{i=0}^{n} a_i x^i$ ein Polynom mit ganzzahligen Koeffizienten und sei p eine Primzahl mit $p \nmid a_0$, $p | a_i$ für $0 < i \leqslant n$ und $p^2 \nmid a_n$. Dann ist f irreduzibel.

5.9 Es sei $f = a_4x^4 + a_3x^3 + a_2x^2 + a_1x + a_0 \in \mathbb{Z}[x]$ und angenommen $a_0, \ldots, a_4$ sind alle ungerade. Zeige, dass f in $\mathbb{Q}[x]$ irreduzibel ist.

5.10 Es sei K ein Körper und seien $f, g \in K[x]$ teilerfremde Polynome mit $f, g \notin K$. Zeige, dass dann

$$f - g \cdot y \in K(y)[x]$$

irreduzibel im Polynomring $K(y)[x]$ ist.

5.11 Ein Polynom $f \in K[x]$ heißt *additiv*, wenn $f(x + y) = f(x) + f(y)$ in $K[x, y]$ gilt. Welche additiven Polynome gibt es, abhängig vom Körper K?

5.12 Verwende die Newton-Identitäten, um die Potenzsummen p_2, p_3, p_4, p_5 als Polynome in den elementarsymmetrischen Polynomen darzustellen.

5.13 Es sei K ein Körper. Zeige, dass im Polynomring $K[x, y]$ in zwei Variablen irreduzible Polynome von jedem Grad $d \geqslant 1$ existieren.

5.14 Es sei K ein Körper und A eine $n \times n$-Matrix mit Einträgen in K, wobei $n \geqslant 2$. Betrachte die quadratische Form $q(x_1, \ldots, x_n) = x^T Ax$, wobei x der Spaltenvektor $(x_1, \ldots, x_n)^T$ ist. Zeige, dass q genau dann irreduzibel ist, wenn die Matrix A mindestens den Rang 2 hat.

6 Zahlentheorie

Dieses Kapitel stellt einen Exkurs in die Anfänge der algebraischen Zahlentheorie dar und behandelt zwei voneinander unabhängige Themen, das quadratische Reziprozitätsgesetz und pythagoreische Tripel. Aufbauend auf dem zweiten Thema diskutieren wir die Fermatsche Vermutung und ihren Beweis im einfachsten Fall $n = 4$. Der letzte Abschnitt gibt einen kurzen Einblick in diophantische Gleichungen.

6.1 Quadratische Reziprozität

Nach der quadratischen Lösungsformel ist eine Gleichung $x^2 + bx + c = 0$ mit b, c aus einem Körper K der Charakteristik ungleich 2 genau dann in K lösbar, wenn die Diskriminante $b^2 - 4c$ ein Quadrat in K ist (Prop. 5.3). Für $K = \mathbb{C}$ ist das immer der Fall, für $K = \mathbb{R}$ eine Frage des Vorzeichens, für $K = \mathbb{Q}$ außerdem eine Frage der Primfaktoren in Zähler und Nenner. Für den endlichen Körper $\mathbb{F}_p$ $(p > 2)$ ist es die Frage, ob eine ganze Zahl ein Quadrat modulo p ist, was aber gar nicht so einfach zu entscheiden ist. Aus dem quadratischen Reziprozitätsgesetz ergibt sich dafür ein Rechenverfahren, das wir in diesem Abschnitt beschreiben.

6.1 Beispiel Wir bestimmen für $p = 11$ alle Quadrate in $\mathbb{F}_{11}$:

m	0	1	2	3	4	5	6	7	8	9	10
m^2	0	1	4	9	5	3	3	5	9	4	1

Die Spiegelsymmetrie dieser Tabelle kommt daher, dass $(-m)^2 = m^2$ gilt, und $-m = 11 - m$ in $\mathbb{F}_{11}$.

In $\mathbb{F}_{11}$ sind also $0, 1, 3, 4, 5, 9$ Quadrate und haben damit eine Quadratwurzel, während $2, 6, 7, 8, 10$ keine Quadrate sind.

Definition Eine Zahl $a \in \mathbb{Z}$ ist ein **Quadrat modulo** n, wenn es $b \in \mathbb{Z}$ gibt mit

$$a \equiv b^2 \pmod{n}.$$

Üblich ist auch die Bezeichnung **quadratischer Rest modulo** n und für das Gegenteil (etwas unglücklich) **quadratischer Nichtrest modulo** n.

Die Quadratzahlen $0, 1, 4, 9, 16, 25, 36, \ldots$ in $\mathbb{Z}$ bleiben natürlich immer Quadrate, ganz egal für welchen Modulus n. Es kommen aber abhängig vom Modulus weitere Quadrate hinzu, wie zum Beispiel $5 \equiv 4^2 \pmod{11}$.

Allgemein ist a genau dann ein Quadrat modulo n, wenn die Kongruenzklasse $[a]_n$ ein Quadrat im Ring $\mathbb{Z}/n$ ist. Wir beschränken uns auf den Fall, dass $n = p$ eine Primzahl ist. Die Kongruenzklassen bilden dann den Körper $\mathbb{F}_p$. Da 0 immer ein Quadrat ist, arbeiten wir in der multiplikativen Gruppe $\mathbb{F}_p^*$. Nach Satz 3.73 ist sie zyklisch der Ordnung $p - 1$. Jeder Erzeuger heißt eine **Primitivwurzel modulo** p. Das ist also ein Element $g \in \mathbb{F}_p^*$ der Ordnung $p-1$, das heißt, mit $g^{p-1} = 1$ und $g^k \neq 1$ für alle $0 < k < p-1$. Die Potenzen von g durchlaufen dann alle Elemente von $\mathbb{F}_p^*$.

Die Existenz von Primitivwurzeln folgern wir aus dem Struktursatz für endliche abelsche Gruppen. Dies wurde zuerst von Gauß bewiesen, obwohl bereits zuvor mit Primitivwurzeln gerechnet wurde.

D. Plaumann, *Algebra*, https://doi.org/10.1007/978-3-662-67243-3_7

Gegeben eine Primitivwurzel g modulo p, dann hat jedes Element $a \in \mathbb{F}_p^*$ eine eindeutige Darstellung $a = g^k$ mit $0 \leqslant k < p-1$. Die Abbildung, die jedem a das passende k zuordnet, heißt der **diskrete Logarithmus** zur Basis g (modulo p), geschrieben

$$k = \log_g(a).$$

Dafür, ob eine Zahl g eine Primitivwurzel modulo p ist, gibt es kein einfaches Kriterium. Eine Vermutung von Emil Artin besagt, dass jede ganze Zahl ungleich -1, die kein Quadrat ist, eine Primitivwurzel für unendlich viele Primzahlen ist. Diese Vermutung konnte aber bislang für keine einzige solche Zahl bewiesen werden.

6.2 Beispiel Sei $p = 11$ und $g = 2$, dann bilden die Potenzen g^k für $k = 1, \ldots, 10$ die Folge $2, 4, 8, 5, 10, 9, 7, 3, 6, 1$, so dass 2 eine Primitivwurzel modulo 11 ist. Für $g = 3$ bekommen wir dagegen $3, 9, 5, 4, 1$, so dass 3 keine Primitivwurzel modulo 11 ist. Der diskrete Logarithmus bezüglich $g = 2$ hat nach der obigen Rechnung die Werte

a	1	2	3	4	5	6	7	8	9	10
$\log_2(a)$	0	1	8	2	4	9	7	3	6	5

◇

Der diskrete Logarithmus entscheidet im Prinzip die Frage, welche Elemente von $\mathbb{F}_p^*$ Quadrate sind, nämlich genau die Elemente a, für welche $\log_g(a)$ eine gerade Zahl ist: Ist $\log_g(a) = 2k$, dann ist $a = g^{2k} = (g^k)^2$ ein Quadrat, und ist umgekehrt $a = b^2$, dann ist $\log_g(a) \equiv 2\log_g(b) \pmod{p-1}$ und damit gerade, da $p-1$ gerade ist.

Da das Potenzieren modulo $p-1$ leicht zu berechnen ist, der diskrete Logarithmus aber nicht, kommt dieser auch in der Kryptographie zum Einsatz. Der darauf basierende **Diffie-Hellman-Merkle-Schlüsselaustausch** ähnelt vom Prinzip her dem RSA-Kryptosystem (§1.7).

Das Rechenproblem zu entscheiden, ob eine Zahl ein Quadrat modulo p ist, wird dadurch allerdings nicht einfacher: Weder die Bestimmung einer Primitivwurzel noch die Berechnung des diskreten Logarithmus bei gegebener Primitivwurzel sind algorithmisch effizient lösbar. Wir können allerdings sofort einige Folgerungen über die Struktur der Quadrate modulo p ziehen.

6.3 Lemma *Sei $p > 2$ eine Primzahl. In $\mathbb{F}_p^*$ gibt es genau $\frac{p-1}{2}$ Quadrate und ebenso viele Nichtquadrate. Das Produkt zweier Nichtquadrate ist ein Quadrat.*

Beweis. Denn da $p-1$ gerade ist, gibt es bezüglich einer Primitivwurzel g genauso viele Elemente mit geradem wie mit ungeradem diskreten Logarithmus zur Basis g. Sind außerdem a und b Nichtquadrate, dann sind $\log_g(a)$ und $\log_g(b)$ ungerade und damit $\log_g(ab) = \log_g(a) + \log_g(b)$ gerade. ■

Miniaufgaben

6.1 Bestimme alle Quadrate sowie eine Primitivwurzel modulo 7 und gib alle Werte des diskreten Logarithmus an.

6.2 Sei K ein Körper. Zeige: Das Produkt zweier Quadrate in K^* ist ein Quadrat und das Produkt aus einem Quadrat und einem Nichtquadrat ein Nichtquadrat. Die Aussage über das Produkt von zwei Nichtquadraten in Lemma 6.3 ist für allgemeines K falsch.

Um die Quadrate modulo p weiter zu untersuchen, führen wir folgende Notation ein:

Definition Für jede Primzahl $p > 2$ und $a \in \mathbb{Z}$ mit $p \nmid a$ heißt

$$\left(\frac{a}{p}\right) = \begin{cases} 1 & \text{falls } a \text{ ein Quadrat modulo } p \text{ ist,} \\ -1 & \text{falls } a \text{ kein Quadrat modulo } p \text{ ist} \end{cases}$$

das **Legendre-Symbol** von a nach p (gelesen »a nach p«). Außerdem definiert man noch $\left(\frac{a}{p}\right) = 0$ falls $p \mid a$.

Nach Lemma 6.3 (und Miniaufgabe 6.2) ist das Legendre-Symbol multiplikativ im oberen Argument, das heißt, für alle $a, b \in \mathbb{Z}$ und jede Primzahl $p > 2$ gilt

$$\left(\frac{ab}{p}\right) = \left(\frac{a}{p}\right)\left(\frac{b}{p}\right).$$

6.4 Satz (Euler-Kriterium) *Es sei $p > 2$ eine Primzahl. Dann gilt für jedes $a \in \mathbb{Z}$ die Kongruenz*

$$a^{\frac{p-1}{2}} \equiv \left(\frac{a}{p}\right) \pmod p.$$

Beweis. Im Fall $p|a$ sind beide Seiten kongruent 0 modulo p. Wir nehmen also $p \nmid a$ an. Ist a ein Quadrat modulo p, etwa $a \equiv b^2 \pmod p$, dann folgt

$$a^{\frac{p-1}{2}} \equiv b^{p-1} \equiv 1 \pmod p$$

nach dem Kleinen Satz von Fermat (Satz 1.25) und wir sind fertig.

Ist a kein Quadrat modulo p, dann wählen wir ein $g \in \mathbb{Z}$, dessen Kongruenzklasse $[g]_p$ in $\mathbb{F}_p$ eine Primitivwurzel modulo p ist. Da $[g]_p$ in $\mathbb{F}_p^*$ die Ordnung $p-1$ hat, gilt $g^{\frac{p-1}{2}} \not\equiv 1 \pmod p$, aber $\left(g^{\frac{p-1}{2}}\right)^2 = g^{p-1} \equiv 1 \pmod p$. Da die Gleichung $x^2 = 1$ in $\mathbb{F}_p$ nur die Lösungen 1 und -1 hat, muss also

$$g^{\frac{p-1}{2}} \equiv -1 \pmod p$$

gelten. Setze $s = \log_g([a]_p)$, dann also $a \equiv g^s \pmod p$, und da a kein Quadrat ist, ist s ungerade. Damit ist $s-1$ gerade und es folgt $(s-1) \cdot \frac{p-1}{2} \equiv 0 \pmod{p-1}$, also

$$s \cdot \frac{p-1}{2} \equiv \frac{p-1}{2} \pmod{p-1}.$$

Daraus folgt die Behauptung:

$$a^{\frac{p-1}{2}} \equiv g^{s\frac{p-1}{2}} \equiv g^{\frac{p-1}{2}} \equiv -1 \pmod p.$$ ∎

Das quadratische Reziprozitätsgesetz ist nun die folgende Aussage:

6.5 Satz (Quadratisches Reziprozitätsgesetz) *Es seien $p, q > 2$ zwei verschiedene Primzahlen. Genau dann ist p ein Quadrat modulo q, wenn q ein Quadrat modulo p ist, außer wenn p und q beide kongruent 3 modulo 4 sind. In diesem Fall gilt genau die gegenteilige Beziehung, das heißt, p ist ein Quadrat modulo q, wenn q kein Quadrat modulo p ist. Ausgedrückt durch das Legendre-Symbol bedeutet dies*

$$\left(\frac{p}{q}\right) = \left(\frac{q}{p}\right) \quad \textit{falls } p \equiv 1 \pmod 4 \textit{ oder } q \equiv 1 \pmod 4$$

und

$$\left(\frac{p}{q}\right) = -\left(\frac{q}{p}\right) \quad \textit{falls } p \equiv q \equiv 3 \pmod 4.$$

Beides zusammen ist äquivalent zur Gleichheit

$$\left(\frac{p}{q}\right) \cdot \left(\frac{q}{p}\right) = (-1)^{\frac{p-1}{2}\frac{q-1}{2}}.$$

Das quadratische Reziprozitätsgesetz wurde von Euler entdeckt bzw. vermutet, aber ein vollständiger Beweis gelang erst Gauß, der mit der Zeit gleich mehrere methodisch verschiedene Beweise fand. Es wird gelegentlich behauptet, für keine andere mathematische Aussage gäbe es so viele verschiedene Beweise[1]. Die Aussage ist andererseits ziemlich »tief«: Sie ist weder intuitiv unmittelbar einsichtig noch leicht zu beweisen.

[1] Franz Lemmermeyer führt eine Liste: http://www.rzuser.uni-heidelberg.de/~hb3/fchrono.html

In diesem Abschnitt sind zwei klassische Beweise für das quadratische Reziprozitätsgesetz dargestellt, der eine mit Methoden der Ringtheorie (Einheitswurzeln), der andere mit Methoden der Kombinatorik und Gruppentheorie (Permutationen).

Bevor wir uns diesen Beweisen widmen, illustrieren wir an einem Beispiel, wie das Reziprozitätsgesetz zur Berechnung des Legendre-Symbols eingesetzt werden kann.

6.6 Beispiel Wir wollen wissen, ob 103 ein Quadrat modulo 211 ist. Als Erstes überzeugt man sich, dass beide Zahlen prim sind. Außerdem sind beide kongruent 3 modulo 4. Nach dem quadratischen Reziprozitätsgesetz und der Multiplikativität des Legendre-Symbols gilt deshalb

$$\left(\frac{103}{211}\right) = -\left(\frac{211}{103}\right) = -\left(\frac{5}{103}\right) = -\left(\frac{103}{5}\right) = -\left(\frac{3}{5}\right) = -\left(\frac{5}{3}\right) = -\left(\frac{2}{3}\right).$$

Nun ist 2 kein Quadrat modulo 3, also $\left(\frac{2}{3}\right) = -1$. Damit ist $\left(\frac{103}{211}\right) = 1$, das heißt, 103 ist ein Quadrat modulo 211. Das wissen wir nun, ohne eine Lösung zu kennen. ◇

Damit das immer so funktioniert, müssen wir auch mit dem Legendre-Symbol $\left(\frac{2}{p}\right)$ umgehen können, das durch das Reziprozitätsgesetz nicht abgedeckt ist. Dafür sorgt einer der sogenannten Ergänzungssätze, die aus dem Euler-Kriterium folgen:

6.7 Satz (Ergänzungssätze) *Für jede Primzahl $p > 2$ gelten*

(1)

$$\left(\frac{-1}{p}\right) = (-1)^{\frac{p-1}{2}} = \begin{cases} 1 & \text{falls } p \equiv 1 \pmod 4 \\ -1 & \text{falls } p \equiv 3 \pmod 4 \end{cases}$$

(2)

$$\left(\frac{2}{p}\right) = (-1)^{\frac{p^2-1}{8}} = \begin{cases} 1 & \text{falls } p \equiv \pm 1 \pmod 8 \\ -1 & \text{falls } p \equiv \pm 3 \pmod 8 \end{cases}$$

Beweis. (1) Die linke Gleichheit ist das Euler-Kriterium für -1 und die Fallunterscheidung rechts ist nur die Frage, ob $\frac{p-1}{2}$ gerade oder ungerade ist.

(2) Auch hier verwenden wir das Euler-Kriterium. Wir müssen den Wert von $2^{\frac{p-1}{2}}$ modulo p bestimmen. Dazu rechnen wir trickreich im Ring $\mathbb{Z}[i]$ der gaußschen ganzen Zahlen. Es gilt $(1+i)^2 = 2i$ und damit $2 = -i(1+i)^2$. Daraus folgt

$$2^{\frac{p-1}{2}} = (-i)^{\frac{p-1}{2}}(1+i)^{p-1}.$$

Wenn wir nun $(1+i)^p$ mit der binomischen Formel expandieren, dann sehen wir, dass $(1+i)^p \equiv 1 + i^p \pmod p$ gilt, da die Binomialkoeffizienten $\binom{k}{p}$ für $1 < k < p$ alle durch p teilbar sind. Die Kongruenz modulo p ist dabei für Real- und Imaginärteil getrennt zu betrachten. Insgesamt ergibt sich damit

$$2^{\frac{p-1}{2}}(1+i) \equiv (-i)^{\frac{p-1}{2}}(1+i^p) \pmod p.$$

Was haben wir mit dieser Umformung gewonnen? Nun, i ist sehr einfach zu potenzieren, weil dabei nur die Werte $i, -1, -i, 1$ auftreten, abhängig vom Exponenten modulo 4. Der Wert von $\frac{p-1}{2}$ modulo 4 hängt von p modulo 8 ab. Wenn man die vier möglichen Fälle durchgeht, erhält man die Behauptung. ■

Miniaufgabe

6.3 Vervollständige den Beweis von Satz 6.7(2).

Wir geben nun den ersten Beweis des quadratischen Reziprozitätsgesetzes mit Hilfe der sogenannten Gaußschen Summen. Im Grunde ist das eine geniale Verallgemeinerung der Rechentechnik, die wir gerade im Beweis von Satz 6.7(2) gesehen haben. In der Darstellung folge ich weitgehend dem Buch von Forster[2].

Es sei ω_p eine primitive p-te Einheitswurzel. Wir rechnen im Ring $\mathbb{Z}[\omega_p]$, dem Teilring von $\mathbb{C}$, der aus dem Polynomring $\mathbb{Z}[x]$ durch Einsetzen von ω_p für x entsteht. Da $\omega_p^p = 1$ gilt und sich die Potenzen ω_p^k damit für $k \geqslant p$ wiederholen, können wir jedes Element von $\mathbb{Z}[\omega_p]$ in der Form

$$\sum_{k=0}^{p-1} a_k \omega_p^k$$

schreiben. Diese Darstellung ist nicht eindeutig, da wir auch ω_p^{p-1} durch $1, \omega_p, \dots, \omega_p^{p-2}$ ausdrücken können (siehe Aufgabe 6.3), was aber im Weiteren keine Rolle spielt.

Wir müssen in $\mathbb{Z}[\omega_p]$ auch modulo einer Primzahl q rechnen. Formal bedeutet das, dass wir das von q erzeugte Hauptideal $\langle q \rangle$ in $\mathbb{Z}[\omega_p]$ bilden und zum Faktorring $\mathbb{Z}[\omega_p]/q$ übergehen. Dieser ist isomorph zum Ring $\mathbb{F}_q[\omega_p]$, der aus $\mathbb{F}_q[x]$ durch Einsetzen von ω_p entsteht. Mit anderen Worten, ist $\alpha = \sum_{k=0}^{p-1} a_k \omega_p^k$ ein Element von $\mathbb{Z}[\omega_p]$, dann reduzieren wir einfach die Koeffizienten $a_0, \dots, a_{p-1}$ modulo q.

Definition Der Ausdruck

$$S(p) = \sum_{k=1}^{p-1} \left(\frac{k}{p}\right) \omega_p^k \in \mathbb{Z}[\omega_p]$$

heißt die **Gaußsche Summe** zur Primzahl p.

Der Beweis des quadratischen Reziprozitätsgesetzes erfolgt nun durch äußerst trickreiches Rechnen mit den Gaußschen Summen.

6.8 Proposition *Es sei $p > 2$ eine Primzahl.*

(1) *Es gilt $S(p)^2 = \left(\frac{-1}{p}\right) p$.*

(2) *Ist $q > 2$ eine weitere Primzahl mit $q \neq p$, dann gilt*

$$S(p)^q \equiv \left(\frac{q}{p}\right) S(p) \pmod q.$$

Beweis. Es gilt

$$S(p)^2 = \sum_{k=1}^{p-1} \left(\tfrac{k}{p}\right) \omega_p^k \cdot \sum_{l=1}^{p-1} \left(\tfrac{l}{p}\right) \omega_p^l = \sum_{k,l=1}^{p-1} \left(\tfrac{kl}{p}\right) \omega_p^{k+l} = \sum_{j,k-1}^{p-1} \left(\tfrac{kkj}{p}\right) \omega_p^{k+kj} = \sum_{j,k=1}^{p-1} \left(\tfrac{j}{p}\right) \omega_p^{k(j+1)}.$$

Bei der dritten Gleichheit haben wir benutzt, dass jedes $k \in \{1, \dots, p-1\}$ eine Einheit in $\mathbb{Z}/p$ ist und deshalb die Indexmengen $\{1, 2, \dots, p-1\}$ und $\{k, 2k, \dots, (p-1)k\}$ modulo p übereinstimmen, denn die Multiplikation mit k ist eine Bijektion von $(\mathbb{Z}/p)^\times$ in sich. Nun folgt weiter

$$S(p)^2 = \sum_{j=1}^{p-2} \left(\tfrac{j}{p}\right) \sum_{k=1}^{p-1} \omega_p^{k(j+1)} + \left(\tfrac{-1}{p}\right) \sum_{k=1}^{p-1} \omega_p^{kp} = -\sum_{j=1}^{p-2} \left(\tfrac{j}{p}\right) + \left(\tfrac{-1}{p}\right)(p-1)$$

wegen $\sum_{k=1}^{p-1} \omega_p^{k(j+1)} = -1$ (denn die Summe aller p-ten Einheitswurzeln ist 0; vgl. §5.2). Außerdem gilt $\sum_{j=1}^{p-1} \left(\frac{j}{p}\right) = 0$ nach Lemma 6.3. Wir bekommen damit die gewünschte Gleichheit

$$S(p)^2 = \left(\tfrac{p-1}{p}\right) + \left(\tfrac{-1}{p}\right)(p-1) = \left(\tfrac{-1}{p}\right)p.$$

[2] Otto Forster: *Algorithmische Zahlentheorie*. Vieweg/Springer Spektrum, 1996 / Zweite Auflage 2015

(2) Um die q-te Potenz von $S(p)$ modulo q zu berechnen, verwenden wir wieder die Rechenregel $(x_1 + \cdots + x_n)^q \equiv x_1^q + \cdots + x_n^q \pmod q$ und bekommen

$$S(p)^q = \left(\sum_{k=1}^{p-1} \left(\tfrac{k}{p}\right)\omega_p^k\right)^q \equiv \sum_{k=1}^{p-1} \left(\tfrac{k}{p}\right)\omega_p^{kq} \equiv \sum_{k=1}^{p-1} \left(\tfrac{kq^2}{p}\right)\omega_p^{kq}$$

$$\equiv \left(\tfrac{q}{p}\right)\sum_{k=1}^{p-1} \left(\tfrac{kq}{p}\right)\omega_p^{kq} \equiv \left(\tfrac{q}{p}\right)\sum_{j=1}^{p-1} \left(\tfrac{j}{p}\right)\omega_p^{j} \equiv \left(\tfrac{q}{p}\right)S(p) \pmod q. \qquad \blacksquare$$

Hinter der Verwendung der Gaußschen Summen steckt mehr als nur ein Rechentrick. Vielmehr besteht eine Beziehung zwischen dem quadratischen Reziprozitätsgesetz und der Theorie der Kreisteilungskörper, die wir in §8.3 betrachten. Diese Beziehung ist der Ausgangspunkt für viele weitere Entwicklungen, wie beispielsweise das allgemeine **Artinsche Reziprozitätsgesetz** (1924–1930) und noch weitergehendere Verallgemeinerungen, die noch immer Gegenstand der Forschung sind.

Erster Beweis des quadratischen Reziprozitätsgesetzes. Nach Prop. 6.8(2) gilt

$$S(p)^{q+1} \equiv \left(\tfrac{q}{p}\right)S(p)^2 \pmod q.$$

Wenn wir hier den Ausdruck für $S(p)^2$ aus 6.8(1) einsetzen, bekommen wir

$$\left(\tfrac{-1}{p}\right)^{\frac{q+1}{2}} p^{\frac{q+1}{2}} \equiv \left(\tfrac{q}{p}\right)\left(\tfrac{-1}{p}\right)p \pmod q.$$

Da p und q teilerfremd sind, können wir p kürzen und bekommen

$$\left(\tfrac{-1}{p}\right)^{\frac{q-1}{2}} p^{\frac{q-1}{2}} \equiv \left(\tfrac{q}{p}\right) \pmod q.$$

Auf die beiden Ausdrücke links wenden wir Satz 6.7 und das Euler-Kriterium 6.4 an und erhalten

$$(-1)^{\frac{(p-1)(q-1)}{4}} \left(\tfrac{p}{q}\right) \equiv \left(\tfrac{q}{p}\right) \pmod q.$$

Die Differenz der linken und der rechten Seite ist also durch q teilbar. Beide Seiten haben aber den Wert ± 1 und es gilt $q \geqslant 3$. Also gilt die Gleichheit schon in $\mathbb{Z}$. $\blacksquare$

DER ZWEITE BEWEIS BERUHT AUF EINER ANDEREN IDEE. Er geht auf den russischen Zahlentheoretiker JEGOR IWANOWITSCH SOLOTARJOW (1872) zurück und realisiert das Legendre-Symbol als Signum einer Permutation. Ich orientiere mich hier an Vorlesungsnotizen von Matt Baker und Jerry Shurman.

Für jedes $a \in \mathbb{F}_p^*$ können wir die Multiplikation $\mathbb{F}_p^* \to \mathbb{F}_p^*$, $x \mapsto ax$ mit a als Permutation der Menge $\mathbb{F}_p^* = \{1, \ldots, p-1\}$ auffassen, also als ein Element der symmetrischen Gruppe S_{p-1}. Wir bezeichnen diese Permutation mit σ_a.

6.9 Lemma (Solotarjow) *Für alle $a \in \mathbb{F}_p^*$ gilt*

$$\left(\frac{a}{p}\right) = \operatorname{sgn}(\sigma_a).$$

Beweis. Auf beiden Seiten stehen Homomorphismen $\mathbb{F}_p^* \to \{\pm 1\}$ von Gruppen, denn das Legendre-Symbol ist multiplikativ, und für alle $a, b \in \mathbb{F}_p^*$ gilt $\operatorname{sgn}(\sigma_{ab}) = \operatorname{sgn}(\sigma_a \circ \sigma_b) = \operatorname{sgn}(\sigma_a)\operatorname{sgn}(\sigma_b)$. Ein solcher Homomorphismus ist eindeutig bestimmt durch das Bild eines Erzeugers der zyklischen Gruppe $\mathbb{F}_p^*$, also einer Primitivwurzel g. Eine Primitivwurzel kann kein Quadrat sein, so dass $\left(\frac{g}{p}\right) = -1$ gilt. Schreiben wir die Elemente von $\mathbb{F}_p^*$ als Potenzen von g, dann operiert σ_g offenbar als $p-1$-Zykel auf den Exponenten. Da $p-1$ gerade ist, folgt also auch $\operatorname{sgn}(\sigma_g) = -1$. $\blacksquare$

Miniaufgabe

6.4 Bestimme die Permutation σ_2 für $p = 11$.

Zweiter Beweis des quadratischen Reziprozitätsgesetzes. Sind $c, m \in \mathbb{Z}$, $m \neq 0$, mit $c = km + r$ mit $0 \leqslant r < m$, dann schreiben wir kurz $k = c : m$ und $r = c \mod m$. Wir betrachten die Menge

$$C_{p\times q} = \{(a,b) \mid a \in \{0,\dots,p-1\},\ b \in \{0,\dots,q-1\}\}$$

und ordnen die Elemente von $C_{p\times q}$ lexikographisch an, das heißt, zuerst nach dem ersten und dann nach dem zweiten Eintrag. Das Element (a, b) steht also an $qa + b$-ter Stelle. Sodann arrangieren wir die pq Elemente von $C_{p\times q}$ in einer Tabelle mit p Zeilen und q Spalten (indiziert ab 0), und zwar auf drei verschiedene Weisen:

- *Zeilenweise*: Das i-te Element von $C_{p\times q}$ an die Stelle $(i : q, i \mod q)$.
- *Spaltenweise*: Das i-te Element von $C_{p\times q}$ an die Stelle $(i \mod p, i : p)$.
- *Diagonal*: Das i-te Element von $C_{p\times q}$ an die Stelle $(i \mod p, i \mod q)$.

Im Fall $p = 3$, $q = 5$ sehen die drei Arrangements folgendermaßen aus:

$(0,0)$	$(0,1)$	$(0,2)$	$(0,3)$	$(0,4)$
$(1,0)$	$(1,1)$	$(1,2)$	$(1,3)$	$(1,4)$
$(2,0)$	$(2,1)$	$(2,2)$	$(2,3)$	$(2,4)$

Zeilenarrangement

$(0,0)$	$(0,3)$	$(1,1)$	$(1,4)$	$(2,2)$
$(0,1)$	$(0,4)$	$(1,2)$	$(2,0)$	$(2,3)$
$(0,2)$	$(1,0)$	$(1,3)$	$(2,1)$	$(2,4)$

Spaltenarrangement

$(0,0)$	$(1,1)$	$(2,2)$	$(0,3)$	$(1,4)$
$(2,0)$	$(0,1)$	$(1,2)$	$(2,3)$	$(0,4)$
$(1,0)$	$(2,1)$	$(0,2)$	$(1,3)$	$(2,4)$

Diagonalarrangement

Dazu passend betrachten wir drei Permutationen in $\Sigma(C_{p,q}) \cong S_{pq}$:

- Die Permutation τ_{zs}, die das Zeilen- in das Spaltenarrangement überführt.
- Die Permutation τ_{zd}, die das Zeilen- in das Diagonalarrangement überführt.
- Die Permutation τ_{sd}, die das Spalten- in das Diagonalarrangement überführt.

Offenbar gilt $\tau_{sd}^{-1} \circ \tau_{zd} = \tau_{zs}$. Da das Signum multiplikativ ist, folgt daraus

$$\operatorname{sgn}(\tau_{sd}) \cdot \operatorname{sgn}(\tau_{zs}) = \operatorname{sgn}(\tau_{zd}). \qquad (*)$$

Wir behaupten, dass in dieser Gleichheit das quadratische Reziprozitätsgesetz versteckt ist. Um das einzusehen, rechnen wir die Permutationen explizit aus: Im Zeilenarrangement steht an der Stelle (x, y) einfach das Element $(x, y) \in C_{p\times q}$, das unter dem Diagonalarrangement an der Stelle $(qx + y \mod p, y)$ steht. Im Spaltenarrangement steht an der Stelle (x, y) das $py+x$-te Element von $C_{p\times q}$, das im Diagonalarrangement an der Stelle $(x, py + x \mod q)$ steht. Es gilt also

$$\tau_{sd}(x,y) = (x, py + x \mod q) \quad \text{und} \quad \tau_{zd}(x,y) = (qx + y \mod p, y).$$

Insbesondere permutiert τ_{sd} die Einträge innerhalb jeder Zeile. Wir können τ_{sd} also in ein Produkt der einzelnen Zeilenpermutationen zerlegen. In jeder Zeile ist dabei die Translation $a \mapsto a + x \mod q$ um x einfach ein Zykel der Länge q und damit gerade. Also hat τ_{sd} in jeder Zeile als Permutation von $\{0,\dots,q-1\}$ dasselbe Signum wie die Permutation $y \mapsto py \mod q$. Das ist aber gerade die Permutation σ_p im Lemma von Solotarjow (bis auf den Fixpunkt 0, der für das Signum keine Rolle spielt). Es folgt also $\operatorname{sgn}(\tau_{sd}) = \operatorname{sgn}(\sigma_p)^p = \operatorname{sgn}(\sigma_p) = \left(\frac{p}{q}\right)$. Dieselbe Argumentation können wir für τ_{zd} mit p und q vertauscht machen. Wir haben also

$$\operatorname{sgn}(\tau_{sd}) = \left(\frac{p}{q}\right) \quad \text{und} \quad \operatorname{sgn}(\tau_{zd}) = \left(\frac{q}{p}\right)$$

bewiesen. Es bleibt, das Signum der Permutation τ_{zs} zu berechnen: Ein Fehlstand dieser Permutation ist ein Paar $(x, y), (x', y')$ von Elementen von $C_{p\times q}$, deren Reihenfolge sich im Zeilen- und im Spaltenarrangement unterscheidet. Die Bedingung dafür ist $x > x'$ und $y < y'$, oder umgekehrt, wie man direkt nachprüft. Es gibt also $\binom{p}{2} \cdot \binom{q}{2}$ solche Paare. Da p und q ungerade sind, folgt

$$\operatorname{sgn}(\tau_{zs}) = (-1)^{\binom{p}{2}\binom{q}{2}} = (-1)^{p\cdot\frac{p-1}{2}\cdot q\cdot\frac{q-1}{2}} = (-1)^{\frac{p-1}{2}\cdot\frac{q-1}{2}}.$$

Das stimmt mit dem Korrekturfaktor im quadratischen Reziprozitätsgesetz überein. Aus der Gleichung $(*)$ folgt also die Behauptung. ∎

Mit dem quadratischen Reziprozitätsgesetz und den beiden Ergänzungssätzen kann man das Legendre-Symbols immer rekursiv berechnen, so lange man die betreffenden Zahlen noch in ihre Primfaktoren zerlegen kann. Betrachten wir zum Abschluss noch ein weiteres Beispiel.

6.10 Beispiel Wir wollen entscheiden, ob 593 ein Quadrat modulo 1997 ist. Als Erstes stellen wir fest, dass 1997 eine Primzahl ist. Auch 593 ist eine Primzahl. Nun ist $593 = 600 - 8 + 1 \equiv 1 \pmod 4$ und $1997 = 2000 - 4 + 1 \equiv 1 \pmod 4$ und damit

$$\left(\frac{593}{1997}\right) = \left(\frac{1997}{593}\right)$$

nach dem quadratischen Reziprozitätsgesetz. Nun können wir 1997 mit Rest durch 593 teilen und bekommen $1997 = 3 \cdot 593 + 218$, und $218 = 2 \cdot 109$, also

$$\left(\frac{1997}{593}\right) = \left(\frac{218}{593}\right) = \left(\frac{2}{593}\right)\left(\frac{109}{593}\right).$$

Es ist $\left(\frac{2}{593}\right) = 1$ nach Satz 6.7(2). Mit dem zweiten Faktor rechnen wir weiter:

$$\left(\frac{109}{593}\right) = \left(\frac{593}{109}\right) = \left(\frac{48}{109}\right) = \left(\frac{16}{109}\right)\left(\frac{3}{109}\right) = \left(\frac{3}{109}\right) = \left(\frac{109}{3}\right) = \left(\frac{1}{3}\right) = 1.$$

Also ist 593 ein Quadrat modulo 1997. ◇

6.2 *Pythagoreische Tripel und die Fermatsche Vermutung*

Ganzzahlige Lösungen von Polynomgleichungen in mehreren Variablen sind ein unerschöpfliches Thema der Zahlentheorie (siehe auch den anschließenden Exkurs 6.3 für einige allgemeine Aussagen). Als Erstes betrachten wir eine einzige solche Gleichung, nämlich

$$x^2 + y^2 = z^2.$$

Sie drückt bekanntermaßen den Satz des Pythagoras über die Seitenlängen in rechtwinkligen Dreiecken aus. Die Frage, welche ganzzahligen Seitenlängen dabei möglich sind, wurde schon im Altertum untersucht.

Der sogenannte Satz des Pythagoras war schon lange vor Pythagoras bekannt, auch wenn nicht genau geklärt ist, welche Rolle PYTHAGORAS VON SAMOS (~570–510 v. Chr.) in seiner Geschichte gespielt hat. Dass $(3, 4, 5)$ ein pythagoreisches Tripel ist, hat folgende praktische Anwendung, die schon im frühen Altertum als einfaches Hilfsmittel in der Landvermessung genutzt wurde: Unterteilt man eine Schnur in 12 gleiche Teile (mit entsprechenden Markierungen) und setzt drei Pflöcke so in die Erde, dass die Schnur sie umspannt und im Verhältnis 3, 4, 5 geteilt wird, dann hat man einen rechten Winkel konstruiert.

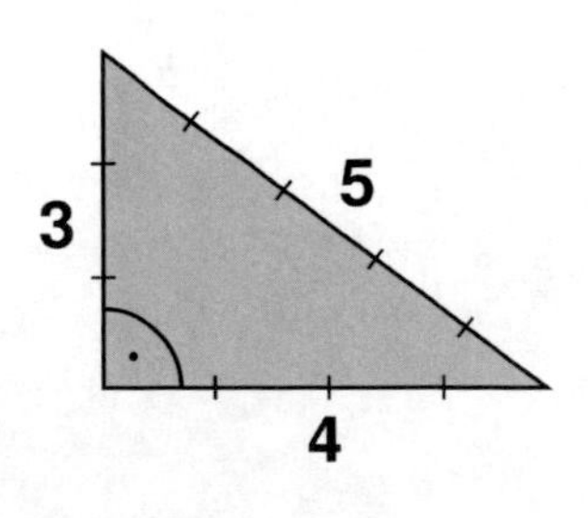

Definition Ein **pythagoreisches Tripel** ist ein Tripel (a, b, c) natürlicher Zahlen mit

$$a^2 + b^2 = c^2.$$

Das Tripel heißt **primitiv**, wenn a, b, c keinen gemeinsamen Teiler haben.

6.11 Beispiel Das kleinste pythagoreische Tripel $(3, 4, 5)$ ist leicht zu merken. Das nächste primitive Tripel (wenn man nach dem größten Eintrag geht) ist $(5, 12, 13)$. Wir werden gleich sehen, wie man *alle* solchen Tripel generieren kann. ◇

Ist (a, b, c) ein pythagoreisches Tripel, dann ist (ma, mb, mc) für jedes $m \in \mathbb{N}$ ein neues Tripel. Ist umgekehrt d der größte gemeinsame Teiler von a, b, c, dann ist $\left(\frac{a}{d}, \frac{b}{d}, \frac{c}{d}\right)$ ein primitives pythagoreisches Tripel. Wenn man alle Tripel bestimmen will, kann man sich deshalb auf die primitiven Tripel beschränken.

Um pythagoreische Tripel zu finden, kann man folgendermaßen vorgehen. Wir teilen in der Gleichung $x^2 + y^2 = z^2$ durch z^2 und bekommen

$$\left(\tfrac{x}{z}\right)^2 + \left(\tfrac{y}{z}\right)^2 = 1.$$

Die Gleichung $s^2 + t^2 = 1$ beschreibt bekanntlich den Einheitskreis. Die pythagoreischen Tripel entsprechen also Punkten auf dem Einheitskreis mit positiven rationalen Koordinaten, genauer entspricht jedes primitive Tripel genau einem solchen Punkt und umgekehrt.

6.12 Lemma *Es sei $S^1_{\mathbb{Q}} = \{(s,t) \in \mathbb{Q}^2 \mid s^2 + t^2 = 1\}$. Die Abbildung*

$$\Phi\colon \mathbb{Q} \to S^1_{\mathbb{Q}} \setminus \{(1,0)\}, \tau \mapsto \left(\frac{\tau^2-1}{\tau^2+1}, \frac{2\tau}{\tau^2+1}\right)$$

ist wohldefiniert und bijektiv. Die Umkehrabbildung[3] ist $(s,t) \mapsto \frac{t}{1-s}$.

Beweis. Setze $s = \frac{\tau^2-1}{\tau^2+1}$ und $t = \frac{2\tau}{\tau^2+1}$. Einsetzen zeigt dann $s^2 + t^2 = 1$. Das Bild von Φ ist also in $S^1_{\mathbb{Q}}$ enthalten. Die Bijektivität folgt, indem man direkt die angegebene Formel für die Umkehrabbildung nachrechnet. ■

[3] Die angegebene Umkehrabbildung ist gerade die **stereographische Projektion** des Einheitskreises vom Punkt $(1,0)$ auf die senkrechte Achse, gegeben durch den Schnittpunkt dieser Achse mit der Verbindungsgerade zwischen dem Punkt (s,t) und dem Projektionszentrum $(1,0)$.

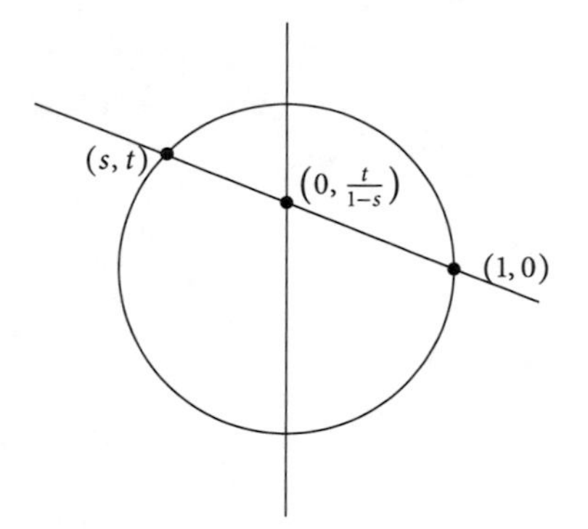

Miniaufgaben

6.5 Vervollständige den Beweis von Lemma 6.12.

6.13 Satz (Euklid) *(1) In einem pythagoreischen Tripel (a,b,c) können a und b nicht beide ungerade sein.*

(2) Sind u, v natürliche Zahlen mit $u > v$, dann ist

$$a = u^2 - v^2,\ b = 2uv,\ c = u^2 + v^2$$

ein pythagoreisches Tripel.

(3) Genau dann ist das Tripel in (2) primitiv, wenn die Zahlen u und v teilerfremd sind und genau eine der beiden ungerade ist.

(4) Zu jedem primitiven pythagoreischen Tripel (a,b,c) mit geradem b existieren solche Zahlen u und v.

Einige pythagoreische Zahlentripel finden sich bereits auf babylonischen Keilschrifttafeln aus der Hammurabi-Dynastie (1829 bis 1530 v. Chr.).

Plimpton 322

Nr. 322 der G. A. Plimpton Collection, Columbia University

Über den Verwendungszweck solcher Tafeln ist viel geforscht und spekuliert worden, ebenso über die Konstruktionsmethode. (Das größte angegebene Tripel ist wohl (12709, 13500, 18541) und lässt sich sicher nicht ohne eine Systematik finden.)

Beweis. (1) Sei (a,b,c) ein pythagoreisches Tripel. Wir betrachten die Kongruenzgleichung $a^2 + b^2 \equiv c^2 \pmod 8$. Die Quadrate in $\mathbb{Z}/8$ sind $[0]_8, [1]_8, [4]_8$, und nur $[1]_8$ ist Quadrat einer ungeraden Zahl.[4] Wären also a und b beide ungerade, dann würde $a^2 \equiv b^2 \equiv 1 \pmod 8$ und damit $c^2 \equiv 2 \pmod 8$ folgen, was nicht möglich ist.

(2) Gegeben solche $u > v$, dann setzen wir $\tau = \frac{u}{v}$ und erhalten nach Lemma 6.12 den Punkt $\Phi(\tau) \in S^1_{\mathbb{Q}}$. Dies entspricht der Gleichung $\left(\frac{\tau^2-1}{\tau^2+1}\right)^2 + \left(\frac{2\tau}{\tau^2+1}\right)^2 = 1$. Wir multiplizieren mit $(\tau^2+1)^2$, ersetzen $\tau = \frac{u}{v}$ und erhalten

$$\left(\frac{u^2}{v^2} - 1\right)^2 + \frac{4u^2}{v^2} = \left(\frac{u^2}{v^2} + 1\right)^2.$$

Multiplikation mit v^4 ergibt

$$(u^2 - v^2)^2 + (2uv)^2 = (u^2 + v^2)^2.$$

Wegen $u > v$ sind diese drei Zahlen außerdem positiv.

(3) Sind u, v teilerfremd und nicht beide gerade oder ungerade, dann ist das Tripel $(u^2 - v^2, 2uv, u^2 + v^2)$ primitiv: Denn der zweite Eintrag ist gerade, die anderen beiden ungerade, und jeder ungerade Primteiler von $2uv$ teilt u oder v und damit nicht $u^2 \pm v^2$.

[4] Das sieht man einfach durch Quadrieren aller Reste modulo 8:

a	a^2
0	$0 \equiv 0 \pmod 8$
1	$1 \equiv 1 \pmod 8$
2	$4 \equiv 4 \pmod 8$
3	$9 \equiv 1 \pmod 8$
4	$16 \equiv 0 \pmod 8$
5	$25 \equiv 1 \pmod 8$
6	$36 \equiv 4 \pmod 8$
7	$49 \equiv 1 \pmod 8$

Ist umgekehrt dieses Tripel primitiv, dann müssen u und v teilerfremd sein. Da außerdem nicht alle Einträge des Tripels gerade sein können, müssen u und v verschiedene Parität haben.

(4) Es sei (a, b, c) ein primitives pythagoreisches Tripel mit geradem b und setze $\tau = \frac{b/c}{1-(a/c)} = \frac{b}{c-a}$. Nach Lemma 6.12 ist $\Phi(\tau) = (\frac{a}{c}, \frac{b}{c})$. Wegen $b^2 = (c-a)(c+a)$ ist außerdem $b > c - a$, also $\tau > 1$. Es sei $\tau = \frac{u}{v}$ mit u und v teilerfremd. Dann gilt also $u > v$ und

$$\left(\frac{a}{c}, \frac{b}{c}\right) = \left(\frac{u^2 - v^2}{u^2 + v^2}, \frac{2uv}{u^2 + v^2}\right).$$

Sind u und v nicht beide ungerade, dann ist $(u^2 - v^2, 2uv, u^2 + v^2)$ primitiv nach (3) und entspricht demselben Punkt auf dem Einheitskreis wie (a, b, c). Dann stimmen beide Tupel überein und wir sind fertig.

Angenommen u und v wären beide ungerade. Dann ist $u^2 - v^2$ durch 4 teilbar, $u^2 + v^2$ aber nicht: Denn u und v sind jeweils kongruent 1 oder 3 modulo 4. Wegen $1^2 \equiv 3^2 \equiv 1 \pmod 4$ folgt daraus $u^2 \equiv v^2 \equiv 1 \pmod 4$ und damit $u^2 + v^2 \equiv 2 \pmod 4$ und $u^2 - v^2 \equiv 0 \pmod 4$. Aus der obigen Gleichheit $\frac{a}{c} = \frac{u^2 - v^2}{u^2 + v^2}$ würde dann folgen, dass a gerade ist, im Widerspruch dazu, dass b gerade und (a, b, c) primitiv ist. ∎

Miniaufgabe

6.6 Verwende Satz 6.13, um einige primitive pythagoreische Tripel zu generieren.

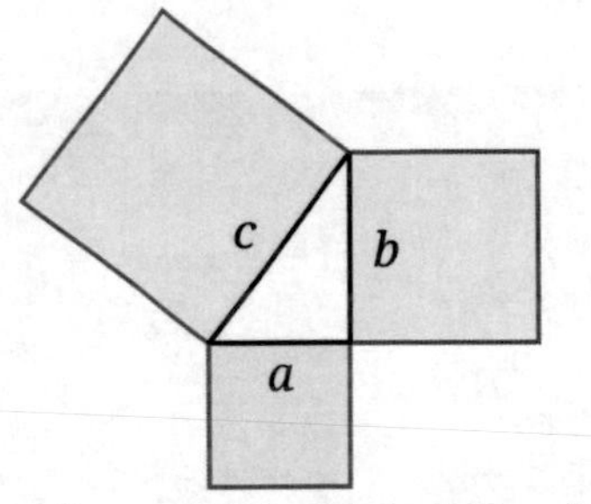

Darstellung der Flächeninhalte im Satz des Pythagoras

Unabhängig von rechtwinkligen Dreiecken kann man ein pythagoreisches Tripel (a, b, c) auch so lesen: Zu Quadraten mit Flächeninhalten a^2 und b^2 gibt es ein weiteres Quadrat mit ganzzahliger Seitenlänge, dessen Flächeninhalt die Summe der beiden Flächeninhalte ist. Dieselbe Frage kann man sich für Würfel stellen: Gegeben zwei Würfel mit ganzzahligen Kantenlängen, wann existiert ein weiterer solcher Würfel, dessen Volumen die Summe der beiden Volumina ist? Mit anderen Worten, was sind die Lösungen der Gleichung $x^3 + y^3 = z^3$? Und, wenn man schon dabei ist, möchte man die Lösungen der Gleichung

$$x^n + y^n = z^n$$

in natürlichen Zahlen für alle $n \in \mathbb{N}$ bestimmen. Pierre de Fermat vermutete im 17. Jahrhundert, dass für $n \geqslant 3$ keine solchen Tripel existieren. Diese Aussage ist als **Fermatsche Vermutung** (oder auch *Großer Fermatscher Satz*, obwohl nicht von Fermat bewiesen) in die Geschichte der Mathematik eingegangen.

OBSERVATIO DOMINI PETRI DE FERMAT.

Cvbum autem in duos cubos, aut quadratoquadratum in duos quadratoquadratos & generaliter nullam in infinitum vltra quadratum poteſtatem in duos eiuſdem nominis fas eſt diuidere cuius rei demonſtrationem mirabilem ſane detexi. Hanc marginis exiguitas non caperet.

Fermatsche Vermutung in einem Druck aus dem Jahr 1670 der *Arithmetica* des Diophant.[5]

[5] Er habe einen wunderbaren Beweis (»demonstrationem mirabilem«), aber der Seitenrand sei zu schmal ihn zu fassen. (In Fermats Exemplar der Arithmetica, das nicht erhalten ist, erschien dies als handschriftliche Bemerkung im Seitenrand.) Diese Behauptung Fermats hat sicher zum legendären Status der Fermatschen Vermutung beigetragen. Darüber, was Fermat bereits wusste oder nicht wusste, gibt es verschiedene Mutmaßungen, aber es gilt als so gut wie ausgeschlossen, dass er einen vollständigen Beweis besaß.

Die Fermatsche Vermutung hatte einen gewaltigen Einfluss auf die weitere Entwicklung der Zahlentheorie. Dabei ist die Frage, ob diese spezielle Gleichung nun lösbar ist oder nicht, für sich genommen nicht besonders wichtig, nicht für die übrige Zahlentheorie und schon gar nicht für Anwendungen. Aber schwierige Rätsel haben ihre eigene Anziehungskraft und von Euler angefangen bis ins zwanzigste Jahrhundert haben sich die berühmtesten Mathematikerinnen und Mathematiker reihenweise die Zähne an der Fermatschen Vermutung ausgebissen, auch wenn sie einige Fälle lösen konnten: Fermat ($n = 4$), Euler, Gauß ($n = 3$), Dirichlet, Legendre ($n = 5$), Lamé ($n = 7$), Germain (für die nach ihr benannten Sophie-Germain-Primzahlen). Mit besserem Verständnis für Einheitswurzeln und Kreisteilungskörper kam die Idee auf, die komplexe Zerlegung

Pierre de Fermat (1607–1665)

$$x^n = z^n - y^n = \prod_{j=0}^{n-1}(z - \omega^j y)$$

genauer zu untersuchen, wobei $\omega \in \mathbb{C}$ eine primitive n-te Einheitswurzel ist. Hat man eine Lösung (x, y, z) in natürlichen Zahlen, dann kann man versuchen, die Faktorisierungen der Zahl x^n auf beiden Seiten zu vergleichen und so zu einem Widerspruch zu gelangen. Damit das funktioniert, müsste allerdings der Ring $\mathbb{Z}[\omega]$, dessen Elemente die Form $\sum_{j=0}^{n-1} a_j\omega^j$ haben, faktoriell sein. Es wurde recht bald klar, dass das nur selten der Fall ist. Große Teile der Ringtheorie entwickelten sich aber unter anderem aus solchen Fragen. Die Fermatsche Vermutung blieb jedoch im Allgemeinen ungelöst. Als wichtigstes Ergebnis galt lange der Beweis von Kummer für den Fall sogenannter regulärer Primzahlen, für welche die p-ten Einheitswurzeln eine bestimmte ringtheoretische Eigenschaft besitzen.

Die Fermatsche Vermutung wurde schließlich mit modernen und ziemlich komplizierten Methoden im Jahr 1995 von Andrew Wiles[6] bewiesen:

[6] Andrew Wiles: »Modular elliptic curves and Fermat's last theorem«. In: *Ann. of Math. (2)* 141.3 (1995)

6.14 Satz (Wiles) *Für $n > 2$ hat die Gleichung $x^n + y^n = z^n$ keine ganzzahlige Lösung mit $xyz \neq 0$.*

Der Beweis der Fermatschen Vermutung erregte damals großes Aufsehen (selbst in der Öffentlichkeit). Er bleibt aber bis heute nur für Expertinnen und Experten mit einer Spezialisierung in Zahlentheorie im Detail nachvollziehbar.

Der einfachste Fall ist $n = 4$ (in Fermats Worten die Zerlegung eines »quadratoquadratum in duos quadratoquadratos«). Der folgende wunderschöne Beweis geht schon auf Fermat zurück und verwendet die Konstruktion der pythagoreischen Tripel.

6.15 Satz (Fermat) *Die Gleichung $x^4 + y^4 = z^2$ hat keine Lösung in natürlichen Zahlen.*

Damit hat $x^4 + y^4 = z^4$ schon erst recht keine Lösung in natürlichen Zahlen.

Beweis. Angenommen, die Gleichung $x^4 + y^4 = z^2$ hätte eine Lösung in $\mathbb{N}$. Sei dann (x, y, z) eine Lösung mit minimalem z. Dann ist (x^2, y^2, z) ein pythagoreisches Tripel. Nach Satz 6.13 gibt es also $u, v, d \in \mathbb{N}$ mit

$$x^2 = 2uvd, \ y^2 = (u^2 - v^2)d, \ z = (u^2 + v^2)d,$$

wobei u und v teilerfremd sind, $u > v$ und $u + v$ ungerade ist. Wir behaupten, dass $d = 1$ aus der Minimalität von z folgt, das pythagoreische Tripel also primitiv ist. Denn da $2uv$ und $u^2 - v^2$ teilerfremd sind, kann ein Primteiler p von d nicht beide Zahlen teilen. Aus $d|x^2$ und $d|y^2$ folgt deshalb, dass p in d quadratisch vorkommen muss. Da dies für alle Primteiler von d gilt, ist d insgesamt ein Quadrat, etwa $d = e^2$. Dann ist $\left(\frac{x}{e}, \frac{y}{e}, \frac{z}{d}\right)$ eine neue Lösung der Gleichung. Da z minimal gewählt war, muss $d = 1$ sein. Damit haben wir nun

$$v^2 + y^2 = u^2,$$

was wieder ein primitives pythagoreisches Tripel ist.

Da y ungerade ist, muss v gerade sein und wir können Satz 6.13 noch einmal anwenden: Es gibt teilerfremde natürliche Zahlen m, n mit $m > n$, $m + n$ ungerade und

$$v = 2mn, \quad y = m^2 - n^2, \quad u = m^2 + n^2.$$

Daraus folgt

$$x^2 = 2uv = 4mn(m^2 + n^2).$$

Aufgrund der Teilerfremdheit von (v, y, u) folgt daraus, dass $m, n, m^2 + n^2$ Quadrate sind, etwa

$$m = r^2, \quad n = s^2, \quad m^2 + n^2 = t^2$$

für $r, s, t \in \mathbb{N}$. Das ergibt insgesamt eine neue Lösung

$$r^4 + s^4 = t^2,$$

mit $0 < t = \sqrt{m^2 + n^2} < \sqrt{2}m < v < z$, im Widerspruch zur Minimalität von z. ■

Die Beweismethode, aus einer gegebenen Lösung eine immer kleinere zu produzieren und so zu einem Widerspruch zu kommen, wird auch als **unendlicher Abstieg** bezeichnet. Sie wurde von Fermat mehrfach verwendet und auch erstmals so bezeichnet. Es handelt sich, aus heutiger Sicht, um eine Umformulierung des Induktionsprinzips.

6.3 *Exkurs: Diophantische Gleichungen*

Unter dem Stichwort **diophantische Gleichungen** fasst man allgemein die Frage nach ganzzahligen Lösungen von Polynomgleichungen mit ganzzahligen Koeffizienten zusammen. Das ist eines der größten Themengebiete der Zahlentheorie. Festzustellen, ob eine gegebene diophantische Gleichung eine Lösung besitzt, ist im Allgemeinen **algorithmisch unentscheidbar**. (Dies gilt nach einem berühmten Satz von Juri Matijasewitsch (1970),[7] zusammen mit Resultaten von Julia Robinson, Martin Davis und Hilary Putnam, und beantwortet die Frage des zehnten Hilbertschen Problems, das um 1900 formuliert wurde.) Es gibt auch keine geschlossene Theorie solcher Gleichungen; im Grunde erfordert jeder Typ von Gleichung seine eigene Theorie, wofür die Fermatsche Vermutung ein gutes Beispiel ist.

Diophant von Alexandria schrieb die *Arithmetica*, ein mehrbändiges Werk, das nicht vollständig überliefert ist und aus einer Sammlung von Gleichungen mit Lösungsmethoden besteht. (Die Bezeichnung *diophantische Gleichung* bezog sich also ursprünglich auf die Gleichungen in dieser Sammlung.) Die Arithmetica war über Jahrhunderte nur den arabischen Gelehrten bekannt und wurde erst zu Beginn der Neuzeit auch in Europa rezipiert. Über Diophant selbst ist nur bekannt, dass er irgendwann zwischen 150 v. Chr. und 350. n. Chr. in Alexandria gelebt haben muss. (Dabei gilt der Zeitraum um 250 n. Chr. als wahrscheinlich.)

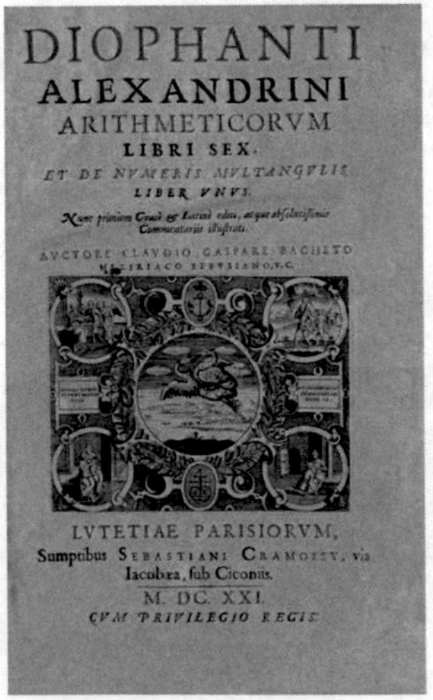
DIOPHANTI
ALEXANDRINI
ARITHMETICORVM
LIBRI SEX.
ET DE NVMERIS MVLTANGVLIS
LIBER VNVS.
LVTETIAE PARISIORVM,
Sumptibus SEBASTIANI CRAMOISY, via
Iacobæa, sub Ciconiis.
M. DC. XXI.
CVM PRIVILEGIO REGIS.

Sechster Band der *Arithmetica* in lateinischer Übersetzung (1621)

Bereits lineare Gleichungssysteme sind deutlich komplizierter als über Körpern, wie wir in §1.8 gesehen haben. Im Weiteren konzentrieren wir uns auf den Fall einer einzigen homogenen Gleichung in drei Variablen. So eine Gleichung hat die Form

$$f(x, y, z) = 0$$

wobei $f \in \mathbb{Z}[x, y, z]$ ein Polynom ist, in dem alle auftretenden Terme denselben Grad n haben. Ein solches Polynom wird auch **ternäre Form** genannt. Bei den pythagoreischen Tripeln und der Fermatschen Vermutung haben wir gerade eine solche Gleichung betrachtet. Die Homogenität sorgt dafür, dass $f(rx, ry, rz) = r^n f(x, y, z)$ für alle $r \in \mathbb{C}$ gilt, so dass mit jeder ganzzahligen Lösung (a, b, c) von $f(x, y, z) = 0$ auch (ma, mb, mc) für jedes $m \in \mathbb{Z} \setminus \{0\}$ wieder eine Lösung ist, und umgekehrt. Wie bei den pythagoreischen Tripeln kann man sich deshalb wieder auf **primitive** Lösungstripel, also ohne gemeinsame Teiler, beschränken. Außerdem kann man stattdessen auch rationale Lösungen der Gleichung $f(r, s, 1) = 0$ suchen (und verliert dabei nur die Lösungen, in denen die letzte Koordinate 0 ist).

Eine **quadratische Form** hat die Gestalt

$$f(x, y, z) = a_{200}x^2 + a_{110}xy + a_{101}xz + a_{020}y^2 + a_{011}yz + a_{002}z^2.$$

Die Form ist nicht-ausgeartet, wenn ihre Gram-Matrix (die symmetrische 3×3-Matrix A

[7] Matijasevič, Ju. V. »The Diophantineness of enumerable sets«. In: *Dokl. Akad. Nauk SSSR* 191 (1970), S. 279–282

mit $f = m^T Am$, für $m = (x, y, z)$) den vollen Rang 3 besitzt. Um die Lösungen der Gleichung $f(x, y, z) = 0$ zu bestimmen, kann man im Prinzip immer so vorgehen wie bei den pythagoreischen Tripeln, indem man die rationalen Lösungen von $f(r, s, 1) = 0$ parametrisiert (vgl. Lemma 6.12).

6.16 Satz *Es sei $f \in \mathbb{Z}[x, y, z]$ eine nicht-ausgeartete quadratische Form. Angenommen es existiert eine rationale Lösung $f(r_0, s_0, 1) = 0$. Dann gibt es rationale Funktionen $\rho, \sigma \in \mathbb{Q}(t)$ mit $r_0 = \rho(0)$, $s_0 = \sigma(0)$ und*

$$f(r, s, 1) = 0 \iff \exists u \in \mathbb{Q}: r = \rho(u),\ s = \sigma(u)$$

(mit Ausnahme der endlich vielen Werte von u, die Polen von ρ und σ entsprechen). Insbesondere besitzt die Gleichung $f(x, y, z) = 0$ unendlich viele primitive Lösungen.

Beweis. Aufgabe 6.13. ∎

Die Voraussetzung, dass überhaupt eine Lösung existiert, ist notwendig: Beispielsweise hat die Gleichung $r^2 + s^2 = 3$ überhaupt keine rationale Lösung und $x^2 + y^2 = 3z^2$ keine nicht-triviale ganzzahlige Lösung (Beispiel 1.22).

Sehr viel komplizierter und interessanter sind **kubische Formen**. Die Lösungsmengen nicht-ausgearteter homogener Gleichungen $f(x, y, z) = 0$ vom Grad 3 sind die berühmten **elliptischen Kurven**. Hier kann es sowohl endlich als auch unendlich viele primitive ganzzahlige Lösungen geben. Die Lösungsmenge trägt in bestimmter Weise eine Gruppenstruktur und ist in vielen Details sehr genau verstanden, aber auch weiterhin Gegenstand offener Fragen und Vermutungen. Es ist unmöglich, hier in aller Kürze darauf einzugehen.[8] Der Beweis der Fermatschen Vermutung durch Andrew Wiles baut aber ebenfalls auf der Theorie elliptischer Kurven auf. Wäre $a^p + b^p = c^p$ für eine ungerade Primzahl p eine nicht-triviale Lösung der Fermat-Gleichung, dann wäre durch die kubische Gleichung $y^2 z = x(x - a^p z)(y + b^p z)$ eine elliptische Kurve bestimmt, die sogenannte Frey-Kurve (nach Gerhard Frey), welche ganz bestimmte Eigenschaften besitzt. Es ist die Nicht-Existenz solcher elliptischer Kurven, die Wiles letztlich beweisen konnte.

[8] Eine sehr gute Einführung gibt das Buch von Silverman und Tate: *Rational Points on Elliptic Curves.* Springer Undergraduate Texts in Mathematics, 1992 / Zweite Auflage 2015.

Diophantische Gleichungen von **höherem Grad** haben in aller Regel nur endlich viele oder gar keine ganzzahligen Lösungen. Ein berühmter allgemeiner Satz in diese Richtung ist der folgende.

6.17 Satz (Faltings) *Ist $f \in \mathbb{Z}[x, y, z]$ ein allgemeines homogenes Polynom vom Grad > 3, dann gibt es höchstens endlich viele primitive Tripel $(a, b, c) \in \mathbb{Z}^3$ mit $f(a, b, c) = 0$.*

Gerd Faltings bewies im Jahr 1983 unter anderem die **Vermutung von Mordell**, aus der der hier genannte Satz folgt. Dafür wurde ihm im Jahr 1986 eine Fields-Medaille verliehen.

Faltings, G. »Endlichkeitssätze für abelsche Varietäten über Zahlkörpern«. In: *Invent. Math.* 73.3 (1983), S. 349–366

Das Wort »allgemein« bedeutet dabei, dass die Aussage nicht für alle f, aber für eine »dichte« Menge gilt: Zum Beispiel hat $g(x, y, z) = x^n + y^{n-1}z$ für jedes $n \in \mathbb{N}$ unendlich viele primitive ganzzahlige Lösungen der Form $(a, 1, -a^n)$. Eine hinreichende Bedingung an f ist, dass die durch f definierte komplexe projektive Kurve nicht-singulär ist, das bedeutet: Es gibt keinen Vektor $u \in \mathbb{C}^3$ mit $u \neq 0$ und $\nabla f(u) = 0$. Für das gerade erwähnte Gegenbeispiel ist diese Bedingung verletzt, denn für $n > 2$ gilt $\nabla g(0, 0, 1) = (0, 0, 0)$. Das Fermat-Polynom $f(x, y, z) = x^n + y^n - z^n$ erfüllt die Bedingung dagegen. Aus dem Satz von Faltings folgt also (unabhängig vom späteren Beweis der Fermatschen Vermutung), dass die Fermat-Gleichung in jedem Grad $\geqslant 4$ jedenfalls höchstens endlich-viele primitive Lösungen haben kann.

6.4 *Übungsaufgaben zu Kapitel 6*

6.1 Es sei $p > 2$ eine Primzahl und betrachte $\varphi\colon \mathbb{F}_p^* \to \mathbb{F}_p^*$, $a \mapsto a^2$. Wende den Homomorphiesatz für Gruppen auf φ an und gib so einen alternativen Beweis dafür, dass in $\mathbb{F}_p^*$ genauso viele Quadrate wie Nichtquadrate existieren. Folgere auch die Multiplikativität des Legendre-Symbols.

6.2 (a) Ist 2189 ein Quadrat modulo 65537?
(b) Beschreibe die Menge aller Primzahlen p, für welche 7 ein quadratischer Rest modulo p ist.

6.3 Es sei p eine Primzahl und ω_p eine primitive p-te Einheitswurzel. Zeige, dass jedes Element von $\mathbb{Z}[\omega_p]$ eindeutig in der Form

$$\sum_{k=0}^{p-2} a_k \omega_p^k$$

mit $a_0, \ldots, a_{p-2} \in \mathbb{Z}$ dargestellt werden kann. (*Hinweis:* Verwende Prop. 5.14).

6.4 Ein *Halbsystem* zur Primzahl $p > 2$ ist eine Menge $H = \{a_1, \ldots, a_{(p-1)/2}\} \subset \mathbb{F}_p^*$ mit $\mathbb{F}_p^* = H \cup (-H)$. Folgere aus dem Euler-Kriterium das *Lemma von Gauß*: Ist $a \in \mathbb{F}_p^*$ und ist h die Anzahl der Indizes $i \in \{1, \ldots, (p-1)/2\}$ mit $a \cdot a_i \notin H$, dann gilt $\left(\frac{a}{p}\right) = (-1)^h$.

6.5 Welche der folgenden Aussagen ist für alle Primzahlen p gültig?
(a) Das Polynom $x^2 - 17$ ist genau dann irreduzibel in $\mathbb{F}_p[x]$, wenn $x^2 - p$ irreduzibel in $\mathbb{F}_{17}[x]$ ist.
(b) Das Polynom $x^2 - 3$ ist genau dann irreduzibel in $\mathbb{F}_p[x]$, wenn $x^2 - p$ irreduzibel in $\mathbb{F}_3[x]$ ist.

6.6 Für jede ungerade natürliche Zahl n mit Primfaktorzerlegung $n = p_1^{r_1} \cdot \ldots \cdot p_k^{r_k}$ definiere das *Jacobi-Symbol* $\left(\frac{a}{n}\right)$ für jedes $a \in \mathbb{Z}$ als das Produkt der Legendresymbole, also

$$\left(\frac{a}{n}\right) = \left(\frac{a}{p_1}\right)^{r_1} \cdot \ldots \cdot \left(\frac{a}{p_k}\right)^{r_k}.$$

(a) Wahr oder falsch? Es gilt $\left(\frac{a}{n}\right) = 1 \iff \big(\mathrm{ggT}(a,n) = 1 \text{ und } \exists b \in \mathbb{N}\colon a \equiv b^2 \pmod{n}\big)$.
(b) Beweise für teilerfremde ungerade natürliche Zahlen m, n das quadratische Reziprozitätsgesetz:

$$\left(\frac{m}{n}\right) \cdot \left(\frac{n}{m}\right) = (-1)^{\frac{m-1}{2} \cdot \frac{n-1}{2}}.$$

6.7 Beweise den folgenden Satz von Euler: Für eine Primzahl p hat $x^2 + y^2 \equiv 0 \pmod{p}$ genau dann eine Lösung mit $x, y \not\equiv 0 \pmod{p}$, wenn $p = 2$ ist oder $p \equiv 1 \pmod{4}$ gilt.

6.8 Bestimme alle primitiven pythagoreischen Tripel (a, b, c) mit $c < 100$.

6.9 Beweise die folgenden Aussagen:
(a) Ist (a, b, c) ein primitives pythagoreisches Tripel, dann ist jede der Zahlen a, b, c größer als 1 und entweder ungerade oder durch 4 teilbar.
(b) Jede natürliche Zahl größer 1, die ungerade oder durch 4 teilbar ist, kommt in einem primitiven pythagoreischen Tripel vor.
(c) Jede Zahl kommt in nur endlich vielen pythagoreischen Tripeln vor.

6.10 Zeige: Für jedes pythagoreische Tripel (a, b, c) ist das Produkt abc durch 30 teilbar und die Summe $a + b + c$ ist keine Primpotenz.

6.11 Zeige direkt den folgenden Spezialfall der Fermatschen Vermutung für $n = 5$: Es gibt keine natürlichen Zahlen x, y, z mit mit $x^5 + y^5 = z^5$ und $5 \nmid xyz$.

6.12 Zeige (unabhängig von Satz 6.14): (a) Es ist egal, ob man nach der Lösbarkeit von $x^n + y^n = z^n$ in natürlichen Zahlen oder in ganzen Zahlen mit $xyz \neq 0$ fragt. (b) Ist die Fermatsche Vermutung richtig für $n = 4$ und alle ungeraden Primzahlen, dann ist sie für alle Exponenten $n > 2$ richtig.

6.13 Beweise Satz 6.16. (*Vorschlag:* Reduziere auf den Fall $f = x^2 - yz$.)

7 Algebraische Körpererweiterungen

In diesem Kapitel geht es um das Zusammenspiel zwischen den Nullstellen von Polynomen und der Körpertheorie. Wir konstruieren Körper, in denen bestimmte Polynome Nullstellen besitzen oder in Linearfaktoren zerfallen, und studieren die Struktur solcher Körper. Außerdem werden wir die endlichen Körper vollständig bestimmen.

7.1 Einführung

Ist E ein Körper und $K \subset E$ ein Teilkörper, dann heißt E ein *Erweiterungskörper* (oder Oberkörper) von K und das Paar (E, K) eine **Körpererweiterung**, kurz geschrieben

$$E/K.$$

Körpererweiterungen werden wie Faktorringe notiert, haben aber nichts mit Restklassen zu tun.

Ein einfaches Beispiel für eine Körpererweiterung ist $\mathbb{C}/\mathbb{R}$. Bekanntlich hat sie die folgenden Eigenschaften:

- $\mathbb{C}$ ist ein zweidimensionaler $\mathbb{R}$-Vektorraum mit der Basis $1, i$.
- Das Element $i = \sqrt{-1}$ ist eine Nullstelle des reellen Polynoms $x^2 + 1$.

Ist allgemein E/K eine Körpererweiterung, dann können wir E immer als abstrakten K-Vektorraum auffassen: Die Skalarmultiplikation $a \cdot v$, für $a \in K$ und $v \in E$, ist die Multiplikation in E. Wie wir gesehen haben (Prop. 2.43), enthält jeder Körper der Charakteristik 0 die rationalen Zahlen $\mathbb{Q}$ als Teilkörper. Wir können also jeden solchen Körper als $\mathbb{Q}$-Vektorraum auffassen. Entsprechend ist jeder Körper der Charakteristik $p > 0$ ein $\mathbb{F}_p$-Vektorraum.

Definition Es sei E/K eine Körpererweiterung.

(1) Die Dimension

$$[E : K] = \dim_K(E)$$

von E als K-Vektorraum heißt der **Grad** der Körpererweiterung. Der Grad ist eine natürliche Zahl oder unendlich[1].

(2) Die Erweiterung E/K heißt **endlich**, wenn ihr Grad endlich ist, sonst unendlich.

(3) Ein Element $\alpha \in E$ heißt **algebraisch** über K, wenn es ein Polynom $f \in K[x]$ gibt, das nicht das Nullpolynom ist und

$$f(\alpha) = 0$$

erfüllt. Andernfalls heißt α *transzendent* über K.

(4) Die gesamte Erweiterung E/K heißt **algebraisch**, wenn jedes Element von E algebraisch über K ist.

[1] Wir unterscheiden hier nicht zwischen unendlichen Kardinalitäten, also abzählbar oder überabzählbar, etc.

Dass eine Körpererweiterung endlich ist, bedeutet nicht, dass die beteiligten Körper nur endlich viele Elemente haben. Man muss unterscheiden zwischen einer »endlichen Körpererweiterung« und einer »Erweiterung endlicher Körper«.

7.1 Beispiele (1) Die Körpererweiterung $\mathbb{C}/\mathbb{R}$ ist endlich vom Grad 2 und das Element i ist algebraisch über $\mathbb{R}$. Tatsächlich gilt das für jede komplexe Zahl, denn $z = a + bi \in \mathbb{C}$

D. Plaumann, *Algebra*, https://doi.org/10.1007/978-3-662-67243-3_8

ist Nullstelle des Polynoms

$$(x-z)(x-\overline{z}) = x^2 - (z+\overline{z})x + z\overline{z} = x^2 - 2ax + a^2 + b^2 \in \mathbb{R}[x].$$

Die Körpererweiterung $\mathbb{C}/\mathbb{R}$ ist also algebraisch.

(2) Jede n-te komplexe Wurzel einer Zahl $a \in \mathbb{Q}$ ist algebraisch über $\mathbb{Q}$, denn sie ist eine Nullstelle des Polynoms $x^n - a \in \mathbb{Q}[x]$.

(3) In jedem Körper K ist jedes $a \in K$ algebraisch über K selbst, nämlich Nullstelle des Polynoms $x - a$. Außerdem gilt immer $[K : K] = 1$.

(4) Es gibt viele reelle Zahlen, die über $\mathbb{Q}$ transzendent sind, beispielsweise e, die Basis des natürlichen Logarithmus, und die Kreiszahl π. Für beide ist das aber alles andere als offensichtlich – siehe auch Exkurs 7.2.

(5) Wir können den rationalen Funktionenkörper $K(t) = \mathrm{Quot}(K[t])$ als Körpererweiterung von K auffassen. Darin ist die Variable t ein transzendentes Element über K. Denn für ein Polynom $f \in K[x]$ bedeutet $f(t) = 0$ in $K(t)$ nichts anderes, als dass f das Nullpolynom ist. ◇

Wir können algebraische Elemente wie folgt charakterisieren: Es sei E/K eine Körpererweiterung und sei $\alpha \in E$. Wenn α algebraisch über K ist, dann gibt es ein Polynom $f \in K[x]$, $f \neq 0$, mit $f(\alpha) = 0$. Wenn wir das ausschreiben, etwa $f = \sum_{i=0}^n a_i x^i$ mit Koeffizienten $a_0, \ldots, a_n \in K$, dann heißt das also

$$a_n\alpha^n + \cdots + a_1\alpha + a_0 = 0.$$

Da f nicht das Nullpolynom ist, sind $a_0, \ldots, a_n$ nicht alle 0. In der Sprache der linearen Algebra bedeutet das gerade, dass die Potenzen

$$1 = \alpha^0, \alpha, \alpha^2, \ldots, \alpha^n$$

im K-Vektorraum E linear abhängig sind. Umgekehrt entspricht jede lineare Abhängigkeit zwischen den Potenzen von α einem Polynom $f \in K[x]$ mit $f(\alpha) = 0$. Daraus schließen wir insbesondere Folgendes:

7.2 Proposition *Jede endliche Körpererweiterung ist algebraisch.*

Beweis. Denn ist $[E : K] < \infty$ und $\alpha \in E$, dann kann die unendliche Familie $(\alpha^i)_{i\in\mathbb{N}_0} = (1, \alpha, \alpha^2, \ldots)$ in E nicht linear unabhängig über K sein. Per Definition (von linearer Abhängigkeit) heißt das, dass es eine endliche linear abhängige Teilfamilie $1, \alpha, \ldots, \alpha^n$ gibt. Wie wir gerade gesehen haben, heißt das, dass α algebraisch über K ist. ■

7.3 Beispiel Es gilt $[\mathbb{R} : \mathbb{Q}] = \infty$, da $\mathbb{R}/\mathbb{Q}$ nicht algebraisch ist. (Dies folgt auch aus der Überabzählbarkeit von $\mathbb{R}$; siehe Exkurs 7.2.) ◇

Der folgende Begriff wird für alles Weitere wichtig sein:

7.4 Lemma und Definition Es sei E/K eine Körpererweiterung und $\alpha \in E$ algebraisch über K. Das **Minimalpolynom von α über** K ist das eindeutig bestimmte normierte, irreduzible Polynom f in $K[x]$ mit

$$f(\alpha) = 0.$$

Es teilt jedes andere Polynom in $K[x]$ mit Nullstelle α. Insbesondere hat es unter allen solchen Polynomen (außer dem Nullpolynom) den kleinsten Grad.

Beweis. Die Menge

$$I = \{h \in K[x] \mid h(\alpha) = 0\} \subset K[x]$$

ist ein Ideal, und dass α algebraisch über K ist, bedeutet, dass I nicht das Nullideal ist. Da $K[x]$ ein Hauptidealring ist, gibt es $f \in K[x]$ mit $I = \langle f \rangle$. Wenn wir f zusätzlich normieren, dann ist f durch die Eigenschaft $I = \langle f \rangle$ eindeutig bestimmt, denn $\langle f \rangle = \langle g \rangle$ bedeutet $f \sim g$. Außerdem gilt $f | h$ für alle $h \in I$. Das Polynom f ist irreduzibel, denn aus $f = gh$ folgt

$$f(\alpha) = g(\alpha)h(\alpha)$$

und damit $g(\alpha) = 0$ oder $h(\alpha) = 0$. Falls etwa $g(\alpha) = 0$, so folgt $g \in I$ und damit $f | g$, also $f \sim g$ und $h \in K^*$. ■

Miniaufgaben

7.1 Zeige, dass die beiden reellen Zahlen $\sqrt{2}$ und $\sqrt{3}$ über $\mathbb{Q}$ linear unabhängig sind.

7.2 Ist $x^3 - 1$ das Minimalpolynom der dritten Einheitswurzel $e^{\frac{2\pi i}{3}} = -\frac{1}{2} + \frac{\sqrt{3}}{2} i$?

In der Ringtheorie haben wir die Teilringe $\mathbb{Z}[\sqrt{d}]$ von $\mathbb{C}$ betrachtet. Entsprechend können wir auch einen Teilkörper von $\mathbb{C}$ bilden:

7.5 Beispiel Es sei $d \in \mathbb{Q}$ eine rationale Zahl, die kein Quadrat in $\mathbb{Q}$ ist, und sei $\alpha = \sqrt{d} \in \mathbb{C}$ eine Quadratwurzel von d (reell falls $d > 0$, sonst rein imaginär). Wir schreiben

$$\mathbb{Q}[\sqrt{d}] = \{a + b\sqrt{d} \mid a, b \in \mathbb{Q}\}.$$

Dieselbe Rechnung wie für $\mathbb{Z}[\sqrt{d}]$ zeigt, dass dies ein Teilring von $\mathbb{C}$ ist:

$$(a + b\sqrt{d}) + (a' + b'\sqrt{d}) = a + a' + (b + b')\sqrt{d} \in \mathbb{Q}[\sqrt{d}] \text{ und}$$
$$(a + b\sqrt{d})(a' + b'\sqrt{d}) = (aa' + dbb' + (ab' + a'b)\sqrt{d} \in \mathbb{Q}[\sqrt{d}].$$

Tatsächlich ist $\mathbb{Q}[\sqrt{d}]$ sogar ein Teilkörper, denn für $a + b\sqrt{d} \neq 0$ gilt auch

$$\frac{1}{a + b\sqrt{d}} = \frac{a}{a^2 - db^2} - \frac{b}{a^2 - db^2}\sqrt{d} \in \mathbb{Q}[\sqrt{d}].$$

Dazu haben wir den Bruch mit $a - b\sqrt{d}$ erweitert. Man beachte, dass $a^2 - db^2 \neq 0$ gilt, weil d kein Quadrat in $\mathbb{Q}$ ist. ◇

Das machen wir nun allgemeiner: Sei E/K eine Körpererweiterung und sei $\alpha \in E$. Wir schreiben

$$K[\alpha] = \left\{ \sum_{i=0}^{r} a_i \alpha^i \mid a_0, \ldots, a_r \in K, \ r \in \mathbb{N} \right\}$$

für den **von α über K erzeugten Teilring** von E und

$$K(\alpha) = \left\{ \frac{\beta}{\gamma} \mid \beta, \gamma \in K[\alpha], \ \gamma \neq 0 \right\}$$

für den **von α über K erzeugten Teilkörper** von E. Mit anderen Worten, $K[\alpha]$ besteht aus allen K-Linearkombinationen der Potenzen von α und $K(\alpha)$ ist der Quotientenkörper von $K[\alpha]$, gebildet innerhalb von E. Im Beispiel haben wir aber gerade gesehen, dass $\mathbb{Q}[\sqrt{d}]$ schon ein Körper ist, mit anderen Worten, es gilt $\mathbb{Q}[\sqrt{d}] = \mathbb{Q}(\sqrt{d})$. Dies gilt viel allgemeiner, nämlich immer dann, wenn α algebraisch ist:

$K(\alpha)$ liest man wieder »K adjungiert Alpha«.

7.6 Satz *Es sei E/K eine Körpererweiterung. Sei $\alpha \in E$ algebraisch über K, $f \in K[x]$ sein Minimalpolynom und $n = \deg(f)$. Die Körpererweiterung $K(\alpha)/K$ ist endlich vom Grad n, und außerdem gilt*

$$K(\alpha) = K[\alpha] \cong K[x]/f.$$

Eine Basis von $K[\alpha]$ als K-Vektorraum ist durch $1, \alpha, \dots, \alpha^{n-1}$ gegeben.

Beweis. Wir betrachten den Homomorphismus

$$\varphi: \begin{cases} K[x] & \to & E \\ g & \mapsto & g(\alpha) \end{cases}.$$

Sein Bild ist gerade $K[\alpha]$ und sein Kern ist das Ideal $\{h \in K[x] \mid h(\alpha) = 0\} = \langle f \rangle$, das vom Minimalpolynom erzeugt wird. Nach dem Isomorphiesatz 2.25 gilt deshalb $K[x]/f \cong K[\alpha]$. Da f irreduzibel ist, ist $K[x]/f$ nach Lemma 2.22 ein Körper und damit auch $K[\alpha]$, was $K[\alpha] = K(\alpha)$ impliziert.

Schließlich müssen wir noch $[K(\alpha) : K] = n = \deg(f)$ zeigen. Wegen $K(\alpha) = K[\alpha]$ gilt $[K(\alpha) : K] = \dim_K(K[\alpha])$. Diese Dimension können wir leicht ausrechnen: Die Elemente $1, \alpha, \alpha^2, \dots, \alpha^{n-1}$ sind linear unabhängig über K. Denn eine lineare Abhängigkeit würde einem Polynom vom Grad höchstens $n-1$ entsprechen, das in α verschwindet (vgl. Prop. 7.2), im Widerspruch zur Minimalität von f. Sei nun $U = \mathrm{Lin}_K(1, \alpha, \dots, \alpha^{n-1})$ der aufgespannte lineare Unterraum von $K[\alpha]$. Wir müssen $U = K[\alpha]$ zeigen. Ist $f = x^n + \sum_{i=0}^{n-1} a_i x^i$, dann folgt aus $f(\alpha) = 0$ die Gleichheit

$$\alpha^n = -\sum_{i=0}^{n-1} a_i \alpha^i \in U.$$

Per Induktion folgt auch $\alpha^{n+j} \in U$ für alle $j \geqslant 0$, denn ist $\alpha^{n+j-1} = \sum_{i=0}^{n-1} b_i \alpha^i$, dann folgt auch $\alpha^{n+j} = \alpha \cdot \alpha^{n+j-1} = \sum_{i=0}^{n-2} b_i \alpha^{i+1} + b_{n-1}\alpha^n \in U$. Damit ist alles bewiesen. ∎

7.7 Beispiel Es sei $\alpha \in \mathbb{C}$ mit $\alpha^3 = 7$ eine Kubikwurzel von 7. Das Polynom $f = x^3 - 7$ ist irreduzibel über $\mathbb{Q}$ und damit das Minimalpolynom von α. Deshalb ist $1, \alpha, \alpha^2$ eine $\mathbb{Q}$-Basis von $\mathbb{Q}(\alpha)$. Jedes Element $\beta \in \mathbb{Q}(\alpha)$ hat also eine eindeutige Darstellung

$$\beta = b_0 + b_1\alpha + b_2\alpha^2, \quad b_0, b_1, b_2 \in \mathbb{Q}.$$

Ist nun $\gamma = c_0 + c_1\alpha + c_2\alpha^2$ ein weiteres Element, dann können wir das Produkt $\beta\gamma$ in der Basis $1, \alpha, \alpha^2$ entwickeln und bekommen (wegen $\alpha^3 = 7$ und $\alpha^4 = 7\alpha$)

$$\begin{aligned} \beta\gamma &= (b_0 + b_1\alpha + b_2\alpha^2)(c_0 + c_1\alpha + c_2\alpha^2) \\ &= b_0c_0 + (b_0c_1 + b_1c_0)\alpha + (b_0c_2 + b_1c_1 + b_2c_0)\alpha^2 + (b_1c_2 + b_2c_1)\alpha^3 + b_2c_2\alpha^4 \\ &= b_0c_0 + 7b_1c_2 + 7b_2c_1 + (b_0c_1 + b_1c_0 + 7b_2c_2)\alpha + (b_0c_2 + b_1c_1 + b_2c_0)\alpha^2. \end{aligned}$$

Um die darstellende Matrix bezüglich der Basis $1, \alpha, \alpha^2$ zu berechnen, stellt man wie üblich die Bilder $\beta, \beta\alpha, \beta\alpha^2$ der Basisvektoren in der Basis $1, \alpha, \alpha^2$ dar. Das ergibt die Spalten der Matrix. Das Element γ hat den Koordinatenvektor (c_0, c_1, c_2) und $\beta\gamma$ hat dann die Koordinaten

$$M_\beta \cdot \begin{pmatrix} c_0 \\ c_1 \\ c_2 \end{pmatrix}.$$

Das entspricht der Rechnung im Text.

In der Basis $1, \alpha, \alpha^2$ hat die $\mathbb{Q}$-lineare Abbildung

$$\mathbb{Q}(\alpha) \to \mathbb{Q}(\alpha), \ \gamma \mapsto \beta\gamma,$$

die ein Element mit β multipliziert, deshalb die darstellende Matrix

$$M_\beta = \begin{pmatrix} b_0 & 7b_2 & 7b_1 \\ b_1 & b_0 & 7b_2 \\ b_2 & b_1 & b_0 \end{pmatrix}.$$

Die Determinante von M_β ist

$$\Delta = \mathrm{Det}(M_\beta) = b_0^3 + 7b_1^3 - 21b_0b_1b_2 + 49b_2^3$$

und die Inverse ist

$$M_\beta^{-1} = \frac{1}{\Delta} \cdot \begin{pmatrix} b_0^2 - 7b_1b_2 & 7(b_1^2 - b_0b_2) & 49b_2^2 - 7b_0b_1 \\ 7b_2^2 - b_0b_1 & b_0^2 - 7b_1b_2 & 7(b_1^2 - b_0b_2) \\ b_1^2 - b_0b_2 & 7b_2^2 - b_0b_1 & b_0^2 - 7b_1b_2 \end{pmatrix}$$

Insbesondere haben wir damit eine Formel für $\beta^{-1} = (M_\beta)^{-1} \cdot (1,0,0)^T$, also

$$\beta^{-1} = \frac{b_0^2 - 7b_1b_2}{\Delta} + \frac{7b_2^2 - b_0b_1}{\Delta}\alpha + \frac{b_1^2 - b_0b_2}{\Delta}\alpha^2.$$

Da jedes Element $\beta \neq 0$ in $\mathbb{Q}(\alpha)$ ein Inverses besitzt, muss die Determinante Δ für alle $(b_0, b_1, b_2) \in \mathbb{Q}^3$ ungleich 0 sein, außer für den Nullvektor. Das sieht man dem Polynom Δ so direkt nicht an.

Selbst für ein so einfaches Polynom wie $x^3 - 7$ werden die Rechnungen in der zugehörigen Körpererweiterung schnell unübersichtlich. Wie dieses Beispiel zeigt, lassen sie sich aber im Prinzip auf lineare Algebra zurückführen. ◇

7.8 Beispiel Betrachten wir im gleichen Beispiel noch das Element $\beta = \alpha^2 - 1$. Wir möchten sein Minimalpolynom bestimmen. Dazu drücken wir die Potenzen von β in der Basis $1, \alpha, \alpha^2$ aus

$$\begin{aligned} \beta &= \alpha^2 - 1 \\ \beta^2 &= \alpha^4 - 2\alpha^2 + 1 = 7\alpha - 2\alpha^2 + 1 \\ \beta^3 &= \alpha^6 - 3\alpha^4 + 3\alpha^2 - 1 = 49 - 21\alpha + 3\alpha^2 - 1 = 3\alpha^2 - 21\alpha + 48 \end{aligned}$$

und sehen, dass auch $1, \beta, \beta^2$ über $\mathbb{Q}$ linear unabhängig sind. Sie sind damit eine Basis von $\mathbb{Q}(\alpha)$ und es folgt $\mathbb{Q}(\alpha) = \mathbb{Q}(\beta)$. Wegen $[\mathbb{Q}(\alpha) : \mathbb{Q}] = 3$ muss $1, \beta, \beta^2, \beta^3$ dagegen linear abhängig sein. Um die Abhängigkeit zu finden, können wir das zugehörige lineare Gleichungssystem lösen, oder scharf hinschauen: Es gilt $\beta^3 + 3\beta^2 + 3\beta - 48 = 0$. Das Polynom

$$g = x^3 + 3x^2 + 3x - 48$$

muss irreduzibel sein, denn sonst hätte das Minimalpolynom von β kleineren Grad und $1, \beta, \beta^2$ wären linear abhängig. Tatsächlich ist g auch ein Eisenstein-Polynom zur Primzahl 3. Also ist g das Minimalpolynom von β. ◇

Aus $\beta = \alpha^2 - 1$ und $\alpha^3 = 7$ folgt $(\beta + 1)^3 = \alpha^6 = 49$, woraus sich das Minimalpolynom ebenfalls ablesen lässt.

Miniaufgaben

7.3 Gib das multiplikative Inverse z^{-1} einer komplexen Zahl $z = a + bi \neq 0$ an.

7.4 Stelle für $\mathbb{Q}(\sqrt{d})$ die darstellende Matrix M_β für die Multiplikation mit einem Element $\beta \in \mathbb{Q}(\sqrt{d})$ auf, analog zu Beispiel 7.7.

7.5 Finde außerdem das Minimalpolynom von $\sqrt{d} + 1$ über $\mathbb{Q}$.

7.6 Überprüfe in Beispiel 7.8, dass $1, \beta, \beta^2$ linear unabhängig sind.

Aus Satz 7.6 bekommen wir noch eine ganze Reihe nützlicher Folgerungen.

7.9 Korollar *Es sei E/K eine Körpererweiterung und sei $\alpha \in E$. Dann sind äquivalent:*

(i) Das Element α ist algebraisch über K.

(ii) Der Teilring $K[\alpha]$ von E ist ein Körper, das heißt es gilt $K[\alpha] = K(\alpha)$.

(iii) Die Körpererweiterung $K(\alpha)/K$ ist algebraisch.

(iv) Der Grad $[K(\alpha) : K]$ ist endlich.

Beweis. (i)⇒(ii) haben wir in Satz 7.6 bewiesen. (ii)⇒(i) Der Ring $K[\alpha]$ ist das Bild des Homomorphismus $\varphi: K[x] \to E, f \mapsto f(\alpha)$. Wenn $K[\alpha]$ ein Körper ist, dann ist Kern(φ) ein maximales Ideal von $K[x]$ (Satz 2.20) und insbesondere nicht das Nullideal. Es gibt also ein Polynom $f \in K[x]$, $f \neq 0$, mit $f(\alpha) = 0$. (iii)⇒(i) ist trivial. (i)⇒(iv) haben wir auch schon bewiesen (Satz 7.6) und (iv)⇒(iii) folgt aus Prop. 7.2. ∎

7.2 *Exkurs: Algebraische und transzendente Zahlen*

Die Entdeckung der Irrationalität von $\sqrt{2}$ wird den Pythagoreern (5. Jh. v. Chr.) zugeschrieben. Allerdings ist die geometrische Erkenntnis, dass die Länge der Hypotenuse in einem rechtwinkligen, gleichschenkligen Dreieck in keinem rationalen Verhältnis zur Länge der Katheten steht, noch nicht dasselbe wie das Konzept einer irrationalen reellen Zahl.

Eine reelle oder komplexe Zahl heißt **algebraisch**, wenn sie algebraisch über $\mathbb{Q}$ ist, andernfalls **transzendent**.

Schon seit der Antike ist die Unterscheidung in rationale und irrationale Zahlen bekannt. Die Irrationalität von π wurde im Jahr 1768 von Lambert bewiesen. Er formulierte in seiner Arbeit auch die Vermutung, dass π und die Eulersche Zahl e transzendent sind. Die Transzendenz von e wurde im Jahr 1873 von Hermite bewiesen und die Transzendenz von π schließlich im Jahr 1882 von Lindemann[2] – dieser Beweis gilt immer noch als technische Meisterleistung. Andererseits weiß man bis heute nicht, ob e und π *algebraisch unabhängig* sind, das heißt, ob es ein Polynom $f \in \mathbb{Q}[x, y]$, $f \neq 0$, mit $f(e, \pi) = 0$ gibt; es ist noch nicht einmal bewiesen, dass $e + \pi$ eine irrationale Zahl ist. Auch für viele weitere Konstanten der Analysis ist die Transzendenz unbewiesen.

[2] Ferdinand von Lindemann: »Ueber die Zahl π«. In: *Math. Ann.* 20 (1882)

Obwohl also solche Fragen über konkrete reelle Zahlen schwierig sind, gibt es transzendente Zahlen zuhauf – in gewisser Weise sind fast alle reellen Zahlen transzendent. Nach Satz 7.18 bilden die reellen algebraischen Zahlen einen Teilkörper $\mathbb{R}_{\text{alg}}$. Cantor bewies 1873 die Existenz transzendenter reeller Zahlen mit den damals völlig neuen Methoden der Mengenlehre.

GEORG CANTOR (1845–1918)

7.10 Proposition (Cantor) *Der Körper $\mathbb{R}_{\text{alg}}$ ist abzählbar.*

Beweis. Jede abzählbare Vereinigung von abzählbaren Mengen ist wieder abzählbar. Deshalb ist der Polynomring $\mathbb{Q}[x]$ abzählbar und damit auch die Menge $\mathbb{R}_{\text{alg}}$ aller reellen Nullstellen solcher Polynome. ∎

Dieser einfache Beweis, der die grundlegenden Aussagen Cantors über Abzählbarkeit verwendet, welche man heute im ersten Semester lernt, dreht die historische Entwicklung allerdings um: Cantors Arbeit über transzendente Zahlen[3] ging seinem Beweis für die Überabzählbarkeit von $\mathbb{R}$ voraus.

[3] Georg Cantor: »Ueber eine Eigenschaft des Inbegriffs aller reellen algebraischen Zahlen«. In: *J. Reine Angew. Math.* 77 (1873)

Unabhängig davon, was die Zeitgenossen Cantors von solchen nicht-konstruktiven Argumenten hielten, war die Existenz transzendenter Zahlen schon 1844 durch Liouville bewiesen worden. Seine Methode, explizite Beispiele zu erzeugen, beruht auf der Erkenntnis, dass sich algebraische Zahlen, die nicht bereits rational sind, besonders schlecht durch rationale Zahlen approximieren lassen, das heißt, für eine Approximation mit kleinem Fehler braucht man große Nenner. Der Beweis des Satzes von Liouville gibt einen Eindruck davon, warum das so ist.

Der **Grad** einer algebraischen Zahl $\alpha \in \mathbb{R}_{\text{alg}}$ ist der Grad ihres Minimalpolynoms. Die algebraischen Zahlen vom Grad 1 sind also rational, die vom Grad größer 1 irrational.

7.11 Satz (Liouville) *Es sei $\alpha \in \mathbb{R}_{\text{alg}}$ eine algebraische Zahl vom Grad $n > 1$. Dann gibt es eine positive reelle Konstante c_α mit*

$$\left|\alpha - \frac{p}{q}\right| > \frac{c_\alpha}{q^n} \quad \textit{für alle } p \in \mathbb{Z},\ q \in \mathbb{N}.$$

Beweis. Es genügt offenbar, die Ungleichung für $\frac{p}{q}$ mit $\left|\alpha - \frac{p}{q}\right| < 1$ zu beweisen, indem wir gegebenenfalls $c_\alpha \leqslant 1$ wählen. Wir beseitigen Nenner im Minimalpolynom von α und erhalten $f \in \mathbb{Z}[x]$ vom Grad n mit $f(\alpha) = 0$. Nach dem Mittelwertsatz der Differentialrechnung gibt es zwischen α und $\frac{p}{q}$ eine Stelle ξ_0 mit

$$-f\left(\tfrac{p}{q}\right) = f(\alpha) - f\left(\tfrac{p}{q}\right) = \left(\alpha - \tfrac{p}{q}\right) \cdot f'(\xi_0).$$

Aus $\left|\alpha - \frac{p}{q}\right| < 1$ folgt $|\xi_0| < |1 + \alpha|$. Wir wählen c_α derart, dass $|f'(\xi)| < \frac{1}{c_\alpha}$ für alle ξ mit $|\xi| \leqslant |1 + \alpha|$ gilt, dann folgt

$$\left|\alpha - \frac{p}{q}\right| > c_\alpha \cdot \left|f\left(\tfrac{p}{q}\right)\right|.$$

Da f irreduzibel vom Grad größer 1 ist, hat f keine rationale Nullstelle. Es ist also $f\left(\frac{p}{q}\right) \neq 0$. Deshalb ist $q^n \cdot f\left(\frac{p}{q}\right)$ eine ganze Zahl ungleich 0, also $\left|q^n f\left(\frac{p}{q}\right)\right| \geqslant 1$. Es folgt $\left|f\left(\frac{p}{q}\right)\right| \geqslant \frac{1}{q^n}$ und damit die Behauptung. ∎

Man kann nun reelle Zahlen angeben, die die Ungleichung im Satz von Liouville verletzen. Eine **Liouville-Zahl** ist eine reelle Zahl α, für welche unendlich viele Paare $(p, q) \in \mathbb{Z} \times \mathbb{N}$ mit

$$0 < \left|\alpha - \frac{p}{q}\right| < \frac{1}{q^n}$$

existieren. Liouville-Zahlen sind einerseits nicht selbst rational (Aufgabe 7.13), andererseits nach Satz 7.11 auch nicht algebraisch. Alle Liouville-Zahlen sind also transzendent. Die Existenz von Liouville-Zahlen kann man wiederum durch ein explizites Beispiel zeigen. Die **Liouville-Konstante** ist die Zahl

$$\alpha_L = \sum_{k=1}^{\infty} 10^{-k!}.$$

Die Dezimalbruchentwicklung dieser Zahl hat also eine 1 in der Nachkommastelle mit dem Index $n!$ für jedes $n \in \mathbb{N}$, sonst 0. Dass α_L eine Liouville-Zahl ist, sieht man daran, dass (p_j, q_j) mit

$$p_j = 10^{j!} \sum_{k=1}^{j} 10^{-k!} \quad \text{und} \quad q_j = 10^{j!}$$

für jedes $j \in \mathbb{N}$ die obige Ungleichung erfüllen, was man direkt nachrechnet.

Das Resultat von Liouville wurde im Lauf der Zeit erheblich verbessert. Die (in einem bestimmten Sinn) optimale solche Ungleichung stammt von Roth aus dem Jahr 1955, aufbauend auf Sätzen von Thue und Siegel.

7.12 Satz (Thue-Siegel-Roth) *Zu jeder irrationalen algebraischen Zahl $\alpha \in \mathbb{R}$ und jedem $\varepsilon > 0$ existiert eine Konstante $c_{\alpha,\varepsilon} > 0$ mit*

$$\left|\alpha - \frac{p}{q}\right| > \frac{c_{\alpha,\varepsilon}}{q^{2+\varepsilon}}$$

fur alle $p \in \mathbb{Z}$, $q \in \mathbb{N}$.

Für dieses Resultat, das in der Zahlentheorie auch über die Untersuchung transzendenter Zahlen hinaus Bedeutung hat, erhielt Roth im Jahr 1958 eine Fields-Medaille.

7.3 *Eigenschaften endlicher Körpererweiterungen*

Im ersten Abschnitt haben wir einfache Körpererweiterungen der Form $K(\alpha)$ betrachtet und bewiesen, dass eine solche Erweiterung endlich über K ist, wenn α algebraisch ist, und dann mit $K[\alpha]$ übereinstimmt. Als Nächstes wollen wir mehrere Elemente auf einmal an einen Körper adjungieren. Ist E/K eine Körpererweiterung und sind $\alpha_1, \ldots, \alpha_n \in E$, dann definieren wir induktiv

Explizit besteht $K[\alpha_1, \ldots, \alpha_n]$ aus allen »Polynomen in $\alpha_1, \ldots, \alpha_n$« mit Koeffizienten in K, das heißt, $K[\alpha_1, \ldots, \alpha_n]$ ist das Bild des Einsetzungshomomorphismus $\varphi\colon K[x_1, \ldots, x_n] \to E$, $h \mapsto h(\alpha_1, \ldots, \alpha_n)$. Das haben wir für $n = 1$ auch schon im Beweis von Satz 7.6 gesehen.

$$K[\alpha_1, \ldots, \alpha_n] = K[\alpha_1, \ldots, \alpha_{n-1}][\alpha_n]$$

und

$$K(\alpha_1, \ldots, \alpha_n) = K(\alpha_1, \ldots, \alpha_{n-1})(\alpha_n).$$

7.13 *Beispiel* In $\mathbb{Q}(\sqrt{2}, \sqrt{3}) = \mathbb{Q}(\sqrt{2})(\sqrt{3}) = \mathbb{Q}[\sqrt{2}][\sqrt{3}]$ haben alle Elemente die Form $(a_1 + a_2\sqrt{2}) + (b_1 + b_2\sqrt{2})\sqrt{3}$ mit $a_i, b_i \in \mathbb{Q}$. Ausmultiplizieren zeigt, dass jedes Element eine Darstellung der Form

$$a + b\sqrt{2} + c\sqrt{3} + d\sqrt{6}$$

mit $a, b, c, d \in \mathbb{Q}$ besitzt. Die Erweiterung hat den Grad 4 über $\mathbb{Q}$. ◇

Sind F/E und E/K Körpererweiterungen, dann heißt E ein **Zwischenkörper** der zusammengesetzten Erweiterung F/K. Die Grade multiplizieren sich dabei:

7.14 *Proposition* *Sind F/E und E/K Körpererweiterungen, dann gilt*

$$[F : E] \cdot [E : K] = [F : K].$$

Beweis. Falls $[F : E]$ oder $[E : K]$ unendlich ist, dann sind beide Seiten unendlich. Wir können also annehmen, dass $n = [F : E]$ und $m = [E : K]$ endlich sind. Fixiere eine E-Basis $\beta_1, \ldots, \beta_n$ von F und eine K-Basis $\alpha_1, \ldots, \alpha_m$ von E. Wir behaupten, dass die paarweisen Produkte

$$(\alpha_i \beta_j)_{i=1,\ldots,m,\ j=1,\ldots,n}$$

eine K-Basis von F bilden. Da diese Basis die Länge mn hat, impliziert das die Behauptung. Dass die Produkte $\alpha_i\beta_j$ den K-Vektorraum F aufspannen, sieht man durch Ausmultiplizieren: Jedes $\gamma \in F$ hat eine Darstellung $\gamma = \sum_{j=1}^{n} b_j\beta_j$ und jedes $b_j \in E$ eine Darstellung $b_j = \sum_{i=1}^{m} a_{ij}\alpha_i$. Also ist $\gamma = \sum_{i=1}^{m} \sum_{j=1}^{n} a_{ij}\alpha_i\beta_j$. Die Familie ist auch linear unabhängig. Denn gegeben $c_{ij} \in K$ mit $\sum c_{ij}\alpha_i\beta_j = 0$, dann folgt aus der linearen Unabhängigkeit der β_j über E zuerst $\sum_{i=1}^{m} c_{ij}\alpha_i = 0$ für $j = 1, \ldots, n$ und aus der linearen Unabhängigkeit der α_i über K dann $c_{ij} = 0$ für alle i, j. ■

7.15 *Korollar* *Sei E/K eine Körpererweiterung vom Grad n und $f \in K[x]$ ein irreduzibles Polynom vom Grad $d > 1$ mit $\operatorname{ggT}(d, n) = 1$. Dann hat f keine Nullstelle in E.*

Beweis. Angenommen $\alpha \in E$ ist doch eine Nullstelle von f, dann ist f das Minimalpolynom von α über K und es gilt $[K(\alpha) : K] = d$ (Satz 7.6). Nach Prop. 7.14 gilt $n = [E : K(\alpha)] \cdot [K(\alpha) : K] = [E : K(\alpha)] \cdot d$, ein Widerspruch zu $\operatorname{ggT}(d, n) = 1$. ■

Miniaufgabe

7.7 Begründe genau, warum $[\mathbb{Q}(\sqrt{2}, \sqrt{3}) : \mathbb{Q}] = 4$ gilt (Beispiel 7.13).

7.16 Korollar *Sind $\alpha_1, \dots, \alpha_n \in E$ algebraisch über K, dann ist die Körpererweiterung $K(\alpha_1, \dots, \alpha_n)/K$ endlich, und es gilt die Gleichheit $K(\alpha_1, \dots, \alpha_n) = K[\alpha_1, \dots, \alpha_n]$.*

Beweis. Nach Satz 7.6 ist jeder Schritt in der Kette $K \subset K(\alpha_1) \subset K(\alpha_1, \alpha_2) \subset \cdots \subset K(\alpha_1, \dots, \alpha_n)$ endlich, also algebraisch nach Prop. 7.2. Da sich die Grade multiplizieren, ist $K(\alpha_1, \dots, \alpha_n)/K$ endlich. Auch die zweite Behauptung folgt aus Satz 7.6. ■

7.17 Korollar *Es seien $K \subset E \subset F$ Körpererweiterungen. Ist F/E algebraisch und E/K algebraisch, dann ist auch F/K algebraisch.*

Beweis. Es sei $\alpha \in F$ und sei $f = \sum_{i=0}^{n} a_i x^i$ das Minimalpolynom von α über E. Die Koeffizienten $a_0, \dots, a_n$ sind algebraisch über K. Deshalb ist auch $E' = K(a_0, \dots, a_n)$ endlich über K, nach Kor. 7.16. Ebenso ist $E'(\alpha)/E'$ algebraisch und damit endlich. Also ist auch $E'(\alpha)/K$ endlich und damit α algebraisch über K. ■

7.18 Satz *Es sei F/K eine Körpererweiterung. Dann ist*

$$E = \{\alpha \in F \mid \alpha \text{ ist algebraisch über } K\}$$

ein Teilkörper von F. Mit anderen Worten, Summen, Produkte und Quotienten von algebraischen Elementen sind wieder algebraisch.

Wir haben Satz 7.6 rein abstrakt bewiesen. Insbesondere haben wir gezeigt, dass das Inverse eines algebraischen Elements $\alpha \in E \supset K$ in $K[\alpha]$ liegt, ohne eine Formel (wie in den Beispielen 7.5 und 7.7) dafür ausrechnen zu müssen. Weiter haben wir nun gezeigt, dass Summen, Produkte und Quotienten von algebraischen Elementen algebraisch sind und die Transitivität von algebraischen Körpererweiterungen bewiesen (Kor. 7.17), alles ohne die zugehörigen Polynome zu bestimmen.

Beweis. Seien $\alpha, \beta \in E$. Die Körpererweiterung $K(\alpha, \beta)/K$ ist dann endlich, nach Kor. 7.16. Also ist jedes Element von $K(\alpha, \beta)$ algebraisch über K nach Prop. 7.2, insbesondere sind $\alpha \pm \beta$, $\alpha\beta$ und α^{-1} algebraisch über K und liegen damit in E. ■

Wir bestimmen die quadratischen Körpererweiterungen, also die vom Grad 2, für einen Körper K der Charakteristik ungleich 2. Gegeben eine quadratische Gleichung $ax^2 + bx + c = 0$ mit $a, b, c \in K$ und $a \neq 0$, dann sind die beiden Lösungen bekanntlich

$$x = \frac{-b \pm \sqrt{b^2 - 4ac}}{2a}$$

(siehe Prop. 5.3). Ob diese Lösung in K existiert, hängt davon ab, ob die Diskriminante $b^2 - 4ac$ ein Quadrat in K ist. Andernfalls muss man erst eine Quadratwurzel von $b^2 - 4ac$ adjungieren, also zu einer quadratischen Körpererweiterung von K übergehen. Umgekehrt ist jede quadratische Körpererweiterung von dieser Form.

7.19 Satz *Es sei K ein Körper der Charakteristik $\neq 2$. Jede quadratische Körpererweiterung E/K hat die Form $E = K(\sqrt{a})$ für ein $a \in K$.*

Beweis. Es gelte $[E : K] = 2$ und sei $\alpha \in E \setminus K$. Dann folgt $[K(\alpha) : K] \geqslant 2$, also $[K(\alpha) : K] = 2$ und $[E : K(\alpha)] = 1$ nach Prop. 7.14 und damit $E = K(\alpha)$. Sei $f = x^2 + bx + c \in K[x]$ das Minimalpolynom von α über K. Dann ist α eine der beiden Nullstellen von f und hat damit nach Prop. 5.3 die Form $\alpha = \frac{-b+\beta}{2}$ für ein $\beta \in K(\alpha)$ mit $\beta^2 = b^2 - 4c$. Es folgt $\alpha \in K(\beta)$, also $E = K(\alpha) = K(\beta) = K(\sqrt{b^2 - 4c})$. ■

Bei Gleichungen höheren Grades ist das alles nicht mehr so einfach. Ist zum Beispiel $f \in \mathbb{Q}[x]$ ein irreduzibles kubisches Polynom und ist $\alpha \in \mathbb{C}$ eine Nullstelle von f, dann können wir die Körpererweiterung $E = \mathbb{Q}(\alpha)$ vom Grad 3 bilden, in der f die Nullstelle α besitzt. Die analoge Aussage zu Satz 7.19 würde hier sagen, dass es eine Zahl $a \in \mathbb{Q}$ gibt mit $E = \mathbb{Q}(\sqrt[3]{a})$. Wir könnten dann die Nullstelle $\alpha \in E$ durch $\sqrt[3]{a}$ ausdrücken, so ähnlich wie in der Lösungsformel für quadratische Gleichungen. Das ist im Allgemeinen aber nicht der Fall, was wir bald genauer untersuchen werden.

7.4 Nullstellenkörper

Im vorigen Abschnitt haben wir Körpererweiterungen der Form $K(\alpha)$ betrachtet, wobei α aus einem bereits gegebenen Körper $E \supset K$ stammte, zum Beispiel für $K = \mathbb{Q}$ und $E = \mathbb{R}$ oder $E = \mathbb{C}$. Das ist nicht ganz zufriedenstellend, schon allein deshalb, weil wir nicht nur Teilkörper von $\mathbb{C}$, sondern zum Beispiel auch endliche Körper, Funktionenkörper etc. betrachten wollen. Das Problem ist im Prinzip leicht zu lösen: Ist $f \in K[x]$ ein Polynom, dann können wir immer eine »symbolische Nullstelle« von f adjungieren, etwa so wie beim Übergang von den reellen zu den komplexen Zahlen: Wir erfinden einfach ein neues Symbol α mit der Eigenschaft $f(\alpha) = 0$ und fügen dem Körper K dieses Symbol hinzu.

Um das präzise zu machen, werfen wir noch einmal einen Blick in den Beweis von Satz 7.6: Ist $\alpha \in E$ mit Minimalpolynom $f \in K[x]$, dann ist die Auswertungsabbildung $\varphi: K[x] \to E, g \mapsto g(\alpha)$ ein Ringhomomorphismus, und zwar mit Bild $K(\alpha)$ und Kern $\{g \in K[x] \mid g(\alpha) = 0\} = \langle f \rangle$. Mit dem Isomorphiesatz folgt daraus $K(\alpha) \cong K[x]/f$. Diesen Restklassenring können wir aus dem Polynom f allein bilden, wir brauchen den Körper E dafür nicht.

Die Idee, im Polynomring $K[x]$ modulo f zu rechnen, geht auf Kronecker zurück und wirkt ein bißchen wie ein Zaubertrick, in dem die Variable x selbst zur Nullstelle wird. Natürlich leistet Satz 7.20 gar nichts, wenn es darum geht, eine Lösung einer Polynomgleichung in einem gegebenen Körper zu finden. Statt dessen erschafft er aus dem Nichts eine Körpererweiterung, in der das gegebene Polynom dann eine Nullstelle besitzt. Darauf muss man erst mal kommen!

7.20 Satz *Zu jedem irreduziblen Polynom $f \in K[x]$ vom Grad $n \geqslant 1$ existiert eine Körpererweiterung E/K vom Grad n, in der f eine Nullstelle hat.*

Beweis. Nach Lemma 2.22 ist der Restklassenring $E = K[x]/f$ ein Körper. Wir betrachten die Restklassenabbildung $\pi: K[x] \to E, g \mapsto g + \langle f \rangle$. Die Einschränkung von π auf K ist injektiv, weil K ein Körper ist. Deshalb können wir E als Körpererweiterung von K auffassen, indem wir K mit seinem Bild unter π identifizieren. Ist nun $f = \sum_{i=1}^n a_i x^i$ und $\alpha = \pi(x)$ die Restklasse von x in E, dann gilt $\pi(f(x)) = \pi(\sum_{i=1}^n a_i x^i) = \sum_{i=1}^n \pi(a_i)\pi(x^i) = \sum_{i=1}^n a_i \pi(x)^i = f(\pi(x))$ und damit

$$f(\alpha) = f(\pi(x)) = \pi(f(x)) = f + \langle f \rangle = 0 + \langle f \rangle$$

also $f(\alpha) = 0$ in E. Eine K-Basis von E ist durch $1, \alpha, \dots, \alpha^{n-1}$ gegeben, so dass die Körpererweiterung E/K den Grad n hat. ■

LEOPOLD KRONECKER (1823–1891)

Miniaufgaben

7.8 Begründe im Beweis des Satzes, dass $1, \alpha, \dots, \alpha^{n-1}$ eine K-Basis von E ist. (*Hinweis:* Siehe Beweis von Satz 7.6).

Wir verwenden die Bezeichung Nullstellenkörper nur für irreduzible Polynome. Natürlich kann man auch zu einem Polynom, das nicht irreduzibel ist, eine Nullstelle adjungieren, indem man das für einen seiner irreduziblen Faktoren tut. Üblich ist statt Nullstellenkörper auch die Bezeichnung »Wurzelkörper«.

Definition Es sei $f \in K[x]$ ein irreduzibles Polynom. Eine Körpererweiterung E/K heißt ein **Nullstellenkörper von** f, wenn es ein Element $\alpha \in E$ gibt mit

$$f(\alpha) = 0 \qquad \text{und} \qquad E = K(\alpha).$$

Satz 7.20 sagt gerade, dass über jedem Körper für jedes irreduzible Polynom ein Nullstellenkörper existiert.

7.21 Beispiele (1) Wir betrachten das Polynom $f = x^2 + x + 1 \in \mathbb{F}_2[x]$. Es ist irreduzibel über $\mathbb{F}_2$, denn es ist quadratisch und hat keine Nullstelle. Sei $E = \mathbb{F}_2[x]/f$ ein Nullstellenkörper von f und schreibe $\alpha = x + \langle f \rangle$ für die adjungierte Nullstelle. Nach Satz 7.6 gilt $[E : \mathbb{F}_2] = \deg(f) = 2$, also hat E vier Elemente. Diese sind $0, 1, \alpha, \alpha^2$. Wir wissen, dass $\alpha^2 + \alpha + 1 = 0$ gilt, womit Addition und Multiplikation in E vollständig bestimmt sind (siehe nebenstehende Tabellen).

Wir haben also einen Körper mit vier Elementen konstruiert. Dieser Körper ist *nicht* der Ring $\mathbb{Z}/4$ und auch nicht $\mathbb{Z}/2 \times \mathbb{Z}/2$, denn die haben Nullteiler und sind keine Körper. Mit endlichen Körpern befassen wir uns systematisch in §7.7.

+	0	1	α	α^2
0	0	1	α	α^2
1	1	0	α^2	α
α	α	α^2	0	1
α^2	α^2	α	1	0

$\cdot$	0	1	α	α^2
0	0	0	0	0
1	0	1	α	α^2
α	0	α	α^2	1
α^2	0	α^2	1	α

Die Addition und Multiplikation im Körper mit vier Elementen aus Beispiel 7.21(1)

(2) Es sei $d \in \mathbb{Q}$ kein Quadrat und sei $f = x^2 - d \in \mathbb{Q}[x]$. Im Nullstellenkörper $E = K[x]/f$ mit $\alpha = x + \langle f \rangle$ gilt dann $\alpha^2 = d$, und $1, \alpha$ ist eine Basis von E über $\mathbb{Q}$. Alles ist genauso wie im Teilkörper $\mathbb{Q}(\sqrt{d})$ von $\mathbb{C}$, nur dass der Körper E jetzt nicht als Teilkörper von $\mathbb{C}$ gegeben ist, sondern freischwebend existiert.

(3) Sei $d \in \mathbb{Q}$ eine Zahl, die keine dritte Potenz ist, und sei $f = x^3 - d$. Im Körper $E = \mathbb{Q}[x]/f$ hat d eine Kubikwurzel $\alpha = x + \langle f \rangle$. Im Polynomring $E[x]$ gilt dann

$$f = x^3 - d = (x - \alpha)g, \quad \text{mit } g = x^2 + \alpha x + \alpha^2,$$

wie man leicht nachrechnet. Das Polynom g ist irreduzibel, denn nach der quadratischen Lösungsformel sind seine Nullstellen $\frac{-\alpha \pm \sqrt{-3\alpha^2}}{2} = \frac{-1 \pm \sqrt{-3}}{2} \cdot \alpha$. Man braucht also eine Quadratwurzel von -3, um g in Linearfaktoren zu zerlegen. Die gibt es im Körper E aber nicht (nach Kor. 7.15). Im Unterschied zur Quadratwurzel bekommt man also durch Adjunktion *einer* Kubikwurzel noch nicht *alle* Kubikwurzeln einer Zahl. ◇

Miniaufgaben

7.9 Überprüfe, dass die Zahl $\frac{-1 \pm \sqrt{-3}}{2}$ in Beispiel 7.21(3) eine dritte Einheitswurzel ist.

7.10 Warum genau gilt im selben Beispiel $\sqrt{-3} \notin E$? (*Vorschlag*: Kor. 7.15)

Ausgehend etwa von $\mathbb{Q}$ können wir nun entweder Teilkörper von $\mathbb{C}$ durch Adjunktion von algebraischen Zahlen bilden oder aber Nullstellenkörper als abstrakte Körpererweiterungen von $\mathbb{Q}$. Das ist einerseits nicht dasselbe, andererseits auch nichts völlig Verschiedenes: Denn alle Nullstellenkörper desselben Polynoms sind isomorph, wie wir nun zeigen. Dazu führen wir folgende Sprechweise ein:

Definition Sei K ein Körper und seien E_1 und E_2 zwei Erweiterungskörper von K. Ein K-**Homomorphismus** von E_1 nach E_2 ist ein Homomorphismus $\varphi: E_1 \to E_2$ von Körpern mit

$$\varphi(a) = a \text{ für alle } a \in K.$$

Jeder K-Homomorphismus ist eine K-lineare Abbildung zwischen den beiden K-Vektorräumen E_1, E_2, denn es gilt

$$\varphi(a\xi) = \varphi(a)\varphi(\xi) = a\varphi(\xi) \text{ für alle } a \in K \text{ und } \xi \in E_1.$$

Ein K-**Isomorphismus** ist ein bijektiver K-Homomorphismus, wobei die Umkehrabbildung von selbst wieder ein K-Homomorphismus ist. Die Körper E_1 und E_2 heißen K-**isomorph** (oder *isomorph über* K), wenn ein K-Isomorphismus existiert.

Die Bedeutung der K-Linearität ist folgende: Ist $K(\alpha)/K$ eine Körpererweiterung vom Grad n, die von einem Element α erzeugt wird, und ist $\varphi: K(\alpha) \to F$ ein K-Homomorphismus, dann ist φ durch das Bild von α eindeutig bestimmt. Denn für $\beta = \sum_{i=0}^{n-1} b_i \alpha^i \in K(\alpha)$ gilt

$$\varphi(b_0 + b_1\alpha + \cdots + b_{n-1}\alpha^{n-1}) = b_0 + b_1\varphi(\alpha) + \cdots + b_{n-1}\varphi(\alpha)^{n-1}. \qquad (*)$$

Es kommt also nur auf das Element $\varphi(\alpha)$ an. Allgemein gilt:

7.22 Lemma *Ist $E = K(\alpha)$ von einem Element erzeugt und ist F/K eine Körpererweiterung, dann ist ein K-Homomorphismus $E \to F$ durch das Bild von α eindeutig bestimmt: Sind $\varphi, \psi: E \to F$ zwei K-Homomorphismen mit $\varphi(\alpha) = \psi(\alpha)$, dann folgt $\varphi = \psi$.*

Beweis. Es gelte $\varphi(\alpha) = \psi(\alpha)$. Aus der Gleichung $(*)$ folgt sofort, dass φ und ψ auf $K[\alpha]$ übereinstimmen. Ist α algebraisch über K, dann ist $E = K[\alpha]$ und wir sind fertig. Ist α nicht algebraisch über K, dann gilt $E = \mathrm{Quot}(K[\alpha])$. Nach Prop. 2.40 stimmen φ und ψ damit auch auf E überein. Explizit: Jedes Element von E hat die Form $\frac{\beta}{\gamma}$ für $\beta, \gamma \in K[\alpha]$. Da φ und ψ Homomorphismen sind, folgt dann

$$\varphi\left(\tfrac{\beta}{\gamma}\right) = \frac{\varphi(\beta)}{\varphi(\gamma)} = \frac{\psi(\beta)}{\psi(\gamma)} = \psi\left(\tfrac{\beta}{\gamma}\right). \qquad \blacksquare$$

ALS NÄCHSTES WOLLEN WIR FOLGENDE FRAGE BEANTWORTEN: Gegeben ein Element $\beta \in F$, wann gibt es einen K-Homomorphismus $\varphi: K(\alpha) \to F$ mit $\varphi(\alpha) = \beta$? Ist α algebraisch über K und $f \in K[x]$ das Minimalpolynom von α, dann folgt aus der K-Linearität von φ wie in $(*)$ jedenfalls

$$f(\varphi(\alpha)) = \varphi(f(\alpha)) = \varphi(0) = 0.$$

Also muss $\varphi(\alpha)$ wieder eine Nullstelle von f sein. Tatsächlich ist das die einzige Bedingung, wie der folgende Satz zeigt.

7.23 Satz *Es sei $f \in K[x]$ ein irreduzibles Polynom, F/K eine Körpererweiterung und $K(\alpha)$ ein Nullstellenkörper von f mit $f(\alpha) = 0$.*

(1) Ist $\varphi: K(\alpha) \to F$ ein K-Homomorphismus, dann ist auch $\varphi(\alpha)$ eine Nullstelle von f.

(2) Jeder Nullstelle $\beta \in F$ von f entspricht ein eindeutig bestimmter K-Homomorphismus $\varphi: K(\alpha) \to F$ mit $\varphi(\alpha) = \beta$.

Beweis. (1) haben wir gerade bewiesen (Lemma 7.22). (2) Es sei $\beta \in F$ mit $f(\beta) = 0$. Nach Satz 7.6 gibt es einen K-Isomorphismus $\psi: K(\alpha) \xrightarrow{\sim} K[x]/f$ mit $\alpha \mapsto x + \langle f \rangle$. Wegen $f(\beta) = 0$ gibt es außerdem nach dem Homomorphiesatz 2.24 einen K-Homomorphismus $\widetilde{\varphi}: K[x]/f \to F$ mit $\widetilde{\varphi}(x + \langle f \rangle) = \beta$. Also ist $\varphi = \widetilde{\varphi} \circ \psi: K(\alpha) \to F$ ein K-Homomorphismus mit $\varphi(\alpha) = \beta$. Außerdem ist φ nach Lemma 7.22 durch die Eigenschaft $\varphi(\alpha) = \beta$ eindeutig bestimmt. $\blacksquare$

7.24 Korollar *Ist $f \in K[x]$ ein irreduzibles Polynom, dann sind alle Nullstellenkörper von f zueinander K-isomorph.*

Beweis. Sind $E_1 = K(\alpha_1)$ und $E_2 = K(\alpha_2)$ zwei Nullstellenkörper von f mit $f(\alpha_1) = f(\alpha_2) = 0$, dann gibt es nach Satz 7.23 K-Homomorphismen $\varphi: E_1 \to E_2$ und $\psi: E_2 \to E_1$ mit $\varphi(\alpha_1) = \alpha_2$ und $\psi(\alpha_2) = \alpha_1$. Dann ist $\psi \circ \varphi: E_1 \to E_1$ ein K-Homomorphismus mit $(\psi \circ \varphi)(\alpha_1) = \alpha_1$. Nach Lemma 7.22 folgt $\psi \circ \varphi = \mathrm{id}_{E_1}$. Analog folgt $\varphi \circ \psi = \mathrm{id}_{E_2}$ und damit die Behauptung. $\blacksquare$

7.25 Beispiel Es sei $d \in \mathbb{Q}$ kein Quadrat und seien $\sqrt{d}, -\sqrt{d}$ die beiden Quadratwurzeln von d in $\mathbb{C}$. Die beiden Nullstellenkörper $\mathbb{Q}(\sqrt{d})$ und $\mathbb{Q}(-\sqrt{d})$ des Polynoms $x^2 - d$ sind nicht nur isomorph, sondern als Teilkörper von $\mathbb{C}$ sogar gleich, da eine Körpererweiterung mit jedem Element auch sein Negatives enthält.

Ist dagegen $d \in \mathbb{Q}$ keine dritte Potenz und ist $\sqrt[3]{d}$ eine reelle Kubikwurzel, dann sind die anderen beiden Kubikwurzeln von d die komplexen Zahlen $\omega\sqrt[3]{d}$ und $\omega^2\sqrt[3]{d}$ mit $\omega = \frac{-1+\sqrt{-3}}{2}$ (Beispiel 7.21(3)). Die drei Nullstellenkörper $\mathbb{Q}(\sqrt[3]{d})$, $\mathbb{Q}(\omega\sqrt[3]{d})$ und

$\mathbb{Q}(\omega^2\sqrt[3]{d})$ von $x^3 - d$ sind verschiedene Teilkörper von $\mathbb{C}$, was man schon daran sieht, dass $\mathbb{Q}(\sqrt[3]{d})$ ein Teilkörper von $\mathbb{R}$ ist, die anderen beiden dagegen nicht. Sie sind aber nach Kor. 7.24 als Körpererweiterungen von $\mathbb{Q}$ isomorph. ◇

Miniaufgaben

7.11 Verifiziere, dass ein K-Homomorphismus dasselbe ist wie ein Homomorphismus, der gleichzeitig eine K-lineare Abbildung ist.

7.12 Wie wird der Homomorphiesatz im Beweis von Satz 7.23 genau angewendet?

7.5 *Zerfällungskörper*

Wenn wir eine Nullstelle eines irreduziblen Polynoms adjungieren, muss das Polynom über dem Nullstellenkörper noch nicht in Linearfaktoren zerfallen, wie wir im Beispiel einer Kubikwurzel über $\mathbb{Q}$ gesehen haben (Beispiel 7.21(3)). Um ein Polynom zu zerfällen, muss man im schlimmsten Fall eine Nullstelle nach der anderen adjungieren.

7.26 Satz *Zu jedem Polynom $f \in K[x]$ vom Grad n gibt es eine Körpererweiterung E/K vom Grad höchstens $n!$, über der f in Linearfaktoren zerfällt.*

Damit wir konstante Polynome (vom Grad 0) nicht ausschließen müssen, sagen wir, dass auch sie »in Linearfaktoren zerfallen« (mit Null Faktoren).

Beweis. Das zeigen wir durch Induktion nach n. Für $n = 1$ gilt die Behauptung mit $E = K$. Sei $n > 1$. Nach Satz 7.20 gibt es eine Körpererweiterung E_1/K mit $[E_1 : K] \leqslant n$ derart, dass f eine Nullstelle $\alpha_1 \in E_1$ besitzt. In $E_1[x]$ gibt es dann eine Faktorisierung $f = (x - \alpha_1)g$ mit $g \in E_1[x]$ vom Grad $n - 1$. Nach Induktionsannahme gibt es eine Körpererweiterung E/E_1 vom Grad höchstens $(n-1)!$ über der g in Linearfaktoren zerfällt. Also zerfällt auch f über E in Linearfaktoren und der Grad von E über K ist $[E : K] = [E : E_1][E_1 : K] \leqslant (n-1)! \cdot n = n!$. ■

Definition Es sei $f \in K[x]$ ein Polynom vom Grad n. Ein Erweiterungskörper E von K heißt ein **Zerfällungskörper** von f, wenn f über E in Linearfaktoren zerfällt und E über K von den Nullstellen von f erzeugt wird, das heißt also

$$f = c \cdot (x - \alpha_1) \cdot \ldots \cdot (x - \alpha_n) \quad \text{und} \quad E = K(\alpha_1, \ldots, \alpha_n).$$

7.27 Beispiele (1) In Bsp. 7.21(3) hat ein Zerfällungskörper von $x^3 - d$ den Grad $6 = 3!$ über $\mathbb{Q}$. Denn um alle drei Kubikwurzeln von d zu bekommen, muss man erst eine Kubikwurzel $\sqrt[3]{d}$ adjungieren und dann noch $\sqrt{-3}$.

(2) Versuchen wir allgemeiner den Zerfällungskörper eines kubischen Polynoms vom Grad 3 über $\mathbb{Q}$ zu bestimmen. Betrachten wir etwa[4]

$$f = x^3 + bx + c$$

mit $b, c \in \mathbb{Q}$. Ist $\alpha \in \mathbb{C}$ eine komplexe Nullstelle, dann faktorisiert f über $\mathbb{Q}(\alpha)$ zu

$$f = (x - \alpha)(x^2 + \alpha x + \alpha^2 + b).$$

wie man durch Ausmultiplizieren sieht. Die Nullstellen des verbleibenden quadratischen Faktors sind

$$\frac{-\alpha \pm \sqrt{-3\alpha^2 - 4b}}{2}.$$

[4] Ist $f = x^3 + ax^2 + bx + c$, dann können wir die Substitution $x \mapsto x - \frac{a}{3}$ machen, die den quadratischen Term eliminiert und die Nullstellen lediglich verschiebt. Es handelt sich hier also um den allgemeinen Fall.

Für die meisten Wahlen von b und c ist $\alpha \notin \mathbb{Q}$ und die Diskriminante $-3\alpha^2 - 4b$ ist kein Quadrat in $\mathbb{Q}(\alpha)$. Man braucht dann also noch eine Quadratwurzel, um zum Zerfällungskörper zu gelangen, der damit Grad 6 hat, wie im vorigen Beispiel. Es gibt aber auch Ausnahmen. Für etwa $b = -3$ und $c = 1$ ist $f = x^3 - 3x + 1$ irreduzibel über $\mathbb{Q}$ und die Diskriminante $-3\alpha^2 + 12$ trotzdem ein Quadrat in $\mathbb{Q}(\alpha)$, nämlich $-3\alpha^2 + 12 = (2\alpha^2 + \alpha - 4)^2$, wie man direkt nachrechnet. Durch Einsetzen erhält man drei Nullstellen von f in $\mathbb{Q}(\alpha)$, nämlich

$$\alpha,\ \alpha^2 - 2,\ -\alpha^2 - \alpha + 2.$$

Also ist $\mathbb{Q}(\alpha)$ ein Zerfällungskörper von f vom Grad 3 über $\mathbb{Q}$. ◇

Miniaufgaben

7.13 Es sei $f \in K[x]$ irreduzibel vom Grad 3 oder 4. Welche Zahlen kommen als Grad $[E : K]$ eines Zerfällungskörpers E von f in Frage?

Wie die Nullstellenkörper sind auch die Zerfällungskörper eindeutig:

7.28 Satz *Alle Zerfällungskörper eines Polynoms $f \in K[x]$ vom Grad n sind K-isomorph und haben damit den gleichen Grad, der höchstens $n!$ ist.*

Wir beweisen die folgende, flexiblere Version dieser Aussage.

7.29 Satz *Sei E_1/K_1 ein Zerfällungskörper von $f_1 \in K_1[x]$ und E_2/K_2 ein Zerfällungskörper von $f_2 \in K_2[x]$. Angenommen, es gibt einen Isomorphismus $\varphi\colon K_1 \to K_2$, der $\varphi(f_1) = f_2$ erfüllt. Dann gibt es einen Isomorphismus $\psi\colon E_1 \to E_2$ mit $\psi|_{K_1} = \varphi$.*

Dabei ist $\varphi(f_1)$ durch $\varphi(\sum a_i x^i) = \sum \varphi(a_i) x^i$ definiert; insbesondere haben f_1 und f_2 denselben Grad. Satz 7.28 ist der Fall $K_1 = K_2$, $f_1 = f_2$ und $\varphi = \mathrm{id}_K$.

Beweis. Wir beweisen als Erstes eine Hilfsaussage: Sei $g_1 \in K_1[x]$ irreduzibel und $g_2 = \varphi(g_1) \in K_2[x]$. Ist $\alpha_i \in E_i$ eine Nullstelle von g_i (für $i = 1, 2$), dann gibt es einen Isomorphismus der Nullstellenkörper

$$\widetilde{\varphi}\colon K_1(\alpha_1) \xrightarrow{\sim} K_2(\alpha_2) \quad \text{mit } \widetilde{\varphi}(\alpha_1) = \alpha_2 \text{ und } \widetilde{\varphi}|_{K_1} = \varphi.$$

Denn nach Satz 7.6 gibt es Isomorphismen

$$K_i[x]/g_i \cong K_i(\alpha_i) \text{ mit } x \mapsto \alpha_i \quad (i = 1, 2).$$

Der Isomorphismus φ induziert außerdem $K_1[x]/g_1 \xrightarrow{\sim} K_2[x]/g_2$. Daraus ergibt sich insgesamt der gesuchte Isomorphismus $\widetilde{\varphi}$.

Wir beweisen nun die eigentliche Behauptung durch Induktion nach $n = \deg(f_1) = \deg(f_2)$. Für $n = 1$ gilt $E_1 = K_1$ und $E_2 = K_2$ und die Behauptung ist trivial. Sei $n > 1$ und sei g_1 ein irreduzibler Faktor von f_1 in $K_1[x]$. Anwenden der Hilfsaussage auf $g_2 = \varphi(g_1)$ liefert einen Isomorphismus $\widetilde{\varphi}\colon K_1(\alpha_1) \to K_2(\alpha_2)$ der Nullstellenkörper wie oben. Über $K_i(\alpha_i)$ faktorisiert g_i zu $g_i = (x - \alpha_i) h_i$ mit $h_i \in K_i(\alpha_i)[x]$, und E_i ist nach Voraussetzung ein Zerfällungskörper von h_i über $K_i(\alpha_i)$. Dabei gilt

$$(x - \alpha_2) h_2 = g_2 = \widetilde{\varphi}(g_1) = \widetilde{\varphi}\big((x - \alpha_1) h_1\big) = (x - \alpha_2)\widetilde{\varphi}(h_1),$$

und damit $\widetilde{\varphi}(h_1) = h_2$. Wegen $\deg(h_1) < \deg(g_1) \leqslant \deg(f_1)$ gibt es nach Induktionsvoraussetzung einen Isomorphismus $\psi\colon E_1 \to E_2$ mit $\psi|_{K_1(\alpha_1)} = \widetilde{\varphi}$. Es folgt $\psi|_{K_1} = \varphi$ und damit die Behauptung. ■

Ein Polynom zerfällt in seinem Zerfällungskörper in Linearfaktoren. Wir können auch endlich viele Polynome $f_1, \dots, f_k$ auf einmal zerfällen, indem wir den Zerfällungskörper des Produkts $f_1 \dots f_k$ bilden. Im Prinzip kann man auch *alle* Polynome in $K[x]$ auf einmal zerfällen. Das führt zum Begriff des algebraischen Abschlusses.

Definition Ein Körper K heißt **algebraisch abgeschlossen**, wenn alle Polynome in $K[x]$ in Linearfaktoren zerfallen.

Bekanntlich ist der Körper der komplexen Zahlen algebraisch abgeschlossen, nach dem **Fundamentalsatz der Algebra** – einen Beweis geben wir später mit Hilfe der Galoistheorie (§8.5). Allgemein existiert zu jedem Körper ein algebraisch abgeschlossener Oberkörper.

7.30 *Satz* (Algebraischer Abschluss) *Zu jedem Körper K existiert eine algebraische Körpererweiterung F/K derart, dass F algebraisch abgeschlossen ist. Alle solchen Erweiterungen sind K-isomorph.*

Der Körper F heißt der **algebraische Abschluss** von K und wird gewöhnlich mit $\overline{K}$ bezeichnet. Die Existenz und Eindeutigkeit folgen aus Satz 7.26 und Satz 7.29 als eine Anwendung des Zornschen Lemmas; siehe Exkurs 7.6.

WIR DISKUTIEREN NOCH EINE WEITERE WICHTIGE EIGENSCHAFT von Zerfällungskörpern. Ist E/K ein Zerfällungskörper von $f \in K[x]$, dann wollen wir wissen, welche weiteren Polynome über E zerfallen.

Definition Eine algebraische Körpererweiterung E/K heißt **normal**, wenn jedes irreduzible Polynom $f \in K[x]$, das in E eine Nullstelle besitzt, in $E[x]$ bereits in Linearfaktoren zerfällt.

Das Wort »normal« kommt in vielen Bedeutungen vor und wirkt immer etwas blass. Es ist hier aber jedenfalls passend zum Begriff der normalen Untergruppe gewählt (siehe §8.4).

7.31 *Beispiel* Es sei $d \in \mathbb{Q}$ eine Zahl, die keine dritte Potenz ist und sei $\alpha \in \mathbb{C}$ eine Kubikwurzel von d, also eine Nullstelle von $f = x^3 - d$. Wie wir in Beispiel 7.21(3) gesehen haben, zerfällt f in $\mathbb{Q}(\alpha)$ nicht in Linearfaktoren. Also ist die Körpererweiterung $\mathbb{Q}(\alpha)/\mathbb{Q}$ nicht normal. Ein Zerfällungskörper von f ist $E = \mathbb{Q}(\alpha, \sqrt{-3})$. Die Körpererweiterung $E/\mathbb{Q}$ hat den Grad 6 und ist normal, was wir gleich beweisen. ◇

7.32 *Satz* *Eine endliche Körpererweiterung E/K ist genau dann normal, wenn sie ein Zerfällungskörper eines Polynoms in $K[x]$ ist.*

Beweis. Sei E/K normal und endlich, etwa $E = K(\alpha_1, \dots \alpha_n)$, und sei $f_i \in K[x]$ das Minimalpolynom von α_i über K. Nach Voraussetzung zerfällt f_i in E in Linearfaktoren. Also zerfällt auch $f = f_1 \cdots f_n$. Da E über K durch Nullstellen von f erzeugt wird, ist E ein Zerfällungskörper von f.

Es sei umgekehrt E ein Zerfällungskörper von $f \in K[x]$ und seien $\alpha_1, \dots, \alpha_n$ die Nullstellen von f in E. Sei $g \in K[x]$ ein irreduzibles Polynom, das in E eine Nullstelle β besitzt. Wir müssen zeigen, dass g in $E[x]$ in Linearfaktoren zerfällt. Sei dazu F/E ein Zerfällungskörper von g und sei β' in F eine Nullstelle von g. Wir zeigen, dass β' bereits in E liegt, was $F = E$ und damit die Behauptung des Satzes impliziert.

Da g irreduzibel ist, gibt es nach Satz 7.23 einen K-Isomorphismus der beiden Nullstellenkörper $\varphi: K(\beta) \xrightarrow{\sim} K(\beta')$. Nun ist E ein Zerfällungskörper von f über K und damit auch über $K(\beta)$, und $E(\beta')$ ist ein Zerfällungskörper von f über $K(\beta')$. Nach Satz 7.29 gibt es einen Isomorphismus $\psi: E \to E(\beta')$ mit $\psi|_{K(\beta)} = \varphi$. Die beiden Erweiterungen haben insbesondere denselben endlichen Grad $[E : K] = [E(\beta') : K]$, und wegen $E \subset E(\beta')$ folgt $E = E(\beta')$, also $\beta' \in E$. ■

$$\begin{array}{ccc} E & \xrightarrow{\ \psi\ } & E(\beta') \\ | & & | \\ K(\beta) & \xrightarrow[\ \varphi\ ]{} & K(\beta') \end{array}$$

Eine Folgerung daraus werden wir im nächsten Kapitel brauchen:

7.33 Lemma *Es sei F/K eine endliche normale Körpererweiterung und $K \subset E \subset F$ ein Zwischenkörper. Jeder K-Homomorphismus $\varphi\colon E \to F$ setzt auf F fort, das heißt, es gibt einen K-Automorphismus $\psi\colon F \to F$ mit $\psi|_E = \varphi$.*

Beweis. Da F normal über K ist, ist F nach Satz 7.32 der Zerfällungskörper eines Polynoms $f \in K[x]$. Dann ist F auch ein Zerfällungskörper von f über E und es gilt $\varphi(f) = f$. Damit folgt die Behauptung aus Satz 7.29. ■

Weitere übliche Eigenschaften normaler Erweiterungen sind in folgendem Satz enthalten, von dem wir vor allem die erste Teilaussage später brauchen werden.

7.34 Satz

(1) *Es sei N/K eine endliche Körpererweiterung. Ist N normal über K, dann ist N auch über jedem Zwischenkörper von N/K normal.*
(2) *Es sei E/K eine endliche Körpererweiterung. Dann gibt es eine endliche Körpererweiterung N/E derart, dass N über K normal ist.*
(3) *Unter allen Körpererweiterungen N/E wie in (2) gibt es eine kleinste N_0/E. Das bedeutet genauer: Zu jeder Erweiterung N/E, die normal über K ist, gibt es einen E-Isomorphismus von N_0 auf einen Teilkörper von N. Insbesondere ist N_0 bis auf E-Isomorphie eindeutig bestimmt.*

Definition Die Erweiterung N_0/E in (3) heißt die **normale Hülle** von E über K.

Beweis. (1) Es sei E ein Zwischenkörper von N/K. Sei $f \in E[x]$ ein irreduzibles Polynom und $\alpha \in N$ eine Nullstelle von f. Da N über K endlich ist, ist α auch algebraisch über K und hat ein Minimalpolynom $g \in K[x]$. Dieses ist in $E[x]$ nicht unbedingt irreduzibel und zerfällt etwa in irreduzible normierte Faktoren $g = g_1 \cdots g_k$, $g_i \in E[x]$. Wegen $g(\alpha) = 0$ gibt es einen Index i mit $g_i(\alpha) = 0$. Da g_i irreduzibel ist und $g_i(\alpha) = 0$ gilt, ist g_i das Minimalpolynom von α über E, mit anderen Worten, es gilt $g_i = f$ (nach Normierung). Nun zerfällt g nach Voraussetzung in Linearfaktoren in $N[x]$. Aufgrund der Eindeutigkeit der Zerlegung im faktoriellen Ring $E[x]$ zerfällt damit auch f.

(2) und (3) Sei $E = K(\alpha_1, \dots, \alpha_n)$ und seien $f_1, \dots, f_n$ die zugehörigen Minimalpolynome. Sei N_0 der Zerfällungskörper von $f = f_1 \cdots f_n$ über E. Da $f \in E[x]$ über N_0 in Linearfaktoren zerfällt, enthält N_0 einen Zerfällungskörper N' von f über K. Dieser Zerfällungskörper enthält die Nullstellen $\alpha, \dots, \alpha_n$ von f und damit auch E. Also ist auch N_0/N' ein Zerfällungskörper von f über E und es folgt $N_0 = N'$. Damit ist N_0 normal über K und (2) ist bewiesen.

Der Beweis von (3) beschreibt die normale Hülle einer endlichen Erweiterung explizit. Man muss nur den Zerfällungskörper der Erzeuger bilden.

Sei nun N/E eine Körpererweiterung, die über K normal ist. Da jedes der Polynome $f_1, \dots, f_n$ in E eine Nullstelle besitzt, zerfallen diese Polynome in $N[x]$ in Linearfaktoren. Deshalb enthält N einen Zerfällungskörper von f über E. Dieser ist nach Satz 7.28 zu $N' = N_0$ wie oben isomorph. ■

Miniaufgaben

7.14 Ist die Körpererweiterung $\mathbb{Q}(\sqrt{2}, \sqrt{3})/\mathbb{Q}$ normal?
7.15 Es sei $n \in \mathbb{N}$ und $\omega \in \mathbb{C}$ mit $\omega^n = 1$. Ist $\mathbb{Q}(\omega)/\mathbb{Q}$ normal?

7.6 *Exkurs: Der algebraische Abschluss*

In diesem Ergänzungsabschnitt beweisen wir Satz 7.30 über Existenz und Eindeutigkeit des algebraischen Abschlusses eines beliebigen Körpers. Die wichtigsten Ideen haben wir schon gesehen, aber wir brauchen noch ein paar Vorüberlegungen. Wir beginnen mit der folgenden Aussage.

7.35 Proposition *Ist E/K eine algebraische Körpererweiterung, in der jedes Polynom $f \in K[x]$ in Linearfaktoren zerfällt, dann ist E algebraisch abgeschlossen.*

Beweis. Da wir jedes Polynom in $E[x]$ in irreduzible Faktoren zerlegen können, reicht es zu zeigen, dass jedes irreduzible Polynom in $E[x]$ den Grad 1 hat. Gegeben ein irreduzibles Polynom $f \in E[x]$, dann gibt es nach Satz 7.20 eine Körpererweiterung $E(\alpha)/E$ mit $f(\alpha) = 0$ und $[E(\alpha) : E] = \deg(f)$. Nach Kor. 7.17 ist dann auch $E(\alpha)/K$ algebraisch. Es gibt also ein Polynom $g \in K[x]$ mit $g(\alpha) = 0$. Aber g zerfällt in $E[x]$ in Linearfaktoren, woraus $\alpha \in E$ und damit $\deg(f) = [E(\alpha) : E] = [E : E] = 1$ folgt. ∎

Für die Eindeutigkeit des algebraischen Abschlusses werden wir außerdem die folgende Hilfsaussage brauchen.

7.36 Lemma *Sind F_1/K und F_2/K algebraische Körpererweiterungen, die algebraisch abgeschlossen sind, dann ist jeder K-Homomorphismus $F_1 \to F_2$ ein Isomorphismus.*

Beweis. Es sei $\varphi\colon F_1 \to F_2$ ein K-Homomorphismus. Da Injektivität immer erfüllt ist, ist nur die Surjektivität zu zeigen. Sei $\beta \in F_2$ beliebig und $f \in K[x]$ das Minimalpolynom von β über K. Das Polynom f zerfällt in F_1 und F_2 in Linearfaktoren. Ist E_1 der von den Nullstellen von f erzeugte Teilkörper von F_1 und E_2 der entsprechende Teilkörper von F_2, welcher also β enthält, dann gilt $\varphi(E_1) \subset E_2$ (nach Satz 7.23). Da E_1 und E_2 beide Zerfällungskörper von f über K sind, gilt $[F : K] = [F' : K]$ nach Satz 7.28. Also ist $\varphi|_E$ eine K-lineare Abbildung zwischen K-Vektorräumen derselben endlichen Dimension. Da φ injektiv ist, muss φ dann auch surjektiv sein. Insbesondere liegt β im Bild von φ. Damit ist alles bewiesen. ∎

Um von einem Körper K zu seinem algebraischen Abschluss zu gelangen, genügt es nach Proposition 7.35, alle Polynome in $K[x]$ zu zerfällen. Über der entstehenden Körpererweiterung gibt es natürlich neue Polynome, aber diese zerfallen automatisch ebenfalls in Linearfaktoren. Statt also nur den Zerfällungskörper eines einzelnen Polynoms zu bilden, müssen wir sukzessive für alle Polynome in $K[x]$ den Zerfällungskörper bilden. Um eine solche Verallgemeinerung von Satz 7.26 ins Unendliche zu beweisen, kann man das Zornsche Lemma verwenden, das in §2.6 eingeführt wurde. Damit beweisen wir nun Satz 7.30.

7.28 Satz (Algebraischer Abschluss) *Zu jedem Körper K existiert eine algebraische Körpererweiterung F/K derart, dass F algebraisch abgeschlossen ist. Alle solchen Erweiterungen sind K-isomorph.*

Beweis. (1) *Existenz:* Es sei $\mathcal{E}$ die Menge aller algebraischen Körpererweiterungen von K, partiell geordnet durch Inklusion. Die Voraussetzungen des Zornschen Lemmas sind erfüllt: Denn es gilt $K \in \mathcal{E}$ und ist $(E_i)_{i \in I}$ eine Kette in $\mathcal{E}$, dann ist $\bigcup E_i$ wieder eine algebraische Körpererweiterung[5] von K und eine obere Schranke der Kette in $\mathcal{E}$. Es gibt also eine maximale algebraische Körpererweiterung F/K. Über F zerfällt dann jedes nicht-konstante Polynom aus $K[x]$ in Linearfaktoren, denn sonst gäbe es nach

[5] Denn ist $E = \bigcup E_i$, dann ist jede endliche Teilmenge von E in einem der E_i enthalten. Deshalb übertragen sich Addition und Multiplikation sowie die Körperaxiome sofort auf E.

Satz 7.20 eine echte algebraische Körpererweiterung von F, im Widerspruch zur Maximalität. Nach Prop. 7.35 ist F damit algebraisch abgeschlossen.

(2) *Eindeutigkeit:* Es seien F_1/K und F_2/K zwei algebraische Körpererweiterungen, die algebraisch abgeschlossen sind. Wir betrachten die Menge $\mathcal{H}$ aller Paare (E, φ), in denen $K \subset E \subset F_1$ ein Zwischenkörper ist und $\varphi: E \to F_2$ ein Homomorphismus. Die Menge $\mathcal{H}$ ist partiell geordnet durch $(E, \varphi) \leqslant (E', \varphi')$ genau dann, wenn $E \subset E'$ und $\varphi'|_E = \varphi$ gelten. Die Voraussetzungen des Zornschen Lemmas sind erfüllt: Es gilt $(K, \mathrm{id}_K) \in \mathcal{H}$ und ist $(E_i, \varphi_i)_{i\in I}$ eine Kette in $\mathcal{H}$, dann ist auch $E = \bigcup_{i\in I} E_i$ ein Zwischenkörper von F_1/K und wir können $\varphi: E \to F_2$ definieren durch $\varphi(\alpha) = \varphi_i(\alpha)$ für $\alpha \in E_i$, was nach Definition der partiellen Ordnung wohldefiniert ist. Also ist (E, φ) eine obere Schranke von $(E_i, \varphi_i)_{i\in I}$ in $\mathcal{H}$. Es gibt also ein maximales Paar (F, ψ) in $\mathcal{H}$.

Wir behaupten, dass $F = F_1$ gelten muss. Ist $\alpha_1 \in F_1$ beliebig und $f \in F[x]$ das Minimalpolynom von α_1 über F, dann betrachten wir den Teilkörper $F(\alpha_1) \subset F_1$. Da F_2 algebraisch abgeschlossen ist, hat $\psi(f)$ eine Nullstelle $\alpha_2 \in F_2$, und ψ setzt fort zu einem Homomorphismus $\widetilde{\psi}: F(\alpha) \to F_2$ mit $\widetilde{\psi}(\alpha_1) = \alpha_2$. (Wende die Hilfsaussage im Beweis von Satz 7.29 auf $F(\alpha_1)$ und $\psi(F)(\alpha_2)$ an.) Aufgrund der Maximalität von (F, ψ) impliziert das $F = F(\alpha)$, und damit insgesamt $F = F_1$. Nach Lemma 7.36 ist der Homomorphismus $\psi: F_1 \to F_2$ automatisch ein Isomorphismus. ■

7.35 Satz *Jeder algebraisch abgeschlossene Körper ist unendlich.*

Beweis. Denn ist K ein endlicher Körper, dann betrachten wir das Polynom[6]

$$f = 1 + \prod_{a\in K} (x - a).$$

Es gilt $f(a) = 1$ für alle $a \in K$, also ist K nicht algebraisch abgeschlossen. ■

[6] Dieses Argument hat eine gewisse Ähnlichkeit mit dem üblichen Beweis dafür, dass es unendlich viele Primzahlen gibt.

7.7 Endliche Körper

Aus den endlichen Körpern $\mathbb{F}_p$ kann man weitere endliche Körper als endliche Erweiterungen konstruieren. In Beispiel 7.21(1) haben wir den Körper mit vier Elementen produziert. Wir werden die endlichen Körper nun vollständig klassifizieren.

Sei E ein endlicher Körper. Der Primkörper von E (Prop. 2.43) muss dann ebenfalls endlich sein. Also ist die Charakteristik $p = \mathrm{char}(E)$ von E eine Primzahl, und der Primkörper von E ist $\mathbb{F}_p$. Da E endlich ist, ist auch der Grad $[E : \mathbb{F}_p] = \dim_{\mathbb{F}_p}(E)$ der Körpererweiterung $E/\mathbb{F}_p$ endlich. Ist $n = [E : \mathbb{F}_p]$, dann gilt also $E \cong \mathbb{F}_p^n$ als $\mathbb{F}_p$-Vektorraum, so dass E genau p^n Elemente hat. Setze $q = |E| = p^n$. Die multiplikative Gruppe $E^* = E \setminus \{0\}$ ist zyklisch der Ordnung $q - 1$ nach Satz 3.73. Insbesondere gilt

$$a^{q-1} = 1$$

für alle $a \in E^*$ nach Kor. 3.21. Jedes Element von E^* ist also eine Einheitswurzel. Außerdem folgt

$$a^q = a$$

für alle $a \in E$. Diese Beobachtung genügt, um alle endlichen Körper zu beschreiben:

7.36 Satz *Für jede Primzahl p und jedes $n \in \mathbb{N}$ gibt es bis auf Isomorphie genau einen Körper mit $q = p^n$ Elementen, nämlich den Zerfällungskörper von $x^q - x$ über $\mathbb{F}_p$. Dies sind alle endlichen Körper.*

Der Beweis verwendet folgende Hilfsaussage:

7.37 Lemma *Es sei F ein Körper mit* $\mathrm{char}(F) = p > 0$. *Für jedes $n \in \mathbb{N}$ ist*

$$E = \left\{\alpha \in F \mid \alpha^{p^n} = \alpha\right\}$$

ein Teilkörper von F.

Beweis. Sei $q = p^n$. Die Menge E ist nicht leer, denn sie enthält 0 und 1. Aus $\alpha^q = \alpha$ und $\beta^q = \beta$ folgen $(\alpha - \beta)^q = \alpha^q - \beta^q = \alpha - \beta$ (Prop. 2.44), außerdem $(\alpha\beta)^q = \alpha^q\beta^q = \alpha\beta$ und, falls $\beta \neq 0$, $(\beta^{-1})^q = (\beta^q)^{-1} = \beta^{-1}$. ■

Beweis von Satz 7.36. Sei E ein Körper mit $q = p^n$ Elementen. Aus $a^{q-1} = 1$ für alle $a \in E^*$ folgt $a^q = a$ für alle $a \in E$. Jedes $a \in E$ ist also Nullstelle des Polynoms $x^q - x \in \mathbb{F}_p[x]$. Da dieses Polynom vom Grad q in E höchstens q Nullstellen haben kann, sind die Elemente von E genau alle Nullstellen von $x^q - x$. Es gilt also

$$x^q - x = \prod_{a \in E}(x - a).$$

Also ist E ein Zerfällungskörper von $x^q - x$. Sei umgekehrt E ein Zerfällungskörper von $x^q - x$, für $q = p^n$. Wir zeigen, dass E genau q Elemente hat. Die formale Ableitung von $x^q - x$ ist $qx^{q-1} - 1 = -1 \neq 0$ und hat damit keine Nullstellen. Nach Prop. 5.4 hat das Polynom $x^q - x$ deshalb keine mehrfachen Nullstellen, also q verschiedene Nullstellen in E. Außerdem bilden die Nullstellen von $x^q - x$ nach Lemma 7.37 einen Teilkörper E_0 von E. Da E als Zerfällungskörper von $x^q - x$ von diesen Nullstellen erzeugt wird, gilt $E = E_0$. Nach Satz 7.28 sind außerdem alle Zerfällungskörper von $x^q - x$ isomorph. ■

Der eindeutig bestimmte Körper mit $q = p^n$ Elementen wird mit $\mathbb{F}_q$ bezeichnet. Zur Theorie der endlichen Körper ist damit das Wichtigste gesagt. Wir wollen uns aber noch kurz damit beschäftigen, wie man in solchen Körpern konkret rechnet.

Die endlichen Körper, nicht nur die Primkörper, spielen in Anwendungen eine Rolle, weil der Computer sie vollständig erfassen kann, was ja für keinen unendlichen Körper wirklich möglich ist. Ein wichtiges Anwendungsfeld ist die Codierungstheorie, die sich mit der Erkennung und Korrektur von Fehlern beim Übertragen von Nachrichten befasst (Stichwort: *Reed-Solomon-Codes*).

7.38 Beispiel Der Körper $\mathbb{F}_9$ ist der Zerfällungskörper von $x^9 - x$ über $\mathbb{F}_3$. Da $\mathbb{F}_9$ nur Grad 2 über $\mathbb{F}_3$ hat, kann $x^9 - x$ nicht irreduzibel in $\mathbb{F}_3[x]$ sein. Tatsächlich gilt

$$x^9 - x = x(x-1)(x+1)(x^2+1)(x^2+x-1)(x^2-x-1)$$

und diese Faktoren sind irreduzibel. (Bei den quadratischen genügt es zu überprüfen, dass sie keine Nullstellen in $\mathbb{F}_3$ besitzen.) Der Körper $\mathbb{F}_9$ muss also bereits der Zerfällungskörper von jedem der quadratischen Faktoren sein. Ist zum Beispiel α eine Nullstelle von $x^2 + 1$, dann gilt

$$x^2+1 = (x-\alpha)(x+\alpha),\ x^2+x-1 = (x-\alpha-1)(x+\alpha-1),\ x^2-x-1 = (x-\alpha+1)(x+\alpha+1).$$

Es gilt also $\mathbb{F}_9 = \mathbb{F}_3(\alpha)$ und jedes Element von $\mathbb{F}_9$ hat die Form $a + b\alpha$ mit $a, b \in \mathbb{F}_3$. Die Addition in $\mathbb{F}_9$ wird in dieser Beschreibung sehr einfach, während man für die Multiplikation immer einen quadratischen Ausdruck vereinfachen muss, wie zum Beispiel $(\alpha+1)(2\alpha+1) = 2\alpha^2 + 3\alpha + 1 = -1$.

Die multiplikative Gruppe von $\mathbb{F}_9$ ist zyklisch der Ordnung 8. Das Element α ist aber kein Erzeuger von $\mathbb{F}_9^*$, denn es gilt $\alpha^4 = 1$. Aber $\alpha + 1$ ist ein Erzeuger, denn es gilt

i	0	1	2	3	4	5	6	7
$(\alpha+1)^i$	1	$\alpha+1$	2α	$2\alpha+1$	2	$2\alpha+2$	α	$\alpha+2$.

Jedes Element ungleich 0 in $\mathbb{F}_9$ ist also eine Potenz von $\omega = \alpha+1$. Mit dieser Darstellung wird die Multiplikation in $\mathbb{F}_9$ sehr einfach. Im Ausgleich dafür ist die Addition jetzt weniger offensichtlich. Zum Beispiel gilt $\omega^2 + \omega^3 = 2\alpha + 2\alpha + 1 = \alpha + 1 = \omega$. ◇

Schließlich können wir noch die Inklusionen zwischen endlichen Körpern untersuchen. Der Körper $\mathbb{F}_{p^n}$ enthält $\mathbb{F}_p$, aber welche Teilkörper gibt es noch?

7.39 Proposition *Der Körper $\mathbb{F}_{p^n}$ enthält für jeden Teiler d von n genau einen Teilkörper der Ordnung p^d, nämlich*

$$E = \left\{\alpha \in \mathbb{F}_{p^n} \mid \alpha^{p^d} = \alpha\right\}$$

und dies sind alle Teilkörper von $\mathbb{F}_{p^n}$.

Beweis. Die multiplikative Gruppe $\mathbb{F}_{p^n}^*$ ist zyklisch der Ordnung $p^n - 1$, nach Satz 3.73. Sie besitzt für jeden Teiler von $p^n - 1$ genau eine Untergruppe der entsprechenden Ordnung. Für $d \in \mathbb{N}$ ist $(p^d - 1) | (p^n - 1)$ zu $d|n$ äquivalent (siehe Aufgabe 1.20). Es kann also für jeden Teiler $d|n$ höchstens einen Teilkörper von $\mathbb{F}_{p^n}$ mit p^d Elementen geben, und keine weiteren Teilkörper. Ist umgekehrt d ein Teiler von n, dann ist die zugehörige Untergruppe von $\mathbb{F}_{p^n}^*$ gerade die angegebene Menge E ohne die Null, und nach Lemma 7.37 ist E ein Teilkörper. ∎

Für die endlichen Primkörper $\mathbb{F}_p$ ist der algebraische Abschluss $\overline{\mathbb{F}_p}$ ein unendlicher Körper der Charakteristik p. Mit der obigen Beschreibung aller Erweiterungen endlicher Körper können wir ihn ziemlich konkret beschreiben: Jede endliche Körpererweiterung von $\mathbb{F}_p$ ist der Zerfällungskörper E_d von $x^{p^d} - x$ für ein $d \in \mathbb{N}$ und Prop. 7.39 sagt, wie diese Körper ineinander enthalten sind. Es gilt daher

$$\overline{\mathbb{F}_p} = \bigcup_{d \in \mathbb{N}} E_d \quad \text{mit } E_d \cong \mathbb{F}_{p^d} \text{ und } E_d \subset E_{d'} \Leftrightarrow d|d'.$$

Passend zur Theorie in §7.5 können wir auch noch Folgendes feststellen:

7.40 Proposition *Jede Erweiterung E/K zwischen endlichen Körpern ist normal.*

Beweis. Denn nach Satz 7.36 ist E ein Zerfällungskörper über $\mathbb{F}_p$ mit $p = \operatorname{char}(E)$, und damit normal über $\mathbb{F}_p$ (Satz 7.32). Nach Satz 7.34(1) ist E dann auch normal über K. ∎

Miniaufgaben

7.16 Stelle eine Multiplikationstabelle für $\mathbb{F}_8$ auf.
7.17 Welche Teilkörper hat der Körper mit 128 Elementen?

7.8 Der Satz vom primitiven Element

Körpererweiterungen, die nur von einem Element erzeugt werden, sind in mancher Hinsicht leichter zu verstehen als solche, die mehrere Erzeuger benötigen.

Definition Eine Körpererweiterung E/K heißt **einfach** (oder *primitiv*), wenn es ein Element $\gamma \in E$ mit $E = K(\gamma)$ gibt. Jedes solche γ heißt ein **primitives Element** der Erweiterung E/K.

7.41 Beispiel Die Körpererweiterung $E = \mathbb{Q}(\sqrt{2}, \sqrt{3})/\mathbb{Q}$ ist einfach, denn ein primitives Element ist beispielsweise $\gamma = \sqrt{2} + \sqrt{3}$. Um das zu zeigen, berechnen wir

$$\gamma^3 = 11\sqrt{2} + 9\sqrt{3},$$

woraus

$$\sqrt{2} = \frac{\gamma^3 - 9\gamma}{2} \quad \text{und} \quad \sqrt{3} = \frac{11\gamma - \gamma^3}{2}$$

und somit $\sqrt{2}, \sqrt{3} \in \mathbb{Q}(\gamma)$, also $\mathbb{Q}(\sqrt{2}, \sqrt{3}) = \mathbb{Q}(\gamma)$ folgen. ◇

Unser Ziel in diesem Abschnitt ist die folgende allgemeine Aussage:

7.42 Satz (Satz vom primitiven Element) *Ist K ein Körper der Charakteristik 0, dann besitzt jede endliche Körpererweiterung von K ein primitives Element.*

Der Beweis braucht noch etwas Vorbereitung. Der Grund dafür, dass wir eine Voraussetzung an die Charakteristik machen müssen, hat mit Folgendem zu tun:

Definition Ein Polynom $f \in K[x]$ vom Grad n heißt **separabel**, wenn es in seinem Zerfällungskörper n verschiedene Nullstellen hat. Andernfalls wird das Polynom f *inseparabel* genannt.

7.43 Beispiel Ein Polynom mit einer mehrfachen Nullstelle, wie $(x-1)^2$, ist inseparabel. Dieses Polynom ist allerdings nicht irreduzibel.

Hier ist ein Beispiel für ein irreduzibles, inseparables Polynom: Es sei p eine Primzahl und $K = \mathbb{F}_p(t)$ der rationale Funktionenkörper über $\mathbb{F}_p$ in einer Variablen t. Das Polynom $x^p - t \in K[x]$ ist irreduzibel. Wenn wir andererseits zu einer Körpererweiterung E/K übergehen, in der $\alpha \in E$ eine Nullstelle von $x^p - t$ ist, dann ist α eine p-te Wurzel von t in x und nach Prop. 2.44 gilt

$$(x-\alpha)^p = x^p - \alpha^p = x^p - t.$$

Also zerfällt $x^p - t$ über E bereits in Linearfaktoren, mit der p-fachen Nullstelle α. ◇

Miniaufgaben

7.18 Warum ist $x^p - t \in \mathbb{F}_p(t)[x]$ irreduzibel? (*Vorschlag:* Eisenstein-Kriterium)

Inseparable irreduzible Polynome gibt es nur in Primzahlcharakteristik:

7.44 Proposition *Ein irreduzibles Polynom f ist separabel, falls seine Ableitung f' nicht das Nullpolynom ist. Über einem Körper der Charakteristik 0 ist jedes irreduzible Polynom separabel.*

Beweis. Sei $f \in K[x]$ irreduzibel mit $f' \neq 0$ und sei E/K ein Zerfällungskörper von f. Angenommen f hat eine mehrfache Nullstelle $\alpha \in E$. Nach Prop. 5.4 gilt dann $f'(\alpha) = 0$. Dann haben f und f' einen gemeinsamen Teiler in $K[x]$, nämlich das Minimalpolynom von α über K. Da f irreduzibel ist, muss $f|f'$ gelten. Ist $f' \neq 0$, dann ist das wegen $\deg(f') < \deg(f)$ unmöglich. Falls $\operatorname{char}(K) = 0$, dann ist die Ableitung eines irreduziblen, und damit nicht-konstanten, Polynoms nie das Nullpolynom. ■

7.45 Beispiel Das inseparable irreduzible Polynom $x^p - t \in \mathbb{F}_p(t)[x]$ in Beispiel 7.43 hat die Ableitung $px^{p-1} = 0$. ◇

7.46 Lemma *Es sei E/K eine Körpererweiterung. Sind $f, g \in K[x]$ zwei Polynome, die über E in Linearfaktoren zerfallen und in E genau eine gemeinsame, einfache Nullstelle α besitzen, dann folgt $\alpha \in K$.*

Beweis. Nach Voraussetzung ist $x - \alpha$ der größte gemeinsame Teiler von f und g in $E[x]$. Wegen $f(\alpha) = g(\alpha) = 0$ sind f und g aber auch beide durch das Minimalpolynom $h \in K[x]$ von α über K teilbar. Es folgt $h = x - \alpha$ und damit $\alpha \in K$. ■

Beweis von Satz 7.42. Da die Erweiterung E/K endlich ist, wird sie von endlich vielen Elementen $\alpha_1, \ldots, \alpha_n$ erzeugt. Wir beweisen die Behauptung durch Induktion nach n. Für $n = 1$ ist nichts zu zeigen. Für den Induktionsschritt genügt es, den Fall $n = 2$ zu beweisen, denn ist $n \geqslant 3$, so folgt dann $E = K(\alpha_1, \ldots, \alpha_n) = K(\alpha_2, \ldots, \alpha_n)(a_1) = K(\beta)(\alpha_1) = K(\alpha_1, \beta) = K(\gamma)$ für geeignete $\beta, \gamma \in E$ nach Induktionsvoraussetzung.

Sei also $n = 2$, etwa $E = K(\alpha, \beta)$. Wir zeigen, dass es $c \in K^*$ gibt derart, dass $E = K(\beta - c\alpha)$ gilt. Sei f das Minimalpolynom von α über K und g das von β. Sei außerdem F/E ein Zerfällungskörper von fg. Da f und g irreduzibel sind, sind sie nach Prop. 7.44 separabel. Also hat f genau $m = \deg(f)$ verschiedene Nullstellen $\alpha_1, \ldots, \alpha_m$ in F mit etwa $\alpha_1 = \alpha$ und g hat $n = \deg(g)$ Nullstellen $\beta_1, \ldots, \beta_n$ mit $\beta_1 = \beta$. Sei $c \in K^*$ und setze $\gamma = \beta - c\alpha$. Dann ist α eine Nullstelle von f und auch von $h = g(\gamma + cx) \in E[x]$. Falls f und h in F keine weiteren gemeinsamen Nullstellen haben, dann folgt $\alpha \in K(\gamma)$ nach dem vorangehenden Lemma. Dann gilt auch $\beta = \gamma + c\alpha \in K(\gamma)$, also $K(\alpha, \beta) = K(\gamma)$, wie gewünscht.

Wir müssen $c \neq 0$ also so wählen, dass $\alpha_2, \ldots, \alpha_m$ keine Nullstellen von h sind. Das ist immer möglich: Denn falls $h(\alpha_i) = 0$ für ein $i \geqslant 2$, dann folgt aus $h(\alpha_i) = g(\gamma + c\alpha_i) = g(\beta - c\alpha + c\alpha_i)$, dass $\beta - c\alpha + c\alpha_i = \beta_j$ für ein $j \in \{1, \ldots, n\}$ und damit

$$c = \frac{\beta_j - \beta}{\alpha_i - \alpha}$$

gelten muss. Das sind für $i = 2, \ldots, m$ und $j = 1, \ldots, n$ nur endlich viele Werte von c. Da K die Charakteristik 0 hat, ist K eine unendliche Menge. Es gibt also unendlich viele $c \in K$ mit der gewünschten Eigenschaft. ■

7.47 Beispiele (1) Betrachten wir noch einmal das Beispiel $E = \mathbb{Q}(\sqrt{2}, \sqrt{3})$. Wir haben schon gesehen, dass $\sqrt{2} + \sqrt{3}$ ein primitives Element dieser Erweiterung ist. Der Beweis von Satz 7.42 zeigt allgemeiner, dass $\gamma = \sqrt{2} - c\sqrt{3}$ primitiv ist für alle $c \in \mathbb{Q}$, außer für $c = 0$: Denn die Werte von c, für welche $\sqrt{2} - c\sqrt{3}$ nicht primitiv ist, sind $c = 0$ und $c = \frac{-\sqrt{2}-\sqrt{2}}{-\sqrt{3}-\sqrt{3}} = \frac{\sqrt{2}}{\sqrt{3}}$, und der zweite Wert ist nicht rational.

(2) Ist $\alpha = \sqrt[3]{2}$ und $\omega = \frac{-1+\sqrt{-3}}{2} \in \mathbb{C}$ eine dritte Einheitswurzel, dann haben wir gezeigt, dass $\mathbb{Q}(\alpha, \omega)$ der Zerfällungskörper von $x^3 - 2$ über $\mathbb{Q}$ ist. Auch hier ist $\gamma = \alpha - c\omega$ für jedes $c \neq 0$ ein primitives Element, wie man an der Bedingung im Beweis nachprüfen kann. Alternativ kann man direkt zeigen, dass die Potenzen $1, \gamma, \ldots, \gamma^5$ über $\mathbb{Q}$ linear unabhängig sind (Aufgabe 7.30).

Der Satz vom primitiven Element ist in bestimmten Situationen hilfreich, wie wir zum Beispiel in der Galoistheorie sehen werden. Das heißt aber nicht, dass man jede Körpererweiterung unbedingt so beschreiben sollte. Die Struktur eines Zerfällungskörpers wie $\mathbb{Q}(\alpha, \omega)$ wird durch die beiden Erzeuger α und ω klarer als mit einem primitiven Element vom Grad 6. ◇

7.48 Beispiel Der Satz vom primitiven Element gilt nicht nur in Charakteristik 0, sondern auch für bestimmte Erweiterungen in Primzahlcharakteristik (§7.9). Zum Beispiel sind alle Erweiterungen zwischen endlichen Körpern einfach. Denn ist E/K eine solche Erweiterung, dann ist die multiplikative Gruppe E^* nach Satz 3.73 zyklisch. Also gilt $E = K(\alpha)$ für jeden Erzeuger[7] α von E^*. ◇

[7] Bei endlichem Körpern wird der Begriff »primitives Element« häufig in diesem stärkeren Sinn verwendet.

Miniaufgaben

7.19 Sei E/K eine Erweiterung von Grad n. Zeige, dass $\gamma \in E$ genau dann primitiv ist, wenn das Minimalpolynom von γ über K den Grad n hat.

7.20 Was ist das Minimalpolynom von $\sqrt{2} + \sqrt{3}$ über $\mathbb{Q}$? Zerfällt es über der Erweiterung $\mathbb{Q}(\sqrt{2}, \sqrt{3})$ in Linearfaktoren?

7.9 *Exkurs: Separable Körpererweiterungen*

Wir haben gesehen, welche Rolle die Separabilität von Polynomen für den Satz vom primitiven Element gespielt hat, den wir nur für Körper der Charakteristik 0 formuliert haben. In diesem Abschnitt geht es um die entsprechende Theorie für Körper von Primzahlcharakteristik, was vor allem für die Zahlentheorie wichtig ist.

Definition Es sei E/K eine algebraische Körpererweiterung. Ein Element $\alpha \in E$ heißt **separabel über** K, wenn sein Minimalpolynom über K separabel ist. Die Erweiterung E/K heißt separabel, wenn jedes Element von E separabel über K ist.

Unser Beispiel für eine Körpererweiterung, die nicht separabel ist, war $F(\sqrt[p]{t})/F$, wobei $F = \mathbb{F}_p(t)$ der rationale Funktionenkörper ist. Wir untersuchen nun den Zusammenhang zwischen Separabilität und p-ten Wurzeln genauer.

Definition Ein Körper K heißt **vollkommen** (oder *perfekt*), wenn $\operatorname{char}(K) = 0$ gilt oder wenn $\operatorname{char}(K) = p$ prim ist und jedes Element in K eine p-te Wurzel besitzt.

Der Körper $\mathbb{F}_p(t)$ ist also nicht vollkommen, da t keine p-te Wurzel besitzt.

7.49 Proposition *In einem Körper K der Charakteristik $p > 0$ kann ein Element $a \in K$ höchstens eine p-te Wurzel besitzen. Ist K endlich, dann besitzt jedes Element eine p-te Wurzel, das heißt, jeder endliche Körper ist vollkommen.* ■

Beweis. Die Abbildung $K \to K$, $a \mapsto a^p$ ist der Frobenius-Homomorphismus (siehe Prop. 2.44). Sein Bild sind genau die Elemente von K, die eine p-te Wurzel besitzen. Da jeder Homomorphismus zwischen Körpern injektiv ist, folgt die Eindeutigkeit p-ter Wurzeln. Ist K endlich, dann ist jede injektive Abbildung $K \to K$ auch surjektiv, woraus die zweite Behauptung folgt. ■

Als Nächstes klären wir, was das Ableitungskriterium für Separabilität in Prop. 7.44 in Primzahlcharakteristik konkret bedeutet.

7.50 Lemma *Sei K ein Körper der Charakteristik $p > 0$. Für $f \in K[x]$ gilt $f' = 0$ genau dann, wenn $f(x) = g(x^p)$ für ein $g \in K[x]$ gilt.*

Beweis. Aus $f(x) = g(x^p)$ folgt $f' = 0$, wie man direkt sieht. Sei umgekehrt $f = \sum_{i=1}^n a_i x^i$ ein Polynom mit $f' = 0$. Dann gilt also $i a_i = 0$ für $i = 1, \dots, n$ und damit $a_i = 0$ für jedes i, das nicht durch p teilbar ist. Also hat f die Form $f = a_0 + a_p x^p + a_{2p} x^{2p} + \dots + a_{sp} x^{sp}$ und damit gilt $f = g(x^p)$ für $g = \sum_{i=1}^s a_{ip} x^i$. ■

7.51 Satz *Ein Körper K ist genau dann vollkommen, wenn jede algebraische Körpererweiterung von K separabel ist.*

Beweis. Falls $\mathrm{char}(K) = 0$ gilt, dann ist nichts zu zeigen. Sei also $\mathrm{char}(K) = p > 0$ und sei $f \in K[x]$ irreduzibel. Wenn f nicht separabel ist, dann folgt $f' = 0$ nach Prop. 7.44 und damit $f = g(x^p)$ für ein $g \in K[x]$ nach Lemma 7.50, etwa

$$f = a_0 + a_1 x^p + a_2 x^{2p} + \cdots + a_s x^{sp}.$$

Da K vollkommen ist, gibt es für jedes $i = 1, \ldots, s$ ein Element $b_i \in K$ mit $b_i^p = a_i$. Es folgt

$$f = b_0^p + b_1^p x^p + \cdots + b_s^p x^{sp} = (b_0 + b_1 x + \cdots + b_s x^s)^p,$$

im Widerspruch zur Irreduzibilität von f. Also ist jedes irreduzible Polynom in $K[x]$ separabel und damit auch jede algebraische Körpererweiterung von K.

Sei umgekehrt K nicht vollkommen und sei $a \in K$ ein Element, das keine p-te Wurzel in K besitzt. Sei β eine Nullstelle von $x^p - a$ in einem Zerfällungskörper E, dann folgt

$$x^p - a = (x - \beta)^p.$$

Jeder Teiler von $x^p - a$ in $E[x]$ hat also die Form $(x - \beta)^k$ für ein $k \in \{1, \ldots, p\}$. Für $k < p$ hat dieses Polynom aber niemals Koeffizienten in K, wegen $\beta \notin K$. Deshalb ist $x^p - a$ in $K[x]$ irreduzibel und die Körpererweiterung E/K damit nicht separabel. ■

7.52 Korollar *Jeder endliche Körper ist separabel über jedem seiner Teilkörper.* ■

Beweis. Denn alle endlichen Körper sind vollkommen. ■

7.53 Satz (Satz vom primitiven Element) *Jede endliche separable Körpererweiterung besitzt ein primitives Element.*

Beweis. Es sei E/K endlich und separabel. Ist K ein endlicher Körper, dann auch E, und die Existenz eines primitiven Elements folgt direkt daraus, dass E^* eine zyklische Gruppe ist (vgl. Beispiel 7.48). Wir können also annehmen, dass K unendlich ist. In diesem Fall ist der Beweis, unter Voraussetzung der Separabilität von E/K, identisch zu dem für Körper der Charakteristik 0 (Satz 7.42). ■

Ein wesentlicher Grund, warum separable Erweiterungen einfacher sind als inseparable, liegt darin, dass eine endliche separable Körpererweiterung E/K nur endlich viele Zwischenkörper haben kann (was wir im nächsten Kapitel in Kor. 8.25 beweisen), während es bei einer inseparablen Erweiterung eine unendliche, unüberschaubare Masse von Zwischenkörpern geben kann.[8]

[8] Hier besteht folgender Zusammenhang mit dem Satz vom primitiven Element: In einer Körpererweiterung E/K gilt $E = K(\gamma)$ für ein Element $\gamma \in E$ genau dann, wenn γ in keinem echten Zwischenkörper von E/K enthalten ist. Hat E/K nur endlich viele Zwischenkörper, dann ist also jedes Element primitiv, das nicht in der Vereinigung der endlich vielen echten Zwischenkörper oder in K liegt. Allgemein kann man zeigen, dass eine Körpererweiterung genau dann ein primitives Element besitzt, wenn sie nur endlich viele Zwischenkörper hat.

7.54 Beispiel Sei K ein Körper der Charakteristik $p > 0$. Wir betrachten die Körpererweiterung $K(x, y)/K(x^p, y^p)$. (Schreibt man $t = x^p$ und $s = y^p$, dann ist das also die Erweiterung $F(\sqrt[p]{s}, \sqrt[p]{t})/F$ von $F = K(s, t)$, die durch Adjunktion p-ter Wurzeln entsteht.) Für jedes Paar von natürlichen Zahlen (m, n), die beide nicht durch p teilbar sind, ist dann $K(x^m + y^n)$ ein Zwischenkörper der Erweiterung $K(x, y)/K(x^p, y^p)$, und diese Zwischenkörper sind alle verschieden (Aufgabe 7.37). ◇

Wir haben noch nicht bewiesen, dass eine von separablen Elementen erzeugte Körpererweiterung auch insgesamt separabel ist. Das holen wir in §8.2 nach. Weitere Aussagen über Separabilität betreffen die Zerlegung von Körpererweiterungen in einen separablen und einen rein inseparablen Anteil, sowie den separablen Abschluss, worauf wir hier nicht eingehen; siehe zum Beispiel Bosch (§§3.6–7) oder Lang (§§V.4,6).

7.10 *Übungsaufgaben zu Kapitel 7*

Körpererweiterungen und Nullstellenkörper

7.1 Bestimme den Grad der Körpererweiterung $E = \mathbb{Q}(\sqrt{1+\sqrt{3}})$ über $\mathbb{Q}$ und finde eine Basis des $\mathbb{Q}$-Vektorraums E.

7.2 Es sei $f = x^{19} + 19x + 57 \in \mathbb{Q}[x]$. Entscheide (möglichst ohne Rechnung), ob die Restklasse von $x^{18} + 2$ im Faktorring $\mathbb{Q}[x]/f$ eine Einheit ist.

7.3 Sei $f = x^3 + x + 1 \in \mathbb{Q}[x]$ und sei $\alpha \in \mathbb{C}$ eine Nullstelle von f.

(a) Begründe, dass f irreduzibel in $\mathbb{Q}[x]$ ist.

(b) Bestimme das Inverse von $1 + \alpha$ im Körper $\mathbb{Q}(\alpha)$ in der Form

$$(1+\alpha)^{-1} = a + b\alpha + c\alpha^2 \quad (a, b, c \in \mathbb{Q}).$$

(c) Bestimme das Minimalpolynom von α^2 (über $\mathbb{Q}$).

7.4 Es sei E ein Zwischenkörper der endlichen Erweiterung F/K, $F = K(\alpha)$. Zeige, dass das Minimalpolynom von α über K durch das Minimalpolynom von α über E teilbar ist.

7.5 Es sei E/K eine endliche Körpererweiterung und sei $\alpha \in E$. Zeige, dass das charakteristische Polynom der K-linearen Abbildung $\varphi_\alpha : E \to E$, $\beta \mapsto \alpha\beta$ eine Potenz des Minimalpolynoms von α über K ist.

7.6 Es sei E/K eine Körpererweiterung. Zeige die folgenden Aussagen:

(a) Ein Element $\alpha \in E$, $\alpha \neq 0$, ist genau dann algebraisch über K, wenn $\alpha^{-1} \in K[\alpha]$ gilt.

(b) Genau dann ist E/K algebraisch, wenn jeder Teilring R mit $K \subset R \subset E$ ein Körper ist.

7.7 Es sei K ein Körper und $K_0 \subset K$ der Primkörper von K. Zeige, dass $\varphi(a) = a$ für alle $a \in K_0$ und alle Homomorphismen $\varphi: K \to K$ gilt.

7.8 Es seien $a, b \in \mathbb{Q}^*$. Zeige, dass die folgenden Aussagen äquivalent sind:

(i) Die Zahl $\frac{a}{b}$ ist ein Quadrat in $\mathbb{Q}$.

(ii) Es gibt einen Isomorphismus $\varphi: \mathbb{Q}(\sqrt{a}) \to \mathbb{Q}(\sqrt{b})$.

7.9 Es sei $K(x)$ der rationale Funktionenkörper über dem Körper K und sei

$$E = K\left(\frac{x^3}{x+1}\right).$$

(a) Zeige, dass die Körpererweiterung $K(x)/E$ algebraisch ist.

(b) Bestimme das Minimalpolynom von x über E.

7.10 Es sei K ein Körper mit $\mathrm{char}(K) = 2$ und sei $f = x^2 + ax + b \in K[x]$ ein irreduzibles Polynom, $a \neq 0$.

(a) Sei $E = K(\alpha)$ mit $f(\alpha) = 0$ ein Nullstellenkörper von f. Zeige, dass α nicht in der Form $u + v\sqrt{w}$ mit $u, v, w \in K$ dargestellt werden kann.

(b) Es sei $g = x^2 + x + b/a^2$ und sei $F = K(\beta)$ mit $g(\beta) = 0$ ein Nullstellenkörper von g. Bestimme die Nullstellen von f in F.

7.11 (a) Zeige: Es gibt keinen Körper K, für den die additive Gruppe $(K, +)$ und die multiplikative Gruppe $(K^*, \cdot)$ isomorph sind.

(b) Gibt es zwei verschiedene Körper K und L, für welche $(K, +)$ und $(L^*, \cdot)$ isomorph sind?

Transzendente Elemente

7.12 Es sei $K(x)$ der rationale Funktionenkörper über K. Zeige, dass jedes Element von $K(x) \setminus K$ transzendent über K ist.

7.13 (a) Es sei $x = \frac{a}{b}$ eine rationale Zahl. Zeige: Ist $n \in \mathbb{N}$ mit $2^{n-1} > b$, dann gibt es kein $\frac{p}{q} \in \mathbb{Q}$ mit

$$0 < \left| x - \frac{p}{q} \right| < \frac{1}{q^n}.$$

(b) Folgere, dass alle Liouville-Zahlen irrational sind.

(c) Überprüfe, dass die Liouville-Konstante α_L eine Liouville-Zahl ist.

Zerfällungskörper

7.14 Zeige, dass das Polynom f irreduzibel in $K[x]$ ist und bestimme den Zerfällungskörper von f und seinen Grad über K:

$$(1)\ K = \mathbb{Q},\ f = x^4 + 1, \qquad (2)\ K = \mathbb{F}_3,\ f = x^3 + 2x + 1.$$

7.15 Es sei $f \in \mathbb{Q}[x]$ ein kubisches Polynom. Angenommen, der Zerfällungskörper von f hat den Grad 3 über $\mathbb{Q}$. Zeige, dass alle Nullstellen von f reell sind.

7.16 Es sei $f = x^4 - 2x^2 - 2 \in \mathbb{Q}[x]$.

(a) Zeige, dass f über $\mathbb{Q}$ irreduzibel ist.

(b) Finde zwei Paare (α_1, α_2) und (β_1, β_2) von Nullstellen von f derart, dass die Körpererweiterungen

$$E_1 = \mathbb{Q}(\alpha_1, \alpha_2) \quad \text{und} \quad E_2 = \mathbb{Q}(\beta_1, \beta_2)$$

nicht isomorph sind.

(c) Wie passt die Aussage in (b) zu Satz 7.28?

7.17 Es sei $E/\mathbb{Q}$ ein Nullstellenkörper von $x^4 - 2 \in \mathbb{Q}[x]$. Zeige, dass $E/\mathbb{Q}$ nicht normal ist. Folgere, dass Normalität nicht transitiv ist, das heißt, ist F/L normal und L/K normal, dann ist F/K nicht notwendig normal.

7.18 Es sei K ein Körper und $f \in K[x]$ ein Polynom vom Grad n mit Nullstellen $\alpha_1, \ldots, \alpha_n$ in einer Erweiterung E/K. Zeige, dass $K(\alpha_1, \ldots, \alpha_n) = K(\alpha_1, \ldots, \alpha_{n-1})$ gilt. Mit anderen Worten, der Zerfällungskörper von f wird von jeder Wahl von $n-1$ Nullstellen von f erzeugt.

7.19 Bestimme den Grad des Zerfällungskörpers von $x^6 + 1$ über $\mathbb{Q}$ und über $\mathbb{F}_2$.

7.20 Gib mit Hilfe von Zerfällungskörpern einen alternativen Beweis dafür, dass der Polynomring $K[x]$ über einem Körper faktoriell ist.

Algebraischer Abschluss

7.21 Es sei F/K eine algebraische Körpererweiterung. Zeige, dass die folgenden Aussagen äquivalent sind:

(i) Der Körper F ist algebraisch abgeschlossen.

(ii) Zu jeder endlichen Körpererweiterung E/K existiert ein K-Homomorphismus $E \to F$.

7.22 Sei K ein Körper mit abzählbar vielen Elementen. Zeige, dass auch der algebraische Abschluss von K abzählbar ist.

7.23 Zeige, dass über einem endlichen Körper irreduzible Polynome von beliebig hohem Grad existieren.

Endliche Körper

7.24 (a) Es sei $f = x^6 + 3$ im Polynomring $\mathbb{F}_7[x]$ und sei $E/\mathbb{F}_7$ ein Zerfällungskörper von f. Bestimme den Grad $[E : \mathbb{F}_7]$ sowie alle Teilkörper von E.

(b) Es sei $f = x^6 + x^3 + 1$ im Polynomring $\mathbb{F}_5[x]$. Bestimme einen Zerfällungskörper $E/\mathbb{F}_5$ von f und außerdem alle Teilkörper von E. (*Hinweis:* Alle Nullstellen von f sind neunte Einheitswurzeln.)

(c) Betrachte dasselbe Polynom f über $\mathbb{F}_p$ für eine Primzahl $p \neq 3$. Bestimme den Grad des Zerfällungskörpers von f über $\mathbb{F}_p$ in Abhängigkeit von p.

(d) Finde für jeden der Grade in (b) das kleinste p, das diesen Grad realisiert.

7.25 Es sei K ein Körper mit $2^{12} = 4096$ Elementen. Zeige: Es gibt ein Element $\alpha \neq 1$ in K mit $\alpha^{13} = 1$, und daraus folgt $K = \mathbb{F}_2(\alpha)$.

7.26 Sei p eine Primzahl und $q = p^n$. Wieviele Erzeuger hat die Gruppe $\mathbb{F}_q^*$? Wieviele Elemente α gibt es in $\mathbb{F}_q$ mit $\mathbb{F}_q = \mathbb{F}_p(\alpha)$?

7.27 Sei p eine Primzahl und $q = p^n$.

(a) Zeige, dass $x^p - x - a$ für jedes $a \in \mathbb{F}_p$ irreduzibel über $\mathbb{F}_p$ ist.

(b) Zeige, dass $x^p - x - a$ für jedes $a \in \mathbb{F}_p$ genau dann irreduzibel über $\mathbb{F}_q$ ist, wenn es keine Nullstelle in $\mathbb{F}_q$ besitzt. (*Hinweis:* Ist α eine Nullstelle, dann auch $\alpha + 1$.)

7.28 Es sei $\mathbb{F}_q$ der Körper mit q Elementen. Zeige:

(a) Falls q gerade ist, dann ist jedes Element in $\mathbb{F}_q$ ein Quadrat in $\mathbb{F}_q$.

(b) Falls q ungerade ist, dann sind genau die Hälfte aller Elemente ungleich Null Quadrate in $\mathbb{F}_q$.

(c) Jedes Element in $\mathbb{F}_q$ ist eine Summe von zwei Quadraten.

7.29 Es sei K ein endlicher Körper und $Q = \sum_{i,j=1}^n a_{ij} x_i x_j$ eine quadratische Form über K in $n \geqslant 3$ Variablen. Zeige, dass Q eine Nullstelle $Q(a) = 0$ mit $a \in K^n \setminus \{0\}$ besitzt.

Primitive Elemente

7.30 Es sei $E = \mathbb{Q}(\alpha, \omega)$ mit $\alpha^3 = 2$ und $\omega = \frac{-1+\sqrt{-3}}{2}$, der Zerfällungskörper von $x^3 - 2$ über $\mathbb{Q}$.

(a) Zeige, dass das System $1, \alpha, \alpha^2, \omega, \omega\alpha, \omega\alpha^2$ eine $\mathbb{Q}$-Basis von E ist.

(b) Sei $\gamma = \alpha + \omega$. Zeige, dass die Potenzen $1, \gamma, \gamma^2, \gamma^3$ linear unabhängig über $\mathbb{Q}$ sind und folgere daraus, dass γ ein primitives Element von $E/\mathbb{Q}$ ist.

(c) Zeige allgemeiner, dass $\alpha - c\omega$ für jedes $c \in \mathbb{Q}$, $c \neq 0$, ein primitives Element von $E/\mathbb{Q}$ ist. (*Vorschlag:* Überprüfe die Bedingung im Beweis von Satz 7.42.)

7.31 Es seien $\alpha, \beta \in \mathbb{C}$ mit $\alpha^3 = 2$ und $\beta^4 = 5$.

(a) Bestimme den Grad der Körpererweiterung $\mathbb{Q} \subset \mathbb{Q}(\alpha, \beta)$.

(b) Zeige, dass das Element $\gamma = \alpha\beta$ ein primitives Element für diese Erweiterung ist.

(c) Folgere, dass das Polynom $x^{12} - 2000$ in $\mathbb{Q}[x]$ irreduzibel ist.

7.32 Es sei K ein unendlicher Körper.

(a) Zeige, dass ein K-Vektorraum niemals die Vereinigung von endlich vielen echten linearen Unterräumen sein kann.

(b) Folgere: Jede Erweiterung von K mit nur endlich vielen verschiedenen Zwischenkörpern besitzt ein primitives Element. (*Bemerkung:* Die Umkehrung gilt auch; siehe z.B. Lang (Ch. V, Thm. 4.6).)

Separabilität

7.33 Gibt es ein irreduzibles Polynom in $\mathbb{Q}[x]$, das in $\mathbb{C}$ eine doppelte Nullstelle hat?

7.34 Es sei K ein Körper der Charakteristik 0 und $f \in K[x]$ ein Polynom. Zeige, dass f genau dann eine m-fache Nullstelle besitzt, wenn die Ableitungen $f, f', \ldots, f^{(m-1)}$ (mit $f^{(k)} = (f^{(k-1)})'$) einen gemeinsamen Faktor haben. Warum gilt dies nicht in Primzahlcharakteristik?

7.35 Zeige, dass jede endliche Erweiterung eines vollkommenen Körpers wieder vollkommen ist.

7.36 Zeige, dass die n-ten Einheitswurzeln in einem Körper der Charakteristik p mit $p|n$ niemals alle verschieden sind.

7.37 Sei K ein Körper der Charakteristik $p > 0$. Zeige: Für jedes Paar (m, n) natürlicher Zahlen, die beide nicht durch p teilbar sind, ist $K(x^m + y^n)$ ein Zwischenkörper der Erweiterung $K(x, y)/K(x^p, y^p)$, und diese Zwischenkörper sind alle verschieden.

8 Galoistheorie

Die Galoistheorie untersucht die Symmetrie der Lösungen einer Polynomgleichung, die durch Automorphismen des Zerfällungskörpers realisiert werden. Wir beweisen die grundlegenden Aussagen bis zum Hauptsatz der Galoistheorie und untersuchen als Anwendung die Kreisteilungskörper sowie die berühmten Sätze über die Nichtauflösbarkeit der allgemeinen Gleichung vom Grad 5. Außerdem geben wir einen Beweis des Fundamentalsatzes der Algebra.

Évariste Galois (1811–1832)
Porträtzeichnung im Alter von etwa 15 Jahren

Galois' kurze Lebensgeschichte, als revolutionär gesinnter Republikaner in der Zeit der Julirevolution, und die Umstände seines Todes im Alter von 20 Jahren bei einem Duell klingen fast zu sehr nach romantischer Heldengeschichte, um glaubhaft zu sein. Durch einen Brief, den er in der Nacht vor dem Duell schrieb, konnte er erreichen, dass seine mathemematischen Arbeiten in Umlauf gebracht wurden, deren Bedeutung schließlich 1843 von Liouville erkannt wurde.

Es gibt mehrere moderne Darstellungen der Arbeiten Galois'. Siehe zum Beispiel Edwards, Harold M. »Galois for 21st-century readers«. In: *Notices Amer. Math. Soc.* 59.7 (2012), S. 912–923.

8.1 Galoiserweiterungen und die Galoisgruppe

Es sei K ein Körper und $f \in K[x]$ ein normiertes Polynom vom Grad n. Über einem Zerfällungskörper E/K von f können wir das Polynom in der Form

$$f = (x - \alpha_1) \cdot \ldots \cdot (x - \alpha_n)$$

schreiben, wobei $\alpha_1, \ldots, \alpha_n \in E$ die Nullstellen von f sind. Auf der rechten Seite spielt die Reihenfolge der Linearfaktoren offensichtlich keine Rolle. Wir können die Nullstellen vertauschen, ohne das Polynom f zu verändern (vgl. auch §5.3). Die Galoistheorie untersucht die Frage, welche dieser Permutationen der Nullstellen durch Automorphismen der Körpererweiterung E/K realisiert werden. Je mehr Automorphismen es gibt, desto größer und komplizierter ist die Körpererweiterung E/K, was Auswirkungen beispielsweise auf Lösungsformeln hat.

Wir brauchen die folgenden Eigenschaften von Körpererweiterungen aus Kapitel 7:

- Eine endliche Erweiterung E/K ist **normal**, wenn jedes Polynom aus $K[x]$, das eine Nullstelle in E besitzt, in $E[x]$ in Linearfaktoren zerfällt. Äquivalent ist, dass E der Zerfällungskörper eines Polynoms über K ist (Satz 7.32).
- Eine Erweiterung E/K ist **separabel**, wenn die Minimalpolynome von Elementen aus E keine mehrfachen Nullstellen haben. Ist K ein Körper der Charakteristik 0, dann ist dies immer der Fall, ebenso, wenn E ein endlicher Körper ist (Kor. 7.52). Da das für uns die wichtigsten Fälle abdeckt, darf man die Separabilität auch ignorieren, wenn man Exkurs 7.9 übersprungen hat.

Definition Sei E/K eine Körpererweiterung. Ein K-**Automorphismus** von E ist ein bijektiver K-Homomorphismus $E \to E$.

8.1 Proposition *Ist E/K eine endliche Körpererweiterung, dann ist jeder K-Homomorphismus $E \to E$ bijektiv, also ein K-Automorphismus.*

Beweis. Ein K-Homomorphismus $E \to E$ ist eine injektive lineare Abbildung des endlichdimensionalen Vektorraums E in sich und ist deshalb auch surjektiv.[1] ∎

[1] Denn ist $\varphi: E \to E$ eine K-lineare Abbildung, dann gilt $\dim_K(\varphi(E)) = \dim_K(E) - \dim_K(\mathrm{Kern}(\varphi))$. Ist φ injektiv, dann also $\dim_K(\varphi(E)) = \dim_K(E)$ und damit $\varphi(E) = E$.

Die Umkehrabbildung eines K-Automorphismus $E \to E$ ist wieder einer. Die K-Automorphismen von E bilden deshalb eine Gruppe unter Komposition.

D. Plaumann, *Algebra*, https://doi.org/10.1007/978-3-662-67243-3_9

Definition Eine Körpererweiterung, die normal und separabel ist, wird **galoissch** oder eine **Galoiserweiterung** genannt. Die Gruppe der K-Automorphismen einer Galoiserweiterung E/K heißt die **Galoisgruppe** von E über K und wird mit

$$\mathrm{Gal}(E/K)$$

bezeichnet.

8.2 Beispiel Ist K ein Körper mit Charakteristik $\mathrm{char}(K) \neq 2$ und E/K eine quadratische Körpererweiterung, dann gibt es nach Satz 7.19 ein Element $a \in K$ mit $E = K(\sqrt{a})$. Das Minimalpolynom von $\sqrt{a}$ ist das Polynom $x^2 - a$ mit den beiden Nullstellen $\sqrt{a}$ und $-\sqrt{a}$. Jeder K-Automorphismus von E bildet $\sqrt{a}$ wieder auf eine Nullstelle von $x^2 - a$ ab und ist dadurch eindeutig bestimmt, nach Satz 7.23. Die K-Automorphismen von E sind die Identität ($\sqrt{a} \mapsto \sqrt{a}$) und der Automorphismus

$$\sigma: c_1 + c_2\sqrt{a} \mapsto c_1 - c_2\sqrt{a},$$

welcher die beiden Nullstellen vertauscht ($\sqrt{a} \mapsto -\sqrt{a}$). Die Galoisgruppe $\mathrm{Gal}(E/K)$ ist zyklisch der Ordnung 2. Ein Spezialfall ist die Körpererweiterung $\mathbb{C}/\mathbb{R}$. Der $\mathbb{R}$-Automorphismus σ ist dann die komplexe Konjugation. ◇

Miniaufgaben

8.1 Überprüfe durch direkte Rechnung, dass die Abbildung $\sigma: c_1 + c_2\sqrt{a} \mapsto c_1 - c_2\sqrt{a}$ im obigen Beispiel ein K-Automomorphismus von E ist.

8.3 Satz *Die Galoisgruppe einer endlichen Galoiserweiterung E/K hat die Ordnung*

$$|\mathrm{Gal}(E/K)| = [E : K].$$

Beweis. Da E über K endlich und separabel ist, besitzt E ein primitives Element (Satz 7.42 und Beispiel 7.48 bzw. Satz 7.53). Sei also $E = K(\gamma)$ und sei $f \in K[x]$ das Minimalpolynom von γ über K vom Grad $n = [E : K]$. Da E normal und separabel ist, hat f also n verschiedene Nullstellen $\alpha_1, \alpha_2, \ldots, \alpha_n \in E$ (darunter γ). Nach Satz 7.23 sind die K-Automorphismen $E \to E$ genau durch die n Zuordnungen

$$\gamma \mapsto \alpha_1, \ldots, \gamma \mapsto \alpha_n$$

von γ auf eine andere Nullstelle von f gegeben. ■

8.4 Satz *Die endlichen Galoiserweiterungen eines Körpers K sind genau die Zerfällungskörper separabler Polynome über K.*

Beweis. Denn ein Zerfällungskörper E/K ist normal nach Satz 7.32. Dass E/K auch separabel ist, wenn f separabel ist, wird in Exkurs 8.2 (Kor. 8.15) bewiesen. Umgekehrt ist jede normale Erweiterung E/K Zerfällungskörper eines Polynoms $f \in K[x]$, nach Satz 7.32. Ist E/K separabel, dann auch alle irreduziblen Faktoren von f. ■

Ist $f \in K[x]$ ein separables Polynom, dann nennen wir die Galoisgruppe eines Zerfällungskörpers von f über K auch die Galoisgruppe von f und schreiben dafür

$$\mathrm{Gal}(f/K).$$

8.5 Korollar *Ist $f \in K[x]$ ein separables Polynom vom Grad n, dann ist $\mathrm{Gal}(f/K)$ isomorph zu einer Untergruppe der symmetrischen Gruppe S_n. Hat der Zerfällungskörper von f über K den Grad n!, dann gilt $\mathrm{Gal}(f/K) \cong S_n$.*

Beweis. Sei E ein Zerfällungskörper von f und seien $\alpha_1, \dots, \alpha_n \in E$ die Nullstellen von f in E, die alle verschieden sind, da f separabel ist. Für jeden Automorphismus $\sigma \in \mathrm{Gal}(E/K)$ und jedes $i \in \{1, \dots, n\}$ gibt es ein eindeutiges j mit $\sigma(\alpha_i) = \alpha_j$. Schreiben wir $\pi_\sigma(i) = j$ für diesen Index, dann ist $\pi_\sigma \in S_n$, und die Zuordnung

$$\pi\colon \mathrm{Gal}(E/K) \to S_n, \ \sigma \mapsto \pi_\sigma$$

ist ein Homomorphismus. Dieser ist injektiv, da $E = K(\alpha_1, \dots, \alpha_n)$ gilt und jeder Automorphismus $\sigma \in \mathrm{Gal}(E/K)$ deshalb durch die Elemente $\sigma(\alpha_1), \dots, \sigma(\alpha_n)$ eindeutig bestimmt ist. Das Bild von π ist damit eine Untergruppe, die zu $\mathrm{Gal}(E/K)$ isomorph ist. Es gilt $|\mathrm{Gal}(E/K)| = [E : K]$ nach Satz 8.3. Ist $[E : K] = n!$, dann ist π wegen $|S_n| = n!$ auch surjektiv und damit $\mathrm{Gal}(E/K) \cong S_n$. ■

Im Zerfällungskörper eines Polynoms f permutiert die Galoisgruppe also die Nullstellen. Es ist aber nicht immer sofort klar, welche Permutationen dabei möglich sind. Schauen wir uns dazu einige Beispiele vom Grad 3 an.

8.6 Beispiele (1) Es sei E der Zerfällungskörper von $f = x^3 - 2$ über $\mathbb{Q}$. Ist $\alpha \in E$ eine Kubikwurzel von 2, dann sind die drei Nullstellen von f bekanntlich

$$\alpha, \ \omega\alpha, \ \omega^2\alpha, \qquad \text{mit } \omega = \tfrac{-1+\sqrt{-3}}{2}.$$

Der Zerfällungskörper $E = \mathbb{Q}(\alpha, \omega)$ hat den Grad 6 über $\mathbb{Q}$, also $\mathrm{Gal}(E/\mathbb{Q}) \cong S_3$ nach Kor. 8.5. Wir können einerseits ein primitives Element $\gamma \in E$ wählen (zum Beispiel $\gamma = \alpha + \omega$ nach Aufgabe 7.30), dann ist ein Automorphismus $\sigma \in \mathrm{Gal}(E/\mathbb{Q})$ eindeutig durch $\sigma(\gamma)$ bestimmt, was jede der sechs Nullstellen des Minimalpolynoms von γ sein kann. Andererseits können wir die Operation der Galoisgruppe auf den drei Kubikwurzeln $\alpha, \omega\alpha, \omega^2\alpha$ betrachten. Die Galoisgruppe realisiert alle Permutationen: Explizit ist die Transposition $\tau \in \mathrm{Gal}(E/\mathbb{Q})$, die α mit $\omega\alpha$ vertauscht und $\omega^2\alpha$ fixiert, gegeben durch

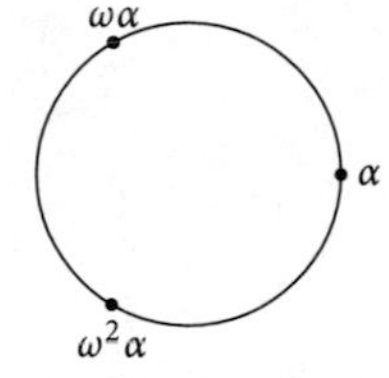

Kubikwurzeln von 2 in der komplexen Ebene

$$\tau(\alpha) = \omega\alpha, \ \tau(\omega) = \omega^2,$$

denn es folgen dann $\tau(\omega\alpha) = \tau(\omega)\tau(\alpha) = \omega^2\omega\alpha = \alpha$ und $\tau(\omega^2\alpha) = \tau(\omega)^2\tau(\alpha) = \omega^5\alpha = \omega^2\alpha$. Der Dreizykel σ, der die drei Nullstellen zyklisch vertauscht, ist gegeben durch

$$\sigma(\alpha) = \omega\alpha, \ \sigma(\omega) = \omega,$$

denn es gelten $\sigma(\omega\alpha) = \sigma(\omega)\sigma(\alpha) = \omega^2\alpha$ und $\sigma(\omega^2\alpha) = \sigma(\omega)^2\sigma(\alpha) = \omega^3\alpha = \alpha$.

(2) Wie wir in Beispiel 7.27 gesehen haben, hat der Zerfällungskörper eines irreduziblen Polynoms vom Grad 3 über $\mathbb{Q}$ nicht immer den Grad 6. Ist zum Beispiel

$$f = x^3 - 3x + 1$$

und $\alpha \in \mathbb{C}$ eine komplexe Nullstelle, dann faktorisiert f über $\mathbb{Q}(\alpha)$ zu

$$f = (x - \alpha)(x - \alpha^2 + 2)(x + \alpha^2 + \alpha - 2),$$

wie wir gezeigt haben. Die Galoisgruppe von $\mathbb{Q}(\alpha)/\mathbb{Q}$ hat die Ordnung 3, ist also zyklisch und vertauscht die drei Nullstellen von f zyklisch miteinander. Im Unterschied zum vorigen Beispiel ist hier also nicht jede Permutation der Nullstellen möglich.

(3) Wenn ein kubisches Polynom $f \in \mathbb{Q}[x]$ eine rationale Nullstelle $a \in \mathbb{Q}$ besitzt, dann wird die Zahl a von der Galoisgruppe gar nicht bewegt. Der Zerfällungskörper von f ist dann der des verbleibenden quadratischen Faktors g mit $f = (x-a)g$ und damit quadratisch über $\mathbb{Q}$ mit zyklischer Galoisgruppe der Ordnung 2, oder sogar trivial, nämlich wenn alle Nullstellen von f rational sind. ◇

Miniaufgaben

8.2 Bestimme die Galoisgruppe des kubischen Polynoms $x^3 + 2x + 1$ über $\mathbb{Q}$.

Wie die obigen Beispiele zeigen, hängt die Operation der Galoisgruppe auf den Nullstellen eines Polynoms von der Struktur des Zerfällungskörpers ab. Allerdings können wir immer jede einzelne Nullstelle eines irreduziblen Polynoms auf jede andere bewegen. Das ist die folgende Aussage:

8.7 Satz *Es sei E/K eine endliche Galoiserweiterung. Ist $f \in K[x]$ ein irreduzibles Polynom, das in E eine Nullstelle hat, dann operiert $\mathrm{Gal}(E/K)$ transitiv auf den Nullstellen von f, das heißt: Zu je zwei Nullstellen α, β von f in E gibt es einen K-Automorphismus $\sigma \in \mathrm{Gal}(E/K)$ mit $\sigma(\alpha) = \beta$.*

Beweis. Nach Satz 7.23 gibt es einen K-Isomorphismus $\varphi: K(\alpha) \xrightarrow{\sim} K(\beta) \subset E$ der Nullstellenkörper mit $\varphi(\alpha) = \beta$. Da E normal über K ist, setzt φ nach Lemma 7.33 fort zu einem Automorphismus $\sigma: E \to E$, der $\sigma(\alpha) = \psi(\alpha) = \beta$ erfüllt. ■

Definition Sei E/K eine Galoiserweiterung. Zwei Elemente α, β in E heißen **konjugiert über** K, wenn es ein $\sigma \in \mathrm{Gal}(E/K)$ gibt mit $\sigma(\alpha) = \beta$.

Zwei Elemente sind also genau dann konjugiert über K, wenn sie in derselben Bahn unter der Operation der Galoisgruppe auf E liegen.

8.8 Korollar *Es sei E/K eine endliche Galoiserweiterung. Zwei Elemente α und β von E sind genau dann konjugiert über K, wenn sie dasselbe Minimalpolynom haben.*

Beweis. Sind $\alpha, \beta \in E$ Nullstellen desselben irreduziblen Polynoms $f \in K[x]$, dann sind sie konjugiert nach Satz 8.7. Seien umgekehrt $\alpha, \beta \in E$ und sei f das Minimalpolynom von α über K. Falls $\sigma(\alpha) = \beta$ für ein $\sigma \in \mathrm{Gal}(E/K)$, dann gilt $f(\beta) = f(\sigma(\alpha)) = \sigma(f(\alpha)) = 0$. Da f irreduzibel ist, ist f dann auch das Minimalpolynom von β. ■

Dieses Korollar wird in vielen Anwendungen der Galoistheorie verwendet. Ein vertrauter Spezialfall ist $\mathbb{C}/\mathbb{R}$: Um zu zeigen, dass eine komplexe Zahl z reell ist, zeigt man oft $\overline{z} = z$.

8.9 Korollar *Es sei E/K eine endliche Galoiserweiterung. Dann ist K genau die Menge der Fixpunkte von $\mathrm{Gal}(E/K)$. Das heißt, für $\alpha \in E$ gilt:*

$$\forall \sigma \in \mathrm{Gal}(E/K): \sigma(\alpha) = \alpha \quad \Longleftrightarrow \quad \alpha \in K.$$

Beweis. Per Definition gilt $\sigma(\alpha) = \alpha$ für alle $\alpha \in K$, $\sigma \in \mathrm{Gal}(E/K)$. Ist umgekehrt $\alpha \in E \smallsetminus K$ mit Minimalpolynom f, dann gilt $\deg(f) \geqslant 2$. Da f separabel ist, hat f dann eine weitere Nullstelle β. Nach Satz 8.7 gibt es $\sigma \in \mathrm{Gal}(E/K)$ mit $\sigma(\alpha) = \beta \neq \alpha$. ■

Miniaufgaben

8.3 Bestimme in $\mathbb{Q}(\alpha, \omega)$ wie in Bsp. 8.6(1) alle zu $\alpha + \omega$ konjugierten Elemente.

8.4 Begründe noch einmal direkt, warum ein Automorphismus von $\mathbb{Q}(\sqrt{2}, \sqrt{3})$ nicht $\sqrt{2}$ auf $\sqrt{3}$ abbilden kann.

8.2 *Exkurs: Einbettungen von Körpererweiterungen*

Für die Untersuchung von Körpererweiterungen sind nicht nur die Automorphismen bzw. die Galoisgruppe relevant, sondern auch Homomorphismen zwischen verschiedenen Erweiterungen. Das gilt besonders für inseparable Erweiterungen.

Es seien E und F zwei Körper. Wir schreiben

$$\mathrm{Hom}(E,F) = \{\varphi\colon E \to F \mid \varphi \text{ ist ein Homomorphismus}\}$$

für die Menge aller Homomorphismen $E \to F$. Wir können $\mathrm{Hom}(E,F)$ als Teilmenge der Menge

$$\mathrm{Abb}(E,F)$$

aller Abbildungen $E \to F$ auffassen. Diese Menge versehen wir mit der Struktur eines F-Vektorraums: Aus $\varphi, \varphi' \in \mathrm{Abb}(E,F)$ und $\beta, \beta' \in F$ entsteht die Abbildung

$$(\beta\varphi + \beta'\varphi')\colon x \mapsto \beta\varphi(x) + \beta'\varphi'(x).$$

Allerdings ist die Teilmenge $\mathrm{Hom}(E,F)$ kein linearer Unterraum von $\mathrm{Abb}(E,F)$ (sie enthält nicht einmal die Null), genauer gesagt bestehen zwischen verschiedenen Elementen von $\mathrm{Hom}(E,F)$ überhaupt keine linearen Abhängigkeiten:

8.10 Lemma (Dedekind) *Es seien E und F zwei Körper. Jede Menge von verschiedenen Homomorphismen $E \to F$ ist linear unabhängig über F.*

Beweis. Es sei $\{\varphi_i\}_{i\in I}$ eine (beliebig indizierte) Familie von verschiedenen Homomorphismen $E \to F$. Angenommen, sie sind linear abhängig. Dann gibt es (per Definition) eine endliche linear abhängige Teilfamilie und wir wählen eine minimale solche. Seien etwa $\varphi_1, \dots, \varphi_r$ linear abhängig, aber jede echte Teilfamilie linear unabhängig. Dann können wir etwa

$$\varphi_1 = \textstyle\sum_{i=2}^r \beta_i\varphi_i$$

mit $\beta_2, \dots, \beta_r \in F$ schreiben. Für $x, y \in E$ gelten dann

$$\varphi_1(x) = \textstyle\sum_{i=2}^r \beta_i\varphi_i(x)$$
$$\varphi_1(xy) = \textstyle\sum_{i=2}^r \beta_i\varphi_i(x)\varphi_i(y).$$

Wenn wir die erste Zeile mit $\varphi_1(y)$ multiplizieren und von der zweiten abziehen, dann folgt

$$\textstyle\sum_{i=2}^r \beta_i(\varphi_i(y) - \varphi_1(y))\varphi_i(x) = 0.$$

Diese Identität gilt für alle $x \in E$ und nach Voraussetzung sind $\varphi_2, \dots, \varphi_r$ linear unabhängig. Es folgt also $\beta_i(\varphi_i(y) - \varphi_1(y)) = 0$ für $i = 2, \dots, r$. Wegen $\varphi_i \neq \varphi_1$ folgt $\beta_2 = \dots = \beta_r = 0$. Das ist aber ein Widerspruch dazu, dass $\varphi_1(1) = 1$ gilt. ■

Das Lemma von Dedekind hat folgende Anwendung:

8.11 Satz *Es sei K ein Körper und seien E/K und F/K zwei Körpererweiterungen. Ist $n = [E : K]$ endlich, dann gibt es höchstens n verschiedene K-Homomorphismen $E \to F$.*

Ist $E = F$ und E/K galoissch, dann haben wir bereits bewiesen, dass es genau $[E : K]$ verschiedene K-Homomorphismen $E \to E$ gibt (Satz 8.3).

Beweis. Es sei $\alpha_1, \dots, \alpha_n$ eine K-Basis von E. Sind $\varphi_1, \dots, \varphi_{n+1}\colon E \to F$ gegebene K-Homomorphismen, dann betrachten wir die Gleichungen

$$\sum_{i=1}^{n+1} \varphi_i(\alpha_j)x_i = 0 \quad (j = 1, \dots, n).$$

Das sind n lineare Gleichungen in $n+1$ Variablen $x_1, \dots, x_{n+1}$. Das Gleichungssystem ist deshalb unterbestimmt und hat eine nicht-triviale Lösung $x_i = \beta_i$ $(i = 1, \dots, n+1)$ in F. Da $\alpha_1, \dots, \alpha_n$ eine K-Basis sind, hat jedes $\alpha \in E$ eine Darstellung $\alpha = \sum_{j=1}^n a_j \alpha_j$ mit $a_1, \dots, a_n \in K$, und es folgt

$$\left(\sum_{i=1}^{n+1} \beta_i \varphi_i\right)(\alpha) = \sum_{i=1}^{n+1} \sum_{j=1}^{n} a_j \beta_i \varphi_i(\alpha_j) = 0.$$

Also sind $\varphi_1, \dots, \varphi_{n+1}$ linear abhängig über F. Nach dem Lemma von Dedekind müssen unter den Homomorphismen $\varphi_1, \dots, \varphi_{n+1}$ deshalb zwei gleich sein. ■

8.12 Beispiele (1) Für $E = \mathbb{Q}(\alpha)$ mit $\alpha^2 = 2$ gibt es genau $[E : \mathbb{Q}] = 2$ verschiedene Homomorphismen $E \to \mathbb{R}$, nämlich einen mit $\alpha \mapsto \sqrt{2}$ und einen mit $\alpha \mapsto -\sqrt{2}$. Das Bild ist in beiden Fällen derselbe Teilkörper von $\mathbb{R}$, nämlich der Körper $\mathbb{Q}(\sqrt{2})$.

(2) Für $E = \mathbb{Q}(\alpha)$ mit $\alpha^3 = 2$ gibt es genau $[E : \mathbb{Q}] = 3$ verschiedene Homomorphismen $E \to \mathbb{C}$, die α auf die drei komplexen Kubikwurzeln von 2 abbilden. Ist $\sqrt[3]{2}$ die reelle Kubikwurzel und $\omega = \frac{-1 \pm \sqrt{-3}}{2}$, dann sind das die komplexen Zahlen $\sqrt[3]{2}, \omega\sqrt[3]{2}, \omega^2\sqrt[3]{2}$, wie wir schon mehrfach gesehen haben. Es gibt aber einen wichtigen Unterschied zum vorigen Beispiel: Das Bild von E unter den drei Homomorphismen ist immer ein anderer Teilkörper von $\mathbb{C}$ – offenbar können etwa $\mathbb{Q}(\sqrt[3]{2})$ und $\mathbb{Q}(\omega\sqrt[3]{2})$ nicht dasselbe sein, denn einer ist in $\mathbb{R}$ enthalten, der andere nicht. Das liegt daran, dass die Körpererweiterung $E/\mathbb{Q}$ nicht normal ist. ◇

Hinter dem letzten Beispiel steckt die folgende allgemeinere Aussage.

8.13 Proposition *Es sei F/K eine normale Körpererweiterung und sei $K \subset E \subset F$ ein Zwischenkörper, der endlich über K ist. Die folgenden Aussagen sind äquivalent:*
(i) E ist normal über K.
(ii) Für jeden K-Homomorphismus $\varphi: E \to F$ gilt $\varphi(E) \subset E$.

Beweis. (i)⇒(ii): Ist E/K normal, dann ist E nach Satz 7.32 Zerfällungskörper eines Polynoms $f \in K[x]$. Es gilt dann $E = K(\alpha_1, \dots, \alpha_k)$ mit $f(\alpha_i) = 0$ für $i = 1, \dots, k$. Ist $\varphi: E \to F$ ein K-Homomorphismus, dann ist $\varphi(\alpha_i)$ für jedes $i = 1, \dots, k$ wieder eine Nullstelle von f, nach Satz 7.23. Da f in E zerfällt, liegen alle diese Nullstellen in E, woraus $\varphi(E) \subset E$ folgt.

(ii)⇒(i): Sei $f \in K[x]$ ein irreduzibles Polynom, das eine Nullstelle $\alpha \in E$ besitzt. Da F/K normal ist, zerfällt f über F in Linearfaktoren. Wir müssen zeigen, dass alle Nullstellen von f in E liegen. Sei $\beta \in F$ mit $f(\beta) = 0$. Dann gibt es nach Satz 7.23 einen K-Homomorphismus $\varphi: E \to F$ mit $f(\alpha) = \beta$. Aus $\varphi(E) \subset E$ folgt also $\beta \in E$. ■

Ähnlich wie die Normalität lässt sich auch die Separabilität charakterisieren:

8.14 Satz *Es sei E/K eine endliche Körpererweiterung und sei N/E eine Erweiterung, die normal über K ist. Die folgenden Aussagen sind äquivalent:*
(i) Die Erweiterung E/K ist separabel.
(ii) Es gibt separable Elemente $\alpha_1, \dots, \alpha_k \in E$ mit $E = K(\alpha_1, \dots, \alpha_k)$.
(iii) Es gibt genau $[E : K]$ verschiedene K-Homomorphismen $E \to N$.

Beweis. (i)⇒(ii) ist trivial. (ii)⇒(iii): Das zeigen wir durch Induktion nach k. Für $k = 0$ ist die Behauptung richtig. Es sei $k \geqslant 1$ und $E' = K(\alpha_1, \dots, \alpha_{k-1})$. Nach Induktionsvoraussetzung gibt es genau $[E' : K]$ verschiedene K-Homomorphismen $E' \to N$. Es gilt $E = E'(\alpha_n)$ und $[E : K] = m \cdot [E' : K]$, wobei $m = [E : E']$ der Grad des Minimalpolynoms f von α_n über E' ist. Da N normal über K ist, ist auch N/E normal nach Satz

7.34(1). Da f ein Teiler des Minimalpolynoms von α_n über K ist, ist f separabel und hat daher genau m verschiedene Nullstellen in N. Aus Satz 7.23 folgt deshalb, dass für jeden K-Homomorphismus $E' \to N$ genau m verschiedene Fortsetzungen auf $E = E'(\alpha_n)$ existieren, was die Behauptung zeigt.

(iii)⇒(i): Angenommen E/K ist nicht separabel, dann gibt es ein $\alpha \in E$ mit inseparablem Minimalpolynom $f \in K[x]$ vom Grad m, etwa mit $m' < m$ verschiedenen Nullstellen in N. Nach Satz 7.23 gibt es dann m' verschiedene K-Homomorphismen $K(\alpha) \to N$. Aus Satz 8.11 folgt, dass jeder davon höchstens $[E : K(\alpha)]$ verschiedene Fortsetzungen auf E besitzt. Es gibt also höchstens $[E : K(\alpha)] \cdot m' < [E : K(\alpha)] \cdot m = [E : K]$ verschiedene K-Homomorphismen $E \to N$. ∎

8.15 Korollar *Der Zerfällungskörper eines separablen Polynoms über K ist eine separable Körpererweiterung, und damit eine Galoiserweiterung von K.*

Beweis. Denn per Definition wird dieser Zerfällungskörper von separablen Elementen erzeugt und ist damit nach Satz 8.14 separabel über K. Als Zerfällungskörper ist er auch normal (Satz 7.32) und damit galoisch über K. ∎

8.3 Kreisteilungskörper

Als erste Anwendung der Galoistheorie untersuchen wir die Struktur der Einheitswurzeln in $\mathbb{C}$ genauer, die wir schon in §5.2 betrachtet haben. Für $n \in \mathbb{N}$ sind die n-ten Einheitswurzeln die komplexen Lösungen der Gleichung $x^n = 1$. Explizit sind das die komplexen Zahlen

$$1, \omega, \omega^2, \ldots, \omega^{n-1}, \quad \text{mit } \omega = e^{\frac{2\pi i}{n}}$$

Sie bilden die Ecken eines regulären n-Ecks auf dem komplexen Einheitskreis und eine zyklische Untergruppe von $\mathbb{C}^*$ der Ordnung n, erzeugt von ω. Ein Erzeuger dieser Gruppe ist eine **primitive** Einheitswurzel. Äquivalent ist eine n-te Einheitswurzel $\omega \in \mathbb{C}^*$ primitiv, falls $\omega^n = 1$, aber $\omega^k \neq 1$ für alle $k < n$ gilt. Ist $n = p$ prim, dann ist jede Einheitswurzel ungleich 1 primitiv. Allgemein ist $\omega_n = e^{\frac{2\pi i}{n}}$ immer primitiv, und die übrigen primitiven n-ten Einheitswurzeln sind

$$\omega_n^k \quad \text{mit } \mathrm{ggT}(n, k) = 1$$

(nach Prop. 3.13). Diese Exponenten k, die teilerfremd zu n sind, identifizieren sich mit der multiplikativen Gruppe $(\mathbb{Z}/n)^*$ der primen Restklassen modulo n (Prop. 1.23).

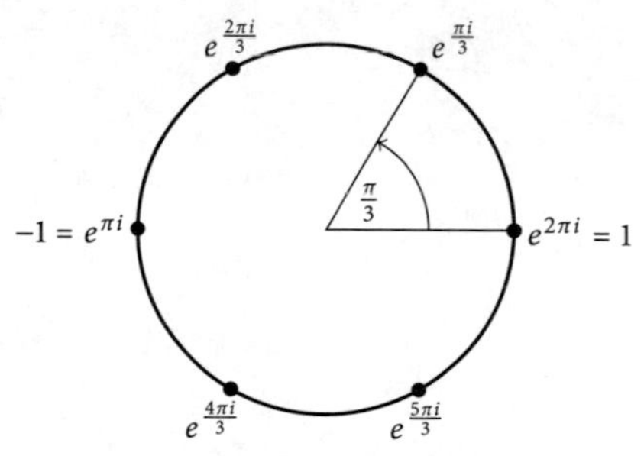

Sechste Einheitswurzeln in der komplexen Ebene

Für $n = 6$ sind $e^{\frac{\pi i}{3}}$ und $e^{\frac{5\pi i}{3}}$ primitiv, während die anderen vier sechsten Einheitswurzeln nicht primitiv sind.

Definition Das n**-te Kreisteilungspolynom** ist das normierte Polynom

$$\Phi_n = \prod_{k \in (\mathbb{Z}/n)^*} (x - \omega_n^k).$$

Außerdem definieren wir $\Phi_1 = x - 1$.

Die Nullstellen des n-ten Kreisteilungspolynoms sind also genau die primitiven n-ten Einheitswurzeln. Sein Grad ist

$$\deg(\Phi_n) = |(\mathbb{Z}/n)^*| = \varphi(n)$$

(Eulersche φ-Funktion). Ist $n = p$ eine Primzahl, dann sind alle p-ten Einheitswurzeln außer 1 primitiv.

Es gilt also

$$\Phi_p = \frac{x^p - 1}{x - 1} = x^{p-1} + \cdots + x + 1$$

was wir schon in §5.1 betrachtet hatten. Für allgemeines n kommt in der Zerlegung

$$x^n - 1 = \prod_{k=0}^{n-1}(x - \omega^k)$$

jeder Linearfaktor auf der rechten Seite in genau einem Kreisteilungspolynom vor. Denn die Ordnung jeder Potenz ω^k ist ein Teiler d von n (nämlich $d = n/\operatorname{ggT}(k, n)$), so dass ω^k eine primitive d-te Einheitswurzel ist. Damit gilt also:

Aus Prop. 8.16 folgt auch $n = \sum_{d|n} \varphi(d)$ (vgl. Aufgabe 3.43). Außerdem kann man die Kreisteilungspolynome durch diese Zerlegung rekursiv ausrechnen: Hat man nämlich Φ_d bereits für alle echten Teiler d von n bestimmt, dann erhält man Φ_n indem man $x^n - 1$ durch alle diese Φ_d teilt. Die ersten Kreisteilungspolynome sind

$$\begin{aligned}
\Phi_1 &= x - 1\\
\Phi_2 &= x + 1\\
\Phi_3 &= x^2 + x + 1\\
\Phi_4 &= x^2 + 1\\
\Phi_5 &= x^4 + x^2 + x^2 + x + 1\\
\Phi_6 &= x^2 - x + 1\\
\Phi_7 &= x^6 + x^5 + x^4 + x^3 + x^2 + x + 1\\
\Phi_8 &= x^4 + 1\\
\Phi_9 &= x^6 + x^3 + 1\\
\Phi_{10} &= x^4 - x^3 + x^2 - x + 1\\
\Phi_{11} &= x^{10} + x^9 + x^8 + x^7 + x^6 + x^5\\
&\quad + x^4 + x^3 + x^2 + x + 1\\
\Phi_{12} &= x^4 - x^2 + 1\\
&\vdots
\end{aligned}$$

8.16 Proposition *Für alle $n \in \mathbb{N}$ gilt*

$$x^n - 1 = \prod_{d|n} \Phi_d. \qquad \blacksquare$$

8.17 Beispiel Die Teiler von 12 sind 1, 2, 3, 4, 6 und 12. Es gilt also

$$x^{12} - 1 = \Phi_1 \cdot \Phi_2 \cdot \Phi_3 \cdot \Phi_4 \cdot \Phi_6 \cdot \Phi_{12}$$

Die Faktoren haben dabei die Grade $1 + 1 + 2 + 2 + 2 + 4 = 12$ (vgl. Aufgabe 3.43). ◇

In Prop. 5.14 haben wir bereits gezeigt, dass das Polynom Φ_p für jede Primzahl p irreduzibel über $\mathbb{Q}$ ist. Das gilt auch für die übrigen Kreisteilungspolynome.

8.18 Satz *Für jedes $n \in \mathbb{N}$ hat das Kreisteilungspolynom Φ_n ganzzahlige Koeffizienten und ist irreduzibel in $\mathbb{Q}[x]$.*

Beweis. Sei E der Zerfällungskörper von $x^n - 1$ über $\mathbb{Q}$. Für jedes $\sigma \in \operatorname{Gal}(E/\mathbb{Q})$ und jede primitive n-te Einheitswurzel $\omega \in E$ ist $\sigma(\omega)$ wieder eine primitive n-te Einheitswurzel. Daraus folgt, dass die Koeffizienten von Φ_n Fixpunkte von $\operatorname{Gal}(E/\mathbb{Q})$ sind und damit in $\mathbb{Q}$ liegen (Kor. 8.9). Da Φ_n also ein normierter Faktor von $x^n - 1$ in $\mathbb{Q}[x]$ ist, sind seine Koeffizienten nach Satz 5.8(1) alle ganzzahlig.

Angenommen Φ_n wäre reduzibel, dann gilt $\Phi_n = fg$ mit $f, g \in \mathbb{Q}[x]$ normiert und nicht konstant, mit etwa f irreduzibel. Wiederum nach Satz 5.8(1) haben auch f und g ganzzahlige Koeffizienten. Sei ζ eine Nullstelle von f, also eine primitive n-te Einheitswurzel. Da nicht alle primitiven n-ten Einheitswurzeln Nullstellen von f sind, sondern manche stattdessen von g, gibt es $r > 1$ mit $\operatorname{ggT}(r, n) = 1$ und $g(\zeta^r) = 0$. Wir wählen das kleinste solche r und einen Primteiler p von r. Setzen wir $\omega = \zeta^{r/p}$, dann ist ω eine primitive n-te Einheitswurzel mit $f(\omega) = 0$ (nach Wahl von r) und $g(\omega^p) = 0$. Also ist ω eine gemeinsame Nullstelle von f und $g(x^p)$. Da f irreduzibel ist, gibt es also $h \in \mathbb{Z}[x]$ mit $g(x^p) = f(x)h(x)$. Da diese Polynome ganzzahlige Koeffizienten haben, können wir die Gleichheit auch modulo p im Körper $\mathbb{F}_p$ lesen, indem wir alle Koeffizienten modulo p nehmen. In $\mathbb{F}_p[x]$ ist dann

$$\overline{f}(x)\overline{h}(x) = \overline{g}(x^p) = \overline{g}(x)^p.$$

Also haben f und g einen gemeinsamen Teiler in $\mathbb{F}_p[x]$, so dass $\overline{\Phi_n} = \overline{fg}$ inseparabel über $\mathbb{F}_p$ ist. Dasselbe gilt dann auch für $x^n - 1$, denn es wird von $\overline{\Phi_n}$ geteilt. Nach Prop. 5.4 muss $x^n - 1$ dann eine gemeinsame Nullstelle mit seiner Ableitung nx^{n-1} haben. Die ist aber nicht das Nullpolynom über $\mathbb{F}_p$, weil p kein Teiler von n ist, und hat nur die Nullstelle 0. Dieser Widerspruch zeigt die Behauptung. ■

Definition Es sei $\omega_n \in \mathbb{C}$ eine primitive n-te Einheitswurzel. Der Körper $\mathbb{Q}(\omega_n)$ heißt der **n-te Kreisteilungskörper**.

Per Definition ist $\mathbb{Q}(\omega_n)$ ein Nullstellenkörper von Φ_n, damit aber ein Zerfällungskörper von $x^n - 1$, da er mit ω_n auch alle anderen n-ten Einheitswurzeln enthält.

8.19 Satz *Der n-te Kreisteilungskörper $\mathbb{Q}(\omega_n)$ hat den Grad $\varphi(n)$ über $\mathbb{Q}$ und für seine Galoisgruppe gilt*

$$\mathrm{Gal}\big(\mathbb{Q}(\omega_n)/\mathbb{Q}\big) \cong (\mathbb{Z}/n)^*.$$

Die Kreisteilungskörper haben also eine abelsche Galoisgruppe. Der **Satz von Kronecker-Weber** besagt umgekehrt, dass jede endliche Galoiserweiterung von $\mathbb{Q}$ mit abelscher Galoisgruppe in einem Kreisteilungskörper enthalten ist.

Beweis. Da Φ_n irreduzibel ist, hat sein Nullstellenkörper den Grad $\varphi(n) = \deg(\Phi_n)$. Ist $\sigma \in \mathrm{Gal}(\mathbb{Q}(\omega_n)/\mathbb{Q})$ ein Automorphismus, dann ist $\sigma(\omega_n)$ wieder eine primitive n-te Einheitswurzel. Jedes $\sigma \in \mathrm{Gal}(\mathbb{Q}(\omega_n)/\mathbb{Q})$ ist also eindeutig bestimmt durch eine Zuordnung

$$\omega_n \mapsto \omega_n^{i(\sigma)} \text{ mit } i(\sigma) \in (\mathbb{Z}/n)^*.$$

Die Abbildung

$$\varphi\colon \mathrm{Gal}(\mathbb{Q}(\omega_n)/\mathbb{Q}) \to (\mathbb{Z}/n)^*, \ \sigma \mapsto i(\sigma)$$

ist ein Homomorphismus. Da σ durch $i(\sigma)$ eindeutig bestimmt ist, ist φ injektiv. Außerdem sind alle primitiven Einheitswurzeln konjugiert über $\mathbb{Q}$ (Kor. 8.8), denn sie haben alle das gleiche Minimalpolynom Φ_n. Mit anderen Worten, φ ist surjektiv. ∎

Miniaufgaben

8.5 Bestimme eine primitive achte Einheitswurzel in der Form $\omega_8 = a + bi$, $a, b \in \mathbb{R}$. Bestimme den Kreisteilungskörper $\mathbb{Q}(\omega_8)$ und seine Galoisgruppe $\mathrm{Gal}(\mathbb{Q}(\omega_8)/\mathbb{Q})$.

8.6 Beschreibe die Operation der Galoisgruppe $(\mathbb{Z}/6)^*$ von $x^6 - 1$ über $\mathbb{Q}$ auf der Menge der sechsten Einheitswurzeln.

8.7 Verifiziere, dass die Abbildung φ im Beweis von Satz 8.19 ein Homomorphismus ist.

Zum Abschluss wollen wir uns noch überlegen, was passiert, wenn wir eine n-te Einheitswurzel zu einem anderen Körper der Charakteristik 0 als $\mathbb{Q}$ hinzufügen. Dazu verwenden wir die folgende allgemeine Hilfsaussage:

8.20 Lemma *Ist $f \in K[x]$ ein separables Polynom und E/K eine Körpererweiterung, dann ist $\mathrm{Gal}(f/E)$ isomorph zu einer Untergruppe von $\mathrm{Gal}(f/K)$.*

Beweis. Es seien L/K und F/E jeweils Zerfällungskörper von f. Seien $\alpha_1, \dots, \alpha_n$ die Nullstellen von f in F, also $F = E(\alpha_1, \dots, \alpha_n)$. Dann können wir $L = K(\alpha_1, \dots, \alpha_n)$ annehmen, denn dies ist ein Zerfällungskörper von f über K und alle solchen sind isomorph. Sei $\sigma \in \mathrm{Gal}(F/E)$. Da σ auf den Nullstellen $\alpha_1, \dots, \alpha_n$ operiert, gilt $\sigma(L) = L$ und $\sigma_{E\cap L} = \mathrm{id}_{E\cap L}$. Wegen $K \subset E \cap L$ ist die Einschränkung $\sigma|_L$ ein K-Automorphismus von L. Also ist die Abbildung

$$\begin{cases} \mathrm{Gal}(F/E) & \to & \mathrm{Gal}(L/K) \\ \sigma & \mapsto & \sigma|_L \end{cases}$$

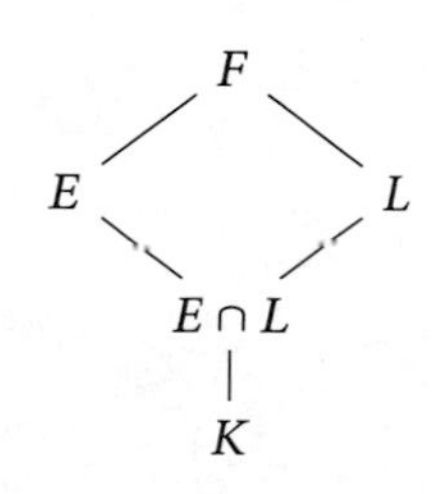

Die Körpererweiterungen im Beweis von Lemma 8.20.

wohldefiniert und ein Homomorphismus. Sie ist injektiv, denn ist $\sigma|_L = \mathrm{id}_L$, dann fixiert σ die Nullstellen $\alpha_1, \dots, \alpha_n$, und es folgt auch $\sigma|_F = \mathrm{id}_F$. ∎

8.21 Korollar *Es sei K ein Körper der Charakteristik 0, sei E/K eine Körpererweiterung und $\omega_n \in E$ eine primitive n-te Einheitswurzel. Dann ist $K(\omega_n)/K$ eine Galoiserweiterung mit abelscher Galoisgruppe.*

Beweis. Denn $K(\omega_n)/K$ ist ein Zerfällungskörper von $x^n - 1$ über K. Nach Lemma 8.20, angewendet auf die Körpererweiterung $K/\mathbb{Q}$, ist $\mathrm{Gal}(K(\omega_n)/K)$ isomorph zu einer Untergruppe von $\mathrm{Gal}(\mathbb{Q}(\omega_n)/\mathbb{Q}) \cong (\mathbb{Z}/n)^*$ und damit abelsch. ■

Miniaufgabe

8.8 Bestimme die Galoisgruppe $\mathrm{Gal}(\mathbb{Q}(\omega_8)/\mathbb{Q}(i))$ für eine primitive 8. Einheitswurzel ω_8.

8.4 *Der Hauptsatz der Galoistheorie*

Der Hauptsatz der Galoistheorie sagt, dass die Zwischenkörper einer Galoiserweiterung den Untergruppen der Galoisgruppe entsprechen. Wie man von einer Seite auf die andere kommt, ist leicht zu sagen: Es sei F/K eine Galoiserweiterung und sei E ein Zwischenkörper, also mit $K \subset E \subset F$. Dann ist

$$E^\circ = \{\sigma \in \mathrm{Gal}(F/K) \mid \sigma(\alpha) = \alpha \text{ für alle } \alpha \in E\} \subset \mathrm{Gal}(F/K)$$

eine Untergruppe. Ist umgekehrt $H \subset \mathrm{Gal}(F/K)$ eine Untergruppe, dann ist

$$H^\circ = \{\alpha \in F \mid \sigma(\alpha) = \alpha \text{ für alle } \sigma \in H\} \subset F$$

ein Zwischenkörper von F/K.

Miniaufgabe

8.9 Verifiziere, dass E° eine Untergruppe ist und H° ein Zwischenkörper.

Der Hauptsatz der Galoistheorie beschreibt diese Korrespondenz genau. Wir beginnen mit der folgenden Aussage.

Diese Aussage zeigt, dass die Bezeichnung »normal« für Körpererweiterungen zu dem entsprechenden Begriff der Gruppentheorie passt.

8.22 Satz *Es sei F/K eine Galoiserweiterung, und sei $K \subset E \subset F$ ein Zwischenkörper.*

(1) *Die Erweiterung F/E ist galoissch mit Galoisgruppe $\mathrm{Gal}(F/E) = E^\circ$.*

(2) *Genau dann ist E/K normal (und damit ebenfalls galoissch), wenn $E^\circ \subset \mathrm{Gal}(F/K)$ ein Normalteiler ist.*

Beweis. Um zu zeigen, dass F/E eine Galoiserweiterung ist, müssen wir Normalität und Separabilität zeigen. Normalität gilt nach Satz 7.34(1). Separabilität ist gegeben, weil das Minimalpolynom von $\alpha \in F$ über E ein Teiler des Minimalpolynoms von α über K ist und damit separabel. Also ist F galoissch über E, und E° ist per Definition die Galoisgruppe dieser Erweiterung. Damit ist (1) bewiesen.

Es ist klar, dass E/K separabel ist. Sei E/K auch normal, $\sigma \in E^\circ$ und $\tau \in \mathrm{Gal}(F/K)$, dann müssen wir $\tau\sigma\tau^{-1} \in E^\circ$ zeigen. Sei $\alpha \in E$ und sei f das Minimalpolynom von α über K. Dann ist $\tau^{-1}(\alpha)$ eine Nullstelle von f und liegt damit in E, weil E normal über K ist. Es folgt $\sigma(\tau^{-1}(\alpha)) = \tau^{-1}(\alpha)$ und damit $(\tau\sigma\tau^{-1})(\alpha) = \alpha$, also $\tau\sigma\tau^{-1} \in E^\circ$.

Sei umgekehrt E nicht normal über K. Dann gibt es ein irreduzibles Polynom $f \in K[x]$, das in E eine Nullstelle α hat, aber in $E[x]$ nicht zerfällt. Sei $\beta \in F \setminus E$ eine weitere Nullstelle von f. Nach Kor. 8.9 gibt es dann ein Element $\sigma \in \mathrm{Gal}(F/E) = E^\circ$ mit $\sigma(\beta) \neq \beta$. Ebenso gibt es $\tau \in \mathrm{Gal}(F/K)$ mit $\tau(\beta) = \alpha$ nach Kor. 8.8. Es folgt $(\tau\sigma\tau^{-1})(\alpha) = \tau(\sigma(\beta)) \neq \tau(\beta) = \alpha$. Wegen $\alpha \in E$ bedeutet das $\tau\sigma\tau^{-1} \notin E^\circ$. Also ist E° nicht normal in $\mathrm{Gal}(F/K)$. ■

8.23 Beispiel Unser Lieblingsbeispiel ist der Zerfällungskörper F von

$$x^3 - 2$$

über $\mathbb{Q}$. Die Galoisgruppe $\mathrm{Gal}(F/\mathbb{Q})$ ist isomorph zu S_3 (Beispiel 8.6(1)): Wir setzen

$$\alpha = \sqrt[3]{2} \text{ und } \omega = \frac{-1 + \sqrt{-3}}{2}.$$

Dann permutiert $\mathrm{Gal}(F/\mathbb{Q})$ die drei Nullstellen

$$\alpha,\ \omega\alpha,\ \omega^2\alpha$$

von $x^3 - 2$. Dabei sind ein Element $\sigma \in \mathrm{Gal}(F/\mathbb{Q})$ der Ordnung 3 (ein Dreizykel) und ein Element τ der Ordnung 2 (Transposition) in $\mathrm{Gal}(F/\mathbb{Q})$ gegeben durch

$$\sigma(\alpha) = \omega\alpha,\ \sigma(\omega) = \omega \quad \text{und} \quad \tau(\alpha) = \omega\alpha,\ \tau(\omega) = \omega^2.$$

Wir betrachten den Teilkörper $E_1 = \mathbb{Q}(\alpha)$ von F. Die Transposition in $\mathrm{Gal}(F/\mathbb{Q})$, die α fixiert, ist $\tau\sigma$ (denn es gilt $\tau(\sigma(\alpha)) = \tau(\omega)\tau(\alpha) = \omega^3\alpha = \alpha$). Also ist die zu E_1 gehörende Untergruppe gerade

$$E_1^\circ = \langle \tau\sigma \rangle.$$

Diese Untergruppe ist nicht normal (explizit gilt zum Beispiel $\sigma(\tau\sigma)\sigma^{-1} = \sigma\tau \notin \langle\tau\sigma\rangle$). Das entspricht der Tatsache, dass E_1 nicht normal über $\mathbb{Q}$ ist, weil das irreduzible Polynom $x^3 - 2$ in E_1 eine Nullstelle hat, ohne zu zerfallen.
Zu $E_2 = \mathbb{Q}(\omega) = \mathbb{Q}(\sqrt{-3})$ gehört dagegen die Untergruppe

$$E_2^\circ = \langle \sigma \rangle.$$

Diese ist normal, denn sie hat Index 2 in $\mathrm{Gal}(F/\mathbb{Q})$ (und entspricht A_3). In der Tat ist $E_2/\mathbb{Q}$ normal, denn E_2 ist der Zerfällungskörper von $x^2 + 3$. ◇

8.24 Satz (Hauptsatz der Galoistheorie) *Es sei F/K eine endliche Galoiserweiterung mit Galoisgruppe $G = \mathrm{Gal}(F/K)$. Die Zuordnungen*

$$E \mapsto E^\circ \quad \textit{und} \quad H \mapsto H^\circ$$

sind zueinander inverse Bijektionen zwischen der Menge aller Zwischenkörper von F/K und der Menge aller Untergruppen von G. Es gelten also

$$E^{\circ\circ} = E \quad \textit{und} \quad H^{\circ\circ} = H$$

für alle Untergruppen H von G und alle Zwischenkörper E von F/K.
Sind E_1 und E_2 zwei Zwischenkörper von F/K, dann gelten:
(1) $E_1 \subset E_2$ genau dann, wenn $E_1^\circ \supset E_2^\circ$.
(2) Falls $E_1 \subset E_2$, dann folgt

$$[E_2 : E_1] = [E_1^\circ : E_2^\circ].$$

(3) E_2/E_1 ist genau dann galoissch, wenn E_2° normal in E_1° ist. In diesem Fall gilt

$$\mathrm{Gal}(E_2/E_1) \cong E_1^\circ/E_2^\circ.$$

Das folgende Diagramm zeigt die Korrespondenz zwischen Zwischenkörpern und Untergruppen.

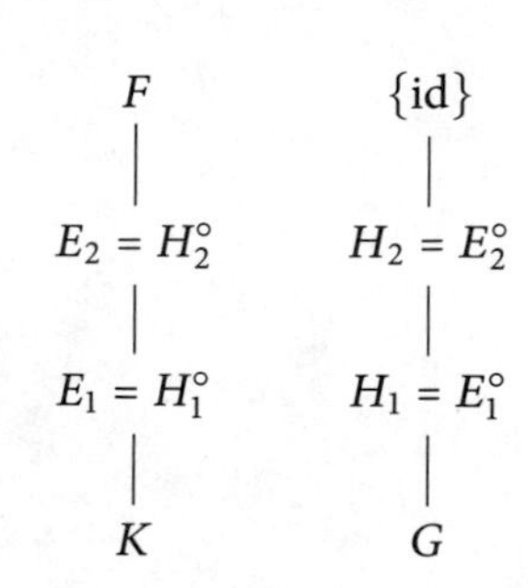

Beweis. Die Inklusion $E \subset E^{\circ\circ}$ ist trivial. Ist dagegen $\alpha \in F \setminus E$, dann gibt es nach Kor. 8.9 einen Automorphismus $\sigma \in \mathrm{Gal}(F/E) = E^\circ$ mit $\sigma(\alpha) \neq \alpha$. Also folgt $\alpha \notin E^{\circ\circ}$, was die umgekehrte Inklusion zeigt.

Ebenso ist die Inklusion $H \subset H^{\circ\circ}$ klar nach Definition. Nach Satz 8.22 ist $H^\circ \subset F$ eine Galoiserweiterung mit Galoisgruppe $H^{\circ\circ}$. Es gilt deshalb $[F : H^\circ] = |H^{\circ\circ}|$. Außerdem gibt es nach dem Satz vom primitiven Element ein $\alpha \in F$ mit $F = H^\circ(\alpha)$. Sei $f \in H^\circ[x]$ das Minimalpolynom von α und betrachte das Polynom

$$g = \prod_{\sigma \in H} (x - \sigma(\alpha)).$$

Die Koeffizienten von g sind Fixpunkte der Operation von H und liegen deshalb nach Kor. 8.9 in H°. Wegen $g(\alpha) = 0$ folgt $f|g$ und damit

$$|H^{\circ\circ}| = [F : H^\circ] = \deg(f) \leqslant \deg(g) = |H|.$$

Wegen $H \subset H^{\circ\circ}$ folgt daraus die Gleichheit. Es bleiben (1)–(3) zu zeigen.

(1) Aus $E_1 \subset E_2$ folgt $E_2^\circ \subset E_1^\circ$; umgekehrt aus $E_2^\circ \subset E_1^\circ$ nun $E_1 = E_1^{\circ\circ} \subset E_2^{\circ\circ} = E_2$.

(2) Wir wissen, dass F/E_1 und F/E_2 Galoiserweiterungen sind, mit Galoisgruppe E_1° bzw. E_2°. Da sich die Körpergrade multiplizieren, gilt mit dem Satz von Lagrange $|E_1^\circ| = [F : E_1] = [F : E_2][E_2 : E_1]$ und $|E_1^\circ| = |E_2^\circ|[E_1^\circ : E_2^\circ] = [F : E_2][E_1^\circ : E_2^\circ]$, also $[E_2 : E_1] = [E_1^\circ : E_2^\circ]$ durch Kürzen.

(3) Die erste Aussage folgt aus Satz 8.22(2). Wir betrachten die Einschränkung

$$\rho\colon E_1^\circ = \mathrm{Gal}(F/E_1) \to \mathrm{Gal}(E_2/E_1),\ \sigma \mapsto \sigma|_{E_2}.$$

Das ist wohldefiniert, weil E_2 normal über E_1 ist und deshalb $\sigma(E_2) \subset E_2$ für $\sigma \in \mathrm{Gal}(F/E_1)$ gilt. Es ist klar, dass ρ ein Homomorphismus ist. Der Kern von ρ ist per Definition gerade E_2°. Nach Lemma 7.33 ist ρ außerdem surjektiv. Die Behauptung folgt damit aus dem Isomorphiesatz. ■

8.25 Korollar *In einer endlichen separablen Körpererweiterung gibt es nur endlich viele Zwischenkörper.*

Für inseparable Körpererweiterungen ist diese Aussage falsch (Beispiel 7.54).

Beweis. Es sei E/K endlich und separabel. Ist E/K auch normal, dann folgt die Behauptung unmittelbar aus dem Hauptsatz. Denn die Galoisgruppe $\mathrm{Gal}(E/K)$ ist endlich und hat deshalb auch nur endlich viele Untergruppen. Ist E/K nicht normal, dann können wir zur normalen Hülle N_0/E übergehen (Satz 7.34), die normal über K ist. Die Erweiterung N_0/K ist wieder separabel, denn sie entsteht als Zerfällungskörper von Minimalpolynomen von Elementen aus E. Da jeder Zwischenkörper von E/K auch ein Zwischenkörper von N_0/K ist, folgt die Behauptung. ■

8.26 Beispiel Für $F = \mathbb{Q}(\sqrt[3]{2}, \sqrt{-3}) = \mathbb{Q}(\alpha, \omega)$ mit Galoisgruppe S_3 erzeugt vom Dreizykel σ und der Transposition τ mit $\sigma(\alpha) = \omega\alpha$, $\sigma(\omega) = \omega$ und $\tau(\alpha) = \omega\alpha$, $\tau(\omega) = \omega^2$ können wir nun leicht alle echten Zwischenkörper bestimmen. Sie entsprechen den echten Untergruppen von S_3. Diese sind gerade $A_3 \cong \langle\sigma\rangle$ und die zweielementigen Untergruppen $\langle\tau\rangle$, $\langle\tau\sigma\rangle$, $\langle\tau\sigma^2\rangle$. Die zugehörigen Fixkörper sind

$$\langle\sigma\rangle^\circ = \mathbb{Q}(\omega), \quad \langle\tau\rangle^\circ = \mathbb{Q}(\omega^2\alpha), \quad \langle\tau\sigma\rangle^\circ = \mathbb{Q}(\alpha), \quad \langle\tau\sigma^2\rangle^\circ = \mathbb{Q}(\omega\alpha).$$

Der Hauptsatz der Galoistheorie sagt uns nun unter anderem, dass das wirklich alle echten Zwischenkörper der Erweiterung $F/\mathbb{Q}$ sind.

Außerdem ist die Erweiterung $\mathbb{Q} \subset \mathbb{Q}(\omega) = \langle\sigma\rangle^\circ$ normal vom Grad 2, und ihre Galoisgruppe damit zyklisch der Ordnung 2. Nach dem Hauptsatz erhalten wir diese Galoisgruppe als Faktorgruppe $\mathrm{Gal}(F/\mathbb{Q})/\langle\sigma\rangle$, erzeugt von der Nebenklasse $\tau\langle\sigma\rangle$. ◇

Miniaufgaben

8.10 Es sei $F = \mathbb{Q}(\sqrt{2}, \sqrt{3})$. Bestimme alle Untergruppen von $\mathrm{Gal}(F/\mathbb{Q})$ und die zugehörigen Zwischenkörper der Erweiterung.

8.5 *Der Fundamentalsatz der Algebra*

In diesem Abschnitt verwenden wir den Hauptsatz der Galoistheorie und den Satz von Sylow, um den Fundamentalsatz der Algebra zu beweisen:

8.27 Satz *Der Körper $\mathbb{C}$ ist algebraisch abgeschlossen.*

Der Fundamentalsatz wird meistens schon in der linearen Algebra benutzt (in der Eigenwerttheorie), aber nicht bewiesen. Mehrere einfache und überzeugende Beweise lassen sich mit Funktionentheorie geben, zum Beispiel direkt aus dem Satz von Liouville, der besagt, dass jede beschränkte ganze Funktion konstant ist.

Der Fundamentalsatz der Algebra hat eine lange Geschichte von der Renaissance bis ins 19. Jahrhundert, auch weil es gedauert hat, bis die Aussage ihre heutige Form erhielt. Der erste vollständige Beweis findet sich in Gauß' Dissertation (1799).

Wir geben hier einen Beweis mit Hilfe der Galoistheorie. Ganz ohne Analysis oder Topologie geht es aber auch hier nicht:

8.28 Lemma *(1) Jede positive reelle Zahl hat eine reelle Quadratwurzel.*
(2) Jedes Polynom ungeraden Grades in $\mathbb{R}[x]$ hat eine reelle Nullstelle.

Beweis. Beides beweist man in Analysis I, (1) zum Beispiel aus der Supremumseigenschaft von $\mathbb{R}$ und (2) aus dem Zwischenwertsatz. ■

Dass wir Lemma 8.28 nicht auch mit Mitteln der Algebra beweisen können, liegt vor allem daran, dass die Algebra keinen scharfen Begriff davon hat, was eine reelle Zahl ist. Die Cauchy-Vollständigkeit ist eine analytische Eigenschaft. Es gibt aber eine algebraische Theorie »reell abgeschlossener Körper«. Das sind angeordnete Körper mit den beiden Eigenschaften aus Lemma 8.28. Der Fundamentalsatz der Algebra sagt dann, dass ein solcher Körper algebraisch abgeschlossen wird, sobald man ihm eine Quadratwurzel aus −1 hinzufügt, was sich genauso mit Galoistheorie beweisen lässt.

8.29 Korollar *Jedes quadratische Polynom in $\mathbb{C}[x]$ besitzt eine Nullstelle.*

Beweis. Nach der quadratischen Lösungsformel genügt es dafür zu zeigen, dass jede komplexe Zahl eine komplexe Quadratwurzel besitzt. Die Existenz einer Quadratwurzel von $z = u + vi$ bedeutet die Lösbarkeit der Gleichung $w^2 = z$ in $w = a + bi$ und damit der beiden Gleichungen

$$a^2 - b^2 = u \quad \text{und} \quad 2ab = v$$

in a und b. Einsetzen von $b = \frac{v}{2a}$ in die erste führt auf $4a^4 - 4ua^2 - v^2 = 0$. Das ist eine quadratische Gleichung in a^2 und hat die Lösung $a^2 = 2u + 2\sqrt{u^2 + v^2}$. Die rechte Seite ist positiv, so dass man das gesuchte a als reelle Quadratwurzel bekommt und daraus sofort b bestimmen kann. ■

Bevor wir nun den Fundamentalsatz der Algebra beweisen können, brauchen wir noch eine Hilfsaussage aus der Gruppentheorie (vgl. Aufgabe 4.20).

8.30 Lemma *Es sei p eine Primzahl, $k \in \mathbb{N}$ und G eine Gruppe der Ordnung p^k. Für jedes $l \in \mathbb{N}$ mit $l \leqslant k$ besitzt G eine Untergruppe der Ordnung p^l.*

Beweis. Das beweisen wir durch Induktion nach k. Für $k = 1$ ist nichts zu zeigen. Sei also $k \geqslant 2$. Nach Kor. 4.16 gilt $|Z(G)| = p^m$ für ein $m \in \mathbb{N}$ mit $0 < m \leqslant k$. Ist $l \leqslant m$, dann können wir eine Untergruppe der Ordnung p^l in $Z(G)$ wählen, da $Z(G)$ abelsch ist (Kor. 3.72). Ist $l > m$, dann betrachten wir die Faktorgruppe $G/Z(G)$ der Ordnung p^{k-m}. Nach Induktionsvoraussetzung besitzt $G/Z(G)$ eine Untergruppe der Ordnung p^{l-m}. Ihr Urbild unter $G \to G/Z(G)$ hat dann die Ordnung p^l. ■

Beweis des Fundamentalsatzes. Es sei $f \in \mathbb{C}[x]$ ein nicht-konstantes Polynom. Nach Satz 7.26 zerfällt f in einer endlichen Erweiterung in Linearfaktoren. Es genügt deshalb zu zeigen, dass $\mathbb{C}$ überhaupt keine echten endlichen Erweiterungen besitzt.

Es sei also $F_0/\mathbb{C}$ eine endliche Körpererweiterung. Dann ist auch $F_0/\mathbb{R}$ endlich und nach Satz 7.34(2) in einer Galoiserweiterung $F/\mathbb{R}$ enthalten. Es sei $G = \mathrm{Gal}(F/\mathbb{R})$ die Galoisgruppe. Die Gleichheit

$$[F:\mathbb{R}] = [F:\mathbb{C}]\cdot[\mathbb{C}:\mathbb{R}] = 2\cdot[F:\mathbb{C}]$$

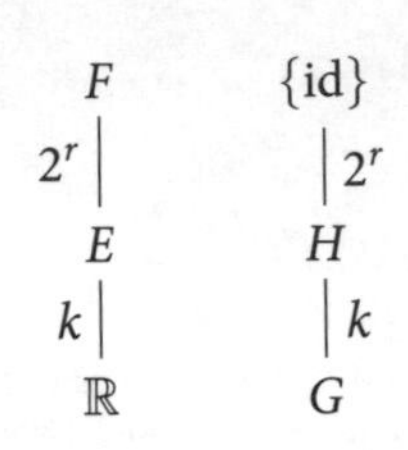

zeigt, dass $|G| = [F:\mathbb{R}]$ gerade ist, etwa $|G| = 2^r \cdot k$ mit $r \geqslant 1$ und k ungerade. Sei $H \subset G$ eine 2-Sylowgruppe von G der Ordnung $|H| = 2^r$ (Satz 4.19) und sei $E = H^\circ$ der zugehörige Fixkörper von H in F. Wir wenden den Hauptsatz der Galoistheorie auf diese Situation an: Die Galoiskorrespondenz, wie nebenstehend abgebildet, zeigt, dass $[E:\mathbb{R}] = [G:H] = k$ ungerade ist. Nach Lemma 8.28 hat aber jedes Polynom von ungeradem Grad über $\mathbb{R}$ eine Nullstelle in $\mathbb{R}$. Daraus folgt $E = \mathbb{R}$, was $[F:\mathbb{R}] = 2^r$ und damit $[F:\mathbb{C}] = 2^{r-1}$ impliziert. Wäre $r > 1$, dann könnten wir nach Lemma 8.30 eine Untergruppe H' von $\mathrm{Gal}(F/\mathbb{C})$ der Ordnung 2^{r-2} finden. Der Fixkörper $(H')^\circ$ von H' wäre dann eine quadratische Körpererweiterung von $\mathbb{C}$. Das kann aber nicht sein, da es nach Kor. 8.29 kein irreduzibles quadratisches Polynom in $\mathbb{C}[x]$ gibt. Es muss also $r = 1$ sein und damit $F = F_0 = \mathbb{C}$ gelten. ∎

8.6 *Auflösbarkeit algebraischer Gleichungen*

Die Galoistheorie ist entstanden aus Fragen über die Auflösbarkeit von Polynomgleichungen durch Wurzelziehen, was wir in diesem Abschnitt diskutieren.

Eine Wurzel zu ziehen ist ja nichts anderes, als einen bestimmten Typ von Polynomgleichung in einem Körper K zu lösen, nämlich eine Gleichung der Form

$$x^n = a \qquad (a \in K).$$

Mit der Notation $\sqrt[n]{a}$ für $a \in K$ muss man vorsichtig sein. Denn $x^n - a$ ist nicht unbedingt irreduzibel, so dass verschiedene Wurzeln zu nicht-isomorphen Erweiterungen führen können. Man sieht das bereits bei den Einheitswurzeln: $\sqrt[n]{1}$ könnte für 1 stehen, aber auch für eine primitive Einheitswurzel.

Die Frage ist, ob und wie sich das Lösen *allgemeiner Gleichungen* auf das Wurzelziehen zurückführen lässt. Für quadratische Gleichungen drückt die klassische Lösungsformal genau das aus: Sie schreibt die beiden Lösungen mithilfe einer Quadratwurzel hin. (Ob man die Wurzel dann numerisch ausrechnet oder einfach stehen lässt, ist eine andere Frage.) Entsprechend, wenn auch komplizierter, ist das bei den Lösungsformeln in Grad 3 und 4 (siehe Exkurs 8.7). Mithilfe der Galoistheorie kann man genau analysieren, welche Körpererweiterungen durch Adjunktion von Wurzeln entstehen und damit auch, welche Gleichungen sich in dieser Weise lösen lassen.

Definition Eine Körpererweiterung E/K heißt eine **einfache Radikalerweiterung**, falls es $\alpha \in E$ und $n \in \mathbb{N}$ gibt mit $E = K(\alpha)$ und $\alpha^n \in K$.

Eine solche einfache Radikalerweiterung von K ist also ein Nullstellenkörper des Polynoms $x^n - a$ mit $a = \alpha^n \in K$. Als Erstes halten wir fest, dass sich die Situation vereinfacht, wenn wir n-te Einheitswurzeln zur Hilfe nehmen, wie wir es von den Kubikwurzeln kennen. Wir beschränken uns auf Körper der Charakteristik 0.

8.31 Proposition *Es sei K ein Körper der Charakteristik 0 und $E = K(\alpha)$ eine einfache Radikalerweiterung mit $a = \alpha^n \in K$, $a \neq 0$. Genau dann zerfällt $x^n - a$ über E in Linearfaktoren, wenn E eine primitive n-te Einheitswurzel ω enthält. In diesem Fall sind*

$$\alpha, \omega\alpha, \omega^2\alpha, \ldots, \omega^{n-1}\alpha$$

die n-ten Wurzeln von a in E.

Beweis. Ist $\omega \in E$ eine primitive n-te Einheitswurzel, dann sind die Elemente α, $\omega\alpha$, $\omega^2\alpha, \ldots, \omega^{n-1}\alpha$ alle verschieden und sind Nullstellen von $x^n - a$. Zerfällt umgekehrt $x^n - a$ über E, dann sind seine Nullstellen $\alpha_1, \ldots, \alpha_n$ in E alle verschieden. Denn das Polynom $x^n - a$ hat die Ableitung nx^{n-1} und ist damit separabel (Prop. 5.4). Die Elemente $\frac{\alpha_j}{\alpha_1}$ für $j = 1, \ldots, n$ sind dann n-te Einheitswurzeln und alle verschieden, so dass sich darunter eine primitive n-te Einheitswurzel befinden muss. ■

Das hat die folgende Konsequenz für die Galoisgruppe.

8.32 Satz *Es sei K ein Körper der Charakteristik 0, der eine primitive n-te Einheitswurzel enthält. Für jedes $a \in K$ ist der Zerfällungskörper von $x^n - a$ eine einfache Radikalerweiterung mit zyklischer Galoisgruppe, deren Ordnung n teilt.*

Von dieser Aussage gilt auch eine Umkehrung (Satz 8.40).

Beweis. Es sei $\omega \in K$ eine primitive n-te Einheitswurzel und E ein Zerfällungskörper von $x^n - a$ über K. Ist $\alpha \in E$ mit $\alpha^n = a$, dann hat $x^n - a$ nach Prop. 8.31 die Nullstellen $\alpha, \omega\alpha, \omega^2\alpha, \ldots, \omega^{n-1}\alpha$. Insbesondere ist $E = K(\alpha)$ eine einfache Radikalerweiterung. Ist $\sigma \in \mathrm{Gal}(E/K)$, dann gibt es also $i(\sigma) \in \{0, \ldots, n-1\}$ mit $\sigma(\alpha) = \alpha\omega^{i(\sigma)}$. Die Zuordnung $\mathrm{Gal}(E/K) \to \mathbb{Z}/n$, $\sigma \mapsto i(\sigma)$ ist ein Homomorphismus und wegen $E = K(\alpha)$ injektiv. Also ist $\mathrm{Gal}(E/K)$ isomorph zu einer Untergruppe von $\mathbb{Z}/n$. ■

Als Nächstes wollen wir das Wurzelziehen iterieren.

Definition Eine endliche Körpererweiterung E/K heißt eine **Radikalerweiterung**, wenn es einen endlichen Turm

$$K = K_0 \subset K_1 \subset \cdots \subset K_m = E$$

von Körpererweiterungen gibt, in dem K_i/K_{i-1} eine einfache Radikalerweiterung ist (für $i = 1, \ldots, m$).

Die Frage nach der Auflösbarkeit von Gleichungen durch Wurzelziehen formulieren wir nun so:

Wann hat ein Polynom f eine Nullstelle in einer Radikalerweiterung?

In diesem Fall sagen wir auch, »die Polynomgleichung $f = 0$ ist durch Wurzelziehen auflösbar«. Denn man kann eine Lösung der Gleichung dann durch iteriertes Wurzelziehen aus Elementen des Grundkörpers hinschreiben.

Wir untersuchen die Radikalerweiterungen mit Hilfe der Galoistheorie, nach folgendem Plan: Gegeben sei ein Turm $K = K_0 \subset K_1 \subset \cdots \subset K_m$ von einfachen Radikalerweiterungen wie oben. Angenommen K_m/K ist eine Galoiserweiterung und jeder Schritt K_i/K_{i-1} ist normal. Setzen wir $G_i = \mathrm{Gal}(K_m/K_i)$, dann bekommen wir nach dem Hauptsatz der Galoistheorie eine Kette

$$\{\mathrm{id}\} = G_m \subset G_1 \subset \cdots \subset G_0 = \mathrm{Gal}(K_m/K)$$

von Untergruppen der Galoisgruppe G_0, wobei $G_i \lhd G_{i-1}$ ein Normalteiler ist mit $G_{i-1}/G_i \cong \mathrm{Gal}(K_i/K_{i-1})$. Da K_i/K_{i-1} eine Radikalerweiterung ist, ist G_{i-1}/G_i zyklisch nach Satz 8.32, sofern K_{i-1} eine passende Einheitswurzel enthält. Die Galoisgruppe G_0 ist also in bestimmter Weise aus zyklischen Gruppen zusammengesetzt. Um das genauer zu verstehen, brauchen wir noch etwas mehr Gruppentheorie.

Definition Eine endliche Gruppe G heißt **auflösbar**, wenn es $k \in \mathbb{N}$ und eine Kette von Untergruppen

$$\{e\} = H_k \lhd H_{k-1} \lhd \cdots \lhd H_0 = G$$

von G mit folgenden Eigenschaften gibt:

(1) H_i ist normal in H_{i-1} für $i = 1, \ldots, k$;

(2) Die Faktorgruppe H_{i-1}/H_i ist abelsch für $i = 1, \ldots, k$.

Eine solche Folge von Normalteilern[2] nennen wir eine **Auflösung** von G.

[2] Genauer gesagt ist dies eine Folge von *Subnormalteilern*, denn jedes H_i ist normal in H_{i-1}, aber nicht unbedingt in G.

8.33 Beispiele (1) Jede abelsche Gruppe ist auflösbar ($k = 1$).

(2) Die Diedergruppe D_n, erzeugt wie üblich von einer Drehung d und einer Spiegelung s, ist auflösbar. Denn die Drehgruppe $\langle d \rangle$ ist normal und abelsch, und die Faktorgruppe $D_n/\langle d \rangle$ ist zyklisch der Ordnung 2, erzeugt von der Nebenklasse von s. Mit anderen Worten

$$\{e\} \lhd \langle d \rangle \lhd D_n$$

ist eine Auflösung der Gruppe D_n.

(3) Die Gruppen S_n und A_n sind für $n \geqslant 5$ nicht auflösbar: Denn A_n ist nicht abelsch und enthält keinen nicht-trivialen Normalteiler (Satz 3.43). Für eine Auflösung gibt es also noch nicht einmal einen ersten Schritt. Der einzige echte Normalteiler von S_n ist A_n (Aufgabe 3.26), so dass auch S_n keine Auflösung besitzt. ◇

Ein berühmter Satz der modernen Algebra, der **Satz von Feit-Thompson**, besagt, dass jede endliche Gruppe von ungerader Ordnung auflösbar ist. Der Beweis ist lang und gilt als ausgesprochen kompliziert. Walter Feit und John G. Thompson: »Solvability of groups of odd order«. In: *Pac. J. Math.* 13 (1963)

Die Existenz einer Auflösung einer endlichen Gruppe kann man mit Hilfe von Kommutatoren charakterisieren. *Erinnerung an §3.7:* Der *Kommutator* von zwei Elementen g, h in einer Gruppe G ist $[g, h] = ghg^{-1}h^{-1}$ und hat die Eigenschaft $gh = [g, h]hg$. Die *Kommutatorgruppe* von G ist die von allen Kommutatoren erzeugte Untergruppe und wird mit G' bezeichnet. Sie ist ein Normalteiler und die Faktorgruppe G/G' ist abelsch, genauer die größtmögliche abelsche Faktorgruppe von G (Lemma 3.52).

Definition Es sei G eine Gruppe. Die induktiv durch $G^{(0)} = G$ und

$$G^{(n)} = (G^{(n-1)})' \quad \text{für } n \geqslant 1$$

definierten Untergruppen sind die **iterierten Kommutatorgruppen von** G. Die iterierten Kommutatorgruppen bilden eine absteigende Kette $G = G^{(0)} \supset G^{(1)} \supset G^{(1)} \supset G^{(2)} \supset \cdots$. Jede Untergruppe ist die Kommutatorgruppe der vorigen.

8.34 Satz *Eine endliche Gruppe G ist genau dann auflösbar, wenn es ein $k \in \mathbb{N}$ gibt mit $G^{(k)} = \{e\}$.*

Beweis. Ist $G^{(k)} = \{e\}$, dann betrachten wir die Kette

$$\{e\} = G^{(k)} \lhd G^{(k-1)} \lhd \cdots \lhd G^{(1)} \lhd G^{(0)} = G$$

der iterierten Kommutatorgruppen. Die Faktorgruppen $G^{(i-1)}/G^{(i)}$ sind nach Lemma 3.52 alle abelsch, was zeigt, dass G auflösbar ist.

Sei umgekehrt G auflösbar und sei $\{e\} = H_k \lhd H_{k-1} \lhd \cdots \lhd H_0 = G$ eine Auflösung von G. Wir zeigen, dass dann $G^{(i)} \subset H_i$ gilt, und damit insbesondere $G^{(k)} = \{e\}$. Das beweisen wir durch Induktion nach i. Für $i = 0$ ist nichts zu zeigen. Es gelte also $G^{(i-1)} \subset H_{i-1}$ für ein $i \geqslant 1$. Nach Voraussetzung ist H_{i-1}/H_i abelsch, woraus nach Lemma 3.52 $H'_{i-1} \subset H_i$ folgt. Also gilt

$$G^{(i)} = (G^{(i-1)})' \subset H'_{i-1} \subset H_i. \qquad \blacksquare$$

8.35 Lemma *Es sei G eine endliche Gruppe, $H \subset G$ eine Untergruppe und $N \triangleleft G$ ein Normalteiler.*

(1) Ist G auflösbar, dann auch H.

(2) Genau dann ist G auflösbar, wenn N und G/N auflösbar sind.

Beweis. (1) Aus $G^{(k)} = \{e\}$ für ein k folgt $H^{(k)} \subset G^{(k)} = \{e\}$. Also ist auch H auflösbar.

(2) Sei G auflösbar. Nach (1) ist dann auch N auflösbar. Um die Auflösbarkeit von G/N zu zeigen, sei $\pi: G \to G/N$ die Nebenklassenabbildung. Es gilt

$$(G/N)^{(i)} = \pi(G^{(i)})$$

für jedes $i \in \mathbb{N}$; dies folgt aus der Gleichheit $[gN, hN] = [g,h]N$. Aus $G^{(k)} = \{e\}$ folgt also $(G/N)^{(k)} = \{eN\}$, so dass G/N auflösbar ist.

Sind umgekehrt G/N und N auflösbar, dann gibt es $k, l \in \mathbb{N}$ mit $(G/N)^{(k)} = \{eN\}$ und $N^{(l)} = \{e\}$. Wegen $(G/N)^{(k)} = \pi(G^{(k)})$ folgt $G^{(k)} \subset \mathrm{Kern}(\pi) = N$ und damit $G^{(k+l)} \subset N^{(l)} = \{e\}$. ■

Miniaufgaben

8.11 Gib explizit eine Auflösung der nicht-abelschen Gruppe S_3 an.

8.12 Bestimme auch Auflösungen für die Gruppen A_4 und S_4. (*Hinweis:* Aufgabe 3.37.)

NACH DIESEM EINSCHUB ÜBER AUFLÖSBARE GRUPPEN kehren wir nun zur Galoistheorie zurück und beweisen den folgenden berühmten Satz.

8.36 Satz (Galois) *Es sei K ein Körper der Charakteristik 0 und sei $f \in K[x]$ ein irreduzibles Polynom. Ist die Gleichung*

$$f = 0$$

durch Wurzelziehen auflösbar, dann ist $\mathrm{Gal}(f/K)$ eine auflösbare Gruppe.

Daraus bekommen wir viele Beispiele für Gleichungen, die sich nicht durch Wurzelziehen auflösen lassen. Der Beweis von Satz 8.36 wird einen Großteil dessen benutzen, was wir bisher an Methoden entwickelt haben. Es gilt auch die Umkehrung, das heißt, jede Gleichung mit auflösbarer Galoisgruppe ist durch Wurzelziehen auflösbar. Dies ist zusammen mit weiteren Ergänzungen in Exkurs 8.7 dargestellt.

Beweis. Nach Voraussetzung gibt es einen Turm $K = K_0 \subset K_1 \subset \cdots \subset K_l$ von einfachen Radikalerweiterungen, für $0 \leqslant i \leqslant l-1$ etwa

$$K_{i+1} = K_i(\alpha_{i+1}) \quad \text{mit} \quad \alpha_{i+1}^{n_i} = \beta_i \in K_i,\ \alpha_{i+1} \neq 0,$$

wobei K_l eine Nullstelle von f enthält. Um mit der Galoistheorie arbeiten zu können, modifizieren wir den Turm induktiv und ersetzen als Erstes K_1 durch den Zerfällungskörper E_1/K von $g_0 = x^{n_0} - \beta_0$; insbesondere gilt $K_1 \subset E_1$. Ist dann $j \geqslant 1$ und E_j/K normal mit $K_j \subset E_j$ und Galoisgruppe $\mathrm{Gal}(E_j/K) = \{\sigma_1, \ldots, \sigma_{d_j}\}$, dann ersetzen wir als Nächstes K_{j+1} durch den Zerfällungskörper E_{j+1} von

$$g_j = (x^{n_j} - \sigma_1(\beta_j))(x^{n_j} - \sigma_2(\beta_j)) \cdot \ldots \cdot (x^{n_j} - \sigma_{d_j}(\beta_j))$$

über E_j. Die Koeffizienten von g_j liegen in K, nach Kor. 8.9, denn die Linearfaktoren von g_j werden von der Galoisgruppe $\mathrm{Gal}(E_j/K)$ nur permutiert. Daher ist E_{j+1}/K normal, denn es ist der Zerfällungskörper von $g_0 \cdots g_j$ über K.

Da die Polynome $x^{n_j} - \sigma_i(\beta_j)$ in E_l alle zerfallen, enthält E_l primitive n_j-te Einheitswurzeln, nach Prop. 8.31. Ist n das kleinste gemeinsame Vielfache der Wurzelgrade $n_1, \ldots, n_l$, dann enthält E_l also eine primitive n-te Einheitswurzel ω. Wir betrachten die Erweiterung $E_{j+1}(\omega)/E_j(\omega)$ für $j \geqslant 0$: Sie ist eine Radikalerweiterung, denn der Zerfällungskörper jedes einzelnen Faktors $x^{n_j} - \sigma_i(\beta_j)$ von g_j über $E_j(\omega)$ ist nach Satz 8.32 eine einfache Radikalerweiterung mit zyklischer Galoisgruppe. Indem wir alles zusammensetzen, erhalten wir so einen modizierten Turm

$$K \subset K(\omega) = F_0 \subset F_1 \subset \cdots \subset F_m = E_l$$

von Galoiserweiterungen, wobei $G_j = \mathrm{Gal}(F_j/F_{j-1})$ für jedes $j \geqslant 1$ zyklisch ist. Die Galoisgruppe G_0 von $K(\omega)/K$ ist nach Kor. 8.21 außerdem abelsch. Also ist

$$\{\mathrm{id}\} = \mathrm{Gal}(F_m/F_m) \lhd \mathrm{Gal}(F_m/F_{m-1}) \lhd \cdots \lhd \mathrm{Gal}(F_m/K)$$

eine Kette von Normalteilern mit $\mathrm{Gal}(F_m/F_{j-1})/\,\mathrm{Gal}(F_m/F_j) \cong G_j$ nach dem Hauptsatz der Galoistheorie und damit eine Auflösung von $\mathrm{Gal}(F_m/K)$. Nach Voraussetzung enthält $K_l \subset F_m$ eine Nullstelle von f. Da f irreduzibel und F_m/K normal ist, enthält F_m dann einen Zerfällungskörper E von f. Wieder mit dem Hauptsatz der Galoistheorie folgt $\mathrm{Gal}(f/K) \cong \mathrm{Gal}(E/K) \cong \mathrm{Gal}(F_m/K)/\,\mathrm{Gal}(F_m/E)$, so dass $\mathrm{Gal}(f/K)$ als Faktorgruppe einer auflösbaren Gruppe nach Lemma 8.35 ebenfalls auflösbar ist. ■

Die Suche nach einer allgemeinen Lösungsformel für Gleichungen fünften Grades war über Jahrhunderte ein offenes Problem. Dass dieses Problem unlösbar ist, wurde von PAOLO RUFFINI (1765–1822) im Jahr 1799 erstmals erklärt, aber sein Beweis brauchte eine zusätzliche Voraussetzung. Den ersten vollständigen Beweis gab Abel im Jahr 1824. Erst der Zugang, den Galois wenig später in seinen Aufzeichnungen skizzierte, ergab auch ein Kriterium für die Auflösbarkeit einer Gleichung.

NIELS HENRIK ABEL (1802–1829) norwegischer Mathematiker
Porträt von Johan Görbitz

Was bedeutet das nun tatsächlich für das Lösen von Polynomgleichungen? Unter einer »allgemeinen Lösungsformel« stellt man sich ja in der Regel eine Formel vor, die die Lösungen einer allgemeinen Gleichung

$$a_n x^n + a_{n-1}x^{n-1} + \cdots + a_1 x + a_0 = 0$$

als Ausdruck in den Koeffizienten $a_0, \ldots, a_n$ hinschreibt. Um Satz 8.36 in dieser Situation anwenden zu können, kann man die Koeffizienten als zusätzliche Variablen auffassen (siehe Exkurs 8.7). Beim Zerfällungskörper eines einzelnen Polynoms kommt es dagegen auf die konkreten Koeffizienten an. Für ein zufällig gewähltes Polynom vom Grad n erwarten wir aber, dass der Zerfällungskörper den Grad $n!$ hat und die Galoisgruppe von f damit zu S_n isomorph ist (Kor. 8.5). Und wenn schon für spezielle Koeffizienten keine Lösung durch Wurzelziehen möglich ist, dann erst recht nicht für allgemeine Koeffizienten. Diese Erkenntnis ging der genauen Klassfikation der auflösbaren Gleichungen durch die Galoistheorie voraus.

8.37 Satz (Abel-Ruffini) *Die allgemeine algebraische Gleichung vom Grad fünf oder größer lässt sich nicht durch Wurzelziehen auflösen.*

Das ist noch etwas vage. Zumindest wenn n eine Primzahl ist, können wir Polynome mit Galoisgruppe S_n aber mit Hilfe des folgenden Tricks konkret angeben.

8.38 Satz *Es sei p eine Primzahl und $f \in \mathbb{Q}[x]$ ein irreduzibles Polynom vom Grad p mit genau $p-2$ reellen und 2 nicht-reellen Nullstellen in $\mathbb{C}$. Dann gilt* $\mathrm{Gal}(f/\mathbb{Q}) \cong S_p$. *Insbesondere ist die Gleichung $f = 0$ für $p \geqslant 5$ nicht durch Wurzelziehen auflösbar.*

Beweis. Sei f ein solches Polynom mit Nullstellen $\alpha_1, \ldots, \alpha_p \in \mathbb{C}$ und sei E der Zerfällungskörper von f über $\mathbb{Q}$ mit Galoisgruppe $G = \mathrm{Gal}(E/\mathbb{Q})$. Da f irreduzibel ist, ist es separabel und die Nullstellen sind alle verschieden. Die Galoisgruppe G permutiert die Nullstellen und ist wegen $E = \mathbb{Q}(\alpha_1, \ldots, \alpha_p)$ dadurch eindeutig festgelegt. Wir bekommen also einen injektiven Homomorphismus $\iota\colon G \to S_p$ (vgl. Kor. 8.5). Da f reelle

Koeffizienten hat, gilt $\overline{f(z)} = f(\overline{z})$. Die komplexe Konjugation vertauscht also ebenfalls die Nullstellen. Sie entspricht einer Transposition in S_p, da f genau zwei nicht-reelle Nullstellen hat. Da E einen Nullstellenkörper von f enthält, ist $[E : K] = |G|$ außerdem durch p teilbar. Nach dem Satz von Cauchy 4.10 enthält G also ein Element der Ordnung p. Da p eine Primzahl ist, muss die zugehörige Permutation in S_p ein p-Zykel sein; siehe etwa Lemma 3.6. Also enthält die Untergruppe $\iota(G)$ von S_p einen p-Zykel und eine Transposition, ohne Einschränkung etwa $\sigma = (1 \cdots p)$ und $\tau = (1\ i)$, mit $2 \leqslant i \leqslant p$. Es folgt $\iota(G) = \langle \sigma, \tau \rangle \supset \langle \sigma^{i-1}, \tau \rangle = S_p$ nach Prop. 3.14. ■

8.39 Beispiel Das Polynom $f = x^5 - 16x + 2$ ist irreduzibel (Eisenstein zur Primzahl 2) und erfüllt die übrigen Voraussetzungen des Satzes, hat also genau drei reelle Nullstellen und zwei nicht-reelle. (Beweis: Die Ableitung f' hat genau zwei reelle Nullstellen, nämlich $y_{1,2} = \pm \frac{2}{\sqrt[4]{5}}$. Es gilt $f(y_1) < 0$ und $f(y_2) > 0$ (durch Nachrechnen) sowie $y_1 > y_2$. Da f normiert von ungeradem Grad ist, gilt andererseits $\lim_{a\to\infty} f(a) = \infty$ und $\lim_{a\to-\infty} f(a) = -\infty$. Also hat f nach dem Zwischenwertsatz mindestens drei reelle Nullstellen. Andererseits liegt nach dem Satz von Rolle zwischen zwei reellen Nullstellen von f immer eine Nullstelle der Ableitung. Also kann f auch nicht mehr als drei reelle Nullstellen haben.) Die Galoisgruppe von f ist also S_5 und ist damit nicht auflösbar. Die Gleichung

$$x^5 - 16x + 2 = 0$$

lässt sich nicht durch Wurzelziehen auflösen. ◇

Die Bedingung aus Satz 8.38 ist nicht notwendig, mit anderen Worten, es gibt auch Polynome vom Grad $p \geqslant 5$ mit mehr als zwei nicht-reellen Nullstellen, deren Galoisgruppe zu S_p isomorph ist. Das einfachste Beispiel für ein solches Polynom ist $x^5 - x - 1$.

8.7 *Exkurs: Mehr über Auflösbarkeit*

Den Zusammenhang zwischen der Auflösbarkeit von Gleichungen und der Auflösbarkeit von Galoisgruppen haben wir im vorigen Abschnitt so einfach wie möglich gehalten, um einen schlanken Beweis für das wichtigste Ergebnis, Satz 8.36, zu geben. In diesem Exkurs soll es um einige weitere Aspekte der Auflösbarkeit gehen:

- ◇ Wie kommt man von einer Auflösung der Galoisgruppe zurück zu einer Auflösung der Gleichung?
- ◇ Wie kann man allgemeine Lösungsformeln mit variablen Koeffizienten im Rahmen der Galoistheorie verstehen?
- ◇ Wie hängt dies mit den klassischen Lösungsformeln in Grad 3 und 4 zusammen?

Beginnen wir mit der ersten Frage. Wir haben gezeigt, dass Radikalerweiterungen unter bestimmten Voraussetzungen Galoiserweiterungen mit zyklischer Galoisgruppe sind. Dabei gilt genauer folgende Äquivalenz:

8.40 Satz *Es sei K ein Körper der Charakteristik 0, der eine primitive n-te Einheitswurzel enthält. Eine Galoiserweiterung E/K vom Grad n ist genau dann eine einfache Radikalerweiterung, wenn ihre Galoisgruppe zyklisch ist.*

Beweis. Eine Richtung, vom Körper zur Gruppe, haben wir in Satz 8.32 bewiesen. Für die andere sei $\mathrm{Gal}(E/K)$ zyklisch der Ordnung n, sei $\sigma \in \mathrm{Gal}(E/K)$ ein Erzeuger und $\omega \in K$ eine primitive n-te Einheitswurzel. Für $\alpha \in E$ bilden wir die **Lagrange-Resolvente**

$$\lambda_{\omega,\alpha} = \alpha + \frac{\sigma(\alpha)}{\omega} + \frac{\sigma^2(\alpha)}{\omega^2} + \cdots + \frac{\sigma^{n-1}(\alpha)}{\omega^{n-1}} \in E.$$

Wir wählen $\alpha \in E$ mit $\lambda_{\omega,\alpha} \neq 0$; die Existenz eines solchen α folgt aus dem Lemma von Dedekind (8.10). Außerdem gilt

$$\sigma(\lambda_{\omega,\alpha}) = \omega \cdot \lambda_{\omega,\alpha}.$$

Es folgt $\sigma((\lambda_{\omega,\alpha})^n) = (\sigma(\lambda_{\omega,\alpha}))^n = (\lambda_{\omega,\alpha})^n$ und damit $(\lambda_{\omega,\alpha})^n \in K$ (Kor. 8.9), etwa $\lambda^n_{\omega,\alpha} = a$. Außerdem hat $\lambda_{\omega,\alpha} \neq 0$ in E die n verschiedenen Galois-Konjugierten

$$\lambda_{\omega,\alpha}, \omega\lambda_{\omega,\alpha}, \ldots, \omega^{n-1}\lambda_{\omega,\alpha}.$$

Deshalb ist $x^n - a$ das Minimalpolynom von $\lambda_{\omega,\alpha}$ über K und es folgt $E = K(\lambda_{\omega,\alpha})$. ∎

8.41 Korollar *Es sei K ein Körper der Charakteristik 0. Ist E/K eine Galoiserweiterung mit zyklischer Galoisgruppe vom Grad n, dann ist E in einer einfachen Radikalerweiterung von $K(\omega)$ enthalten, wobei ω eine primitive n-te Einheitswurzel ist.*

Beweis. Es sei $K' = K(\omega)$ und $E' = E(\omega)$. Nach Lemma 8.20 ist $\mathrm{Gal}(E'/K')$ isomorph zu einer Untergruppe von $\mathrm{Gal}(E/K)$ und damit zyklisch. Also ist E'/K' eine einfache Radikalerweiterung, nach dem vorangehenden Satz. ∎

Als Nächstes müssen wir folgenden Punkt klären: In der Definition einer auflösbaren Gruppe werden nur abelsche Faktorgruppen verlangt, nicht zyklische. Für endliche Gruppen macht das aber keinen Unterschied, wie die folgende Aussage zeigt:

8.42 Proposition *Eine endliche Gruppe G ist genau dann auflösbar, wenn es eine Kette von Untergruppen*

$$\{e\} = H_k \lhd H_{k-1} \lhd \cdots \lhd H_0 = G$$

gibt derart, dass H_{i-1}/H_i zyklisch von Primzahlordnung ist, für $i = 1, \ldots, k$.

Beweis. Eine Richtung ist klar, weil jede zyklische Gruppe abelsch ist. Ist umgekehrt G auflösbar, dann gibt es eine Kette der angebenen Form, in der $Q_i = H_{i-1}/H_i$ abelsch ist, aber noch nicht unbedingt zyklisch. Ist Q_i von Primzahlordnung, dann ist Q_i automatisch zyklisch. Andernfalls besitzt Q_i eine echte nicht-triviale Untergruppe. Eine solche Untergruppe entspricht einer Untergruppe $\widetilde{H}_i$ mit $H_i \lhd \widetilde{H}_i \lhd H_{i-1}$ und $H_i \subsetneq \widetilde{H}_i \subsetneq H_{i-1}$, und $H_{i-1}/\widetilde{H}_i$ und $\widetilde{H}_i/H_i$ sind wieder abelsch und von kleinerer Ordnung als Q_i (siehe nachfolgendes Lemma). Wir können die gegebene Kette also zu

$$\{e\} = H_k \lhd \cdots \lhd H_i \lhd \widehat{H}_i \lhd H_{i-1} \lhd \cdots \lhd H_0 = G$$

verfeinern. Dies tun wir so lange, bis alle Faktorgruppen Primzahlordnung haben und damit zyklisch sind. ∎

8.43 Lemma *Es sei G eine Gruppe und sei $N \lhd G$ ein Normalteiler. Ist G/N nicht einfach, dann gibt es einen Normalteiler $N' \lhd G$ mit $N \subsetneq N'$. Ist G/N abelsch, dann sind auch G/N' und N'/N abelsch.*

Beweis. Da G/N nicht einfach ist, enthält G/N einen echten nicht-trivialen Normalteiler. Ein solcher Normalteiler hat die Form N'/N mit $N' \lhd G$ und $N \subsetneq N'$ (siehe Prop. 3.55). Ist G/N abelsch, dann ist N'/N eine Untergruppe von G/N und damit auch abelsch. Außerdem ist $G/N' \cong (G/N)/(N'/N)$ (Kor. 3.60) als Faktorgruppe einer abelschen Gruppe ebenfalls abelsch. ∎

Damit ist alles bereit für die folgende Verstärkung von Satz 8.36:

8.44 Satz *Es sei K ein Körper der Charakteristik 0 und $f \in K[x]$ ein irreduzibles Polynom. Dann sind äquivalent:*

(i) Es gibt eine Radikalerweiterung von K, über der f in Linearfaktoren zerfällt.
(ii) Es gibt eine Radikalerweiterung von K, in der f eine Nullstelle hat.
(iii) Die Galoisgruppe von f ist auflösbar.

Beweis. (i)⇒(ii) ist trivial und (ii)⇒(iii) ist Satz 8.36. Neu ist nur (iii)⇒(i): Sei F der Zerfällungskörper von f über K und sei $G = \mathrm{Gal}(F/K)$. Ist $N \lhd G$ ein Normalteiler mit zyklischer Faktorgruppe G/N der Ordnung n, dann gehört dazu nach dem Hauptsatz der Galoistheorie ein Zwischenkörper $K \subset E \subset F$, der galoissch über K ist mit zyklischer Galoisgruppe

$$\mathrm{Gal}(E/K) \cong \mathrm{Gal}(F/K)/\mathrm{Gal}(F/E) = G/N.$$

Nach Kor. 8.41 ist E in einer einfachen Radikalerweiterung $E'/K(\omega_n)$ enthalten, für eine primitive n-te Einheitswurzel ω_n der Ordnung n.

Da G nach Voraussetzung auflösbar ist, gibt es nach Prop. 8.42 eine Folge von Normalteilern in G mit zyklischen Faktorgruppen. Indem wir das obige Argument sukzessive auf die zugehörigen Zwischenkörper anwenden, folgt, dass $F(\omega)/K$ eine Radikalerweiterung ist, für eine primitive Einheitswurzel, deren Ordnung das kleinste gemeinsame Vielfache der Ordnung aller benötigten Einheitswurzeln ist. ∎

Man kann Satz 8.44 auch auf **Körper der Charakteristik** $p > 0$ verallgemeinern, aber die Erweiterungen mit zyklischer Galoisgruppe entsprechen nicht unbedingt den Radikalerweiterungen, so dass man die Aussage etwas modifizieren muss. Dies hängt an der Separabilität der beteiligten Polynome. Da der Grad eines inseparablen irreduziblen Polynoms immer durch p teilbar ist (Lemma 7.50), bleiben Satz 8.44 und sein Beweis immerhin gültig, solange der Grad des Polynoms f kleiner als p ist.

Die Nichtexistenz allgemeiner Lösungsformeln im Grad 5 und darüber (Satz von Abel-Ruffini) haben wir aus Satz 8.36 gefolgert, indem wir konkrete Polynome über $\mathbb{Q}$ konstruiert haben, deren Galoisgruppe nicht auflösbar ist. Man kann das auch direkter verstehen, indem man die Galoistheorie wirklich auf **allgemeine Polynome** mit variablen Koeffizienten anwendet: Ein normiertes Polynom h vom Grad n in einer Variablen t wird über seinem Zerfällungskörper zu einem Produkt von Linearfaktoren

$$h(t) = (t - x_1) \cdot \ldots \cdot (t - x_n)$$

wobei wir nun die Nullstellen $x_1, \ldots, x_n$ als Variablen auffassen. Die Koeffizienten des allgemeinen Polynoms h sind dann

$$h = t^n + \sum_{i=1}^{n} (-1)^i e_i t^{n-i},$$

wobei sich $e_1, \ldots, e_n$ durch Ausmultiplizieren zu

$$e_1 = x_1 + \cdots + x_n, \quad e_2 = x_1x_2 + x_1x_3 + \cdots + x_{n-1}x_n, \quad \ldots \quad e_n = x_1 \cdots x_n$$

berechnen. Dies sind die **elementarsymmetrischen Polynome** in $x_1, \ldots, x_n$ (siehe Exkurs 5.3). Wenn wir die symmetrische Gruppe S_n auf $x_1, \ldots, x_n$ durch Permutation der Indizes operieren lassen, also durch

$$\sigma \in S_n : x_1 \mapsto x_{\sigma(1)}, \ldots, x_n \mapsto x_{\sigma(n)},$$

für $g \in K[x_1, \ldots, x_n]$ also durch $\sigma(g) = g(x_{\sigma(1)}, \ldots, x_{\sigma(n)})$, dann sind $e_1, \ldots, e_n$ invariant, das heißt, es gilt $\sigma(e_i) = e_i$ für alle $\sigma \in S_n$ und $i = 1, \ldots, n$. Wir gehen nun über zum **rationalen Funktionenkörper**

$$K(x_1, \ldots, x_n) = \mathrm{Quot}(K[x_1, \ldots, x_n]) = \left\{ \frac{f(x_1, \ldots, x_n)}{g(x_1, \ldots, x_n)} \mid g \neq 0 \right\}$$

und seinem Teilkörper

$$K(x_1, \ldots, x_n)^{S_n} = \{ s \in K(x_1, \ldots, x_n) \mid \forall \sigma \in S_n : s(x_{\sigma(1)}, \ldots, x_{\sigma(n)}) = s(x_1, \ldots, x_n) \}$$

der **symmetrischen rationalen Funktionen**. Wir fassen das allgemeine Polynom h wie oben auf als Polynom mit Koeffizienten $1, e_1, \ldots, e_n$ in $K(x_1, \ldots, x_n)^{S_n}$ und Nullstellen $x_1, \ldots, x_n$ in $K(x_1, \ldots, x_n)$. Das ist ein Zerfällungskörper von h über $K(x_1, \ldots, x_n)^{S_n}$.

8.45 Satz *Es gilt* $K(x_1,\dots,x_n)^{S_n} = K(e_1,\dots,e_n)$, *und* $K(x_1,\dots,x_n)/K(e_1,\dots,e_n)$ *ist eine Galoiserweiterung vom Grad* $n!$ *mit Galoisgruppe* S_n.

Die Gleichheit $K(x_1,\dots,x_n)^{S_n} = K(e_1,\dots,e_n)$ kann man auch aus dem Hauptsatz über symmetrische Polynome folgern (Satz 5.15); Aufgabe 8.32

Beweis. Wir setzen $E = K(x_1,\dots,x_n)^{S_n}$, $E_0 = K(e_1,\dots,e_n)$ und $F = K(x_1,\dots,x_n)$. Dann ist F ein Zerfällungskörper des separablen Polynoms h vom Grad n über E_0. Deshalb ist F/E_0 eine Galoiserweiterung vom Grad höchstens $n!$. Andererseits definiert jedes $\sigma \in S_n$ einen E-Automorphismus $F \to F$, $f \mapsto \sigma(f)$. Für Permutationen $\sigma \neq \sigma'$ sind auch diese Automorphismen verschieden. Also ist F/E eine Galoiserweiterung, deren Galoisgruppe S_n enthält und damit mindestens den Grad $|S_n| = n!$ hat. Es muss also $E = E_0$ und $[F : E] = n!$ gelten. Der injektive Homomorphismus

$$S_n \to \mathrm{Gal}(F/E), \sigma \mapsto [f \mapsto \sigma(f)]$$

ist deshalb auch surjektiv und damit ein Isomorphismus. ∎

[3] Es ist leicht zu sehen, dass das allgemeine Polynom h über $K(e_1,\dots,e_n)$ irreduzibel ist.

Wenn wir Satz 8.36 auf diese Erweiterung anwenden[3], dann sagt er also, dass sich die allgemeine Gleichung vom Grad $n \geqslant 5$ nicht durch Wurzelziehen auflösen lässt. Das ist eine präzise Formulierung des Satzes von Abel-Ruffini (8.37).

8.46 Korollar *Für jede endliche Gruppe* G *gibt es einen Körper* E *(mit vorgegebener Charakteristik) und eine Galoiserweiterung* F/E *mit* $\mathrm{Gal}(F/E) \cong G$.

Beweis. Hat G die Ordnung n, dann ist G nach dem Satz von Cayley zu einer Untergruppe von S_n isomorph (Satz 3.31). Wir können also $G \subset S_n$ annehmen. Je nach gewünschter Charakteristik setzen wir $K = \mathbb{Q}$ oder $K = \mathbb{F}_p$ und betrachten die Körpererweiterung $F = K(x_1,\dots,x_n)/K(e_1,\dots,e_n)$ aus Satz 8.45 mit Galoisgruppe S_n. Der Fixkörper $E = G^\circ$ von G hat dann die gewünschte Eigenschaft. ∎

Jede endliche Gruppe tritt also auch als Galoisgruppe in Erscheinung. Sehr viel schwieriger wird diese Frage, wenn man den Grundkörper E vorgeben möchte.

8.47 Beispiel Wenn wir S_3 als Galoisgruppe eines kubischen Polynoms über $\mathbb{Q}$ realisieren, zum Beispiel für das Polynom $x^3 - 2$, dann ist der Zerfällungskörper F über dem Fixkörper $E \cong \mathbb{Q}(\sqrt{-3})$ der zyklischen Untergruppe $\langle(123)\rangle = A_3 \cong \mathbb{Z}/3$ eine Erweiterung F/E mit Galoisgruppe $\mathbb{Z}/3$. Wir haben aber gesehen, dass $\mathbb{Z}/3$ auch als Galoisgruppe eines anderen kubischen Polynoms auftritt, zum Beispiel $x^3 - 3x + 1$ (Beispiel 7.27(2)), also als Galoisgruppe einer Erweiterung von $\mathbb{Q}$. Es ist eine offene Frage, ob jede endliche Gruppe als Galoisgruppe einer Erweiterung $F/\mathbb{Q}$ realisiert werden kann, bekannt als **Umkehrproblem der Galoistheorie**[4]. ◇

[4] Matzat, B. Heinrich. »Der Kenntnisstand in der konstruktiven Galoisschen Theorie«. In: *Representation theory of finite groups and finite-dimensional algebras (Bielefeld, 1991)*. Bd. 95. Progr. Math. Birkhäuser, Basel, 1991, S. 65–98

Die folgende Zusammenfassung ist ziemlich komprimiert. Eine hervorragende Darstellung des ganzen Themas in allen Details findet sich im Buch von D. Cox über Galoistheorie.

SCHLIESSLICH DISKUTIEREN WIR NOCH DIE LÖSUNGSFORMEL für kubische Gleichungen, wobei es nicht auf die schnellstmögliche Herleitung der Formel ankommt, sondern auf den Zusammenhang mit der Galoistheorie. Nach Satz 8.44 ist jede Gleichung vom Grad kleiner oder gleich 4 durch Wurzelziehen auflösbar, da S_n für $n \leqslant 4$ eine auflösbare Gruppe ist. Das sagt aber noch nicht viel darüber, wie man eine konkrete Lösungsformel bekommt.

Es sei $K = \mathbb{Q}(\omega)$, wobei $\omega = \frac{-1+\sqrt{-3}}{2}$ eine primitive dritte Einheitswurzel ist. Wir betrachten das allgemeine kubische Polynom

$$(t - x_1)(t - x_2)(t - x_3) = t^3 + at^2 + bt + c$$

mit $-a = x_1 + x_2 + x_3$, $b = x_1x_2 + x_1x_3 + x_2x_3$, $-c = x_1x_2x_3$. Die Körpererweiterung F/E mit $F = K(x_1, x_2, x_3)$, $E = K(a, b, c)$ ist der Zerfällungskörper dieser Kubik mit

Galoisgruppe S_3. Eine Auflösung dieser Gruppe ist gegeben durch

$$\{\mathrm{id}\} \subset A_3 \subset S_3.$$

Zum Normalteiler A_3 gehört der Zwischenkörper $E' = A_3^\circ$ von F/E, mit $[E' : E] = [S_3 : A_3] = 2$. Als Fixkörper von $A_3 = \langle(1\,2\,3)\rangle$ enthält E' offenbar das Element $\delta = (x_1 - x_2)(x_2 - x_3)(x_3 - x_1)$, da es vom Dreizykel $(1\,2\,3)$ fixiert wird. Genauer gilt $\delta = \sqrt{\Delta}$ mit $\Delta = (x_1 - x_2)^2(x_2 - x_3)^2(x_3 - x_1)^2$, wobei Δ symmetrisch in x_1, x_2, x_3 ist, also invariant unter der ganzen Gruppe S_3. Das ist die kubische Diskriminante, die wir in Exkurs 5.3 (Beispiel 5.16) betrachtet haben. Es folgt $\Delta \in E$ und damit

$$E' = E(\sqrt{\Delta}).$$

Als Nächstes untersuchen wir die Erweiterung $F/E(\sqrt{\Delta})$ vom Grad 3. Ihre Galoisgruppe ist die zyklische Gruppe A_3 der Ordnung 3. Da K die primitive dritte Einheitswurzel ω enthält, können wir Satz 8.40 anwenden und folgern, dass es ein Element $\gamma \in F$ mit $F = E(\sqrt{\Delta}, \gamma)$ und $\gamma^3 \in E(\sqrt{\Delta})$ geben muss. Um γ zu bestimmen, bilden wir die Lagrange-Resolvente wie im Beweis von Satz 8.40: Diese ist für $\alpha \in F$ und $\sigma = (1\,2\,3)$ definiert durch $\lambda_{\omega,\alpha} = \alpha + \omega^{-1}\sigma(\alpha) + \omega^{-2}\sigma^2(\alpha)$. Der Beweis von 8.40 zeigt $F = E(\lambda_{\omega,\alpha})$ und $\lambda_{\omega,\alpha}^3 \in E(\sqrt{\Delta})$ für jedes α mit $\lambda_{\omega,\alpha} \neq 0$. Dasselbe gilt mit $\omega^2 = \omega^{-1}$ statt ω, da auch ω^2 eine primitive dritte Einheitswurzel ist. Wir setzen

$$\gamma_1 = \lambda_{\omega,x_1} = x_1 + \omega^2 x_2 + \omega x_3 \quad \text{und} \quad \gamma_2 = \lambda_{\omega^2,x_1} = x_1 + \omega x_2 + \omega^2 x_3.$$

Die nun folgenden Rechnungen werden etwas übersichtlicher, wenn wir das Polynom $t^3 + at^2 + bt + c$ wieder durch die Substitution $t \mapsto t - \frac{a}{3}$ in die Form

$$t^3 + pt + q$$

bringen, die Nullstellen also so verschieben, dass sie der Bedingung $x_1 + x_2 + x_3 = 0$ genügen. Für die Diskriminante Δ hat man dann wie in Beispiel 5.16 den Ausdruck

$$\Delta = -4p^3 - 27q^2.$$

Wegen $x_1 + x_2 + x_3 = 0$ und $1 + \omega + \omega^2 = 0$ gilt außerdem $\gamma_1 + \gamma_2 = 2x_1 + (\omega + \omega^2)x_2 + (\omega + \omega^2)x_3 = 2x_1 - x_2 - x_3 = 3x_1$. Entsprechend gelten

$$3x_1 = \gamma_1 + \gamma_2, \quad 3x_2 = \omega\gamma_1 + \omega^2\gamma_2, \quad 3x_3 = \omega^2\gamma_1 + \omega\gamma_2, \tag{$*$}$$

so dass wir die Nullstellen x_1, x_2, x_3 direkt aus γ_1 und γ_2 bestimmen können. Um wirklich eine Lösungsformel zu bekommen, brauchen wir jetzt noch Ausdrücke für γ_1, γ_2 in den Koeffizienten p und q des Polynoms. Das läuft auf eine längere Rechnung hinaus, die wir nur skizzieren: Um etwa γ_2 zu finden, berechnen wir zunächst $\gamma_2^3 = x_1^3 + x_2^3 + x_3^3 + 3\omega(x_1^2x_2 + x_2^2x_3 + x_3^2x_1) + 3\omega^2(x_1x_2^2 + x_2x_3^2 + x_3x_1^2) + 6x_1x_2x_3$. Da γ_2^3 in $E(\sqrt{\Delta})$ liegt, suchen wir symmetrische Funktionen (sogar Polynome) u, v in x_1, x_2, x_3, die $\gamma^3 = u + v\sqrt{\Delta}$ erfüllen, wobei $\sqrt{\Delta} = (x_1 - x_2)(x_2 - x_3)(x_3 - x_1)$. Da u und v symmetrisch sind, lassen sie sich wiederum in p und q ausdrücken. Wenn man dieses Rechenproblem löst (etwa unter Verwendung der Newton-Identitäten Satz 5.17), findet man

$$\gamma_1^3 = \frac{-27q + 3\sqrt{-3\Delta}}{2} \quad \text{und} \quad \gamma_2^3 = \frac{-27q - 3\sqrt{-3\Delta}}{2},$$

was man, einmal gefunden, auch direkt nachrechnen kann. Wir erhalten also γ_1 und

Allgemeine Lösungsformeln für kubische Gleichungen finden sich in ähnlicher Form erstmals in dem bedeutenden Werk *Ars magna de Regulis Algebraicis* (1545) von GEROLAMO CARDANO, dessen Namen sie auch tragen. Cardano war ein renommierter Universalgelehrter der Renaissance, der sich mit Medizin, Naturwissenschaften, Philosophie und Mathematik, aber auch mit Astrologie und Traumdeutung beschäftigte. Die kubischen Lösungsformeln (für verschiedene Typen, die damals getrennt betrachtet wurden), hat er aber nicht selbst gefunden. Sie wurden zuerst von SCIPIONE DEL FERRO entdeckt, aber nicht publiziert. Solche Formeln wurden damals auch als Geheimwissen im Rahmen von Wettbewerben eingesetzt, die für die Gelehrten der Renaissance große Bedeutung hatten. Einige Formeln wurden unabhängig auch von NICCOLÒ TARTAGLIA gefunden und ihre Veröffentlichung durch Cardano führte zu einem langen und erbitterten Streit, in den auch Cardanos Schüler LODOVICO FERRARI verwickelt war, der schließlich die Gleichungen vom Grad 4 löste.

y_2 als Kubikwurzeln und dann aus $(*)$ die drei Lösungen. Einen letzten Punkt müssen wir noch diskutieren: Sowohl y_1^3 als auch y_2^3 besitzen drei verschiedene Kubikwurzeln, die aber nicht voneinander unabhängig gewählt werden können. (Sonst hätten wir insgesamt neun Lösungen.) Das liegt daran, dass y_2 aus y_1 durch Vertauschen von x_2 und x_3, also durch eine Transposition in der Galoisgruppe hervorgeht. Ihr Produkt y_1y_2 ist deshalb symmetrisch in x_1, x_2, x_3 und liegt damit in K. Explizit gilt

$$\begin{aligned} y_1y_2 &= (x_1 + \omega^2 x_2 + \omega x_3)(x_1 + \omega x_2 + \omega^2 x_3) \\ &= x_1^2 + x_2^2 + x_3^2 + (\omega + \omega^2)(x_1x_2 + x_1x_3 + x_2x_3) = -3p \end{aligned}$$

Die Wahl einer Kubikwurzel legt deshalb die andere fest. Fassen wir zusammen:

8.48 Satz (Kubische Lösungsformel) *Gegeben die kubische Gleichung $x^3 + px + q = 0$ mit $p, q \in \mathbb{C}$, dann setze $\Delta = -4p^3 - 27q^2$ und seien*

$$y_1 = \sqrt[3]{\frac{-27q + 3\sqrt{-3\Delta}}{2}} \quad \textit{und} \quad y_2 = \sqrt[3]{\frac{-27q - 3\sqrt{-3\Delta}}{2}}$$

Kubikwurzeln mit $y_1y_2 = -3p$. Ist ω eine primitive dritte Einheitswurzel, dann hat die Gleichung $x^3 + px + q = 0$ die drei Lösungen

$$\frac{1}{3}(y_1 + y_2), \quad \frac{1}{3}(\omega y_1 + \omega^2 y_2), \quad \frac{1}{3}(\omega^2 y_1 + \omega y_2).$$

Sind p, q reelle Zahlen, dann gilt außerdem: Für $\Delta > 0$ sind alle drei Lösungen reell. Für $\Delta < 0$ ist eine reell und zwei sind nicht-reell. Für $\Delta = 0$ sind zwei oder alle drei Lösungen gleich und alle sind reell.

Es ist bemerkenswert, dass man für kubische Gleichungen mit nur einer reellen Lösung ($\Delta < 0$) diese Lösung mit reellen Quadrat- und Kubikwurzeln hinschreiben kann, während bei drei reellen Lösungen ($\Delta > 0$) zwangsläufig komplexe Ausdrücke erforderlich sind (siehe auch Aufgabe 8.33). Da es zur Entstehungszeit der Formeln noch keinen Begriff von komplexen Zahlen gab, war der Fall $\Delta > 0$ mit dem damaligen Verständnis nicht völlig erklärbar. Dieser sogenannte **casus irreducibilis** bereitete noch lange Zeit Schwierigkeiten. Dies hat die Notwendigkeit, auch mit komplexen Zahlen zu rechnen, deutlich gemacht und so zu ihrer Entwicklung beigetragen.

Beweis. Die Herleitung der Formel haben wir schon diskutiert. Für den Zusatz über die Anzahl reeller und nicht-reeller Lösungen sei $\Delta < 0$. Dann stehen unter den Kubikwurzeln reelle Ausdrücke und wir können y_1 und y_2 reell wählen. In diesem Fall ist $y_1 + y_2$ reell, während die anderen beiden Lösungen zueinander komplex konjugiert sind. Ist $\Delta > 0$, dann sind y_1 und y_2 komplex konjugiert, so dass alle drei Lösungen konjugationsinvariant und damit reell sind. Das Verschwinden von Δ bedeutet, dass mindestens zwei Nullstellen übereinstimmen. Da mindestens eine Lösung reell ist (nach dem Zwischenwertsatz), kann es kein Paar nicht-reeller Lösungen geben. ■

Für Gleichungen vom Grad 4 beschränken wir uns auf die Bemerkung, dass sie sich auf Gleichungen vom Grad 2 und 3 reduzieren lassen, und zwar aus folgendem Grund: Die Galoisgruppe der allgemeinen Quartik ist S_4 und hat die Auflösung

$$\{\mathrm{id}\} \triangleleft C_2 \triangleleft V_4 \triangleleft A_4 \triangleleft S_4.$$

Dabei ist $V_4 = \{\mathrm{id}, (12)(34), (13)(24), (14)(23)\}$ eine Kleinsche Vierergruppe, die normal in A_4 und S_4 ist (Aufgabe 3.37), und $C_2 = \{\mathrm{id}, (12)(34)\}$ eine zyklische Untergruppe der Ordnung 2. Die Untergruppen in dieser Auflösung haben die Ordnungen $1, 2, 4, 12, 24$ und die Faktorgruppen damit alle die Ordnung 2, außer A_4/V_4 mit Ordnung 3. Dieser kubische Schritt wird durch die *Ferrari-Resolvente* beschrieben, die sich explizit bestimmen lässt. Aus ihren Lösungen, die man mit Hilfe der Lösungsformel vom Grad 3 bestimmen kann, lassen sich dann die Lösungen der ursprünglichen Quartik durch Einsetzen in weitere quadratische Gleichungen bestimmen.

8.8 Übungsaufgaben zu Kapitel 8

Galoiserweiterungen

8.1 Welche K-Automorphismen besitzt der rationale Funktionenkörper $K(x)$?

8.2 Bestimme die Galoisgruppe des Polynoms $x^4 + 6x^2 + 2$ über $\mathbb{Q}$.

8.3 Es sei $\alpha = \sqrt{7} + \sqrt{6}$. Bestimme das Minimalpolynom von α über $\mathbb{Q}$, außerdem seinen Zerfällungskörper und dessen Galoisgruppe.

8.4 Welche der folgenden Körpererweiterungen sind galoissch? (a) $\mathbb{Q}(\sqrt[6]{-3})/\mathbb{Q}$; (b) $\mathbb{Q}(t)/\mathbb{Q}(t^3)$ (t transzendent über $\mathbb{Q}$); (c) $\mathbb{F}_2(t)/\mathbb{F}_2(t^2)$ (t transzendent über $\mathbb{F}_2$).

8.5 Bestimme für jedes der folgenden Polynome den Zerfällungskörper über $\mathbb{Q}$, seine Galoisgruppe und ihre Operation auf den Nullstellen: (a) $x^2 - 2$, (b) $(x^2 - 2)(x^2 - 3)$, (c) $x^3 + 2$, (d) $x^4 + 1$.

8.6 Es sei $E = \mathbb{Q}(\sqrt{2}, \sqrt{6}, i)$. Zeige, dass $E/\mathbb{Q}$ eine Galoiserweiterung ist und bestimme die Galoisgruppe.

8.7 Sei $\alpha = \sqrt{5 + 2\sqrt{5}} \in \mathbb{R}$.

(a) Bestimme das Minimalpolynom f von α über $\mathbb{Q}$.

(b) Zeige, dass die Körpererweiterung $\mathbb{Q}(\alpha)/\mathbb{Q}$ galoissch ist und bestimme die Galoisgruppe. (*Hinweis:* Zeige als Erstes, dass f über $\mathbb{Q}(\alpha)$ zerfällt.)

8.8 (a) Es sei K ein Körper der Charakteristik ungleich 2. Begründe, dass jede Körpererweiterung vom Grad 2 über K eine Galoiserweiterung ist.

(b) Bestimme die Galoisgruppe der Erweiterung $\mathbb{Q}(\sqrt{2}, \sqrt{3})/\mathbb{Q}$.

(c) Sei p eine Primzahl. Gib eine Galoiserweiterung von $\mathbb{Q}$ an, deren Galoisgruppe zyklisch der Ordnung $p - 1$ ist.

8.9 Es sei $f \in K[x]$ ein irreduzibles, separables Polynom. Zeige: Falls die Galoisgruppe von f über K abelsch ist, dann ist ihre Ordnung gleich dem Grad von f.

8.10 Zu einem Polynom $f = \sum_{i=0}^n a_i x^i$ vom Grad n mit $a_0 \neq 0$ sei $g = \sum_{i=0}^n a_{n-i} x^i$ das *reziproke Polynom*. Zeige, dass f und g über K dieselbe Galoisgruppe haben.

8.11 Es sei E ein Körper und sei G eine Gruppe aus Automorphismen von E und sei $K \subset E$ der Fixkörper von G. Zeige, dass ein Element $\alpha \in E$ genau dann algebraisch über K ist, wenn seine Bahn $\{\sigma(\alpha) \mid \sigma \in G\}$ unter G endlich ist.

8.12 Es sei $E/\mathbb{Q}$ eine Körpererweiterung vom Grad $n < \infty$ und F/E die normale Hülle von E (vgl. Satz 7.34) über $\mathbb{Q}$. Zeige, dass $E/\mathbb{Q}$ eine Galoiserweiterung ist, mit $[E : \mathbb{Q}] \leqslant n!$.

8.13 Zeige, dass es keine Galoiserweiterung $E/\mathbb{Q}(i)$ gibt, für welche die Galoisgruppe $\mathrm{Gal}(E/\mathbb{Q})$ zyklisch der Ordnung 4 ist.

8.14 Es sei p eine Primzahl, $f \in \mathbb{Q}[x]$ ein irreduzibles Polynom vom Grad p und $E = \mathbb{Q}(\alpha)$ ein Nullstellenkörper von f über $\mathbb{Q}$ mit $f(\alpha) = 0$. Zeige: Falls E noch eine weitere Nullstelle $\beta \neq \alpha$ von f enthält, dann ist $E/\mathbb{Q}$ eine Galoiserweiterung mit zyklischer Galoisgruppe der Ordnung p.

8.15 Es sei $f \in \mathbb{Q}[x]$ ein Polynom. Zeige, dass die folgenden Aussagen äquivalent sind:

(i) Die Galoisgruppe $\mathrm{Gal}(f/\mathbb{Q})$ operiert transitiv auf den Nullstellen von f.

(ii) Das Polynom f ist eine Potenz eines irreduziblen Polynoms.

8.16 Es sei $f = x^4 - ax^2 + b$ für $a, b \in \mathbb{Q}$ irreduzibel über $\mathbb{Q}$. Sei $K/\mathbb{Q}$ eine Körpererweiterung, in der f keine Nullstelle besitzt und sei $G = \mathrm{Gal}(f/K)$. Setze $c = a^2b^{-1} - 1$ und zeige:

(a) Ist b ein Quadrat in K und c nicht, dann ist G eine Kleinsche Vierergruppe.
(b) Ist c ein Quadrat in K und b nicht, dann ist G zyklisch der Ordnung 4.
(c) Sind b und c beide Quadrate, dann ist G zyklisch der Ordnung 2.
(d) Sind b und c beide keine Quadrate, dann ist G isomorph zur Diedergruppe D_4 der Ordnung 8.

8.17 Zeige, dass der Beweis des Lemmas von Dedekind auch die folgende allgemeinere Aussage hergibt: Ist G eine Gruppe und F ein Körper, dann ist jede Menge von Homomorphismus $G \to F^*$ linear unabhängig im F-Vektorraum $\mathrm{Abb}(G, F)$ aller Abbildungen $G \to F$.

Kreisteilungskörper

8.18 Es sei $f = x^4 + 3 \in \mathbb{Q}[x]$ und sei $E/\mathbb{Q}$ ein Zerfällungskörper von f.

(a) Skizziere die Lage der vier komplexen Nullstellen $\alpha_1, \ldots, \alpha_4$ von f in der komplexen Ebene.
(b) Zeige, dass $\mathrm{Gal}(E/\mathbb{Q})$ genau die Permutationen $\sigma \in S_4$ realisiert, welche $|\alpha_{\sigma(i)} - \alpha_{\sigma(j)}| = |\alpha_i - \alpha_j|$ für alle i, j erfüllen.

8.19 Es sei $\zeta \in \mathbb{C}$ eine primitive 24-te Einheitswurzel. Zeige, dass $\mathbb{Q}(\zeta) = \mathbb{Q}(i, \sqrt{2}, \sqrt{3})$ gilt.

8.20 Es sei $K \subset \mathbb{C}$ ein Teilkörper und $\zeta \in \mathbb{C}$ eine primitive 8-te Einheitswurzel. Zeige: Die Galoisgruppe der Erweiterung $K(\zeta)/K$ ist genau dann zyklisch, wenn mindestens eine der Zahlen $-1, 2, -2$ ein Quadrat in K ist.

Hauptsatz der Galoistheorie

8.21 Es sei F/K eine Galoiserweiterung mit Galoisgruppe $\mathrm{Gal}(F/K) \cong S_n$. Zeige, dass F/K genau einen über K quadratischen Zwischenkörper enthält.

8.22 Bestimme alle Teilkörper der Erweiterung $\mathbb{Q}(\sqrt{3}, \sqrt{5}, \sqrt{7})$ und gib ihren Grad über $\mathbb{Q}$ an.

8.23 Es sei p eine Primzahl, α eine Nullstelle des Polynoms $f = x^3 + p^2$ und E sein Zerfällungskörper.

(a) Zeige, dass $\mathbb{Q}(\alpha) \subsetneq E$ gilt.
(b) Bestimme den Grad und die Galoisgruppe von E über $\mathbb{Q}$.
(c) Finde für jeden Teilkörper von E ein primitives Element.

8.24 Es sei $F/\mathbb{Q}$ eine Galoiserweiterung vom Grad 55, deren Galoisgruppe nicht abelsch ist. Zeige, dass $F/\mathbb{Q}$ genau einen Zwischenkörper E besitzt, der normal über $\mathbb{Q}$ ist, und bestimme seinen Grad und seine Galoisgruppe.

8.25 Es sei G eine Gruppe und $U \subset G$ eine Untergruppe. Die Menge $N_G(U) = \{g \in G \mid gUg^{-1} = U\}$ ist eine Untergruppe von G, der **Normalisator** von U in G (Aufgabe 3.25). Zeige: Ist E ein Zwischenkörper der endlichen Galoiserweiterung F/K, dann ist $H = \{\sigma \in \mathrm{Gal}(F/K) \mid \sigma(E) \subset E\}$ der Normalisator von $\mathrm{Gal}(F/E)$ in $\mathrm{Gal}(F/K)$. Welche Bedeutung hat die Faktorgruppe $H/\mathrm{Gal}(F/E)$?

8.26 Es seien E_1 und E_2 zwei Zwischenkörper der endlichen Galoiserweiterung F/K. Zeige, dass die folgenden Aussagen äquivalent sind:

(i) Die Gruppe $\mathrm{Gal}(F/K)$ ist das direkte Produkt der Untergruppen $\mathrm{Gal}(F/E_1)$ und $\mathrm{Gal}(F/E_2)$.
(ii) Die Erweiterungen E_1/K und E_2/K sind galoissch mit $E_1 \cap E_2 = K$ und $E_1E_2 = F$. (Dabei ist E_1E_2 der kleinste Teilkörper von F, der E_1 und E_2 enthält.)

Auflösen von Gleichungen

8.27 Es sei G eine endliche Gruppe und seien N_1 und N_2 Normalteiler von G. Zeige: Sind G/N_1 und G/N_2 auflösbar, dann auch $G/(N_1 \cap N_2)$.

8.28 Es sei G eine endliche Gruppe. Welche Implikationen bestehen zwischen den folgenden Aussagen?

(i) Es gibt eine Kette von Normalteilern $\{e\} = H_k \lhd H_{k-1} \lhd \cdots \lhd H_0 = G$ mit abelschen Faktorgruppen H_{i-1}/H_i für $i = 1, \ldots, k$. (Das heißt, G ist auflösbar.)

(ii) Es gibt eine Kette wie in (i), in der H_i sogar normal in G ist, für $i = 0, \ldots, k$.

(iii) Es gibt eine Kette wie in (i), in der die Faktorgruppen H_{i-1}/H_i zyklisch von Primzahlordnung sind, für $i = 1, \ldots, k$.

(iv) Es gibt eine Kette mit allen Eigenschaften aus (i),(ii),(iii).

8.29 Es sei K ein Körper, p eine Primzahl und $a \in K$ ein Element, das keine p-te Wurzel in K besitzt. Zeige, dass das Polynom $x^p - a$ über K irreduzibel ist. (*Hinweis:* Angenommen $x^p - a = gh$ mit $g, h \in K[x]$ und $d = \deg(g)$ mit $1 \leqslant d < p$. Verwende, dass d und p teilerfremd sind und betrachte $g(0) \in K$.)

8.30 Wir nennen eine Körpererweiterung E/K *auflösbar*, wenn sie eine endliche Galoiserweiterung mit auflösbarer Galoisgruppe ist. Es sei K ein Körper der Charakteristik 0. Beweise die folgenden Aussagen:

(a) Sind F/E und E/K auflösbar und ist F/K normal, dann ist auch F/K auflösbar.

(b) Ist F/K auflösbar und E ein normaler Zwischenkörper, dann ist auch E/K auflösbar.

(c) Die Galoisgruppe eines Polynoms der Form $x^n - a$ mit $a \in K$ ist auflösbar.

8.31 Es sei K ein Körper und $E = K(x_1, \ldots, x_n)^{S_n}$ der Körper der symmetrischen rationalen Funktionen. Bestimme für die folgenden Polynome $f \in E$ den Grad der Körpererweiterung $E(f)/E$: (a) $f = x_1^3 + x_2^4 + x_3^5$, (b) $f = x_1^3 - 2x_2x_3 - 1$, (c) $f = x_1x_3 + x_2x_4$ (für das jeweils passende n).

8.32 Beweise die Gleichheit $K(x_1, \ldots, x_n)^{S_n} = K(e_1, \ldots, e_n)$ in Satz 8.45 mit Hilfe des Hauptsatzes über symmetrische Polynome (Satz 5.15).

8.33 Wir nennen eine Radikalerweiterung $E/\mathbb{Q}$ *reell*, wenn sie aus $\mathbb{Q}$ sukzessive durch Adjunktion von reellen Wurzeln entsteht. Es sei

$$x^3 + px + q = 0$$

eine kubische Gleichung mit rationalen Koeffizienten p, q und Diskriminante $\Delta = -4p^3 - 27q^2$. Angenommen es gilt $\Delta > 0$ (»casus irreducibilis«), so dass die Gleichung nach Satz 8.48 drei reelle Lösungen besitzt. Zeige, dass keine dieser Lösungen in einer reellen Radikalerweiterung von $\mathbb{Q}$ liegt.

8.34 Es sei $f = (x-1)(x-2)(x-3) = x^3 - 6x^2 + 14x - 6$ die Kubik mit Nullstellen 1, 2, 3 über $\mathbb{Q}$. Verifiziere die kubische Lösungsformel für die Gleichung $f = 0$.

9 Moduln

Die Theorie der Moduln ist die lineare Algebra über Ringen. Nach den Grundbegriffen behandeln wir ausführlich Moduln über Hauptidealringen, die einerseits die abelschen Gruppen als $\mathbb{Z}$-Moduln und andererseits die Vektorräume beinhalten. Ihre Theorie hat Anwendungen auf lineare Gleichungssysteme über solchen Ringen und die Struktur von linearen Abbildungen auf Vektorräumen. Zum Abschluss führen wir die noetherschen Ringe ein, die für die algebraische Geometrie wichtig sind.

9.1 Moduln

Es sei immer R ein Ring (mit Eins aber nicht notwendig kommutativ).

Definition Ein R-**Modul**[1], ist eine abelsche Gruppe $(M, +)$ zusammen mit einer Abbildung $R \times M \to M$, $(a, m) \mapsto a \cdot m = am$ mit folgenden Eigenschaften:
(1) $a(x + y) = ax + ay$
(2) $(a + b)x = ax + bx$
(3) $(ab)x = a(bx)$
(4) $1x = x$
für alle $a, b \in R$ und $x, y \in M$.

[1] Es heißt »der Modul«, mit der Betonung auf der ersten Silbe, im Plural »die Moduln«. (Im Gegensatz zu »das Modul/die Module«).

9.1 Beispiele (1) Ein Modul über einem Körper ist dasselbe wie ein Vektorraum.

(2) Jede abelsche Gruppe ist ein $\mathbb{Z}$-Modul mit $n \cdot x = x + \cdots + x$ (n Summanden). Die Theorie der Moduln umfasst also die der abelschen Gruppen.

(3) So wie jeder Körper ein Vektorraum über jedem seiner Teilkörper ist (Kap. 7), so ist auch jeder Ring ein Modul über jedem seiner Teilringe.

(4) Für jedes $n \in \mathbb{N}$ ist R^n in der üblichen Weise ein R-Modul, dessen Elemente Zeilen- oder **Spaltenvektoren** mit Einträgen aus R sind.

(5) Über jedem Ring gibt es den **Nullmodul** $\{0\}$. ◇

Über einem nicht-kommutativen Ring R kann man wieder zwischen *Linksmoduln*, *Rechtsmoduln* und *(zweiseitigen) Bimoduln* unterscheiden. Da nicht-kommutative Ringe in diesem Buch keine große Rolle spielen, verzichten wir aber auf diese Begriffe und betrachten nur Linksmoduln.

Es folgen in diesem Abschnitt die Grundbegriffe der Modultheorie: Untermoduln, lineare Abbildungen, Faktormoduln, direkte Summen und Produkte, Homomorphiesätze. Alle diese Konzepte sind von den Vektorräumen oder den Gruppen und Ringen her vertraut, so dass wir uns möglichst kurz fassen.
Ein **Untermodul** eines R-Moduls M ist eine nicht-leere Teilmenge $U \subset M$, die

$$x, y \in U \Rightarrow x + y \in U \quad \text{und} \quad a \in R, x \in U \Rightarrow ax \in U$$

erfüllt. Der ganze Modul M und die Menge $\{0\}$ sind immer die trivialen Untermoduln. Sind $x_1, \ldots, x_k \in M$, dann nennen wir jedes Element der Form $a_1x_1 + \cdots + a_kx_k$ für $a_1, \ldots, a_k \in R$ eine R-**Linearkombination.** Wir schreiben

$$\langle x_1, \ldots, x_k \rangle_R = \{a_1x_1 + \cdots + a_kx_k \mid a_1, \ldots, a_k \in R\}$$

D. Plaumann, *Algebra*, https://doi.org/10.1007/978-3-662-67243-3_10

für den von $x_1, \dots, x_k$ in M erzeugten Untermodul. Allgemeiner ist $\langle T \rangle_R$ für eine Teilmenge $T \subset M$ der von T erzeugte Untermodul, der aus allen R-Linearkombinationen von Elementen aus T besteht. Für den von einem Element $x \in M$ erzeugten Untermodul schreiben wir auch $Rx = \langle x \rangle_R$. Solche (Unter-)Moduln, die von einem Element erzeugt sind, heißen **zyklisch**, in Analogie mit Gruppen. Ein Untermodul $U \subset M$ heißt **endlich erzeugt**, wenn es $x_1, \dots, x_k \in U$ mit $U = \langle x_1, \dots, x_k \rangle_R$ gibt.

9.2 Beispiele (1) Wenn wir den Ring R als R-Modul über sich selbst auffassen, dann sind die Untermoduln genau die Ideale von R. Die Theorie der R-Moduln enthält also auch die Idealtheorie von R. Insbesondere verwenden wir die Notation $\langle T \rangle$ oder $\langle T \rangle_R$ wie zuvor für das von einer Teilmenge $T \subset R$ erzeugte Ideal.

(2) Wir können den Polynomring $R[x]$ als R-Modul auffassen, da er R als Teilring enthält. Darin ist $R[x]_{\leqslant d} = \{f \in R[x] \mid \deg(f) \leqslant d\}$ für jedes $d \geqslant 0$ ein Untermodul, der von den Monomen $1, x, \dots, x^d$ erzeugt wird, also $R[x]_{\leqslant d} = \langle 1, x, \dots, x^d \rangle$. Dagegen ist der ganze Modul $R[x]$ insgesamt nicht endlich erzeugt. ◇

Sind $U, U' \subset M$ Untermoduln, dann auch

$$U + U' = \{x + x' \mid x \in U,\ x' \in U'\}.$$

Entsprechend bildet man die Summe $U_1 + \cdots + U_k$ von mehr als zwei Untermoduln. Für jede Familie $(U_i)_{i \in I}$ von Untermoduln ist außerdem der Durchschnitt $\bigcap_{i \in I} U_i$ wieder ein Untermodul.

Miniaufgaben

9.1 Überprüfe die Aussagen über Summen und Durchschnitte von Untermoduln.

Eine Abbildung $\varphi\colon M \to N$ zwischen R-Moduln heißt R-**linear** (oder ein *Homomorphismus von R-Moduln*), wenn sie für alle $x, y \in M$ und $a, b \in R$ die Gleichheit

$$\varphi(ax + by) = a\varphi(x) + b\varphi(y)$$

erfüllt. Die Additivität bedeutet, dass φ auch ein Homomorphismus zwischen den additiven Gruppen $(M, +)$ und $(N, +)$ ist. Zu jeder R-linearen Abbildung $\varphi\colon M \to N$ gehören wie üblich die Untermoduln **Kern** und **Bild**:

$$\mathrm{Kern}(\varphi) = \{x \in M \mid \varphi(x) = 0\} \subset M \quad \text{und} \quad \mathrm{Bild}(\varphi) \subset N.$$

Genau dann ist φ injektiv, wenn $\mathrm{Kern}(\varphi) = \{0\}$ gilt. Sind $U \subset M$ und $V \subset N$ Untermoduln, dann sind auch $\varphi(U)$ bzw. $\varphi^{-1}(V)$ Untermoduln von N bzw. M. Für zwei R-Moduln M und N bilden die R-linearen Abbildungen

$$\mathrm{Hom}_R(M, N) = \{\varphi\colon M \to N \mid \varphi \text{ ist } R\text{-linear}\}$$

eine Menge, die selbst ein R-Modul ist: Für $\varphi, \psi \in \mathrm{Hom}_R(M, N)$ und $a \in R$ ist

$$\varphi + \psi\colon x \mapsto \varphi(x) + \psi(x) \quad \text{und} \quad a\varphi\colon x \mapsto a\varphi(x).$$

Für jeden R-Modul M heißen R-lineare Abbildungen $M \to M$ **Endomorphismen**. Die Endomorphismen von M bilden den R-Modul

$$\mathrm{End}_R(M) = \mathrm{Hom}_R(M, M)$$

der außerdem ein Ring ist, mit der Komposition $(\varphi, \psi) \mapsto \psi \circ \varphi$ als Verknüpfung. Dieser Ring ist allerdings fast nie kommutativ. Isomorphismen eines Moduls M mit sich selbst werden **Automorphismen** genannt. Die Automorphismen bilden eine Gruppe $\mathrm{Aut}_R(M)$ unter Komposition. Das ist gerade die Einheitengruppe $\mathrm{End}_R(M)^*$.

Definition Das **direkte Produkt** einer Familie $(M_i)_{i\in I}$ von R-Moduln ist der R-Modul

$$\prod_{i\in I} M_i = \{(x_i)_{i\in I} \mid x_i \in M_i \text{ für alle } i \in I\}$$

mit den komponentenweisen Verknüpfungen $(x_i) + (y_i) = (x_i + y_i)$ und $a \cdot (x_i) = (ax_i)$. Die **direkte Summe** ist der Untermodul

$$\bigoplus_{i\in I} M_i = \left\{(x_i)_{i\in I} \in \prod\nolimits_{i\in I} M_i \;\middle|\; x_i = 0 \text{ für alle bis auf endlich viele } i \in I\right\}.$$

Dazu gehört jeweils eine Familie von R-linearen Abbildungen, die **Projektionen**

$$p_j\colon \prod_{i\in I} M_i \to M_j,\ (x_i)_{i\in I} \mapsto x_j,$$

für jedes $j \in I$, und die **Inklusionen**

$$q_j\colon M_j \to \bigoplus_{i\in I} M_i,\ x \mapsto (x_i)_{i\in I}, x_i = \begin{cases} x & \text{für } i = j \\ 0 & \text{für } i \neq j. \end{cases}$$

Der Unterschied in der Verwendung von direktem Produkt und direkter Summe drückt sich in den folgenden Eigenschaften aus.

9.3 *Proposition* *Es sei $(M_i)_{i\in I}$ eine Familie von R-Moduln, N ein weiterer R-Modul.*
(1) *Zu jeder Familie $\varphi_i\colon N \to M_i$ von R-linearen Abbildungen gibt es eine eindeutige R-lineare Abbildung $\Phi\colon N \to \prod_{i\in I} M_i$ mit $p_i \circ \Phi = \varphi_i$ für alle $i \in I$.*
(2) *Zu jeder Familie $\psi_i\colon M_i \to N$ von R-linearen Abbildungen gibt es eine eindeutige R-lineare Abbildung $\Psi\colon \bigoplus_{i\in I} M_i \to N$ mit $\Psi \circ q_i = \psi_i$ für alle $i \in I$.*

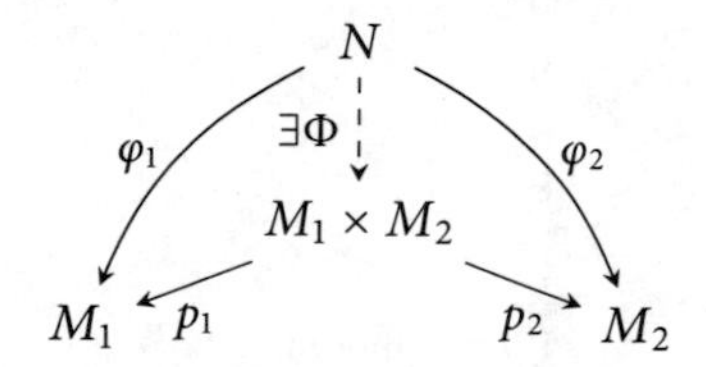

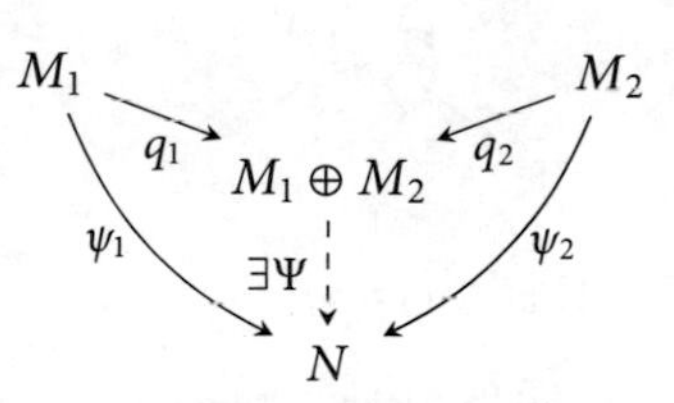

Universelle Eigenschaften von Produkt und Summe zweier Moduln
Beim direkten Produkt weiß man, welche linearen Abbildungen *hineingehen*. Bei der direkten Summe weiß man, welche *hinausgehen*. Der Unterschied zeigt sich aber nur bei unendlicher Indexmenge I.

Beweis. Existenz: (1) Für $y \in N$ definiere $\Phi(y) = \big(\varphi_i(y)\big)_{i\in I}$. (2) Für $x = (x_i)_{i\in I} \in \bigoplus M_i$ definiere $\Psi(x) = \sum_{i\in I} \psi_i(x_i)$. Das ist eine endliche Summe, da nur endlich viele x_i ungleich 0 sind. Die Eindeutigkeit lassen wir als Übung. ∎

Miniaufgabe

9.2 Beweise die Eindeutigkeit in Prop. 9.3.

9.3 Begründe, warum $\prod_{i\in I} M_i$ und $\bigoplus_{i\in I} M_i$ bei unendlicher Indexmenge I nicht die Rolle des jeweils anderen Objekts übernehmen können.

9.4 Seien A_1, A_2 zwei Mengen. Finde eine Menge Q und Abbildungen $q_i\colon A_i \to Q$ $(i = 1, 2)$ mit folgender Eigenschaft: Für jede Menge B und Abbildungen $f_i\colon A_i \to B$ $(i = 1, 2)$ gibt es $F\colon Q \to B$ mit $F \circ q_i = f_i$ $(i = 1, 2)$. Erläutere den Zusammenhang mit Prop. 9.3(2).

Zu jedem Untermodul $U \subset M$ kann man den **Faktormodul**

$$M/U$$

bilden, der aus den Nebenklassen $x + U$ der additiven Untergruppe U in M besteht und durch

$$a(x + U) = ax + U$$

für $a \in R$ und $x \in M$ zu einem R-Modul wird. Wie üblich gilt

$$x + U = y + U \iff x - y \in U.$$

Wir verwenden auch die Notation $\overline{x} = x + U$ bei fixiertem U.

9.4 Proposition *Es sei M ein R-Modul und $U \subset M$ ein Untermodul.*

(1) *Die Restklassenabbildung $\pi\colon M \to M/U$, $x \mapsto x + U$ ist R-linear und surjektiv.*

(2) *Ist U' ein weiterer Untermodul von M und V ein Untermodul von M/U, dann gelten*

$$\pi^{-1}(\pi(U')) = U + U' \quad \textit{und} \quad \pi(\pi^{-1}(V)) = V.$$

(3) *Jeder Untermodul von M/U hat die Form U'/U für einen Untermodul $U' \subset M$ mit $U \subset U'$. Diese Zuordnung induziert eine Bijektion zwischen den Untermoduln von M, die U enthalten, und den Untermoduln von M/U. Sie erhält Inklusionen, Durchschnitte und Summen.*

Beweis. (1) ist trivial. (2) Setze $U'' = \pi^{-1}(\pi(U'))$. Ist $x \in U''$, dann gibt es $y \in U'$ mit $\pi(x) = \pi(y)$, also $x - y \in U$ und damit $x \in U + U'$. Sind umgekehrt $y \in U$, $z \in U'$ und ist $x = y + z$, dann folgt $\pi(x) = \pi(y) + \pi(z) = \overline{0} + \pi(z) = \pi(z)$ und damit $x \in U''$. (3) folgt aus (2), denn es gilt $U + V = V$ genau dann, wenn $U \subset V$ gilt. ∎

Schließlich hat man für Moduln und lineare Abbildungen dieselben Homomorphie- und Isomorphiesätze wie für (abelsche) Gruppen:

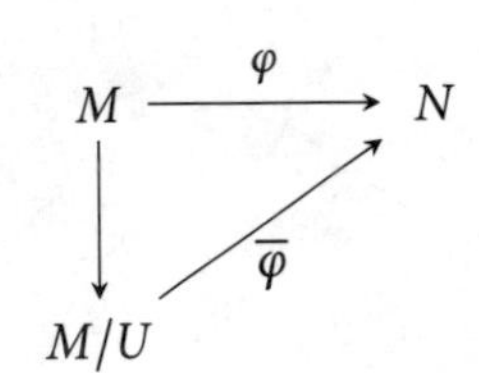

(1) Homomorphiesatz

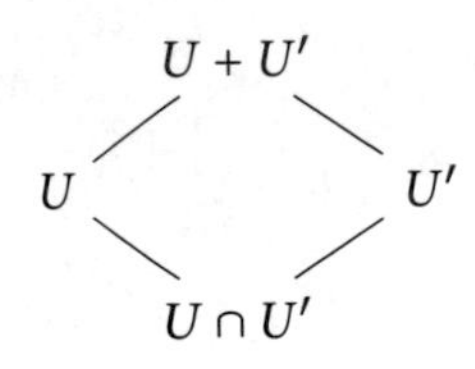

(4) Parallelogrammregel

9.5 Satz (Homomorphie- und Isomorphiesätze für Moduln)
Gegeben seien R-Moduln M, N und Untermoduln $U, U' \subset M$.

(1) *(Homomorphiesatz) Ist $\varphi\colon M \to N$ eine R-lineare Abbildung mit $U \subset \operatorname{Kern}(\varphi)$, dann gibt es eine eindeutig bestimmte R-lineare Abbildung $\overline{\varphi}\colon M/U \to N$ mit $\overline{\varphi}(x + U) = \varphi(x)$ für alle $x \in M$.*

(2) *(Isomorphiesatz) Jede R-lineare Abbildung $\varphi\colon M \to N$ induziert einen Isomorphismus $\overline{\varphi}\colon M/\operatorname{Kern}(\varphi) \xrightarrow{\sim} \operatorname{Bild}(\varphi)$.*

(3) *(Kürzungsregel) Gilt $U \subset U'$, dann ist $(M/U)/(U'/U) \cong M/U'$.*

(4) *(Parallelogrammregel) Es gilt $(U + U')/U' \cong U/(U \cap U')$.*

Beweis. Aufgabe 9.3 ∎

Es sei M ein R-Modul mit Untermoduln U und V. Die Menge

$$(U : V) = \{a \in R \mid aV \subset U\}$$

ist ein Ideal von R, wie man direkt überprüft. Im Fall $U = \{0\}$ und $V = M$ heißt

$$\operatorname{Ann}(M) = (0 : M) = \{a \in R \mid ax = 0 \text{ für alle } x \in M\}$$

der **Annulator** von M.

9.6 Lemma *Für den Annulator gelten die folgenden Aussagen.*

(1) *Ist $I \subset R$ ein Ideal mit $I \subset \operatorname{Ann}(M)$, dann wird M durch $(a+I)x = ax$ für $a \in R$ und $x \in M$ zu einem R/I-Modul. Der Annulator von M in $R/\operatorname{Ann}(M)$ ist das Nullideal.*

(2) *Es gelten $\operatorname{Ann}(U + V) = \operatorname{Ann}(U) \cap \operatorname{Ann}(V)$ und $(U : V) = \operatorname{Ann}\big((U + V)/U\big)$.*

Beweis. (1) Da $bx = 0$ für alle $b \in I$ und $x \in M$ gilt, ist die Verknüpfung $R/I \times M \to M$, $(a + I, x) \mapsto ax$ wohldefiniert. Die Moduleigenschaften ergeben sich direkt aus denen von M über R. (2) Aufgabe 9.4. ∎

Miniaufgaben

9.5 Überprüfe die Äquivalenz $x + U = y + U \Leftrightarrow x - y \in U$.

9.6 Gib ein Beispiel für einen Modul M und einen Untermodul U an derart, dass M/U nicht zu einem Untermodul von M isomorph ist.

9.2 *Freie Moduln, Basen und Erzeugende*

Versuchen wir, einige Grundbegriffe der linearen Algebra von Vektorräumen auf Moduln zu übertragen: Es sei immer R ein Ring. Sei M ein R-Modul und sei $\mathcal{F} = (x_i)_{i \in I}$ eine Familie von Elementen aus M. Eine R-**lineare Relation** in $\mathcal{F}$ ist eine Darstellung der 0 in M als R-Linearkombination der Elemente von $\mathcal{F}$, also von der Form

$$a_1 x_{i_1} + \cdots + a_k x_{i_k} = 0 \qquad (i_1, \ldots, i_k \in I \text{ alle verschieden}).$$

Die Relation heißt nicht trivial, wenn einer der Koeffizienten $a_1, \ldots, a_k$ ungleich 0 ist. Die Familie $\mathcal{F}$ heißt R-**linear unabhängig**, wenn es keine nicht-triviale R-lineare Relation in $\mathcal{F}$ gibt. Eine **Basis** von M ist ein linear unabhängiges Erzeugendensystem.

Bis hierhin stimmen diese Begriffe mit denen in Vektorräumen völlig überein. Allerdings besitzt nicht jeder Modul eine Basis.

Definition Ein Modul M heißt **frei** (über R), wenn er eine Basis besitzt.

9.7 ***Beispiele*** (1) Für jedes $n \in \mathbb{N}$ ist R^n ein freier R-Modul, mit der Basis $e_1, \ldots, e_n$ mit den Einträgen

$$e_{ij} = \begin{cases} 1 & i = j \\ 0 & i \neq j \end{cases}$$

(Einheitsvektoren). Auch $R^0 = \{0\}$ ist ein freier R-Modul, mit der leeren Basis.

(2) Jeder Vektorraum über einem Körper K ist ein freier K-Modul, denn jeder Vektorraum besitzt eine Basis (Satz 2.32).

(3) Der $\mathbb{Z}$-Modul $\mathbb{Z}/n$ (für $n \geqslant 2$) ist nicht frei. Denn für jedes Element $\overline{x} \in \mathbb{Z}/n$ ist $n\overline{x} = 0$ eine nicht-triviale $\mathbb{Z}$-lineare Relation. Also kann $\mathbb{Z}/n$ keine $\mathbb{Z}$-Basis besitzen. Andererseits ist $\mathbb{Z}/n$ aber der freie Modul R^1 über dem Ring $R = \mathbb{Z}/n$ nach (1).

(4) Für den $\mathbb{Z}$-Modul $\mathbb{Z}$ ist das Element 1 eine Basis, ebenso -1. Auch die Elemente $2, 3$ sind ein Erzeugendensystem von $\mathbb{Z}$ (nach dem Lemma von Bézout), aber keine Basis, denn es ist $3 \cdot 2 + (-2) \cdot 3 = 0$. Man kann aus diesem Erzeugendensystem aber kein Element weglassen, und umgekehrt etwa die 2 auch nicht zu einer Basis ergänzen. ◇

Ist $(x_i)_{i \in I}$ eine Basis von M, dann besitzt jedes $x \in M$ eine eindeutige Darstellung als R-Linearkombination der Basiselemente. Wir schreiben kurz

$$x = \sum\nolimits_{i \in I} a_i x_i$$

wobei dann vorausgesetzt ist, dass nur endlich viele Koeffizienten ungleich 0 sind.

Miniaufgabe

9.7 Zeige, dass die obige Darstellung eines Elements in einer Basis immer eindeutig ist.

$R^n \cong M \to N$
$x_1 \mapsto y_1$
$x_2 \mapsto y_2$
$\vdots$
$x_n \mapsto y_n$

Lineare Ausdehnung: Für Basiselemente können beliebige Bilder vorgegeben werden.

9.8 Satz (Lineare Ausdehnung) *Es sei M ein freier R-Modul und $(x_i)_{i\in I}$ eine Basis von M. Ist N ein weiterer R-Modul und $(y_i)_{i\in I}$ eine gleich indizierte Familie von Elementen aus N, dann gibt es eine eindeutig bestimmte R-lineare Abbildung $\varphi\colon M \to N$ mit $\varphi(x_i) = y_i$ für alle $i \in I$. Ist $(y_i)_{i\in I}$ eine Basis von N, dann ist φ ein Isomorphismus.*

Beweis. Jedes $x \in M$ hat eine eindeutige Darstellung $x = \sum_{i\in I} a_i x_i$ und wir definieren $\varphi(x) = \sum_{i\in I} a_i y_i$. Man überprüft direkt, dass φ damit R-linear ist. Ist ψ eine weitere R-lineare Abbildung mit dieser Eigenschaft, dann folgt $\psi(x) = \psi\big(\sum_{i\in I} a_i x_i\big) = \sum_{i\in I} a_i \psi(x_i) = \sum_{i\in I} a_i y_i = \varphi(x)$, was die Eindeutigkeit zeigt.

Ist $(y_i)_{i\in I}$ eine Basis, dann gibt es eine lineare Abbildung $\psi\colon N \to M$ mit $y_i \mapsto x_i$ ($i \in I$), und φ und ψ sind offenbar zueinander invers. ∎

Aus der linearen Ausdehnung folgt sofort, dass zwei freie Moduln mit gleichmächtigen Basen isomorph sind. Die Mächtigkeit einer Basis heißt der *Rang* des freien Moduls. Wir haben allerdings noch nicht bewiesen, dass dies wohldefiniert ist, dass also alle Basen dieselbe Mächtigkeit haben. Darauf kommen wir später zurück (Kor. 9.26).

9.9 Korollar *Für einen R-Modul M und $n \in \mathbb{N}$ sind äquivalent:*
(1) M wird von n Elementen erzeugt.
(2) Es gibt eine surjektive lineare Abbildung $\varphi\colon R^n \to M$.
(3) M ist isomorph zu einem Faktormodul von R^n.

Beweis. (1)⇒(2) Sind $x_1, \dots, x_n$ Erzeuger, dann ist die durch $\varphi\colon R^n \to M$, $e_i \mapsto x_i$ gegebene lineare Abbildung surjektiv (nach Satz 9.8). (2)⇒(3) Nach dem Isomorphiesatz gilt $M \cong R^n/\mathrm{Kern}(\varphi)$. (3)⇒ (1) Ein solcher Faktormodul wird von den Restklassen von $e_1, \dots, e_n$ erzeugt. ∎

Wie bei Vektorräumen werden R-lineare Abbildungen von einem Modul M in den Ring R auch R-**Linearformen** genannt. Aus der linearen Ausdehnung ergibt sich für freie Moduln die folgende Beschreibung des dualen Moduls aller Linearformen.

9.10 Korollar *Ist F ein freier R-Modul mit Basis $(x_i)_{i\in I}$, dann existiert zu jedem $i \in I$ eine R-Linearform x_i^* mit der Eigenschaft $x_i^*\big(\sum_{j=1}^n a_j x_j\big) = a_i$. Ist I endlich, dann ist auch $\mathrm{Hom}_R(F, M)$ frei mit Basis $(x_i^*)_{i\in I}$.*

Beweis. Nach linearer Ausdehnung gibt es für jedes $i \in I$ eine eindeutige Linearform, die x_i auf 1 und x_j für $j \neq i$ auf 0 abbildet. Das ist gerade die Linearform x_i^*. Ist I endlich, dann folgt $\lambda = \sum_{i\in I} \lambda(x_i) x_i^*$ für jedes $\lambda \in \mathrm{Hom}_R(F, R)$, was zeigt, dass $\mathrm{Hom}(F, R)$ von $(x_i^*)_{i\in I}$ erzeugt wird. Diese sind außerdem R-linear unabhängig, denn ist $\sum_{i\in I} a_i x_i^* = 0$ eine lineare Relation, dann folgt $a_i = \big(\sum_{i\in I} a_i x_i^*\big)(x_i) = 0$. ∎

Wie bei Vektorräumen, gibt es für Moduln den Begriff einer **direkten Summe von Untermoduln**. Sind $U_1, \dots, U_k$ Untermoduln von M, dann bedeutet

Bei abelschen Gruppen stimmt die interne direkte Summe von Untermoduln mit dem internen direkten Produkt von Untergruppen (§3.6) überein und wird auch häufig additiv geschrieben.

$$M = U_1 \oplus \cdots \oplus U_k = \bigoplus_{i=1}^k U_i$$

das Folgende:
(1) Es gilt $M = U_1 + \cdots + U_k$.
(2) Für jedes $i = 2, \dots, k$ gilt $U_i \cap (U_1 + \cdots + U_{i-1}) = \{0\}$.
In diesem Fall ist M zur externen direkten Summe $\bigoplus_{i=1}^n U_i$ (oder Produkt) isomorph. Äquivalent ist, dass jedes $x \in M$ eine eindeutige Darstellung

$$x = u_1 + \cdots + u_k, \quad u_i \in U_i \ (i = 1, \dots, k)$$

besitzt. Das beweist man analog zu Satz 3.47 bzw. Kor. 3.48. Ist $x_1, \dots, x_n \in M$ eine Basis von M, dann gilt $M = \langle x_1 \rangle_R \oplus \cdots \oplus \langle x_n \rangle_R$.

Die Notation ist leider etwas überbelegt: Einerseits bezeichnet $U_1 \oplus \cdots \oplus U_k$ die direkte Summe von Untermoduln, zu unterscheiden vom (äußeren) direkten Produkt $U_1 \times \cdots \times U_k$. Andererseits wird dieselbe Notation für die äußere direkte Summe verwendet (§9.1), die sich aber nur bei unendlich vielen Summanden vom Produkt unterscheidet. Im Zweifel muss man aus dem Kontext erkennen, was gemeint ist.

Definition Gilt

$$M = U \oplus U'$$

für zwei Untermoduln U und U', dann heißt U ein **Komplement** von U' (und umgekehrt), und U und U' sind **komplementär**.

9.11 Proposition *Jeder lineare Unterraum eines Vektorraums hat ein Komplement.*

Beweis. Ist K ein Körper, V ein K-Vektorraum und $U \subset V$ ein linearer Unterraum, dann können wir eine Basis $\mathcal{B}_0$ von U wählen und diese zu einer Basis $\mathcal{B} \supset \mathcal{B}_0$ von V verlängern (Satz 2.32). Ist nun U' der von $\mathcal{B} \setminus \mathcal{B}_0$ aufgespannte Unterraum von V, dann ist U' ein Komplement von U in V. ■

Bei Moduln ist das im Allgemeinen nicht so, noch nicht einmal bei freien Moduln:

9.12 Beispiel Im freien $\mathbb{Z}$-Modul $\mathbb{Z}$ hat der Untermodul $2\mathbb{Z}$ kein Komplement. Denn es gibt keine nicht-triviale Untergruppe von $\mathbb{Z}$, die $2\mathbb{Z}$ nur in 0 schneidet. ◇

Miniaufgabe

9.8 Zeige, dass keine echte nicht-triviale Untergruppe von $\mathbb{Z}$ ein Komplement besitzt.

Wie das obige einfache Beispiel zeigt, besitzen selbst freie Untermoduln nicht immer ein Komplement. In der folgenden Situation kann man die Existenz eines Komplements aber doch garantieren.

9.13 Lemma *Es sei $\varphi \colon M \to N$ eine surjektive R-lineare Abbildung. Ist N frei, dann gibt es einen freien Untermodul $F \subset M$ der komplementär zu* Kern(φ) *ist, also mit*

$$M = F \oplus \mathrm{Kern}(\varphi).$$

Insbesondere ist $\varphi|_F \colon F \to N$ ein Isomorphismus.

Beweis. Es sei $(y_i)_{i \in I}$ eine Basis von N und wähle für jedes $i \in I$ ein Element $x_i \in M$ mit $\varphi(x_i) = y_i$. Dann ist die Familie $(x_i)_{i \in I}$ R-linear unabhängig und deshalb $F = \langle x_i \mid i \in i \rangle_R$ ein freier Untermodul von M. Außerdem gilt $F \cap \mathrm{Kern}(\varphi) = \{0\}$, denn sonst wären die Bilder $(y_i)_{i \in I}$ der Erzeuger $(x_i)_{i \in I}$ nicht R-linear unabhängig. Für jedes $x \in M$ haben wir eine Darstellung $\varphi(x) = \sum_{i \in I} a_i y_i$ mit $a_i \in R$. Daraus folgt $x - \sum_{i \in I} a_i x_i \in \mathrm{Kern}(\varphi)$, was $M = F + \mathrm{Kern}(\varphi)$ zeigt. ■

Als »Torsion« bezeichnet man bei abelschen Gruppen üblicherweise die Elemente endlicher Ordnung. Für Moduln entspricht das der folgenden Definition.

Definition Es sei R ein Integritätsring und M ein R-Modul. Der Untermodul

$$M_{\mathrm{tor}} = \{x \in M \mid \exists a \in R,\ a \neq 0 \colon ax = 0\}$$

heißt der *Torsionsteil* von M. Der Modul M heißt **torsionsfrei**, wenn $M_{\mathrm{tor}} = \{0\}$ gilt. Umgekehrt heißt M ein **Torsionsmodul**, falls $M = M_{\mathrm{tor}}$ gilt.

9.14 Beispiele (1) In einer abelschen Gruppe A besteht A_{tor} genau aus den Elementen endlicher Ordnung (vgl. 3.8). Dagegen sind zum Beispiel die additiven Gruppen $\mathbb{Z}$ und $\mathbb{Q}$ torsionsfrei. (2) In der multiplikativen Gruppe eines Körpers besteht der Torsionsteil genau aus den Einheitswurzeln. ◇

9.15 Satz *Es sei R ein Integritätsring. Für einen endlich-erzeugten R-Modul M sind äquivalent:*

(i) M ist torsionsfrei;

(ii) M ist isomorph zu einem Untermodul eines endlich erzeugten freien Moduls.

Beweis. Offenbar ist jeder Untermodul eines torsionsfreien Moduls torsionsfrei. Außerdem ist jeder freie Modul torsionsfrei. Die Implikation (ii)⇒(i) ist damit klar.

Sei umgekehrt M torsionsfrei, ohne Einschränkung $M \neq \{0\}$, und seien $x_1, \ldots, x_r$ Erzeuger von M, $r \geqslant 1$, $x_i \neq 0$ für alle i. Da M torsionsfrei ist, ist jedes x_i allein ein linear unabhängiges System der Länge 1. Nach Umsortieren können wir annehmen, dass es $1 \leqslant s \leqslant r$ gibt derart, dass $x_1, \ldots, x_s$ linear unabhängig sind, aber $x_1, \ldots, x_s, x_i$ linear abhängig für jedes $s < i \leqslant r$. Der Untermodul

$$F = \langle x_1, \ldots, x_s \rangle_R$$

ist isomorph zu R^s. Im Fall $s = r$ sind wir also fertig. Ist $s < r$ und ist $s < i \leqslant r$, dann gibt es also $0 \neq a_i \in R$ mit $a_i x_i \in F$. Setze $a = a_{s+1} \cdot \ldots \cdot a_r$, dann folgt also $aM \subset F$. Da M torsionsfrei ist, ist die Abbildung $M \to aM$, $x \mapsto ax$ injektiv und aM damit isomorph zu M, was die Behauptung zeigt. ■

Es ist aber nicht jeder torsionsfreie Modul frei (siehe auch Aufgabe 9.5).

9.16 Beispiel Es sei K ein Körper und $R = K[x, y]$ der Polynomring in zwei Variablen. Als R-Modul über sich selbst ist R natürlich ein freier Modul. Das Ideal $\langle x, y \rangle \subset R$ ist als Untermodul von R torsionsfrei. Es ist allerdings nicht frei. ◇

Miniaufgaben

9.9 Verifiziere, dass jeder freie Modul über einem Integritätsring torsionsfrei ist.

9.10 Überprüfe Beispiel 9.16.

9.3 *Exkurs: Exakte Sequenzen*

Exakte Sequenzen sind eine Notation und Sprechweise in der abstrakten Algebra, mit der sich viele wiederkehrende Aussagen einheitlich formulieren lassen, und werden gerade in der Modultheorie häufig verwendet.

Definition Es sei $I \subset \mathbb{Z}$ ein Intervall. Eine **Sequenz** von R-Moduln ist eine Folge $(M_i)_{i \in I}$ mit R-linearen Abbildungen $\varphi_i \colon M_{i-1} \to M_i$ für jedes $i \in I$ mit $i - 1 \in I$:

$$\cdots \to M_{i-2} \xrightarrow{\varphi_{i-1}} M_{i-1} \xrightarrow{\varphi_i} M_i \xrightarrow{\varphi_{i+1}} M_{i+1} \to \cdots$$

Die Sequenz heißt *exakt an der Stelle i* (mit $i - 1, i + 1 \in I$), wenn

$$\text{Bild}(\varphi_i) = \text{Kern}(\varphi_{i+1})$$

gilt. Die Sequenz heißt **exakt**, wenn sie an jeder Stelle exakt ist.

Am einfachsten sind die folgenden Grundtypen:

$$0 \to M \xrightarrow{\varphi} N \text{ exakt} \quad \Leftrightarrow \quad \varphi \text{ ist injektiv}$$
$$M \xrightarrow{\varphi} N \to 0 \text{ exakt} \quad \Leftrightarrow \quad \varphi \text{ ist surjektiv}$$
$$0 \to M \xrightarrow{\varphi} N \to 0 \text{ exakt} \quad \Leftrightarrow \quad \varphi \text{ ist ein Isomorphismus}$$

Da in exakten Sequenzen der Nullmodul relativ oft vorkommt, ist es üblich, nur 0 statt $\{0\}$ zu schreiben. Die linearen Abbildungen von bzw. nach 0 sind immer die Nullabbildung.

Definition Eine **kurze exakte Sequenz** ist eine exakte Sequenz der Form

$$0 \to N \xrightarrow{\varphi} M \xrightarrow{\psi} P \to 0.$$

Eine solche Sequenz ist genau dann exakt, wenn Folgendes gilt:

(1) φ ist injektiv (2) $\text{Bild}(\varphi) = \text{Kern}(\psi)$ (3) ψ ist surjektiv.

9.17 Beispiele (1) Die Sequenz $0 \to \mathbb{Z} \xrightarrow{\varphi} \mathbb{Z} \xrightarrow{\psi} \mathbb{Z}/n \to 0$ mit $\varphi(a) = na$ und $\psi(a) = a + n\mathbb{Z}$ ist exakt. Ist allgemeiner M ein R-Modul und $U \subset M$ ein Untermodul, dann hat man eine exakte Sequenz

$$0 \to U \xrightarrow{\iota} M \xrightarrow{\pi} M/U \to 0,$$

wobei ι die Inklusion ist und π die Restklassenabbildung.

(2) Ist $0 \to N \xrightarrow{\varphi} M \xrightarrow{\psi} P \to 0$ eine kurze exakte Sequenz von R-Moduln, dann induziert ψ nach dem Isomorphiesatz 9.5 einen Isomorphismus

$$P \cong M/\varphi(N).$$

(3) Sind N und P zwei R-Moduln, dann ist

$$0 \to N \xrightarrow{\varphi} N \oplus P \xrightarrow{\psi} P \to 0$$

mit $\varphi(n) = (n, 0)$ und $\psi(n, p) = p$ eine exakte Sequenz.

(4) Jede R-lineare Abbildung $\varphi\colon M \to N$ induziert eine kurze exakte Sequenz

$$0 \to \text{Kern}(\varphi) \to M \xrightarrow{\varphi} N \to \text{Cokern}(\varphi) \to 0.$$

Dabei ist $\text{Cokern}(\varphi) = N/\text{Bild}(\varphi)$ der *Cokern* von φ. ◇

Als Anwendung beweisen wir ein Kriterium für die Existenz eines Komplements eines Untermoduls, das sich aus der folgenden flexibleren Aussage ergibt.

9.18 Satz *Für eine kurze exakte Sequenz*

$$0 \to N \xrightarrow{\varphi} M \xrightarrow{\psi} P \to 0$$

von R-Moduln sind folgende Aussagen äquivalent:
(i) Es gibt eine lineare Abbildung $\sigma\colon M \to N$ mit $\sigma \circ \varphi = \text{id}_N$.
(ii) Es gibt eine lineare Abbildung $\tau\colon P \to M$ mit $\psi \circ \tau = \text{id}_P$.
In diesem Fall folgt $M = \varphi(N) \oplus \tau(P)$, insbesondere

$$M \cong N \oplus P.$$

Man sagt in diesem Fall, dass die kurze exakte Sequenz **zerfällt**.

Beweis. Gegeben σ wie in (i), dann ist die R-lineare Abbildung

$$\Psi: M \to N \oplus P,\ x \mapsto \big(\sigma(x), \psi(x)\big)$$

ein Isomorphismus: Sie ist injektiv, denn $\Psi(x) = 0$ impliziert $x \in \mathrm{Kern}(\psi) = \mathrm{Bild}(\varphi)$, also $x = \varphi(y)$ für ein $y \in N$ und damit $y = \sigma\big(\varphi(y)\big) = \sigma(x) = 0$, also auch $x = 0$. Sie ist surjektiv, denn gegeben $(y, z) \in N \oplus P$, dann wählen wir $x \in M$ mit $\psi(x) = z$ und berechnen $\Psi\big(x + \varphi(y - \sigma(x))\big) = \big(\sigma(x) + y - \sigma(x), \psi(x)\big) = (y, z)$.

Ist $\pi_2: N \oplus P \to P$, $(y, z) \mapsto z$ die Projektion auf den zweiten Summanden, dann gilt $\psi = \pi_2 \circ \Psi$. Wir definieren $\tau: P \to M$ durch $\tau(z) = \Psi^{-1}(0, z)$ und bekommen $\psi(\tau(z)) = \pi_2(\Psi(\tau(z))) = \pi_2(0, z) = z$ für alle $z \in P$, also gilt (ii).

Ist umgekehrt τ wie in (ii) gegeben, dann betrachten wir die R-lineare Abbildung

$$\Phi: N \oplus P \to M,\ (y, z) \mapsto \varphi(y) + \tau(z),$$

die ebenfalls ein Isomorphismus ist: Sie ist injektiv, denn ist $\varphi(y)+\tau(z) = 0$, dann folgt $z = \psi(\tau(z)) = -\psi(\varphi(y)) = 0$ und, da φ injektiv ist, auch $y = 0$. Sie ist surjektiv, denn ist $x \in M$, dann gilt $x - \tau(\psi(x)) \in \mathrm{Kern}(\psi) = \mathrm{Bild}(\varphi)$. Es gibt also $y \in N$ mit $\varphi(y) = x - \tau(\psi(x))$ und es folgt $\Phi\big(y, \psi(x)\big) = \varphi(y) + \tau(\psi(x)) = x - \tau(\psi(x)) + \tau(\psi(x)) = x$.

Ist $\pi_1: N \oplus P \to N$, $(y, z) \mapsto y$ die Projektion auf den ersten Summanden, dann definieren wir $\sigma: M \to N$ durch $\sigma = \pi_1 \circ \Phi^{-1}$. Es folgt dann $\sigma(\varphi(y)) = \sigma(\Phi(y, 0)) = \pi_1(y, 0) = y$ für alle $y \in N$, also $\sigma \circ \varphi = \mathrm{id}_N$. Dass Φ ein Isomorphismus ist, beweist auch den Zusatz $M = \varphi(N) \oplus \tau(P)$. ∎

9.19 Korollar *Es sei M ein R-Modul und $U \subset M$ ein Untermodul. Dann sind die folgenden Aussagen äquivalent:*

(i) Der Untermodul U besitzt ein Komplement in M.
(ii) Es gibt eine R-lineare Abbildung $\sigma: M \to U$ mit $\sigma(u) = u$ für alle $u \in U$.
(iii) Es gibt eine R-lineare Abbildung $\tau: M/U \to M$ mit $\overline{\tau(\overline{x})} = \overline{x}$ für alle $x \in M$.

Beweis. Ist $M = U \oplus U'$, dann ist die Projektion $U \oplus U' \to U$ auf den ersten Summanden die Abbildung σ in (ii) und die Projektion $U \oplus U' \to U'$ auf den zweiten Summanden ist die Abbildung τ in (iii). Die übrigen Implikationen folgen aus Satz 9.18 angewendet auf die kurze exakte Sequenz $0 \to U \to M \to M/U \to 0$. ∎

9.20 Beispiele (1) Die Sequenz $0 \to \mathbb{Z} \xrightarrow{\cdot n} \mathbb{Z} \to \mathbb{Z}/n \to 0$, die wir schon betrachtet haben, zerfällt nicht. Das entspricht der Tatsache, dass $\mathbb{Z}$ keine Untergruppe besitzt, die zu $\mathbb{Z}/n$ isomorph ist.

(2) Jeder lineare Unterraum eines Vektorraums besitzt ein Komplement (Prop. 9.11). Mit Satz 9.18 folgt daraus, dass jede kurze exakte Sequenz von Vektorräumen zerfällt. Das lässt sich auch direkt zeigen (siehe (3)).

(3) Allgemeiner zerfällt jede kurze exakte Sequenz

$$0 \to N \xrightarrow{\varphi} M \xrightarrow{\psi} P \to 0,$$

in der P ein freier Modul ist. Denn ist $(x_i)_{i \in i}$ eine Basis von P, dann können wir zu jedem $i \in I$ ein $y_i \in M$ mit $\psi(y_i) = x_i$ wählen (mit dem Auswahlaxiom) und durch lineare Ausdehnung eine lineare Abbildung $\tau: P \to M$ mit $\tau(x_i) = y_i$ definieren. Diese erfüllt dann $\psi(\tau(x_i)) = x_i$ für alle $i \in I$ und damit $\psi \circ \tau = \mathrm{id}_P$. Der Untermodul $\varphi(N) = \mathrm{Kern}(\psi)$ von M ist dabei gerade das Komplement des freien Moduls $\tau(P) \cong P$, was der Aussage und dem Beweis von Lemma 9.13 entspricht. ◇

9.4 *Matrizen und Determinanten*

Es sei wie immer R ein Ring. Jede $m \times n$-Matrix A mit Einträgen aus R definiert eine R-lineare Abbildung

$$R^n \to R^m,\ u \mapsto Au,$$

wobei

$$(Au)_i = \sum_{j=1}^{n} a_{ij} u_j \quad (i = 1, \dots, m)$$

das übliche Produkt der Matrix A mit dem Spaltenvektor u ist. Die Spaltenvektoren von A sind dabei die Bilder der Einheitsvektoren $e_1, \dots, e_n \in R^n$. Nach dem Prinzip der linearen Ausdehnung (Satz 9.8) lässt sich jede lineare Abbildung so schreiben. Genauer ist dadurch ein Isomorphismus

$$\mathrm{Hom}_R(R^n, R^m) \cong \mathrm{Mat}_{m\times n}(R)$$

von R-Moduln gegeben, und im Fall $m = n$ ist dieser auch ein Isomorphismus von Ringen

$$\mathrm{End}_R(R^n) \cong \mathrm{Mat}_{n\times n}(R).$$

Für die Eins in $\mathrm{Mat}_{n\times n}(R)$, also die Einheitsmatrix, schreiben wir $\mathbb{1}_n$. Versuchen wir, das auf endlich erzeugte Moduln zu übertragen: Es seien $M = \langle x_1, \dots, x_n \rangle_R$ und $N = \langle y_1, \dots, y_m \rangle$ zwei endlich erzeugte R-Moduln und sei $\varphi\colon M \to N$ eine R-lineare Abbildung. Wir schreiben $\varphi(x_j) = \sum_{i=1}^{n} a_{ij} y_i$ und haben für $x \in M$ dann

$$x = \sum_{i=1}^{n} u_i x_i,\ v = A \cdot u \quad \Rightarrow \quad \varphi(x) = \sum_{j=1}^{m} v_j y_j.$$

Die R-lineare Abbildung φ wird also bezüglich der Erzeugendensysteme $x_1, \dots, x_n$ und $y_1, \dots, y_m$ durch die **darstellende Matrix** A beschrieben, wie in der linearen Algebra. Das ist allerdings mit Vorsicht zu genießen:

(1) Sind $y_1, \dots, y_m$ keine Basis von N, dann ist die Darstellung der $\varphi(x_j)$ nicht eindeutig und damit die darstellende Matrix A nicht eindeutig.

(2) Sind $x_1, \dots, x_n$ keine Basis, dann definiert nicht jede $m \times n$-Matrix in dieser Weise eine R-lineare Abbildung.

Miniaufgabe

9.11 Betrachte den freien $\mathbb{Z}$-Modul $\mathbb{Z}$ mit Erzeugern 2 und 3. Gib zwei verschiedene 2×2-Matrizen an, die die Abbildung $n \mapsto 5n$ bezüglich dieser beiden Erzeuger beschreiben. Gib auch eine ganzzahlige 2×2-Matrix an, die gar keine $\mathbb{Z}$-lineare Abbildung beschreibt.

9.12 Erinnerung an die lineare Algebra: Wie lautet die Transformationsregel für darstellende Matrizen R-linearer Abbildungen $E \to F$ bezüglich verschiedener Basen der freien Moduln E und F vom Rang n bzw. m?

Mit diesen Einschränkungen im Blick, kann man den Matrizenkalkül auch für Moduln verwenden. Wir wollen dazu auch die Determinante für quadratische Matrizen bilden. Dazu müssen wir voraussetzen, dass der Ring R kommutativ ist. In diesem Fall definieren wir die Determinante einer $n \times n$-Matrix A mit Einträgen in R durch die **Leibniz-Formel**

$$\det(A) = \sum_{\sigma \in S_n} \mathrm{sgn}(\sigma) a_{1\sigma(1)} \cdots a_{n\sigma(n)}.$$

9.21 Satz *Es sei R ein kommutativer Ring. Die Determinantenfunktion*

$$\det\colon \mathrm{Mat}_{n\times n}(R) \to R$$

hat die folgenden Eigenschaften für alle $A, B \in \mathrm{Mat}_{n\times n}(R)$*:*

(1) *Linearität in jeder Zeile: Für Zeilenvektoren* $a_1, \dots, a_n, b \in R^n$ *und* $r, s \in R$ *gilt*

$$\det\begin{pmatrix} a_1 \\ \vdots \\ ra_k + sb \\ \vdots \\ a_n \end{pmatrix} = r\det\begin{pmatrix} a_1 \\ \vdots \\ a_k \\ \vdots \\ a_n \end{pmatrix} + s\det\begin{pmatrix} a_1 \\ \vdots \\ b \\ \vdots \\ a_n \end{pmatrix}.$$

(2) *Die Determinante der Einheitsmatrix ist* $\det(\mathbb{1}_n) = 1$.

(3) *Hat A zwei gleiche Zeilen, dann gilt* $\det(A) = 0$.

(4) *Entsteht B aus A durch Vertauschen zweier Zeilen, dann gilt* $\det(B) = -\det(A)$.

(5) *Ist* A^T *die transponierte Matrix zu A, dann gilt* $\det(A) = \det(A^T)$.

(6) *Die Determinante ist multiplikativ:* $\det(AB) = \det(A)\cdot\det(B)$.

(7) *Ist* $A^{(i,j)}$ *die Matrix, die aus A durch Streichung der i-ten Zeile und der j-ten Spalte entsteht und ist* $A^{\mathrm{adj}} = \left((-1)^{i+j}\det(A^{(j,i)})\right)_{i,j}$ die adjunkte Matrix, *dann gilt*

$$A\cdot A^{\mathrm{adj}} = A^{\mathrm{adj}}\cdot A = \det(A)\cdot\mathbb{1}_n.$$

Die Determinantenfunktion ist durch die Eigenschaften (1)–(3) eindeutig bestimmt.

Beweis. Wir setzen den Fall, dass R ein Körper ist, als bekannt voraus. Er findet sich in jedem Lehrbuch über lineare Algebra[2]. Ist R ein Integritätsring, dann können wir die Determinante über dem Quotientenkörper $\mathrm{Quot}(R)$ betrachten. Die Determinante einer Matrix mit Einträgen aus R ist dann selbst ein Element von R, nach der Leibniz-Formel, und wir sind fertig. Ist R ein beliebiger kommutativer Ring, dann gehen wir wie folgt vor: Wir fassen die Determinante auf als Polynom Δ_n in n^2 Variablen über dem Integritätsring $\mathbb{Z}[x_{ij} \mid i, j = 1, \dots, n]$, also $\Delta_n = \det(X)$ mit $X = (x_{ij})$, definiert durch die Leibniz-Formel. Das Einsetzen der n^2 Einträge einer Matrix $A = (a_{ij}) \in \mathrm{Mat}_{n\times n}(R)$ definiert einen Ringhomomorphismus $\mathbb{Z}[x_{ij}] \to R$, $f(X) = f(x_{ij}) \mapsto f(a_{ij}) = f(A)$. Aus der Leibniz-Formel folgt dann $\det(A) = \Delta_n(A)$. In dieser Weise übertragen sich alle Eigenschaften von $\mathbb{Z}[x_{ij}]$ auf R: Will man beispielsweise die Multiplikativität beweisen, dann gilt im Integritätsring $\mathbb{Z}[x_{ij}, y_{ij}]$ die Gleichheit $\det(XY) = \det(X)\cdot\det(Y)$ und Einsetzen von $A, B \in \mathrm{Mat}_{n\times n}(R)$ zeigt $\det(AB) = \det(A)\det(B)$. Die übrigen Eigenschaften folgen entsprechend. ■

[2] Im Körperfall nimmt man in der Regel (1)–(3) als Axiome und folgert daraus die übrigen Eigenschaften, die Eindeutigkeit und die Leibniz-Formel. Auch für Ringe kann man so vorgehen, allerdings werden manche Beweise etwas umständlicher. Eigenschaft (7) wird in der linearen Algebra manchmal ausgelassen. Sie folgt aber leicht aus dem Entwicklungssatz von Laplace.

9.22 Proposition *Es sei R ein kommutativer Ring. Genau dann ist eine Matrix* $A \in \mathrm{Mat}_{n\times n}(R)$ *invertierbar über R, wenn* $\det(A)$ *eine Einheit in R ist.*

Beweis. Ist A invertierbar über R, dann gibt es $A^{-1} \in \mathrm{Mat}_{n\times n}(R)$. Es folgt $1 = \det(\mathbb{1}_n) = \det(AA^{-1}) = \det(A)\cdot\det(A^{-1})$ und damit $\det(A) \in R^*$. Ist umgekehrt $\det(A) \in R^*$, dann ist $A^{-1} = \det(A)^{-1}\cdot A^{\mathrm{adj}}$ eine Matrix mit Einträgen in R nach Eigenschaft (6). ■

9.23 Beispiel Eine ganzzahlige Matrix $A \in \mathrm{Mat}_{n\times n}(\mathbb{Z})$ ist genau dann invertierbar über $\mathbb{Q}$, wenn $\det(A) \neq 0$ gilt. Dagegen ist A^{-1} genau dann ebenfalls eine ganzzahlige Matrix, wenn $\det(A) = \pm 1$ gilt. Es gilt also

$$\mathrm{GL}_n(\mathbb{Z}) = \left\{A \in \mathrm{Mat}_{n\times n}(\mathbb{Z}) \mid \det(A) = \pm 1\right\}. \qquad \diamond$$

Der Satz von Cayley-Hamilton ist wahrscheinlich ebenfalls aus der linearen Algebra bekannt: Ist A eine $n \times n$-Matrix mit Einträgen in einem Körper K und ist $f = \det(t\mathbb{1}_n - A) \in K[t]$ ihr charakteristisches Polynom, dann gilt $f(A) = 0$. (Dabei steht rechts die Nullmatrix, nicht die Zahl 0.) Unser Ziel ist eine analoge Aussage für endlich erzeugte Moduln. Ist R kommutativ, M ein R-Modul, $\varphi\colon M \to M$ eine R-lineare Abbildung und $f \in R[t]$, dann ist die Einsetzung $f(\varphi)$ sinnvoll definiert[3], als Element des Endomorphismenrings $\operatorname{End}(M)$. Insbesondere entspricht 1 in R der Eins im Ring $\operatorname{End}(M)$, also der Identität id_M. In dieser Weise wird M zu einem $R[t]$-Modul:

[3] Die Einsetzung definiert sogar einen Ringhomomorphismus $R[t] \to \operatorname{End}(M)$. Beachte hierbei, dass das Bild von R unter dieser Einsetzung, nämlich die Endomorphismen $\{a \cdot \mathrm{id}_M \mid a \in R\}$, mit allen Elementen von $\operatorname{End}(M)$ kommutiert, weshalb die Einsetzung multiplikativ ist (siehe auch Aufgabe 2.5).

9.24 Lemma *Es sei R ein kommutativer Ring, M ein R-Modul und $\varphi\colon M \to M$ ein Endomorphismus. Durch die Vorschrift*

$$f(t) \cdot x = f(\varphi)(x).$$

für $f \in R[t]$ und $x \in M$ wird M zu einem $R[t]$-Modul.

Miniaufgabe

9.13 Beweise Lemma 9.24.

9.25 Satz (Cayley-Hamilton) *Es sei R ein kommutativer Ring, M ein R-Modul, der von n Elementen erzeugt ist und $\varphi\colon M \to M$ ein Endomorphismus. Dann gibt es ein normiertes Polynom f vom Grad n in $R[t]$ mit $f(\varphi) = 0$.*
Zusätzlich gilt: Ist $I \subset R$ ein Ideal mit $\varphi(M) \subset I \cdot M$, dann existiert ein solches f in der Form $f = t^n + \sum_{j=0}^{n-1} a_j t^j$ mit $a_{n-j} \in I^j$ für $j = 1, \ldots, n$.

Beweis. Es seien $x_1, \ldots, x_n$ Erzeugende von M und sei φ durch die Matrix $A = (a_{ij})$, also durch

$$\varphi(x_j) = \sum_{i=1}^{n} a_{ij} x_i$$

dargestellt. Sei $x = (x_1, \ldots, x_n)^T$. Wir fassen M wie oben als $R[t]$-Modul auf. Wegen $tx = \varphi(x)$ gilt dann $(t\mathbb{1}_n - A) \cdot x = 0$. Multiplikation mit $(t\mathbb{1}_n - A)^{\mathrm{adj}}$ ergibt

$$\det(t\mathbb{1}_n - A) \cdot \mathbb{1}_n \cdot x = 0,$$

also $\det(t\mathbb{1}_n - A)x_i = 0$ für $i = 1, \ldots, n$. Da M von $x_1, \ldots, x_n$ erzeugt ist, folgt daraus

$$\det(t\mathbb{1}_n - A) \cdot M = 0.$$

Es folgt, dass das Polynom $f(t) = \det(t\mathbb{1}_n - A) \in R[t]$ die gewünschte Eigenschaft hat.

Für den Zusatz bemerken wir, dass $\varphi(M) \subset IM$ gerade $a_{ij} \in I$ für alle i, j bedeutet. Aus der Leibniz-Formel folgt dann die Behauptung über die Koeffizienten von f. ∎

Aus dem Satz von Cayley-Hamilton folgern wir einige Aussagen über Endomorphismen, die sich für Vektorräume auch leicht anders beweisen lassen.

9.26 Korollar *Es sei R ein kommutativer Ring.*

(1) Jeder surjektive Endomorphismus eines endlich erzeugten R-Moduls ist auch injektiv und damit ein Isomorphismus.

(2) Jede Menge von n Erzeugenden des R-Moduls R^n ist eine Basis.

(3) Es gilt $R^m \cong R^n$ nur für $m = n$.

Für nicht-kommutative Ringe ist (3) überraschenderweise falsch; siehe etwa §4.1 in Eisenbud: *Commutative Algebra.*

Beweis. (1) Es sei M ein endlich erzeugter R-Modul und sei $\alpha\colon M \to M$ linear. Wir fassen M durch α als $R[s]$-Modul auf wie oben, also $sx = \alpha(x)$ für $x \in M$. Sei $I = \langle s \rangle \subset R[s]$. Dass α surjektiv ist, sagt gerade, dass $IM = M$ gilt. Wir können deshalb Cayley-Hamilton auf den $R[s]$-Modul M und den Endomorphismus $\varphi = \mathrm{id}_M$ anwenden. Es gibt dann ein Polynom $f \in R[s][t]$ mit $f(\mathrm{id}_M)M = 0$, also $f(1)M = 0$. Außerdem hat f Koeffizienten in I, das heißt f ist von der Form $f = t^n + \sum_{i=0}^{n-1} f_i(s)st^i$. Setze $g(s) = -(f_0(s) + \cdots + f_{n-1}(s))$, dann ist also $f(1) = 1 - g(s)s$. Es gilt

$$(1 - g(s)s)M = 0,$$

also $g(\alpha)\alpha = \mathrm{id}_M$. Somit ist $g(\alpha)$ das Inverse von α und α ein Isomorphismus.

(2) Sind $x_1, \ldots, x_n \in R^n$ Erzeuger, dann erhalten wir eine Surjektion $\beta\colon R^n \to R^n$ gegeben durch $e_i \mapsto x_i$. Nach (1) ist β ein Isomorphismus, was zeigt, dass $x_1, \ldots, x_n$ eine Basis bilden.

(3) Es sei $\alpha\colon R^m \xrightarrow{\sim} R^n$ ein Isomorphismus, ohne Einschränkung mit $m \leqslant n$, und sei $e_1, \ldots, e_m$ eine Basis von R^m. Setze $y_{m+1} = \cdots y_n = 0$. Da α ein Isomorphismus ist, sind $\alpha(e_1), \ldots, \alpha(e_m)$ Erzeugende von R^n, damit auch $\alpha(e_1), \ldots, \alpha(e_m), y_{m+1}, \ldots, y_n$. Nach (2) ist dieses System linear unabhängig. Da 0 aber in keinem linear unabhängigen System vorkommen kann, folgt daraus $m = n$. ■

Das Folgende ist damit wohldefiniert:

Definition Es sei M ein endlich erzeugter freier R-Modul. Die Länge einer Basis von M heißt der **Rang** von M, geschrieben $\mathrm{Rang}(M)$.

Miniaufgabe

9.14 Wie wird Korollar 9.26 üblicherweise für Vektorräume bewiesen?

9.5 *Moduln über Hauptidealringen*

Ein Hauptidealring ist ein Integritätsring, in dem jedes Ideal ein Hauptideal ist (§2.2). Bekanntlich sind die ganzen Zahlen $\mathbb{Z}$ und die Polynomringe $K[t]$ in einer Variablen über einem Körper Beispiele dafür, allgemeiner jeder euklidische Ring. Außerdem ist auch jeder Körper ein Hauptidealring.

Ein Vektorraum ist bis auf Isomorphie bestimmt durch seine Dimension. Bei endlich erzeugten Moduln über Hauptidealringen wird es schon komplizierter. Ihre Klassifikation verallgemeinert aber direkt den Struktursatz für endlich erzeugte abelsche Gruppen (§3.8). Als Erstes zeigen wir, dass Untermoduln freier Moduln wieder frei sind, was für Moduln über beliebigen Ringen im Allgemeinen falsch ist (Beispiel 9.16).

Im Unterschied zu Vektorräumen kann die Ungleichung $\mathrm{Rang}(U) \leqslant \mathrm{Rang}(M)$ auch dann eine Gleichheit sein, wenn U ein echter Untermodul ist, wie zum Beispiel für den Untermodul $2\mathbb{Z} \subset \mathbb{Z}$.

9.27 *Satz* *Es sei R ein Hauptidealring und M ein endlich erzeugter freier R-Modul. Jeder Untermodul $U \subset M$ ist ebenfalls frei, mit* $\mathrm{Rang}(U) \leqslant \mathrm{Rang}(M)$.

Beweis. Es sei $x_1, \ldots, x_n$ eine Basis von M, und für jedes $r \in \{1, \ldots, n\}$ sei $U_r = U \cap \langle x_1, \ldots, x_r \rangle_R$. Wir zeigen per Induktion nach r, dass U_r frei von einem Rang $\leqslant r$ ist. Für $r = 1$ ist U_1 ein Untermodul von $\langle x_1 \rangle_R \cong R$ und damit von der Form $\langle a_1 x_1 \rangle_R$ für ein $a_1 \in R$, da R ein Hauptidealring ist. Also ist U_1 frei vom Rang 1 oder der Nullmodul. Sei nun r mit $1 \leqslant r < n$. Wir betrachten

$$I = \left\{ a \in R \mid a x_{r+1} \in U + \langle x_1, \ldots, x_r \rangle_R \right\}.$$

Offenbar ist I ein Ideal in R, also ein Hauptideal $I = \langle a_{r+1} \rangle$ für ein $a_{r+1} \in R$. Ist $a_{r+1} = 0$, dann folgt $U_{r+1} = U_r$ und wir sind fertig nach Induktionsvoraussetzung. Andernfalls gibt es $b_1, \dots, b_r \in R$ und $w \in U_{r+1}$ der Form

$$w = b_1 x_1 + \dots + b_r x_r + a_{r+1} x_{r+1}.$$

Ist nun $x = \sum_{i=1}^{r+1} c_i x_i \in U_{r+1}$ beliebig, dann gilt $c_{r+1} \in I = \langle a_{r+1} \rangle$, etwa $c_{r+1} = c \cdot a_{r+1}$, woraus $x - cw \in U_r$ folgt. Dies zeigt also

$$U_{r+1} = U_r + \langle w \rangle_R.$$

Andererseits gilt $U_r \cap \langle w \rangle_R = \{0\}$, wegen $\langle x_{r+1} \rangle_R \cap \langle x_1, \dots, x_r \rangle = \{0\}$, und damit $U_{r+1} = U_r \oplus \langle w \rangle_R$. Also ist U_{r+1} frei vom Rang $\leqslant r + 1$. ■

9.28 Korollar *Endlich erzeugte, torsionsfreie Moduln über Hauptidealringen sind frei.*

Beweis. Denn jeder solche Modul ist nach Satz 9.15 isomorph zu einem Untermodul eines endlich erzeugten freien Moduls und damit frei nach Satz 9.27. ■

9.29 Korollar *Ist M ein Modul über einem Hauptidealring, der von n Elementen erzeugt wird, dann ist auch jeder Untermodul von M von höchstens n Elementen erzeugt.*

Beweis. Es sei $M = \langle x_1, \dots, x_n \rangle_R$ und sei $\varphi \colon R^n \to M$ die lineare Surjektion, die durch $e_i \mapsto x_i$ bestimmt ist. Ist $U \subset M$ ein Untermodul, dann ist $\varphi^{-1}(U)$ ein Untermodul von R^n, der nach Satz 9.27 ebenfalls frei ist. Ist $f_1, \dots, f_m$ mit $m \leqslant n$ eine Basis von $\varphi^{-1}(U)$, dann folgt $U = \langle \varphi(f_1), \dots, \varphi(f_m) \rangle$, so dass U endlich erzeugt ist. ■

Wir kommen nun zum Hauptergebnis in diesem Abschnitt, dem Elementarteilersatz für Untermoduln freier Moduln.

9.30 Satz (Elementarteilersatz) *Es sei F ein endlich erzeugter freier Modul über dem Hauptidealring R und sei $U \neq \{0\}$ ein Untermodul. Dann gibt es eine Basis $x_1, \dots, x_n$ von F und $k \leqslant n$ Ringelemente $a_1, \dots, a_k \in R \smallsetminus \{0\}$ mit $a_1 | a_2 | \cdots | a_k$ und derart, dass*

$$a_1 x_1, \dots, a_k x_k$$

eine Basis von U bilden.

Die Elemente $a_1, \dots, a_k$ sind die **Elementarteiler** von U und bis auf Einheiten eindeutig bestimmt, wie wir noch zeigen werden. Der Satz ist im Wesentlichen äquivalent zur Existenz der Smithschen Normalform aus §1.8: Eine $m \times n$-Matrix A mit Einträgen in R hat Smithsche Normalform, wenn $a_{ij} = 0$ für alle $i \neq j$ gilt und die Diagonaleinträge $a_i = a_{ii}$ für $i = 1, \dots, k = \min(m, n)$ die aufsteigende Teilbarkeit $a_1 | \cdots | a_k$ wie im Elementarteilersatz erfüllen.

$$\begin{pmatrix} a_1 & 0 & \cdots & 0 & 0 & \cdots & 0 \\ 0 & \ddots & \ddots & \vdots & \vdots & \ddots & \vdots \\ \vdots & \ddots & \ddots & 0 & \vdots & \ddots & \vdots \\ 0 & \cdots & 0 & a_m & 0 & \cdots & 0 \end{pmatrix}$$

oder

$$\begin{pmatrix} a_1 & 0 & \cdots & 0 \\ 0 & \ddots & \ddots & \vdots \\ \vdots & \ddots & \ddots & 0 \\ 0 & \cdots & 0 & a_n \\ 0 & \cdots & \cdots & 0 \\ \vdots & \ddots & \ddots & \vdots \\ 0 & \cdots & \cdots & 0 \end{pmatrix}$$

Matrizen in Smithscher Normalform

Beweis für euklidische Ringe. Sei $e_1, \dots, e_n$ eine Basis von F und $U \subset F$ ein Untermodul. Nach Kor. 9.29 ist U endlich erzeugt, etwa von $m \leqslant n$ Erzeugern $u'_1, \dots, u'_m$, die wir in der Basis $e_1, \dots, e_n$ durch $u'_i = \sum_{j=1}^{n} a_{ij} e_j$ als Zeilen einer $m \times n$-Matrix A schreiben. Nach Satz 1.53 gibt es invertierbare Matrizen $S \in \mathrm{GL}_m(R)$ und $T \in \mathrm{GL}_n(R)$ derart, dass SAT Smithsche Normalform hat, mit Diagonaleinträgen $a_1, \dots, a_m$. Wenn in dieser Folge Nullen auftreten, dann stehen sie aufgrund der Teilbarkeit am Ende. Seien etwa $a_1, \dots, a_k \neq 0$ und $a_{k+1}, \dots, a_m = 0$. Setzen wir $u_i = \sum_{j=1}^{m} s_{ij} u'_j$, dann wird U auch von $u_1, \dots, u_m$ erzeugt. Mit $T^{-1} = (t'_{ij})$ setzen wir $x_i = \sum_{j=1}^{n} t'_{ij} e_j$, dann ist $x_1, \dots, x_n$ eine neue Basis von F und $a_1x_1, \dots, a_kx_k$ die gesuchte Basis von U. Denn da $x_1, \dots, x_k$ linear unabhängig sind und $a_1, \dots, a_k \neq 0$, sind auch $a_1x_1, \dots, a_kx_k$ linear unabhängig, und es gilt $u_i = a_ix_i$ für $i = 1, \dots, m$ nach Konstruktion. ■

Man kann dieses Vorgehen auf beliebige Hauptidealringe übertragen, indem man Satz 1.53 über die Smithsche Normalform in dieser Allgemeinheit beweist (siehe Aufgabe 2.18). Wir gehen statt dessen den umgekehrten Weg und folgern die Existenz der Smithschen Normalform aus dem Elementarteilersatz.

Beweis von Satz 9.30 für allgemeine Hauptidealringe. Wir verwenden Induktion nach $n = \operatorname{Rang}(F)$. Für $n = 1$ ist $U \subset F \cong R$ ein Ideal und der Elementarteiler ist einfach ein Erzeuger dieses Hauptideals. Es sei also $n \geqslant 2$. Um den ersten Elementarteiler zu bestimmen, gehen wir wie folgt vor: Für jede Linearform $\alpha\colon F \to R$ ist das Bild $\alpha(U)$ von U ein Ideal in R. Wir wählen ein α_1 mit der Eigenschaft, dass $\alpha_1(U)$ ein maximales Element der Menge $\{\alpha(U) \mid \alpha \in \operatorname{Hom}(F, R)\}$ solcher Ideale von R ist; die Existenz eines solchen maximalen α_1 folgt aus Aufgabe 9.15 oder Prop. 9.45. Da R ein Hauptidealring ist, gibt es $a_1 \in R$ mit $\alpha_1(U) = \langle a_1 \rangle$. Da $U \neq \{0\}$ ist und F frei, gibt es ein Funktional $\alpha\colon F \to R$ mit $\alpha(U) \neq \{0\}$. Aufgrund der Maximalität von α_1, muss also auch $a_1 \neq 0$ gelten. Außerdem wählen wir $u_1 \in U$ mit $a_1 = \alpha_1(u_1)$.

Es sei nun $e_1, \dots, e_n$ eine Basis von F und sei e_i^* für jedes i die zu e_i duale Linearform (Kor. 9.10). Ist $u_1 = \sum b_ie_i$, dann gilt also $b_i = e_i^*(u_1)$. Da R ein Hauptidealring ist, gibt es $c \in R$ mit $\langle a_1, b_i \rangle = \langle c \rangle$. Wir können also $c = pa_1 + qb_i$, $a_1 = rc$ und $b_i = sc$ für $p, q, r, s \in R$ schreiben. Sei $\beta = p\alpha_1 + qe_i^*$, dann gilt $c = pa_1 + qb_i = \beta(u_1)$ und $a_1 = rc = \beta(ru_1)$ und damit $\alpha_1(U) = \langle a_1 \rangle \subset \beta(U)$. Aufgrund der Maximalität von α_1 folgt $\beta(U) = \langle a_1 \rangle$, also $b_i = sc = \beta(su_1) \in \langle a_1 \rangle$, etwa $b_i = a_1c_i$.

Wir setzen $x_1 = \sum c_ie_i$, so dass $u_1 = a_1x_1$ gilt. Nun zerfällt F in eine direkte Summe

$$F = \langle x_1 \rangle_R \oplus \operatorname{Kern}(\alpha_1).$$

Denn es gilt $a_1\alpha_1(x_1) = \alpha_1(u_1) = a_1$, also $\alpha_1(x_1) = 1$, was $\langle x_1 \rangle_R \cap \operatorname{Kern}(\alpha_1) = \{0\}$ zeigt. Ist $x \in F$ beliebig, dann folgt $x - \alpha_1(x)x_1 \in \operatorname{Kern}(\alpha_1)$, also $F = \langle x_1 \rangle + \operatorname{Kern}(\alpha_1)$.

Nach Satz 9.27 ist $F_1 = \operatorname{Kern}(\alpha_1)$ frei. Wir setzen $U_1 = U \cap F_1$ und haben

$$U = \langle a_1x_1 \rangle_R \oplus U_1.$$

Denn es gilt $\langle a_1x_1 \rangle_R \cap U_1 \subset \langle x_1 \rangle_R \cap F_1 = \{0\}$. Für $u \in U$ gilt $\alpha_1(u) \in \langle a_1 \rangle$, etwa $\alpha_1(u) = ta_1$, und es folgt $u - \alpha_1(u)x_1 = u - ta_1x_1 \in U_1$, was $U = \langle a_1x_1 \rangle_R + U_1$ zeigt.

Es gilt $\operatorname{Rang}(F_1) = n-1$, so dass wir die Induktionsvoraussetzung auf $U_1 \subset F_1$ anwenden können. Wenn wir für U_1 die Basis $x_2, \dots, x_n$ von F_1 mit Elementarteilern $a_2|\cdots|a_k$ produziert haben, dann ist $x_1, \dots, x_n$ die gesuchte Basis von F. Es bleibt $a_1|a_2$ zu zeigen: Es gilt $\langle a_i \rangle = x_i^*(U)$ und $a_i = x_i^*(a_ix_i) = (x_1^* + x_2^*)(a_ix_i)$ für $i = 1, 2$. Daraus folgt $\langle a_i \rangle = x_i^*(U) \subset (x_1^* + x_2^*)(U) = x_1^*(U) = \langle a_1 \rangle$ für $i = 1, 2$ aufgrund der Maximalität von $x_1^* = \alpha_1$, was $a_1|a_2$ zeigt. ■

9.31 Korollar *Sei A eine $m \times n$-Matrix mit Einträgen im Hauptidealring R. Dann gibt es invertierbare Matrizen $S \in \mathrm{GL}_m(R)$ und $T \in \mathrm{GL}_n(R)$ derart, dass SAT eine Matrix in Smithscher Normalform ist.*

Beweis. Wir wenden den Elementarteilersatz auf das Bild der R-linearen Abbildung $\varphi\colon R^n \to R^m$, $x \mapsto Ax$, an und finden eine Basis $y_1, \dots, y_m$ von R^m mit $\operatorname{Bild}(\varphi) = \langle a_1y_1, \dots, a_ry_r \rangle_R$, wobei $a_1|\cdots|a_r$. Dabei ist r der Rang von φ und wir setzen gegebenenfalls $a_{r+1} = \cdots = a_k = 0$ für $k = \min(m, n)$. Da $\operatorname{Bild}(\varphi)$ nach Satz 9.27 frei ist, können wir Lemma 9.13 anwenden und finden ein freies Komplement F von Kern(φ) in R^n. Die Einschränkung $\varphi\colon F \to$ Bild(φ) ist dann ein Isomorphismus. Wir setzen $x_i = \varphi^{-1}(a_i y_i)$ für $i = 1, \ldots, r$ und wählen außerdem eine Basis $x_{r+1}, \ldots, x_n$ von Kern(φ). In den Basen $x_1, \ldots, x_n$ von R^n und $y_1, \ldots, y_m$ von R^m hat die darstellende Matrix von φ dann die behauptete Gestalt. Die Matrizen S^{-1} und T beschreiben die Basiswechsel, das heißt, ihre Spalten sind jeweils $y_1, \ldots, y_m$ bzw. $x_1, \ldots, x_n$. ■

Aus dem Elementarteilersatz 9.30 bekommen wir auch einen Struktursatz für endlich erzeugte Moduln über Hauptidealringen. Der Torsionsteil

$$M_{\text{tor}} = \{x \in M \mid \exists a \in R,\ a \neq 0\colon ax = 0\}$$

eines R-Moduls M, den wir bereits in §9.1 betrachtet haben, besitzt ein freies Komplement und lässt sich in verschiedene zyklische Untermoduln zerlegen. Dazu betrachten wir die p-Torsion für verschiedene Primelemente $p \in R$ getrennt.

Definition Es sei M ein Modul über dem Hauptidealring R und sei $p \in R$ ein Primelement. Die Teilmenge

$$M(p) = \{x \in M \mid \exists r \in \mathbb{N}\colon p^r x = 0\}$$

ist ein Untermodul von M. Gilt $M = M(p)$, dann nennen wir M einen **p-Modul**.

9.32 *Beispiele* (1) Für den $\mathbb{Z}$-Modul $M = \mathbb{Z}/6$ ist $M(2) = \{[0]_6, [3]_6\}$ und $M(3) = \{[0]_6, [2]_6, [4]_6\}$. Für jedes Primzahl $p \neq 2, 3$ ist $M(p) = \{[0]_6\}$.

(2) Für jede Primzahl p sind die endlichen abelschen p-Gruppen genau die endlich erzeugten p-Moduln über $\mathbb{Z}$. ◇

9.33 *Satz* (Struktursatz für endlich erzeugte Moduln über Hauptidealringen)
Es sei M ein endlich erzeugter Modul über dem Hauptidealring R.

Dieser Struktursatz verallgemeinert den für endlich erzeugte abelsche Gruppen (Satz 3.69) und ist auch genauso aufgebaut.

(1) *Der Modul M ist eine direkte Summe*

$$M = F \oplus M_{\text{tor}}$$

eines freien Untermoduls F von endlichem Rang und des Torsionsteils M_{tor}.

(2) *Der Torsionsmodul M_{tor} ist eine direkte Summe von Untermoduln*

$$M_{\text{tor}} = U_1 \oplus \cdots \oplus U_k \quad \textit{mit} \quad U_i \cong R/a_i,$$

für Elemente $a_1, \ldots, a_k \in R$, die ungleich 0 sind und keine Einheiten und eine aufsteigende Teilerkette bilden:

$$a_1 | a_2 | \cdots | a_k.$$

(3) *Der Torsionsmodul M_{tor} ist auch eine direkte Summe*

$$M = \bigoplus_p M(p)$$

über alle Primelemente[4] $p \in R$ mit $M(p) \neq \{0\}$. Jeder der Moduln $M(p)$ ist wieder eine direkte Summe von zyklischen Untermoduln $M(p) = M_{p,1} \oplus \cdots \oplus M_{p,s}$ mit

$$M_{p,i} \cong R/p^{r_i}$$

für Exponenten $r_1 \leqslant \ldots \leqslant r_s \in \mathbb{N}$.

[4] Genauer gesagt soll die Summe über alle Äquivalenzklassen von Primelementen bis auf Einheiten laufen, damit sich die Summanden nicht wiederholen.

Man kann die Existenz der Zerlegungen (1)–(3) auch analog zum Beweis von Satz 3.69 mit Hilfe der Smithschen Normalform beweisen.

Beweis. (1) Der Modul M/M_{tor} ist torsionsfrei. Denn ist $x \in M$ und $\overline{x}$ seine Restklasse in M/M_{tor}, und ist $a \in R$, dann gilt $a\overline{x} = 0$ in M/M_{tor} genau dann, wenn $ax \in M_{\text{tor}}$. Es gibt also $b \in R$ mit $bax = 0$, was $x \in M_{\text{tor}}$ und $\overline{x} = 0$ in M/M_{tor} impliziert. Nach Kor. 9.28 ist M/M_{tor} sogar frei. Auf die Restklassenabbildung $\varphi\colon M \to M/M_{\text{tor}}$ können wir daher Lemma 9.13 anwenden und erhalten den gesuchten Untermodul F.

(2) Da M_{tor} nach Kor. 9.29 endlich erzeugt ist, gibt es eine R-lineare Surjektion $\varphi\colon R^k \to M_{\text{tor}}$ für ein $k \in \mathbb{N}$. Wir wenden den Elementarteilersatz auf $\text{Kern}(\varphi) \subset R^k$ an und erhalten eine Basis $x_1, \dots, x_k$ von R^k und Elemente $a_1, \dots, a_m \in R \setminus \{0\}$ mit $\text{Kern}(\varphi) = \langle a_1x_1, \dots, a_mx_m \rangle$ und $a_1|\cdots|a_m$. Wäre $m < k$, dann wäre φ auf dem torsionsfreien Untermodul $\langle x_k \rangle_R$ injektiv, im Widerspruch dazu, dass M_{tor} ein Torsionsmodul ist. Es gilt also

$$M \cong R^k/\text{Kern}(\varphi) \cong \bigoplus_{i=1}^{k} \langle x_i \rangle_R / \langle a_i x_i \rangle_R.$$

Die zyklischen Moduln $\langle x_i \rangle_R / \langle a_i x_i \rangle_R$ sind isomorph zu R/a_i. Ist a_i eine Einheit in R, dann ist $\langle a_i \rangle = R$ und $R/a_i = \{0\}$. Wir den entsprechenden Summand dann einfach weglassen. Die Behauptung ist bewiesen.

(3) Es sei die Zerlegung in (2) gegeben. Da R faktoriell ist, besitzt jedes a_i eine (eindeutige) Darstellung $a_i = p_1^{s_1} \cdots p_k^{s_k}$ als Produkt von Primelementen, die paarweise nicht assoziiert sind. Da a_i keine Einheit ist, muss dabei $k > 0$ sein. Die verschiedenen Primpotenzen sind teilerfremd. Nach dem verallgemeinerten chinesischen Restsatz (Kor. 2.29) gilt daher

$$R/a_i \cong R/p_1^{s_1} \times \cdots \times R/p_k^{s_k}.$$

Daraus ergibt sich eine entsprechende Zerlegung des Untermoduls U_i in eine direkte Summe von zyklischen Untermoduln, die zu diesen Restklassenringen isomorph sind. Wenn wir dies für alle a_i machen, bekommen wir eine Zerlegung von M der gewünschten Form. Ferner ist $M(p)$ für jedes Primelement $p \in R$ mit $M(p) \neq \{0\}$ gerade die direkte Summe aus allen Termen mit einem zu p assoziierten Primfaktor. ■

Miniaufgabe

9.15 Begründe genau, warum die herausgestellte Isomorphie im Beweis von Satz 9.33(2) gilt.

Schließlich beweisen wir noch die Eindeutigkeit in den Struktur- und Zerlegungssätzen. In Satz 3.69 über abelsche Gruppen konnten wir die Eindeutigkeit durch Abzählen von Elementen bestimmter Ordnungen sehen (siehe auch Aufgabe 3.48). Das funktioniert hier nicht, da auch Torsionsmoduln im Allgemeinen unendlich sind. Stattdessen verwenden wir ein Dimensionsargument für die folgenden Untermoduln:

9.34 Lemma *Sei R ein Hauptidealring, M ein R-Modul und $p \in R$ ein Primelement. Die Teilmenge*

$$M_p = \{x \in M \mid px = 0\} \subset M(p) \subset M$$

ist ein Untermodul von M und gleichzeitig ein R/p-Vektorraum. Ist M endlich erzeugt, dann ist M_p endlichdimensional über R/p.

Beweis. Da R ein Hauptidealring ist und p prim, ist R/p ein Körper (Lemma 2.22). Damit ist M_p ein R/p-Vektorraum (Lemma 9.6). Ist M endlich erzeugt, dann auch M_p (Kor. 9.29), und die Restklassen der Erzeuger spannen M_p als R/p-Vektorraum auf. ■

9.35 Lemma *Es sei R ein Hauptidealring, $p \in R$ ein Primelement und $b \in R \setminus \{0\}$. Dann gilt $R/b \cong pR/\langle pb \rangle$ als R-Moduln, gegeben durch $a + \langle b \rangle \mapsto pa + \langle pb \rangle$.*

Beweis. Es sei $\varphi: R \to pR/\langle pb \rangle$ die Abbildung $a \mapsto pa + \langle pb \rangle$. Sie ist R-linear und surjektiv. Ihr Kern ist das Hauptideal $\langle b \rangle$, womit die Behauptung aus dem Isomorphiesatz für R-Moduln folgt. ■

9.36 Satz (Eindeutigkeit der Invarianten) *In Satz 9.33(1) ist der Rang des freien Untermoduls F eindeutig bestimmt. Im Elementarteilersatz 9.30, in der Smithschen Normalform 9.31 und in Satz 9.33(2) sind die Ringelemente $a_1, \ldots, a_k$ bis auf Assoziiertheit eindeutig, und in Satz 9.33(3) sind die Exponenten aller Primelemente eindeutig bestimmt.*

Die Bezeichnung der Invarianten als *Elementarteiler* ist für die Smithsche Normalform üblich. Im Struktursatz 9.33 werden die Elemente $a_1, \ldots, a_k$, manchmal aber auch die vorkommenden Primpotenzen ebenfalls Elementarteiler oder wahlweise *invariante Faktoren* genannt.

Beweis. In Satz 9.33 ist der freie Untermodul F isomorph zum freien Modul M/M_{tor}, dessen Rang nach Kor. 9.26 wohldefiniert ist.

Für die übrigen Aussagen genügt es, die Eindeutigkeit der Invarianten $a_1|\cdots|a_k$ in Satz 9.33(2) zu beweisen, woraus die Eindeutigkeit in 9.30, 9.31 und 9.33(3) folgen. Wir betrachten also einen Torsionsmodul M mit zwei Zerlegungen

$$M \cong R/a_1 \times \cdots \times R/a_k \cong R/a'_1 \times \cdots \times R/a'_l.$$

mit aufsteigenden Teilbarkeiten $a_1|\cdots|a_k$ und $a'_1|\cdots|a'_l$, wobei wir annehmen können, dass keines dieser Elemente eine Einheit ist. Da R ein faktorieller Ring ist, bedeutet die Eindeutigkeit bis auf Assoziiertheit, die wir zeigen wollen, dass $k = l$ gilt und a_i und a'_i für jedes i dieselben Primteiler in R haben.

Sei $x \in M$, zerlegt in $x = (x_1, \cdots, x_k)$ mit $x_i \in R/a_i$. Für ein Primelement $p \in R$ gilt $x \in M_p$ genau dann, wenn $px_i = 0$ für $i = 1, \ldots, k$ gilt, woraus $p|a_i$ oder $x_i = 0$ folgt. Die Dimension des R/p-Vektorraums M_p ist daher die Anzahl der a_i, die durch p teilbar sind. Ist p ein Primteiler von a_1, dann teilt p auch $a_2, \ldots, a_k$, so dass $\dim_{R/p}(M_p) = k$ folgt. Von den $a'_1, \ldots, a'_l$ müssen also mindestens k durch p teilbar sein, woraus $k \leqslant l$ folgt. Dieselbe Betrachtung zeigt umgekehrt $l \leqslant k$. Also gilt $k = l$ und $a'_1, \ldots, a'_k$ sind ebenfalls alle durch p teilbar. Wir setzen $a_i = pb_i$ für $i = 1, \ldots, k$ und betrachten den Untermodul $pM \subset M$. Aus Lemma 9.35 folgt dann

$$pM \cong R/b_1 \times \cdots \times R/b_k.$$

Falls sich Einheiten unter den b_i befinden, dann müssen diese alle am Anfang auftreten, etwa $b_1, \ldots, b_j \in R^*$ und $b_{j+1}, \ldots, b_k \notin R^*$. Die ersten j Faktoren sind dann 0. Die behauptete Eindeutigkeit folgt nun durch Induktion nach der Anzahl der Primfaktoren (mit Vielfachheiten) des Elements a_k. Gilt $a_k \sim p$, dann ist $j = k$ und es ist nichts zu zeigen. Hat a_k mindestens zwei Primteiler, dann hat b_k einen weniger und $b_{j+1}, \ldots, b_k$ sind nach Induktionsannahme eindeutig bestimmt. ■

Miniaufgaben

9.16 Es sei $R = \mathbb{Z}$ und $M = \mathbb{Z} \times \mathbb{Z}/12 \times \mathbb{Z}/8$. Bestimme M_2 und seine Dimension über $\mathbb{F}_2$.

9.17 Bestimme für dasselbe M die Elementarteiler und Primpotenzen in Satz 9.33(2) und (3).

9.18 Zeige, dass M außer $\{(a, 0, 0) \mid a \in \mathbb{Z}\}$ weitere freie Untermoduln vom Rang 1 besitzt.

9.6 Moduln über Polynomringen in einer Variablen

In diesem Abschnitt wenden wir den Struktursatz für endlich erzeugte Moduln über Hauptidealringen auf endlich erzeugte Moduln über dem Polynomring $K[x]$ über einem Körper K an und werden darin einige Aussagen der linearen Algebra wiederfinden und verallgemeinern. Als Erstes bemerken wir, dass jeder $K[x]$-Modul V ein K-Vektorraum ist, da K in $K[x]$ enthalten ist. Außerdem ist die Multiplikation

$$\lambda_x\colon V \to V,\ v \mapsto x \cdot v$$

eine lineare Abbildung. Durch die K-Vektorraumstruktur und die lineare Abbildung λ_x ist V als $K[x]$-Modul eindeutig festgelegt, denn

$$f(x) \cdot v = f(\lambda_x)(v)$$

für $f \in K[x]$ ergibt sich aus λ_x durch Komposition und Vektorraumoperationen.

Ist umgekehrt V ein K-Vektorraum und $\varphi\colon V \to V$ eine lineare Abbildung, dann können wir daraus durch die Definition

$$x \cdot v = \varphi(v)$$

einen $K[x]$-Modul machen. Ein $K[x]$-Modul ist also *dasselbe* wie ein Paar (V, φ) aus einem K-Vektorraum V und einer K-linearen Abbildung $\varphi\colon V \to V$.

Ist V ein $K[x]$-Modul, welcher endlichdimensional über K ist, dann ist er erst recht als Modul endlich erzeugt. Ist umgekehrt V ein endlich-erzeugter $K[x]$-Modul, dann sagt uns die allgemeine Strukturtheorie, dass V isomorph ist zu einer direkten Summe von zyklischen Moduln $K[x]/f$ für $f \in K[x]$. Dabei gilt:

9.37 Lemma *Für $f \in K[x]$ mit $\deg(f) = n \geqslant 0$ hat der Faktormodul $K[x]/f$ als K-Vektorraum die Dimension n.*

Beweis. Denn ist $f = a_n x^n + a_{n-1}x^{n-1} + \cdots + a_1 x + a_0$ mit $a_n \neq 0$, dann gilt modulo f die Gleichheit $x^n + \langle f\rangle = -a_n^{-1}(a_{n-1}x^{n-1} + \cdots + a_0) + \langle f\rangle$ in $K[x]/f$, so dass $K[x]/f$ die Dimension n hat, mit Basis $1 + \langle f\rangle, x + \langle f\rangle, \ldots, x^{n-1} + \langle f\rangle$. Andererseits sind diese Elemente auch linear unabhängig, denn $\sum_{i=0}^m c_i(x^i + \langle f\rangle) = 0 + \langle f\rangle$ in $K[x]/f$ mit $c_m \neq 0$ ist äquivalent zu $\sum_{i=0}^m c_i x^i \in \langle f\rangle$. Es muss also $m \geqslant n = \deg(f)$ gelten. ∎

Definition Sei $f = x^n + \sum_{i=0}^{n-1} a_i x^i$ ein normiertes Polynom über K. Die $n \times n$-Matrix

$$A(f) = \begin{pmatrix} 0 & & \cdots & & 0 & -a_0 \\ 1 & 0 & & \cdots & 0 & -a_1 \\ 0 & 1 & 0 & & \vdots & \vdots \\ \vdots & & \ddots & \ddots & & \vdots \\ \vdots & & & \ddots & 0 & -a_{n-2} \\ 0 & & \cdots & & 1 & -a_{n-1} \end{pmatrix}$$

heißt die **Begleitmatrix** von f.

Das Polynom f ist das charakteristische Polynom der Begleitmatrix, das heißt, es gilt

$$\det(x\mathbb{1}_n - A(f)) = f.$$

Miniaufgaben

9.19 Überprüfe die Entsprechung zwischen $K[x]$-Moduln und Paaren (V, φ).

9.20 Überprüfe, dass jedes Polynom das charakteristische Polynom seiner Begleitmatrix ist.

9.38 Lemma *Es sei f ein normiertes Polynom über K und sei (V, φ) ein $K[x]$-Modul. Die folgenden Aussagen sind äquivalent:*

(i) Als $K[x]$-Modul ist (V, φ) isomorph zu $K[x]/f$.

(ii) Der Vektorraum V besitzt eine Basis, in der φ durch die Begleitmatrix von f dargestellt wird.

Beweis. Als K-Vektorraum hat $K[x]/f$ die Basis $y_i = x^i + \langle f \rangle$ für $i = 0, \ldots, n-1$, nach dem vorigen Lemma. Es gilt dann

$$x \cdot y_j = y_{j+1} \text{ für } j \in \mathbb{N} \quad \text{und} \quad y_n = -\sum_{i=0}^{n-1} a_i y_i.$$

Stellt man die Multiplikation mit x in der Basis $y_0, \ldots, y_{n-1}$ dar, erhält man also gerade die Begleitmatrix.

(i)⇒(ii): Ist $\Phi: K[x]/f \to (V, \varphi)$ ein Isomorphismus von $K[x]$-Moduln, dann gilt $\varphi(\Phi(v)) = x\Phi(v) = \Phi(xv)$, das heißt, die Multiplikation mit x geht auf φ über.

(ii)⇒(i): Ist $v_0, \ldots, v_{n-1}$ eine Basis von V, in welcher φ durch $A(f)$ dargestellt wird, dann ist die K-lineare Abbildung $\Psi: V \to K[x]/f$, welche durch $v_i \mapsto x^i + \langle f \rangle$ bestimmt ist, bijektiv und außerdem ein Isomorphismus von $K[x]$-Moduln, was der Gleichheit $\Psi(xv) = \Psi(\varphi(v)) = x(\varphi(v))$ für alle $v \in V$ entspricht. ■

Das **Minimalpolynom** einer linearen Abbildung $\varphi: V \to V$ ist bekanntlich das eindeutige normierte Polynom $f \in K[x]$ von minimalem Grad mit der Eigenschaft

$$f(\varphi) = 0.$$

Das Minimalpolynom teilt jedes andere Polynom g mit dieser Eigenschaft, das heißt, es erzeugt das Hauptideal $\{g \in K[x] \mid g(\varphi) = 0\}$. Entsprechend ist das Minimalpolynom einer quadratischen Matrix definiert.

9.39 Lemma *Sei $\varphi: V \to V$ eine lineare Abbildung und $f \in K[x]$ ein normiertes Polynom. Gilt $(V, \varphi) \cong K[x]/f$ als $K[x]$-Modul, dann ist f das Minimalpolynom von φ.*

Beweis. Denn $g(\varphi) = 0$ für $g \in K[t]$ ist unter einem solchen Isomorphismus gleichbedeutend mit $g(x) \in \langle f \rangle$. ■

9.40 Korollar *Jedes Polynom ist gleichzeitig das charakteristische Polynom und das Minimalpolynom seiner Begleitmatrix.*

Beweis. Die erste Aussage haben wir schon bemerkt. Die zweite folgt aus Lemma 9.38 und Lemma 9.39. ■

Miniaufgabe

9.21 Verifiziere die Aussage von Kor. 9.40 für das Polynom $f = x^3 + 2x^2 - x + 1$.

Mit Hilfe von Begleitmatrizen lässt sich eine Normalform für Matrizen angeben, die über jedem Körper K existiert.

9.41 Satz (Frobenius-Normalform) *Sei (V,φ) ein $K[x]$-Modul mit $\dim_K(V) < \infty$. Dann gibt es $k \in \mathbb{N}_0$ und Polynome $f_1,\dots,f_k \in K[x] \setminus \{0\}$ mit*

$$V \cong K[x]/f_1 \times \cdots \times K[x]/f_k.$$

Außerdem gibt es eine Basis von V, in der φ durch eine Blockdiagonalmatrix

$$\begin{pmatrix} A(f_1) & & & \\ & A(f_2) & & \\ & & \ddots & \\ & & & A(f_k) \end{pmatrix}$$

dargestellt wird. Dabei ist $f_1\cdots f_k$ das charakteristische Polynom von φ. Zusätzlich können $f_1,\dots,f_k$ so gewählt werden, dass sie eine der beiden folgenden Eigenschaften haben:

(1) Es gilt $f_1|\cdots|f_k$. In diesem Fall ist f_k das Minimalpolynom von φ.
(2) Jedes $f_1,\dots,f_k$ ist eine Potenz eines irreduziblen Polynoms in $K[x]$.

Beweis. Die Existenz der Zerlegungen mit (1) oder (2) folgt direkt aus Satz 9.33(2) bzw. (3). Die Existenz der gewünschten Basis folgt aus Lemma 9.38. In (1) ist f_k das Minimalpolynom von $K[x]/f_k$ und wird von den Minimalpolynomen der übrigen Faktoren geteilt, ist also das Minimalpolynom von φ. Die Aussage über das charakteristische Polynom folgt daraus, dass die Determinante einer Blockdiagonalmatrix das Produkt der Determinanten der einzelnen Blöcke ist. ∎

Mehr lässt sich in voller Allgemeinheit kaum sagen. Ob sich die Blöcke weiter vereinfachen lassen, hängt vom Körper K ab. Der einfachste Fall ist der folgende:

9.42 Lemma *Ist der $K[x]$-Modul (V,φ) isomorph zu $K[x]/(x-a)^n$ für $a \in K$ und $n \in \mathbb{N}$, dann besitzt V eine Basis, in welcher φ durch die Jordan-Matrix*

$$J(a,n) = \begin{pmatrix} a & 1 & 0 & \cdots & 0 \\ 0 & a & 1 & \ddots & \vdots \\ \vdots & 0 & \ddots & \ddots & 0 \\ \vdots & & \ddots & a & 1 \\ 0 & \cdots & \cdots & 0 & a \end{pmatrix}$$

dargestellt wird, und umgekehrt.

Beweis. Wir betrachten die Polynome $g_k = (x-a)^{n-k}$ für $k = 1,\dots,n$. Für $k \geqslant 2$ gilt

$$g_{k-1} + a g_k = (x-a)^{n-k}(x-a) + a(x-a)^{n-k} = x(x-a)^{n-k} = x \cdot g_k$$

und außerdem $(x-a)^n = (x-a)(x-a)^{n-1} = x g_1 - a g_1$.

Auf $K[x]/f$ mit $f = (x-a)^n$ nehmen wir nun an Stelle der Monombasis (wie in Lemma 9.38) die Basis $v_1,\dots,v_n$ mit $v_k = g_k + \langle f\rangle$. Die obige Rechnung zeigt dann

$$x \cdot v_1 = a v_1, \quad x \cdot v_2 = a v_2 + v_1, \quad \dots \quad x \cdot v_n = a v_n + v_{n-1}$$

was gerade die Jordan-Form charakterisiert. Die Umkehrung folgt entsprechend. ∎

9.43 Korollar (Jordansche Normalform) *Ist $\varphi\colon V \to V$ eine K-lineare Abbildung auf dem endlichdimensionalen Vektorraum V, deren charakteristisches Polynom in Linearfaktoren zerfällt, dann gibt es eine Basis von V, in welcher φ durch eine Blockdiagonalmatrix der Form*

$$\begin{pmatrix} J(a_1, n_1) & & & \\ & J(a_2, n_2) & & \\ & & \ddots & \\ & & & J(a_k, n_k) \end{pmatrix}$$

dargestellt wird, für gewisse $a_1, \ldots, a_k \in K$ und $n_1, \ldots, n_k \in \mathbb{N}$, welche durch φ bis auf Reihenfolge eindeutig bestimmt sind.

Über einem algebraisch abgeschlossenen Körper lässt sich die Jordansche Normalform immer herstellen, weil die Voraussetzung an das charakteristische Polynom immer erfüllt ist. Natürlich kann man sich auch für andere Polynome als die Potenzen $(x - a)^k$ von Linearfaktoren in Lemma 9.42 die Frage stellen, in welche Form sich die Begleitmatrix überführen lässt; siehe auch Aufgabe 9.21.

Beweis. Das folgt aus Satz 9.41 zusammen mit dem vorangehenden Lemma. ■

9.7 Noethersche Ringe und der Hilbertsche Basissatz

Während Polynomringe in einer Variablen über Körpern Hauptidealringe sind, ist das bei mehreren Variablen nicht mehr der Fall (Prop. 2.13). Der Hilbertsche Basissatz sagt aber, dass Ideale in Polynomringen (in endlich vielen Variablen) zumindest immer endlich erzeugt sind. Es hat sich herausgestellt, dass genau diese Eigenschaft für kommutative Ringe überraschend weitreichende Konsequenzen hat. Diese Erkenntnis ist vor allem mit dem Namen Emmy Noether verbunden und führte zur Theorie der noetherschen Ringe und Moduln. Es sei immer R ein kommutativer Ring.

Definition Ein R-Modul M heißt **noethersch**, wenn er die **aufsteigende Kettenbedingung für Untermoduln** erfüllt: Jede aufsteigende Kette von Untermoduln

$$U_1 \subset U_2 \subset U_3 \subset \cdots$$

in M wird stationär, das heißt, es gibt einen Index n mit $U_i = U_n$ für alle $i \geqslant n$.

9.44 Beispiele (1) Jeder endlichdimensionale Vektorraum ist noethersch.

(2) Der $\mathbb{Z}$-Modul $\mathbb{Z}$ ist noethersch. Denn jeder Untermodul, also jedes Ideal, hat die Form $\langle n \rangle = n\mathbb{Z}$ für $n \in \mathbb{N}_0$. Dabei gilt $\langle n \rangle \subset \langle m \rangle$ genau dann, wenn $m|n$. Da jede Zahl nur endlich viele Teiler hat, wird jede aufsteigende Kette stationär. ◇

Miniaufgabe

9.22 Zeige, dass in endlichdimensionalen Vektorräumen auch jede *absteigende* Kette von Unterräumen stationär wird, während das für Ideale in $\mathbb{Z}$ nicht der Fall ist.

Moduln, in denen jede absteigende Kette von Untermoduln stationär wird, heißen *artinsche Moduln* (nach Emil Artin).

9.45 Proposition *Für einen R-Modul M sind folgende Aussagen äquivalent:*

(i) Der Modul M ist noethersch.

(ii) Jede nichtleere Menge von Untermoduln von M besitzt ein maximales Element.

(iii) Jeder Untermodul von M ist endlich erzeugt.

Beweis. (i)⇒(ii). Es sei X eine nichtleere Menge von Untermoduln von M, die kein maximales Element besitzt. Ist $U_1 \subset \cdots \subset U_i$ eine aufsteigende Kette in X, für ein $i \geqslant 1$, dann gibt es $U_{i+1} \in X$ mit $U_i \subsetneq U_{i+1}$, da U_i nicht maximal ist. In dieser Weise entsteht induktiv eine unendliche aufsteigende Kette in X, so dass M nicht noethersch ist.

(ii)⇒(iii). Es sei $U \subset M$ ein Untermodul und sei X die Menge aller endlich erzeugten Untermoduln von U. Sie ist nicht leer, denn es gilt $\{0\} \in X$, besitzt also ein maximales Element U_0. Es gilt $U = U_0$, denn wäre $x \in U \setminus U_0$, dann wäre $U_0 + \langle x \rangle_R$ ein endlich erzeugter Untermodul von U, der U_0 strikt enthält. Also ist $U = U_0$ endlich erzeugt.

(iii)⇒(i). Es sei $U_1 \subset U_2 \subset U_3 \subset \cdots$ eine aufsteigende Kette von Untermoduln. Dann ist $\bigcup_{i \in \mathbb{N}} U_i$ ein Untermodul und endlich erzeugt, etwa von $x_1, \ldots, x_k$. Da jedes x_j in einem der U_i liegt, gibt es n mit $x_1, \ldots, x_k \in U_n$, also $U_i = U_n$ für alle $i \geqslant n$. ■

9.46 Proposition *Es sei M ein R-Modul und $U \subset M$ ein Untermodul. Genau dann ist M noethersch, wenn U und M/U beide noethersch sind.*

Beweis. Ist M noethersch, dann entspricht jede Kette von Untermoduln von U oder M/U einer Kette in M, wird also stationär. Damit sind auch U und M/U noethersch. Seien umgekehrt U und M/U noethersch und sei $U_1 \subset U_2 \subset U_3 \subset \cdots$ eine Kette von Untermoduln in M. Dann sind $U_i \cap U$ bzw. $(U_i + U)/U$ für jedes i Untermoduln von U beziehungsweise von M/U. Beide Ketten werden stationär, etwa an der Stelle n. Wir behaupten, dass dann auch $U_k = U_n$ für alle $k > n$ gilt. Sei dazu $x \in U_k$ mit $k > n$. Dann gilt $x + U \in (U_n + U)/U$, also $x + U = y + U$ für ein $y \in U_n$, was $x - y \in U$ bedeutet. Es folgt $x - y \in U_k \cap U$ und damit $x - y \in U_n$, also auch $x = (x - y) + y \in U_n$. ■

9.47 Korollar *Endliche direkte Produkte noetherscher Moduln sind noethersch.*

Beweis. Es seien M_1 und M_2 zwei noethersche Moduln. Wir wenden die Proposition auf den Modul $M_1 \times M_2$ und den Untermodul $M_1' = \{(x, 0) \mid x \in M_1\} \cong M_1$ mit Faktormodul $(M_1 \times M_2)/M_1' \cong M_2$ an und sehen, dass $M_1 \times M_2$ noethersch ist. Der allgemeine Fall folgt durch Induktion nach der Anzahl der Summanden. ■

Definition Ein kommutativer Ring R heißt **noethersch**, wenn er als R-Modul über sich selbst noethersch ist.

Das bedeutet nach Prop. 9.45, dass R die folgenden äquivalenten Bedingungen erfüllt:

- ◇ In R wird jede aufsteigende Kette von Idealen stationär.
- ◇ Jedes Ideal von R ist endlich erzeugt.
- ◇ Jede nicht-leere Menge von Idealen besitzt ein maximales Element.

9.48 Beispiele (1) Jeder Hauptidealring ist noethersch, da Hauptideale insbesondere endlich erzeugt sind. Dass dies die aufsteigende Kettenbedingung für Ideale impliziert, hatten wir ebenfalls schon verwendet (Lemma 2.14).

(2) Jeder Körper ist ein noetherscher Ring.

(3) Der Polynomring $R[x_1, x_2, \ldots]$ in unendlich vielen Variablen über einem kommutativen Ring $R \neq \{0\}$ ist nicht noethersch, denn das maximale Ideal, das von allen Variablen erzeugt wird, ist nicht endlich erzeugt.

(4) Der Ring $R = C^0(\mathbb{R})$ aller stetigen Funktionen $\mathbb{R} \to \mathbb{R}$ ist nicht noethersch. Denn beispielsweise ist $I_n = \{f \in R \mid \operatorname{supp}(f) \subset [-n, n]\}$ für $n \in \mathbb{N}$ eine unendlich aufsteigende Kette von Idealen in R. ◇

Miniaufgabe

9.23 Finde ein Beispiel für einen noetherschen Ring mit einem nicht-noetherschen Teilring. (*Vorschlag:* Körper)

9.49 Proposition *Sei R ein noetherscher Ring und M ein endlich erzeugter R-Modul. Dann ist M noethersch.*

Beweis. Denn ist M von n Elementen erzeugt, dann ist M ein Faktormodul von R^n. Nach Kor. 9.47 ist R^n noethersch und nach Prop. 9.46 damit auch M. ∎

Wir beweisen nun zum Abschluss den Hilbertschen Basissatz.

9.50 Satz (Hilbertscher Basissatz) *Für jeden noetherschen Ring R ist der Polynomring $R[x]$ ebenfalls noethersch.*

David Hilbert (1862–1943)

Beweis. Gegeben sei ein Ideal I in $R[x]$. Es sei J die Menge aller Leitkoeffizienten von Polynomen aus I, dann ist auch J ein Ideal in R. Da R noethersch ist, ist J endlich erzeugt, etwa $J = \langle a_1, \ldots, a_m \rangle$. Wir wählen für jedes i ein $f_i \in I$, dessen Leitkoeffizient a_i ist, und betrachten $I' = \langle f_1, \ldots, f_m \rangle \subset I$. Sei $r = \max\{\deg(f_i) \mid i = 1, \ldots, m\}$ und sei $f \in I$ beliebig vom Grad d, $f = \sum_{i=0}^{d} b_i x^i$. Angenommen, es ist $d \geqslant r$, dann schreiben wir $b_d = \sum u_i a_i \in J$, mit $u_i \in R$, und es folgt

$$f - \sum_{i=1}^{m} u_i f_i x^{d-\deg(f_i)} \in I.$$

Der Grad dieses Polynoms ist kleiner als d, und der zweite Summand liegt in I'. Indem wir dieses Argument iterieren, erhalten wir eine Darstellung

$$f = g + h \quad \text{mit } g \in I,\ \deg(g) < r \text{ und } h \in I'.$$

Sei nun $M = R[x]_{<r}$ der von $1, x, \ldots, x^{r-1}$ erzeugte Untermodul der Polynome vom Grad $< r$ in $R[x]$. Wir haben

$$I = (I \cap M) + I'$$

bewiesen. Da M endlich erzeugt ist, ist M noethersch und damit $I \cap M$ endlich erzeugt. Sind $g_1, \ldots, g_m$ Erzeuger von $I \cap M$, dann folgt also $I = \langle f_1, \ldots, f_m, g_1, \ldots, g_n \rangle$. ∎

9.51 Korollar *Für jeden noetherschen Ring und $n \in \mathbb{N}$ ist $R[x_1, \ldots, x_n]$ noethersch.*

Beweis. Das folgt aus dem Basissatz durch Induktion nach n. ∎

9.52 Beispiel Der Hilbertsche Basissatz hat die folgende Konsequenz für polynomiale Gleichungssysteme: Es sei K ein Körper, $R = K[x_1, \ldots, x_n]$, $T \subset R$ eine Menge von Polynomen und

$$V(T) = \{a \in K^n \mid f(a) = 0 \text{ für alle } f \in T\}$$

die gemeinsame Nullstellenmenge dieser Polynome. Ist $I = \langle T \rangle$ das von T erzeugte Ideal, dann gilt explizit

$$I = \{g_1 f_1 + \cdots + g_k f_k \mid f_1, \ldots, f_k \in T,\ g_1, \ldots, g_k \in R,\ k \in \mathbb{N}\}.$$

Daraus folgt direkt, dass die Nullstellenmenge unverändert bleibt, wenn wir T durch I ersetzen. Nach dem Hilbertschen Basissatz ist das Ideal I endlich erzeugt, selbst wenn T ursprünglich eine unendliche Menge war. Sind $f_1, \ldots, f_r \in I$ endlich viele Erzeuger, dann folgt also

$$V(T) = V(I) = V(\{f_1, \ldots, f_r\}).$$

Die Lösungsmenge eines unendlichen polynomialen Gleichungssystems stimmt also bereits mit der Lösungsmenge eines endlichen Systems überein. ◇

Wir fassen noch einmal zusammen, was wir über Polynomringe bewiesen haben.

(1) Der Polynomring in einer Variablen über einem Körper ist euklidisch und damit ein Hauptidealring (§1.6).
(2) Polynomringe in mehreren Variablen oder über Ringen, die keine Körper sind, sind niemals Hauptidealringe (Prop. 2.13).
(3) Polynomringe über faktoriellen Ringen (insbesondere über Körpern und über $\mathbb{Z}$) sind faktoriell (Satz 5.18).
(4) Polynomringe in endlich vielen Variablen über noetherschen Ringen (insbesondere über Körpern und über $\mathbb{Z}$) sind noethersch (Kor. 9.51).

Miniaufgabe

9.24 Verifiziere, dass der Polynomring $R[x_1, x_2, \dots]$ in abzählbar unendlich vielen Variablen über einem faktoriellen Ring R nicht noethersch, jedoch faktoriell ist.

9.8 *Übungsaufgaben zu Kapitel 9*

Moduln

9.1 Überprüfe im Detail, dass die abelschen Gruppen eindeutig den $\mathbb{Z}$-Moduln entsprechen.

9.2 Es sei R ein Ring und M ein endlich erzeugter R-Modul. Zeige, dass jedes Erzeugendensystem von M ein endliches Teilsystem besitzt, das immer noch erzeugend ist.

9.3 Beweise die Homomorphie- und Isomorphieaussagen in Satz 9.5 (vgl. §3.7).

9.4 Vervollständige den Beweis von Lemma 9.6.

Freie Moduln und lineare Algebra

9.5 (a) Zeige, dass $\mathbb{Q}$ als $\mathbb{Z}$-Modul torsionsfrei aber nicht frei ist. Folgere, dass $\mathbb{Q}$ über $\mathbb{Z}$ nicht endlich erzeugt sein kann.
(b) Es sei $(x_i)_{i\in I}$ ein Erzeugendensystem von $\mathbb{Q}$ als $\mathbb{Z}$-Modul. Zeige, dass man beliebig einen Erzeuger weglassen kann, das heißt, für jedes $j \in I$ ist auch $(x_i)_{i\in I, i\neq j}$ ein Erzeugendensystem.

9.6 Beweise für Moduln über einem Ring R die Isomorphien $\mathrm{Hom}(M, \prod_{i\in I} N_i) \cong \prod_{i\in I} \mathrm{Hom}(M, N_i)$ und $\mathrm{Hom}(\bigoplus_{i\in I} M_i, N) \cong \prod_{i\in I} \mathrm{Hom}(M_i, N)$.

9.7 Formuliere den Entwicklungssatz von Laplace für Determinanten und erkläre den Zusammenhang mit Satz 9.21(7).

9.8 Es sei R ein Ring. Für jeden R-Modul M sei $M^* = \mathrm{Hom}(M, R)$. Sei $\varphi\colon M \to N$ eine R-lineare Abbildung.

(a) Zeige, dass $\varphi^*\colon N^* \to M^*$, $\lambda \mapsto \lambda \circ \varphi$ eine R-lineare Abbildung ist.

(b) Verifiziere die Gleichheit $\mathrm{Kern}(\varphi^*) = \{\mu \in N^* \mid \mu|_{\mathrm{Bild}(\varphi)} = 0\}$ sowie die Inklusion $\mathrm{Bild}(\varphi^*) \subset \{\lambda \in M^* \mid \lambda|_{\mathrm{Kern}(\varphi)} = 0\}$.

(c) Zeige durch ein Beispiel, dass die verbleibende Inklusion in (b) im Allgemeinen nicht besteht.

9.9 Betrachte im Ring $R = \mathbb{Z}[\sqrt{-5}]$ die Ideale

$$I_1 = \langle 3, 1 + 2\sqrt{-5}\rangle \quad \text{und} \quad I_2 = \langle 3, 1 - 2\sqrt{-5}\rangle.$$

(a) Zeige, dass I_1 und I_2 teilerfremd sind, also $I_1 + I_2 = R$ erfüllen und folgere $I_1 \oplus I_2 \cong R \oplus (I_1 \cap I_2)$ als R-Moduln.

(b) Zeige $I_1 \cap I_2 = \langle 3\rangle$ und folgere $I_1 \oplus I_2 \cong R^2$ als R-Modul.

(c) Zeige, dass I_1 und I_2 keine Hauptideale in R sind.

(d) Zeige, dass I_1 und I_2 nicht frei sind.

Exakte Sequenzen

9.10 Es sei R ein Hauptidealring und sei $0 \to R^m \to R^n \to M \to 0$ eine exakte Sequenz von R-Moduln. Zeige, dass M/M_{tor} frei vom Rang $n - m$ ist.

9.11 Gegeben sei ein kommutatives Diagramm von Moduln und linearen Abbildungen über einem Ring R

$$\begin{array}{ccccccccc} 0 & \longrightarrow & N & \xrightarrow{\varphi} & M & \xrightarrow{\psi} & P & \longrightarrow & 0 \\ & & \downarrow f & & \downarrow g & & \downarrow h & & \\ 0 & \longrightarrow & N' & \xrightarrow[\varphi']{} & M' & \xrightarrow[\psi']{} & P' & \longrightarrow & 0 \end{array}$$

wobei beide Zeilen exakt seien. Zeige: Sind zwei der drei Abbildungen f, g, h Isomorphismen, dann auch die dritte. (Das ist ein Spezialfall des sogenannten *Fünferlemmas.*)

9.12 Für natürliche Zahlen $n = km$ bilden wir die exakte Sequenz $0 \to k\mathbb{Z}/n \xrightarrow{\varphi} \mathbb{Z}/n \xrightarrow{\psi} m\mathbb{Z}/n \to 0$, wobei φ die Inklusion ist und ψ die Abbildung $\overline{x} \mapsto m\overline{x}$. Zeige, dass diese Sequenz genau dann zerfällt, wenn k und m teilerfremd sind.

9.13 Zeige: Ist $0 \to V' \to V \to V'' \to 0$ eine kurze exakte Sequenz endlichdimensionaler Vektorräume, dann gilt $\dim(V) = \dim(V') + \dim(V')$. Was kann man allgemeiner im Fall einer exakten Sequenz $0 \to V_1 \to \cdots \to V_k \to 0$ endlicher Länge sagen?

Moduln über Hauptidealringen

9.14 Beweise Kor. 9.29 mit Hilfe von Satz 9.27.

9.15 Es sei R ein Hauptidealring und sei $\mathcal{I}$ eine nichtleere Menge von Idealen in R. Zeige, dass $\mathcal{I}$ ein maximales Element (bezüglich Inklusion) besitzt.

9.16 Es sei R ein Hauptidealring und $\varphi\colon R \to S$ ein surjektiver Homomorphismus von Ringen. Zeige, dass auch S ein Hauptidealring ist.

9.17 Es sei R ein kommutativer Ring. Zeige: Wenn jeder Untermodul eines freien R-Moduls wieder frei ist, dann ist R ein Hauptidealring.

9.18 Für jede $m \times n$-Matrix A mit ganzzahligen Einträgen sei N_A der von den Zeilenvektoren von A erzeugte Untermodul von $\mathbb{Z}^n$. Zeige:

(a) Sind A und B zwei $m \times n$-Matrizen und entsteht B aus A durch elementare Zeilen- oder Spaltenumformungen (über $\mathbb{Z}$), dann sind die Faktormoduln $\mathbb{Z}^n/N_A$ und $\mathbb{Z}^n/N_B$ isomorph.

(b) Für $m = n$ ist $\mathbb{Z}^n/N_A$ genau dann endlich, wenn A invertierbar ist, wobei $|\mathbb{Z}^n/N_A| = |\det(A)|$.

9.19 Es sei K ein Körper, V ein n-dimensionaler K-Vektorraum ($n \in \mathbb{N}$) und $\varphi: V \to V$ eine K-lineare Abbildung. Zeige, dass das Paar (V, φ) genau dann zyklisch als $K[x]$-Modul ist, wenn es einen Vektor $v \in V$ gibt derart, dass $v, \varphi(v), \varphi^2(v), \ldots, \varphi^{n-1}(v)$ eine Basis von V ist.

9.20 (a) Es sei K ein Körper und $f \in K[x]$. Zeige, dass die Begleitmatrix $A(f)$ von f genau dann ähnlich zu einer Diagonalmatrix über K ist, wenn f in $K[x]$ in lauter verschiedene Linearfaktoren zerfällt (*Hinweis:* Vandermonde-Matrix).

(b) Sei V ein endlichdimensionaler K-Vektorraum. Zeige: Eine lineare Abbildung $\varphi: V \to V$ ist genau dann diagonalisierbar, wenn ihr Minimalpolynom in verschiedene Linearfaktoren zerfällt.

9.21 (a) Zeige, dass die irreduziblen Polynom über $\mathbb{R}$ die Form $x - a$ oder $(x-a)^2 + b^2$ für $a, b \in \mathbb{R}$ mit $b \neq 0$ haben.

(b) Zeige, dass die Begleitmatrix von $\left((x-a)^2 + b^2\right)^k$ in eine Blockgestalt der Form

$$\begin{pmatrix} a & -b & 1 & 0 & & & & \\ b & a & 0 & 1 & & & & \\ 0 & 0 & a & -b & 1 & 0 & & \\ 0 & 0 & b & a & 0 & 1 & & \\ & & & & \ddots & & \ddots & \\ & & & & & \ddots & & 1 & 0 \\ & & & & & & \ddots & 0 & 1 \\ & & & & & & & a & -b \\ & & & & & & & b & a \end{pmatrix}$$

gebracht werden kann. (Welche Abbildung beschreibt $\left(\begin{smallmatrix} a & -b \\ b & a \end{smallmatrix}\right)$ in der komplexen Ebene?)

(c) Formuliere ein reelles Analogon des Satzes über die Jordansche Normalform.

Noethersche Ringe und Moduln

9.22 Zeige, dass ein Modul M über einem kommutativen Ring R genau dann noethersch ist, wenn Folgendes gilt: Für jede Folge $(x_n)_{n \in \mathbb{N}}$ von Elementen aus M gibt es $m \in \mathbb{N}$ und Darstellungen $x_n = \sum_{i=1}^m a_{in} x_i$ mit $a_{ij} \in R$, für alle $n \geqslant m$.

9.23 Zeige, dass der Ring $\mathbb{Z}[\sqrt{d}] \subset \mathbb{C}$ für jedes $d \in \mathbb{Z}$ ein noetherscher Ring ist.

9.24 Zeige: In einem faktoriellen Ring wird jede aufsteigende Kette von Hauptidealen stationär. Finde ein Beispiel für einen faktoriellen Ring, der nicht noethersch ist.

9.25 Betrachte die abelsche Gruppe $(\mathbb{Q}/\mathbb{Z}, +)$. Für $x \in \mathbb{Q}$ schreibe $\overline{x} = x + \mathbb{Z}$. Fixiere eine Primzahl p und betrachte die Untergruppe

$$G = \{\overline{x} \in \mathbb{Q}/\mathbb{Z} \mid \operatorname{ord}(\overline{x}) = p^r \text{ für ein } r \in \mathbb{N}_0\} = \left\{\overline{x} \in \mathbb{Q}/\mathbb{Z} \;\middle|\; x = \frac{a}{p^r} \text{ für } a \in \mathbb{Z} \text{ und } r \in \mathbb{N}_0\right\}.$$

Zeige die folgenden Aussagen:

(a) Für jedes $n \in \mathbb{N}_0$ besitzt G genau eine Untergruppe G_n der Ordnung p^n, und dies sind alle echten Untergruppen von G.

(b) In G wird jede absteigende Kette von Untergruppen stationär, aber nicht jede aufsteigende.

Literatur

Lehrbücher und Monographien

Hier soll eine kleine (und vor allem bei den neueren Werken sicher subjektive) Auswahl von Büchern kurz vorgestellt werden.

1. Klassiker

Heinrich Weber: *Lehrbuch der Algebra I–III*, Vieweg 1894–1908.
Ein einflussreiches Buch, das den umfangreichen Stoff der Algebra des neunzehnten Jahrhunderts darstellt, darunter schöne Themen, die aus späteren Lehrbüchern verschwunden sind.

Bartel Leendert van der Waerden: *Algebra I–II*, Springer 1930–1971.
Das erste Buch im modernen Stil, basierend auch auf Vorlesungen von Emil Artin und Emmy Noether, das die Ausbildung in Algebra (vor allem in Deutschland) über Jahrzehnte mehr geprägt hat als jedes andere. Immer wieder aktualisiert und auch später noch korrigiert nachgedruckt.

N. Bourbaki: *Algèbre* (zehn Teile in fünf Bänden), Masson/Springer 1942–1981.
Teil der gewaltigen enzyklopädischen Reihe *Les éléments de mathématique*. Als Lehrbuch weder gedacht noch geeignet, aber beeindruckend in seiner Systematik und formalen Strenge. Hier werden keine Abkürzungen genommen! Es gibt eine englische Übersetzung, aber wenn schon, dann am schönsten im französischen Original.

2. Moderne Lehrbücher (deutsch)

Siegfried Bosch: *Algebra*, Springer 1992 (sechste Auflage 2005)
Ein schönes, wenn auch anspruchsvolles Buch, das den Standardstoff an deutschen Universitäten vollständig abdeckt, mit einem Schwerpunkt auf der Körper- und Galoistheorie.

Gerd Fischer: *Lehrbuch der Algebra*, Springer 2008 (dritte Auflage 2013)
Präsentiert die Grundlagen der Algebra begleitet von vielen ergänzenden Themen. Im Ansatz ähnlich zu diesem Buch, dabei aber deutlich ausführlicher.

Christian Karpfinger und Kurt Meyberg: *Algebra*, Springer 2008 (dritte Auflage 2012)
Ein Buch mit vielen Beispielen, auch für die Prüfungsvorbereitung beliebt. Aufbauend auf ein Vorgängerwerk von Meyberg allein und über viele Jahre weiterentwickelt.

Jantzen-Schwermer: *Algebra*, Springer 2006 (zweite Auflage 2014)
Deckt neben dem Standardstoff der Algebra in der zweiten Hälfte auch Themen der nicht-kommutativen Ring- und Modultheorie ab, die in den meisten anderen Lehrbüchern zu kurz kommen.

D. Plaumann, *Algebra*, https://doi.org/10.1007/978-3-662-67243-3

3. Moderne Lehrbücher (englisch)

Serge Lang: *Algebra*, Addison-Wesley/Springer 1965 (revidierte dritte Auflage 2002)
Das Standardwerk der Algebra für fortgeschrittene Kurse an amerikanischen Universitäten, das auch als Referenzwerk versucht, die moderne Algebra in ihrer ganzen Breite abzudecken. Entsprechend umfangreich, aber trotzdem auf das Wesentliche konzentriert mit einer sehr guten Stoffauswahl. Wenn man nur ein einziges Algebra-Buch besitzen dürfte, sollte es dieses sein.

Michael Artin: *Algebra*, Pearson 1991 (zweite Auflage 2010)
Ein weiteres Standardwerk, das nicht so in die Tiefe geht, wie das von Lang, aber breiter und anfängerfreundlicher geschrieben ist. Auch in deutscher Übersetzung bei Birkhäuser erschienen.

David A. Cox: *Galois Theory*, Wiley 2004 (zweite Auflage 2012)
Dieses Buch fällt hier etwas aus der Reihe, weil es sich auf die Körper- und Galoistheorie und das Lösen von algebraischen Gleichungen beschränkt. Ausführlich mit historischen Bemerkungen, sehr lesbar und weitgehend elementar gehalten.

Zeitschriftenartikel

Die folgenden Arbeiten wurden im Text zitiert.

Bombieri, E. und Vaaler, J. »On Siegel's lemma«. In: *Invent. Math.* 73 (1983), S. 11–32.

Cantor, Georg. »Ueber eine Eigenschaft des Inbegriffs aller reellen algebraischen Zahlen«. In: *J. Reine Angew. Math.* 77 (1873), S. 258–263.

Cayley, Arthur. »On the theory of groups, as depending on the symbolic equation $\Theta^n = 1$«. In: *The London, Edinburgh, and Dublin Philosophical Magazine and Journal of Science* 7.42 (1854), S. 40–47.

Edwards, Harold M. »Galois for 21st-century readers«. In: *Notices Amer. Math. Soc.* 59.7 (2012), S. 912–923.

Faltings, G. »Endlichkeitssätze für abelsche Varietäten über Zahlkörpern«. In: *Invent. Math.* 73.3 (1983), S. 349–366.

Feit, Walter und Thompson, John G. »Solvability of groups of odd order«. In: *Pac. J. Math.* 13 (1963), S. 775–1029.

Green, Ben und Tao, Terence. »The primes contain arbitrarily long arithmetic progressions«. In: *Ann. Math. (2)* 167.2 (2008), S. 481–547.

Guralnick, Robert M. »Expressing group elements as commutators«. In: *Rocky Mountain J. Math.* 10.3 (1980), S. 651–654.

Hölder, Otto. »Bildung zusammengesetzter Gruppen«. In: *Math. Ann.* 46 (1895), S. 321–422.

Johnson, Wm. Woolsey und Story, William E. »Notes on the "15"Puzzle«. In: *American Journal of Mathematics* 2.4 (1879), S. 397–404.

Lindemann, Ferdinand von. »Ueber die Zahl π«. In: *Math. Ann.* 20 (1882), S. 213–225.

Matijasevič, Ju. V. »The Diophantineness of enumerable sets«. In: *Dokl. Akad. Nauk SSSR* 191 (1970), S. 279–282.

Matzat, B. Heinrich. »Der Kenntnisstand in der konstruktiven Galoisschen Theorie«. In: *Representation theory of finite groups and finite-dimensional algebras (Bielefeld, 1991)*. Bd. 95. Progr. Math. Birkhäuser, Basel, 1991, S. 65–98.

McKay, James H. »Another proof of Cauchy's group theorem«. In: *Amer. Math. Monthly* 66 (1959), S. 119.

Noether, Emmy. »Idealtheorie in Ringbereichen«. In: *Math. Ann.* 83 (1921), S. 24–66.
Nowikow, P. S. »Über die algorithmische Unentscheidbarkeit des Wortproblems in der Gruppentheorie«. Russisch. In: *Tr. Mat. Inst. Steklova 44, 140 S.* (1955).
Rivest, Ron, Shamir, Adi und Adleman, Leonard. »A Method for Obtaining Digital Signatures and Public-Key Cryptosystems«. In: *Commun. ACM* 21.2 (1978), S. 120–126.
Solomon, Ronald. »A brief history of the classification of the finite simple groups«. In: *Bull. Amer. Math. Soc. (N.S.)* 38.3 (2001), S. 315–352.
Steinitz, Ernst. »Algebraische Theorie der Körper«. In: *J. Reine Angew. Math.* 137 (1910), S. 167–309.
Wiles, Andrew. »Modular elliptic curves and Fermat's last theorem«. In: *Ann. of Math. (2)* 141.3 (1995), S. 443–551.

Weitere Bücher

Euler, Leonhard. *Vollständige Anleitung zur Algebra.* Stuttgart: Reclam-Verlag. 571 S. (1959), 1770.
Forster, Otto. *Algorithmische Zahlenthoerie.* Vieweg/Springer Spektrum, 1996 / Zweite Auflage 2015.
Gauss, C. F. *Disquisitiones Arithmeticae – Untersuchungen über höhere Arithmetik. Deutsch von H. Maser.* Berlin. Julius Springer. VIII u. 695 S. (1889), 1801.
Gericke, Helmuth. *Mathematik in Antike und Orient.* Springer-Verlag Berlin, 1984.
Klein, Felix. *Elementarmathematik vom höheren Standpunkte aus (in drei Bänden).* B. G. Teubner, Leipzig / Springer Berlin, 1908–1928.
– *Vorlesungen über das Ikosaeder und die Auflösung der Gleichungen vom fünften Grade.* B. G. Teubner; Birkhäuser Verlag, 1884 / Nachdruck 1993.
Knuth, Donald E. *The art of computer programming.* Addison-Wesley, 1968–2015.
Silverman, Joseph H. und Tate, John T. *Rational Points on Elliptic Curves.* Springer Undergraduate Texts in Mathematics, 1992 / Zweite Auflage 2015.

Bildnachweis

Die meisten Abbildungen stammen aus der Bilddatenbank Wikimedia Commons (https://commons.wikimedia.org/wiki), im Folgenden abgekürzt mit Wiki C. Alle Abbildungen, die hier nicht aufgeführt sind, wurden vom Autor mit Hilfe von TikZ/PGF erstellt.

S. 1: Künstlerische Darstellung al-Ḫwārizmīs auf einer sowjetischen Briefmarke aus dem Jahr 1983; Wiki C. (*Public domain*).

S. 2: Porträtfotographie von Arthur Cayley, aufgenommen vor 1883 von Herbert Beraud (1845–1896); Wiki C. (*Public domain*).

S. 3: Porträtfotographie von Emmy Noether, vor 1910, Fotograph unbekannt; Wiki C., reproduziert von Koceto007 (*CC BY-SA 4.0*).

S. 3: Einband der ersten Ausgabe der *Théorie des ensembles* von N. Bourbaki; Wiki C., reproduziert von Maitrier (*CC BY-SA 4.0*).

S. 4: Porträtfotographie von Richard Dedekind, aufgenommen um 1870, Fotograph unbekannt; Wiki C. (*Public domain*).

S. 7: Porträt von Carl Friedrich Gauß in einer Lithographie von Siegfried Detlev Bendixen, erschienen in *Astronomische Nachrichten*; Wiki C. (*Public domain*).

S. 11: Porträt von Étienne Bézout, 18. Jh., Künstler unbekannt; Wiki C. (*Public domain*).

S. 12: Darstellung der Addition von Uhrzeiten; Wiki C. Spindled (*CC BY-SA 3.0*).

S. 16: Leonhard Euler, Fotographische Reproduktion eines Ölgemädes von Jakob E. Handmann (1756); Wiki C. (*Public domain*).

S. 24: Eine Seite aus der ersten Druckausgabe der *Elemente* des Euklid von Erhard Ratdolt (1482); Folger Shakespeare Library Digital Image Collection http://luna.folger.edu/luna/servlet/s/2c163w, eigener Bildausschnitt (*CC BY-SA 4.0*).

S. 27: Bildliche Darstellung der Public-Key-Krytographie; Wiki C. Davidgothberg (*Public domain*).

S. 28: xkcd, A Webcomic of romance, sarcasm, math, and language; No. 1323 https://xkcd.com/1323 (*CC BY-NC 2.5* – https://xkcd.com/license.html).

S. 59: Oktaeder; Wiki C., Kjell AndréVector: DTR (*CC BY-SA 3.0*), eigene Beschriftung.

S. 59: Visualisierung der Diamantstruktur; Wiki C., Cmglee (*CC BY-SA 3.0*).

S. 60: Ornament mit Translationssymmetrie; Abbildung aus *Grammar of Ornament* von Owen Jones, mit einer Visualisierung von Martin von Gagern; Wiki C. (*CC BY-SA 3.0*).

S. 62: Fotographie von Felix Klein, etwa 1880-1886, Fotograph unbekannt; Wiki C. (*Public domain*).

S. 69: Das Produkt zweier Spiegelungen in der Ebene; Wiki C., Jim.belk (*Public domain*).

S. 70: Porträt Lagranges, Stich von H. Rousseau, aus »Album du centenaire – Grands hommes et grands faits de la Révolution française (1789-1804)« von A. Challamel und D. Lacroix; Wiki C. (*Public domain*).

S. 72: Gerichteter Graph mit vier Knoten; Wiki C., Pointillist (*CC0*).

S. 72: Cayley-Graphen von S_4 und D_5; vom Autor erzeugt in Mathematica (Version 12.3, Wolfram Research, Inc., 2021).

S. 72: Cayley-Graph der freien Gruppe mit zwei Erzeugern; Wiki C. (*Public domain*).

S. 73: Bildliche Darstellung eines Gruppenhomomorphismus; Abwandlung in TikZ einer Illustration von Cronholm144, Wiki C.

S. 78: Bild des 15er-Puzzle; Wiki C. (*Public domain*).

S. 98: Bahnen auf der Sphäre; aus: Rowland, Todd and Weisstein, Eric W. "Group Orbit.", MathWorld–A Wolfram Web Resource (https://mathworld.wolfram.com/GroupOrbit.html).

S. 102: Die fünf platonischen Körper; Wiki C., Kjell AndréVector: DTR (*CC BY-SA 3.0*).

S. 137: Fotographie einer babylonischen Keilschrifttafel aus der Hammurabi-Dynastie (1829 bis 1530 v. Chr.), Nr. 322 der G. A. Plimpton Collection, Columbia University; Wiki C. (*Public domain*).

S. 138: Illustration der Seitenlängen im rechtwinkligen Dreieck; Wiki C., Wapcaplet, (*CC BY-SA 3.0*).

S. 138: Fermatsche Vermutung in der Arithmetica des Diophant, Druck 1670; Wiki C. (*Public domain*).

D. Plaumann, *Algebra*, https://doi.org/10.1007/978-3-662-67243-3

S. 139: Bildnis von Pierre de Fermat; Künstler unbekannt; Wiki C. (*Public domain*).

S. 140: Titelblatt des Sechsten Bandes der *Arithmetica* des Diophant in lateinischer Übersetzung von Claude Gaspard Bachet de Méziriac aus dem Jahr 1621; Wiki C. (*Public domain*).

S. 171: Porträtzeichnung von Galois im Alter von etwa 15 Jahren; Künstler unbekannt; Wiki C. (*Public domain*).

S. 188: Porträtzeichnung Abels von Johan Gørbitz (1782–1853); Wiki C. (*Public domain*).

S. 223: Fotographie von Hilbert aus dem Jahr 1907, Fotograph unbekannt; Wiki C. (*Public domain*).

Personenverzeichnis

D. Plaumann, *Algebra*, https://doi.org/10.1007/978-3-662-67243-3

Index

D. Plaumann, *Algebra*, https://doi.org/10.1007/978-3-662-67243-3

Printed in the United States
by Baker & Taylor Publisher Services